公式集 M2

振動の重ね合わせ

$$A_1 \sin(\omega t + \varphi_1) + A_2 \sin(\omega t + \varphi_2) = A \sin(\omega t + \varphi)$$

$$A = \sqrt{A_1^2 + A_2^2 + 2A_1 A_2 \cos(\varphi_1 - \varphi_2)}$$

$$\tan \varphi = \frac{A_1 \sin \varphi_1 + A_2 \sin \varphi_2}{A_1 \cos \varphi_1 + A_2 \cos \varphi_2} \quad (\text{象限に注意せよ！})$$

特殊例：

$$B \cos \omega t + C \sin \omega t = A \sin(\omega t + \varphi)$$

$B = A \sin \varphi$
$C = A \cos \varphi$

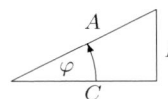

$A = \sqrt{B^2 + C^2}$
$\tan \varphi = \frac{B}{C}$ 象限に注意せよ！

$$x_{1,2} = -\frac{p}{2} \pm \sqrt{\frac{p^2}{4} - q}$$

一般的な二項係数

$r \in \mathrm{I\!R}$ かつ $k = 1, 2, \ldots$

$$\binom{r}{k} = \frac{r(r-1)\cdots(r-k+1)}{k!}$$

$$\binom{r}{0} = \binom{r}{r} = 1, \quad \binom{r}{1} = r$$

極座標

$x = r \cos \varphi$
$y = r \sin \varphi$
$dF = r \, dr \, d\varphi$

$r = \sqrt{x^2 + y^2}$
$\tan \varphi = \frac{y}{x}$ 象限に注意せよ！

$$z = x + iy = r(\cos \varphi + i \sin \varphi) = re^{i\varphi}$$

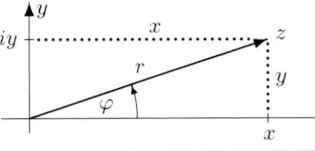

べきと対数を用いた計算

a: 底, ここで $0 < a \neq 1$

$a^{x+y} = a^x a^y$	$\log_a xy = \log_a x + \log_a y$
$a^{-x} = \frac{1}{a^x}$	$\log_a \frac{1}{x} = -\log_a x$
$a^0 = 1$	$\log_a 1 = 0$
$(a^x)^r = a^{xr}$	$\log_a x^r = r \log_a x$

異なった底に対する対数：

$$\log_a x = \frac{\log_b x}{\log_b a}, \quad \text{特に: } \log_a x = \frac{\log x}{\log a}$$

余弦定理

$$c^2 = a^2 + b^2 - 2ab \cos \gamma$$

三平方の定理

$c^2 = a^2 + b^2$, $\gamma = 90^0$ の場合

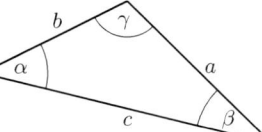

正弦定理

$$\frac{a}{\sin \alpha} = \frac{b}{\sin \beta} = \frac{c}{\sin \gamma}$$

球座標
θ: 天頂角

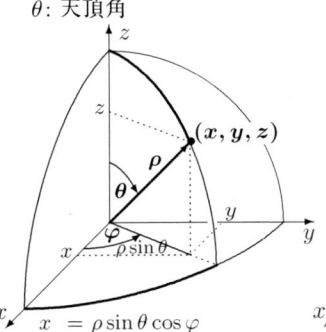

$x = \rho \sin \theta \cos \varphi$
$y = \rho \sin \theta \sin \varphi$
$z = \rho \cos \theta$
$dV = \rho^2 \sin \theta \, d\rho \, d\theta \, d\varphi$

球座標
θ: 地理的緯度

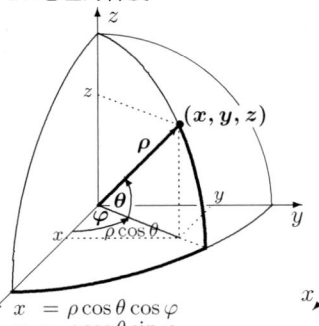

$x = \rho \cos \theta \cos \varphi$
$y = \rho \cos \theta \sin \varphi$
$z = \rho \sin \theta$
$dV = \rho^2 \cos \theta \, d\rho \, d\theta \, d\varphi$

円柱座標

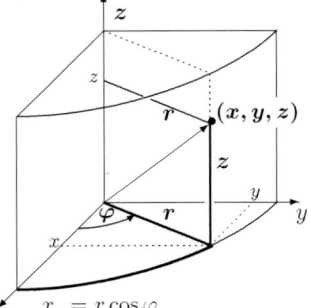

$x = r \cos \varphi$
$y = r \sin \varphi$
$z = z$
$dV = r \, dr \, d\varphi \, dz$

**FORMELN + HILFEN
HÖHERE MATHEMATIK**

Gerhard Merziger　Günter Mühlbach
Detlef Wille　Thomas Wirth

高等数学公式便覧

河村哲也
［監訳］

井元　薫
［訳］

朝倉書店

Formeln + Hilfen: Höhere Mathematik
by Gerhard Merziger, Günter Mühlbach, Detlef Wille and Thomas Wirth

© Gerhard Merziger, Günter Mühlbach, Detlef Wille and Thomas Wirth
Japanese translation rights arranged
with Binomi Verlag GbR, Barsinghausen, Deutschland
through Tuttle-Mori Agency, Inc., Tokyo

まえがき

　本書は既存の公式集よりも内容が多岐にわたっている．著者は長年数学と付き合ってきた結果，学生はおそらく多くの公式のうちのわずかな部分しか必要としないということを知った．基本的な数学の内容の要点を押さえることで，読者はあまり苦労しなくても理解できるに違いない．そして，以下のことがらに対して，本質的な助けとなるであろう．

- 練習問題を仕上げる
- 筆記試験にパスする
- 試験の準備をする

　我々は本当に必要な数学を手軽な形で分かりやすく，かつ明快に表現するように努力した．必要かつ可能なとき，公式の使い方は例によって説明されている．

　本質的な関係はそれが分かるように視覚的に強調され，略図によって明確に示されている．また，ページ内にうまく配置することにより理解と学習を容易にしている．これらのページは特に入念に構成されている．

　公式集を作るにあたって特別に注意すべき問題は，探しているものがすばやく見付かることである．枠で囲んだ部分と並んで慎重に配慮されて用意された索引はすべての人に有益である．

　また，表表紙の裏側にある M1, M2 と裏表紙の裏側にある M3, M4 から重要な公式を見付け出すことができる．

　我々は細心の注意を払ったが，当然間違いをなくすことはできない．万一，間違いがあればご指摘いただき，またその他のご意見などいただければ幸いである．

　我々は本書が勉強のとき以外でも有用で役に立つ伴侶になると確信している．

著者記す

訳者まえがき

　本書はドイツで出版された，日本でいえば高校から大学の学部3年程度までに相当する範囲の数学の公式集です．簡単な解説付きで，扱う範囲も広く，日本にはあまり類書がないだろうとのことで，朝倉書店から私の指導教員であるお茶の水女子大学の河村哲也先生に翻訳の可能性が打診されました．そこで，たまたま，大学で第二外国語としてドイツ語を選択し，ドイツ留学経験のある私が翻訳させていただくことになりました．ただ，数学のドイツ語にはあまり接したことがなかったので，副学長としてご多忙の河村先生の代わりに元同僚で定年退職された金子晃先生を紹介していただき，数学ドイツ語の勘所を十数回の個別ゼミで教えていただきながら翻訳作業を進めました．両先生にはこの場を借りてお礼申し上げます．

　本書は一見してお分かりのように，ページごとの枠構造が特徴のひとつになっていますので，翻訳でもこの構造を壊さないよう努めました．翻訳の過程で見付けた誤りは，原著者に確認しつつ直接本文を訂正しました．この他に，もう少し詳しい説明が欲しいというところもいくつかありましたが，こちらは原書の趣旨に沿って必要最小限にとどめ，レイアウトを壊さないよう，訳注の形で巻末に追加しました．また，原書ではドイツ語の参考書をいくつか引用していますが，これはほぼ対応する日本語文献を，置き換えるのではなく訳注として追加する形とし，日本の読者の便と，原書の情報維持の両方に留意しました．

　最後になりましたが，朝倉書店編集部には，原書のTeX ソースの入手の手配を始め，日本語版の体裁完成についていろいろとお力添えをいただきましたことをここに感謝致します．

2013年4月

井元　薫

凡　例

ギリシャ語のアルファベット

A	α	アルファ	I	ι	イオタ	P	ρ	ロー
B	β	ベータ	K	κ	カッパ	Σ	σ	シグマ
Γ	γ	ガンマ	Λ	λ	ラムダ	T	τ	タウ
Δ	δ	デルタ	M	μ	ミュー	Υ	υ	ユプシロン
E	ϵ	イプシロン	N	ν	ニュー	Φ	ϕ	ファイ
Z	ζ	ゼータ	Ξ	ξ	グザイ	X	χ	カイ
H	η	エータ	O	o	オミクロン	Ψ	ψ	プサイ
Θ	θ	シータ	Π	π	パイ	Ω	ω	オメガ

ドイツ語のアルファベット

𝔄	𝔞	a	𝔍	𝔧	j	𝔖	𝔰	s
𝔅	𝔟	b	𝔎	𝔨	k	𝔗	𝔱	t
ℭ	𝔠	c	𝔏	𝔩	l	𝔘	𝔲	u
𝔇	𝔡	d	𝔐	𝔪	m	𝔙	𝔳	v
𝔈	𝔢	e	𝔑	𝔫	n	𝔚	𝔴	w
𝔉	𝔣	f	𝔒	𝔬	o	𝔛	𝔵	x
𝔊	𝔤	g	𝔓	𝔭	p	𝔜	𝔶	y
𝔥	𝔥	h	𝔔	𝔮	q	ℨ	𝔷	z
𝔍	𝔦	i	ℜ	𝔯	r			

原著引用文献 [訳注1)]

本文中に略号で示す．

HM	Merziger/Wirth	Repetitorium Höhere Mathematik
EM	Merziger/Holz/Wille	Repetitorium Elementare Mathematik 1, 2
LA	Holz/Wille	Repetitorium Lineare Algebra 1, 2
ANA	Timmann	Repetitorium Analysis 1, 2
DGL	Timman	Repetitorium gewöhnliche Differentialgleichungen
FU	Timmann	Repetitorium Funktionentheorie
TOP	Timmann	Repetitorium Topologie und Funktionalanalysis
NU	Feldmann	Repetitorium Numerische Mathematik
STO	Mühlbach	Repetitorium Stochastik

1 数と式の計算 ……………………………………………………… 2
実数：べき, べき根, 対数, 二項係数, 二項定理, ガンマ関数, 不等式, 絶対値, 2次方程式と高次方程式, ホーナー法

2 幾何学 ……………………………………………………………… 13
角, 三角形, 四角形, 正 n 角形, 黄金分割, 円, 楕円, 双曲線, 放物線, 多面体, 球, 楕円面, 双曲面, 放物面, 円錐, 円柱, トーラス, 円錐曲線, 主軸変換, 球面幾何学, 球面三角形, ネイピアの方程式

3 初等関数 …………………………………………………………… 37
性質, 極限値, 連続性, 有理関数, べき根関数, 指数関数と対数関数, 三角関数と双曲線関数, 振動, 説明図

4 ベクトルの計算 …………………………………………………… 47
スカラー積, ベクトル積, 三重積, 直線, 平面, 距離, 角, 垂線, 基底

5 行列, 行列式, 固有値 …………………………………………… 55
階数, 正方行列, 逆行列, 直交行列, 対称行列, 回転行列, 座標変換, 固有値, 単位ベクトル, 対角化, サラスの法則, クラメルの公式, 線型写像と行列

6 数列, 級数 ………………………………………………………… 69
数列, 収束判定, 幾何級数, べき級数, テイラー級数, フーリエ級数

7 微分法 …………………………………………………………… 86
接線, 平均値の定理, ロピタルの定理, 極値, 単調性, 曲率, 陰関数の微分, テイラーの定理

8 積分法 …………………………………………………………… 91
平均値の定理, 置換, 部分積分, 初等関数, 部分分数分解, 重積分, 楕円積分, ラプラス変換, デルタ測度, 積分の表

9 微分幾何学 ……………………………………………………… 124
座標系, 平面曲線と空間曲線, 空間曲面

10 多変数の関数 …………………………………………………… 134
$z = f(x,y)$, $z = f(x_1, \ldots, x_n)$, $\vec{z} = f(\vec{x})$, 勾配, 微分可能性, 方向微分, 極値 (条件付き), 連鎖律, 陰関数微分, ヤコビ行列, テイラー級数

11 応用 ……………………………………………………………… 144
曲線, 曲面, 立体, 長さ, 面積, 体積, 質量, 重心, 慣性モーメント, 回転体, 黄金律, カヴァリエリの原理

12 ベクトル解析と積分定理 ……………………………………… 149
スカラー場とベクトル場, 勾配, ヤコビ行列, 発散, 回転, ナブラ, 極座標, 円柱座標, 球座標, 線積分と面積分, ガウスの積分定理, ストークスの積分定理, グリーンの公式

13 微分方程式 ……………………………………………………… 160
変数分離, 完全—, 同次—, 線型—, 振動—, ベルヌーイ—, リッカチ—, クレロー—, ダランベール—, 初期値問題, ロンスキー行列式, 定数変化法, べき級数の解法, 系, 消去法

14 複素数と複素関数 ……………………………………………… 175
デカルト座標, 極座標, 二次方程式, 指数関数, 対数関数, 線積分

15 数値解析 ………………………………………………………… 182
積分, 補間, 正規空間, 初期値問題, 離散法, 線型方程式系, 非線型方程式系

16 確率, 統計 ……………………………………………………… 196

17 金利計算 ………………………………………………………… 221

18 二進法と十六進法 ……………………………………………… 222

1 数と式の計算

1.1 実数

べき, べき根

任意の実数 u, v に対し、次の規則が成り立つ（ただし $x^0 = 1$, $x \neq 0$. また例えば、実数 $\sqrt{x}$ は $x \geq 0$ のときのみ定義されるというように、対応する式が定義されている場合）.

公式	数値の例	公式	数値の例
$x^u \cdot x^v = x^{u+v}$	$2^3 \cdot 2^5 = 2^{3+5} = 2^8$	$(x^u)^v = x^{u \cdot v}$	$(2^2)^3 = 2^{2 \cdot 3} = 2^6$
$\dfrac{x^u}{x^v} = x^{u-v}$	$\dfrac{2^3}{2^2} = 2^{3-2} = 2$	$\sqrt[v]{x} = x^{1/v}$	$\sqrt[2]{9} = \sqrt{9} = 9^{1/2} = 3$
$x^{-v} = \dfrac{1}{x^v}$	$2^{-3} = \dfrac{1}{2^3} = \dfrac{1}{8}$	$\sqrt[v]{x^u} = x^{u/v}$	$\sqrt[2]{3^6} = 3^{6/2} = 3^3$
$(xy)^u = x^u y^u$	$(2 \cdot 3)^4 = 2^4 \cdot 3^4$	$\sqrt[v]{xy} = \sqrt[v]{x} \sqrt[v]{y}$	$\sqrt[3]{8\pi} = 2\sqrt[3]{\pi}$
$\left(\dfrac{x}{y}\right)^u = \dfrac{x^u}{y^u}$	$\left(\dfrac{2}{3}\right)^{-2} = \dfrac{2^{-2}}{3^{-2}} = \dfrac{9}{4}$	$\sqrt[v]{\dfrac{x}{y}} = \dfrac{\sqrt[v]{x}}{\sqrt[v]{y}}$	$\sqrt[3]{\dfrac{9}{8}} = \dfrac{\sqrt[3]{9}}{\sqrt[3]{8}} = \dfrac{3}{2\sqrt[3]{3}}$

ただし、$2^{2^3} := 2^{(2^3)} = 2^8 = 256$ の意味であり、$(2^2)^3 = 2^{2 \cdot 3} = 2^6 = 64$.

対数

a: 一般的な底、ただし $0 < a \neq 1$ 　　　$x > 0$ のとき $\log_a x$ は定義される
$e = 2.718281\ldots$: 自然対数の底 　　　$x > 0$ のとき $\log x := \log_e x$

$$b = \log_a c \iff a^b = c \qquad a^b = e^{b \log a}$$

$$\log_a xy = \log_a x + \log_a y$$
$$\log_a \frac{x}{y} = \log_a x - \log_a y$$

$$\log_a x^r = r \log_a x$$
$$\log_a \sqrt[r]{x} = \frac{1}{r} \log_a x$$

$$\begin{aligned} a^{\log_a x} &= x \\ e^{\ln x} &= x \end{aligned} \quad (x > 0) \text{ のとき}$$

$$\log_a a = \log e = 1 \qquad \log_a 1 = \log 1 = 0 \qquad \log_a \frac{1}{a} = \log \frac{1}{e} = -1 \qquad \log_{a^n} x = \frac{1}{n} \log_a x$$

種々の底に対する対数

$$\log_a x = \frac{\log_b x}{\log_b a} \qquad \text{特に:} \quad \log_a b = \frac{1}{\log_b a} \quad \text{かつ} \quad \log_a x = \frac{\log x}{\log a}$$

1.1 実数

階乗 $n!$

1 から n までの積を $n!$ で表す.
n の階乗と読む. 補足として, ある確かな根拠の下に $0! = 1$ を定める.

n の階乗
$n! = 1 \cdot 2 \cdot 3 \cdots n$
$(n+1)! = n! \cdot (n+1)$
$0! = 1$

例:
$0! = 1$
$1! = 1$
$2! = 2$
$3! = 6$
$4! = 24$
$5! = 120$
$6! = 720$
$7! = 5\,040$
$8! = 40\,320$
$9! = 362\,880$

スターリングの公式 $n!$ についての近似の計算
$n! \approx \left(\dfrac{n}{e}\right)^n \sqrt{2\pi n}$
$9! \approx 359\,537$

二項係数 $\binom{n}{k}$

二項式 $(a+b)^n$ を展開して得られる係数を**二項係数**と呼ぶ. $\binom{n}{k}$ と書く (n choose k と読む).

$n = 0, 1, 2, \ldots$ かつ $k = 0, \ldots, n$ に対して, 以下が成り立つ.

$$\binom{n}{k} = \frac{n!}{(n-k)! \cdot k!}$$

$$\binom{n}{0} = \binom{n}{n} = 1$$

$$\binom{n}{1} = \binom{n}{n-1} = n$$

$$\binom{n}{2} = \binom{n}{n-2} = \frac{n(n-1)}{2}$$

$$\binom{n}{k} = \frac{n(n-1)\cdots(n-k+1)}{k!}$$

例:
$$\binom{4}{0} = \frac{4!}{4! \cdot 0!} = 1$$
$$\binom{4}{1} = \frac{4!}{3! \cdot 1!} = 4$$
$$\binom{4}{2} = \frac{4!}{2! \cdot 2!} = 6$$
$$\binom{4}{3} = \frac{4!}{1! \cdot 3!} = 4$$
$$\binom{4}{4} = \frac{4!}{0! \cdot 4!} = 1$$
$$\binom{49}{6} = \frac{49!}{43! \cdot 6!} = \frac{49 \cdot 48 \cdot 47 \cdot 46 \cdot 45 \cdot 44}{1 \cdot 2 \cdot 3 \cdot 4 \cdot 5 \cdot 6} = 13\,983\,816$$

$$\binom{n}{k} + \binom{n}{k+1} = \binom{n+1}{k+1}$$

$$\binom{n}{k} = \binom{n}{n-k}$$

$$\sum_{k=0}^{n} \binom{n}{k} = 2^n$$

$$\sum_{k=0}^{n} (-1)^k \binom{n}{k} = 0$$

$\binom{4}{2} + \binom{4}{3} = \binom{5}{3}$
$\quad 6 \; + \; 4 \; = \; 10$
パスカルの三角形の構成法則

$\binom{5}{3} = \dfrac{5 \cdot 4 \cdot 3}{1 \cdot 2 \cdot 3} = \dfrac{5 \cdot 4}{1 \cdot 2} = \binom{5}{2}$
パスカルの三角形の対称性

$\binom{3}{0} + \binom{3}{1} + \binom{3}{2} + \binom{3}{3} = 2^3$
$\quad 1 \; + \; 3 \; + \; 3 \; + \; 1 \; = 8$
パスカルの三角形の行和

$\binom{3}{0} - \binom{3}{1} + \binom{3}{2} - \binom{3}{3} = 0$
$\quad 1 \; - \; 3 \; + \; 3 \; - \; 1 \; = 0$
パスカルの三角形の交代和

二項係数 $\binom{n}{k}$ の計算に用いるパスカルの三角形								
n			二項係数 $\binom{n}{k}$					行和
0	各数はその上にある			1				$2^0 = 1$
1	左右 2 つの数の合計である．		1		1			$2^1 = 2$
2	例: $6 + 4 = 10$	1		2		1		$2^2 = 4$
3		1	3		3		1	$2^3 = 8$
4	1		4	**6** $+$	**4**	1		$2^4 = 16$
5	1	5		10	**10**	5	1	$2^5 = 32$
6	1	6	15	20	15	6	1	$2^6 = 64$
	↑	↑	↑	↑	↑	↑	↑	
	$\binom{6}{0}$	$\binom{6}{1}$	$\binom{6}{2}$	$\binom{6}{3}$	$\binom{6}{4}$	$\binom{6}{5}$	$\binom{6}{6}$	$2^6 = \sum_{k=0}^{6}\binom{6}{k}$

$$\text{二項係数} \quad (a+b)^n = \sum_{k=0}^{n}\binom{n}{k}a^{n-k}b^k, \ n \in \mathbb{N}$$

$$(a+b)^n = \binom{n}{0}a^n + \binom{n}{1}a^{n-1}b^1 + \binom{n}{2}a^{n-2}b^2 + \cdots + \binom{n}{k}a^{n-k}b^k + \cdots + \binom{n}{n}b^n$$

$$(a+b)^2 = a^2 + 2ab + b^2 = \binom{2}{0}a^2 + \binom{2}{1}ab + \binom{2}{2}b^2$$

$$(a+b)^3 = a^3 + 3a^2b + 3ab^2 + b^3 = \binom{3}{0}a^3 + \binom{3}{1}a^2b + \binom{3}{2}ab^2 + \binom{3}{3}b^3$$

$$\cdots \quad \cdots$$

$$(a+b)^6 = \binom{6}{0}a^6 + \binom{6}{1}a^5b^1 + \binom{6}{2}a^4b^2 + \binom{6}{3}a^3b^3 + \binom{6}{4}a^2b^4 + \binom{6}{5}a^1b^5 + \binom{6}{6}b^6$$

$$= 1\,a^6 + 6\,a^5b + 15\,a^4b^2 + 20\,a^3b^3 + 15\,a^2b^4 + 6\,ab^5 + 1\,b^6$$

特に:

$$(1+x)^n = \binom{n}{0} + \binom{n}{1}x + \binom{n}{2}x^2 + \cdots + \binom{n}{k}x^k + \cdots + \binom{n}{n-1}x^{n-1} + \binom{n}{n}x^n$$

$$= 1 + nx + \frac{n(n-1)}{2}x^2 + \cdots + nx^{n-1} + x^n$$

$$(1+x)^2 = 1 + 2x + x^2$$
$$(1+x)^3 = 1 + 3x + 3x^2 + x^3$$
$$(1+x)^4 = 1 + 4x + 6x^2 + 4x^3 + x^4$$
$$(1+x)^5 = 1 + 5x + 10x^2 + 10x^3 + 5x^4 + x^5$$
$$(1+x)^6 = 1 + 6x + 15x^2 + 20x^3 + 15x^4 + 6x^5 + x^6$$

x を $-x$ に置き換えると，符号も変化する．例:

$$(1-x)^6 = 1 - 6x + 15x^2 - 20x^3 + 15x^4 - 6x^5 + x^6$$

$$(a+b+c)^2 = a^2 + b^2 + c^2 + 2ab + 2ac + 2bc$$
$$(a+b+c)^3 = a^3 + b^3 + c^3 + 3a^2b + 3ab^2 + 3a^2c + 3ac^2 + 3b^2c + 3bc^2 + 6abc$$

1.1 実数

$\binom{r}{k}$ は，もともと $r \in \mathbb{N}$ のときのみ定義されたが，次のようにすべての実数 r に対しても定義される．

一般的二項係数 $\binom{r}{k}$

$r \in \mathbb{R}$ かつ $k = 1, 2, \ldots$ に対して，以下が成り立つ．

$$\boxed{\binom{r}{k} = \frac{r(r-1)\cdots(r-k+1)}{k!}}$$

$$\binom{r}{0} = 1 \qquad \binom{r}{1} = r$$

$$\binom{1/2}{n} = \frac{(-1)^{n+1}(2n)!}{2^{2n}(n!)^2(2n-1)}$$

$$\binom{-1/2}{n} = \frac{(-1)^n(2n)!}{2^{2n}(n!)^2}$$

例:
$$\binom{5}{3} = \frac{5 \cdot 4 \cdot 3}{3!} = 10$$
$$\binom{1.4}{3} = \frac{1.4 \cdot 0.4 \cdot (-0.6)}{3!} = -0.056$$
$$\binom{-2}{3} = \frac{(-2) \cdot (-3) \cdot (-4)}{3!} = -4$$
$$\binom{\pi}{2} = \frac{\pi \cdot (\pi - 1)}{2!} \approx 3.364$$
$$\binom{1/2}{2} = \frac{\frac{1}{2} \cdot (-\frac{1}{2})}{2!} = -\frac{1}{8}$$
$$\binom{-1/2}{2} = \frac{(-\frac{1}{2}) \cdot (-\frac{3}{2})}{2!} = \frac{3}{8}$$

一般二項定理，一般二項級数

$$(1+x)^r = \sum_{k=0}^{\infty} \binom{r}{k} x^k = \binom{r}{0} + \binom{r}{1} x + \binom{r}{2} x^2 + \binom{r}{3} x^3 + \cdots, \quad |x| < 1 \text{ のとき}$$

$$= 1 + rx + \frac{r(r-1)}{1 \cdot 2} x^2 + \frac{r(r-1)(r-2)}{1 \cdot 2 \cdot 3} x^3 + \cdots$$

$$\frac{1}{1+x} = \sum_{k=0}^{\infty} \binom{-1}{k} x^k = 1 - x + x^2 - x^3 + x^4 - x^5 + - \cdots, \quad |x| < 1 \text{ のとき}$$

$$\sqrt{1+x} = \sum_{k=0}^{\infty} \binom{1/2}{k} x^k = \binom{1/2}{0} + \binom{1/2}{1} x + \binom{1/2}{2} x^2 + \binom{1/2}{3} x^3 + \cdots$$
$$= 1 + \frac{1}{2} x - \frac{1}{8} x^2 + \frac{1}{16} x^3 - \frac{5}{128} x^4 + - \cdots, |x| < 1 \text{ のとき}$$

$$\frac{1}{\sqrt{1+x}} = \sum_{k=0}^{\infty} \binom{-1/2}{k} x^k = \binom{-1/2}{0} + \binom{-1/2}{1} x + \binom{-1/2}{2} x^2 + \binom{-1/2}{3} x^3 + \cdots$$
$$= 1 - \frac{1}{2} x + \frac{3}{8} x^2 - \frac{5}{16} x^3 + \frac{35}{128} x^4 - + \cdots, |x| < 1 \text{ のとき}$$

75–79 ページのべき級数，76 ページの等比級数も見よ．

ガンマ関数 $\Gamma(x)$

$$\Gamma(x) = \begin{cases} \displaystyle\int_0^{\infty} e^{-t} t^{x-1}\, dt & , \; x > 0 \\[2mm] \displaystyle\lim_{n \to \infty} \frac{n! \, n^{x-1}}{x(x+1)(x+2)\cdots(x+n-1)}, & \begin{array}{l} x \neq \\ 0, -1, -2, \cdots \\ (\text{極}) \end{array} \end{cases}$$

性質:

$\Gamma(x+1) = x \cdot \Gamma(x), \quad x \in \mathbb{R}$

$\Gamma(n) = (n-1)! \quad , \quad n \in \mathbb{N}$

$\Gamma(x) \cdot \Gamma(1-x) = \dfrac{\pi}{\sin \pi x}$

$\Gamma(x) \cdot \Gamma(x + \frac{1}{2}) = \dfrac{\sqrt{\pi}}{2^{2x-1}} \Gamma(2x)$

$\Gamma(\frac{1}{2}) = \sqrt{\pi}$

$\Gamma(-\frac{1}{2}) = -2\sqrt{\pi}$

$\Gamma(\frac{3}{2}) = \frac{1}{2}\sqrt{\pi}$

不等式の計算

$$a < b \Longrightarrow \begin{cases} a+c < b+c, \text{ すべての } c \text{ が実数のとき} \\ a \cdot c \lessgtr b \cdot c, \quad c \gtrless 0 \text{ のとき} \\ \frac{1}{a} \gtrless \frac{1}{b}, \quad ab \gtrless 0 \text{ のとき} \end{cases}$$

両辺に同じ数を加える．
$\frac{正}{負}$ の数の掛け算
逆数： a,b は $\frac{同}{異}$ 符号

$$\begin{array}{l} a < b,\ c < d \Longrightarrow a+c < b+d \\ 0 < a < b,\ 0 < c < d \Longrightarrow a \cdot c < b \cdot d \end{array}$$

同じ向きの不等式の
足し算 / 掛け算

すべての自然数 n に対し $\quad \begin{array}{l} 0 \leq a < b \Longrightarrow a^n < b^n \\ \phantom{0 \leq a < b} \Longrightarrow \sqrt[n]{a} < \sqrt[n]{b} \end{array}$ $\quad \begin{array}{l} \text{べき乗} \\ \text{べき根} \end{array}$ の単調性

これらの規則は，"$<$" を "$\leq$" に置き換えたときも成り立つ！

重要な不等式

相加相乗平均の不等式

$$\underbrace{\sqrt[n]{x_1 \cdots x_n}}_{\text{相乗平均}} \leq \underbrace{\frac{x_1 + \cdots + x_n}{n}}_{\text{相加平均}}, \quad x_i \geq 0$$

特に： $\sqrt{ab} \leq \frac{a+b}{2}, a, b \geq 0$ のとき

等号は $x_1 = x_2 = \cdots = x_n$ もしくは $a = b$ のとき，かつそのときに限り成り立つ．

ベルヌーイの不等式 $\quad (1+x)^n \geq 1+nx, \quad n \in \mathbb{N}, x \geq -2$ に対して

コーシー・シュワルツの不等式

$$\left(\sum_{k=1}^{n} x_k \cdot y_k \right)^2 \leq \sum_{k=1}^{n} x_k^2 \cdot \sum_{k=1}^{n} y_k^2, \quad x_k, y_k \in \mathbb{R} \text{ に対して}$$

$$(\vec{x} \cdot \vec{y})^2 \leq \vec{x}^2 \cdot \vec{y}^2, \quad \vec{x}, \vec{y} \in \mathbb{R}^n \text{ に対して}$$

$$|\vec{x} \cdot \vec{y}| \leq |\vec{x}| \cdot |\vec{y}|$$

ミンコフスキーの不等式

$$\sqrt{\sum_{k=1}^{n}(x_k+y_k)^2} \leq \sqrt{\sum_{k=1}^{n} x_k^2} + \sqrt{\sum_{k=1}^{n} y_k^2}, \quad x_k, y_k \in \mathbb{R} \text{ に対して}$$

$$||\vec{x}| - |\vec{y}|| \leq |\vec{x}+\vec{y}| \leq |\vec{x}| + |\vec{y}| \quad \text{三角不等式}, \vec{x}, \vec{y} \in \mathbb{R}^n \text{ に対して}$$

指数関数と対数関数に関する重要な不等式

$x + 1 \leq e^x \leq \frac{1}{1-x}$, $x < 1$ に対して

$\frac{x-1}{x} \leq \log x \leq x-1$, $x > 0$ に対して

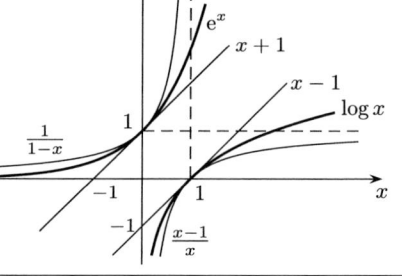

絶対値

$$|x| := \begin{cases} x, & x \geq 0 \text{ のとき} \\ -x, & x < 0 \text{ のとき} \end{cases}$$

$|x| = |-x| = \sqrt{x^2}$

$|xy| = |x| \cdot |y|$ かつ $\left|\frac{x}{y}\right| = \frac{|x|}{|y|}$, $y \neq 0$ に対して

$||x| - |y|| \leq |x \pm y| \leq |x| + |y|$ 三角不等式

$|x|$ は原点から数 x までの距離であり,
$|x - a|$ は数 a から数 x までの距離である.

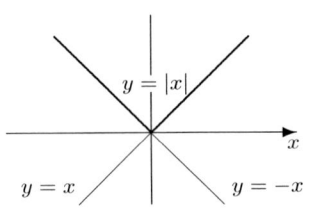

2 次方程式

解の公式

$$x^2 + px + q = 0 \iff x_{1,2} = -\frac{p}{2} \pm \sqrt{\frac{p^2}{4} - q}$$

判別式: $D = \frac{p^2}{4} - q$

$$ax^2 + bx + c = 0 \iff x_{1,2} = \frac{-b \pm \sqrt{b^2 - 4ac}}{2a}$$

判別式: $D = b^2 - 4ac$

(実係数の) **2 次方程式**

$\boxed{x^2 + px + q = 0}$

放物線 $y = x^2 + px + q$

例

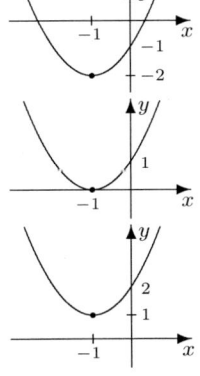

2つの異なった解を持つ $\iff D > 0$
$x^2 + 2x - 1 = 0$
$D = 2 > 0$
$x_{1,2} = -1 \pm \sqrt{2}$

1つの重解を持つ $\iff D = 0$
$x^2 + 2x + 1 = 0$
$D = 0$
$x_{1,2} = -1$

(実数)解がなく 2つの共役複素数解を持つ $\iff D < 0$
$x^2 + 2x + 2 = 0$
$D = -1 < 0$
$x_{1,2} = -1 \pm i$

2 次方程式 $x^2 + px + q = 0$ の解を x_1, x_2 とすると, 次のことが成り立つ.

$$x^2 + px + q = (x - x_1)(x - x_2) = x^2 - (x_1 + x_2)x + x_1 x_2$$

解と係数の関係: $x_1 + x_2 = -p$ = 零点の和
$x_1 \cdot x_2 = q$ = 零点の積

反復公式: $a > 0$ のときの $\sqrt{a}$ の近似値の計算:

反復公式 $a_0 = 1$ $a_{n+1} = \frac{1}{2}(a_n + \frac{a}{a_n})$ は $\sqrt{a}$ に収束する.

一般的に: $a_0 = 1$ $a_{n+1} = \frac{1}{k}((k-1)a_n + \frac{a}{a_n^{k-1}})$ は $\sqrt[k]{a}$ に収束する.

$$\boxed{\textbf{3 次方程式}}$$

$$\boxed{x^3 + ax^2 + bx + c = 0} \quad \text{標準形}$$

$x = y - \frac{a}{3}$ を代入すると $\boxed{y^3 + py + q = 0}$ 被約形

ここで, $p = \frac{3b-a^2}{3}$ かつ $q = \frac{2a^3}{27} - \frac{ab}{3} + c$ である.

判別式:

$D = \left(\frac{p}{3}\right)^3 + \left(\frac{q}{2}\right)^2$

	3次方程式の解
$D > 0$	1つの実数解と2つの共役複素数解
$D = 0$	3つの実数解, そのうち少なくとも2つは等しい解
$D < 0$	3つの異なった実数解

カルダノの公式:

$u := \sqrt[3]{-\frac{1}{2}q + \sqrt{D}}$ （可能ならば u を実数に選べ）

$v := -\frac{p}{3u}$ ($u = 0$ ならば, $v = 0$) とすると,

$\varrho_{1,2} := -\frac{1}{2} \pm \frac{1}{2}\sqrt{3}\,i$ かつ

被約形の解:
$\begin{cases} y_1 = u + v \\ y_2 = -\frac{1}{2}(u+v) + \frac{1}{2}(u-v)\sqrt{3}\,i = \varrho_1 u + \varrho_2 v \\ y_3 = -\frac{1}{2}(u+v) - \frac{1}{2}(u-v)\sqrt{3}\,i = \varrho_2 u + \varrho_1 v \end{cases}$

が得られる.

標準形の解 ($k = 1,2,3$ のとき): $\boxed{x_k = y_k - \frac{a}{3}}$

$D < 0$ のとき, 3次方程式は3つの実数解を持つ. 上の公式を使うと, $\sqrt{D}$ が実数でない場合には, 複素数の計算をしなければならない. これは以下のようにして回避することができる:

($D < 0$ の場合)
（例2を見よ）

$r := \sqrt{-\left(\frac{p}{3}\right)^3}$

$\cos\varphi := -\frac{q}{2r}$

$\begin{cases} y_1 = 2\sqrt[3]{r}\cos\frac{\varphi}{3} \\ y_2 = 2\sqrt[3]{r}\cos(\frac{\varphi}{3} + \frac{2\pi}{3}) \\ y_3 = 2\sqrt[3]{r}\cos(\frac{\varphi}{3} + \frac{4\pi}{3}) \end{cases}$

が得られる. **標準形の解は** ($k = 1,2,3$ のとき) また $\boxed{x_k = y_k - \frac{a}{3}}$ となる.

例1 3次方程式 $3x^3 + 16.3594x^2 + 82.9241x - 1.2997 = 0$ を解け.

$x^3 + 5.4531x^2 + 27.6414x - 0.4332 = 0$ 標準形,

$x = y - \frac{5.4531}{3}$ を代入すると, $y^3 + 17.7292y - 38.6655 = 0$ 被約形

判別式 $D = 580.1516 > 0$ (したがって, 1つの実数解と2つの共役複素数解を持つ).

$\begin{array}{l} u = 3.5147 \\ v = -1.6814 \end{array} \implies \begin{array}{l} y_1 = 1.8333 \\ y_2 = -0.9167 - 4.5i \\ y_3 = -0.9167 + 4.5i \end{array} \implies \boxed{\begin{array}{l} x_1 = 0.0156 \\ x_2 = -2.7344 - 4.5i \\ x_3 = -2.7344 + 4.5i \end{array}}$

例2 3次方程式 $18x^3 + 9x^2 - 17x + 4 = 0$ を解け.

$x^3 + 0.5x^2 + 0.9444x - 0.2222 = 0$ 標準形,

$x = y - \frac{0.5}{3} = y - 0.1667$ を代入すると, $y^3 - 1.0278y + 0.3889 = 0$ 被約形

判別式 $D = -0.0024 < 0$ (したがって, 3つの異なる実数解を持つ). 実際に計算すると

$\begin{array}{lcl} r &=& \sqrt{-(\frac{p}{3})^3} = 0.2005 \\ \cos\varphi &=& -\frac{q}{2r} = -0.9697 \\ \varphi &=& \arccos(-\frac{q}{2r}) = 2.8947 \end{array} \implies \begin{array}{l} y_1 = 0.6667 \\ y_2 = -1.1667 \\ y_3 = 0.5 \end{array} \implies \boxed{\begin{array}{lcl} x_1 &=& 0.5 &=& 1/2 \\ x_2 &=& -1.3333 &=& -4/3 \\ x_3 &=& 0.3333 &=& 1/3 \end{array}}$

1.1 実数

$$\boxed{\textbf{4 次方程式}}$$

$\boxed{x^4 + ax^3 + bx^2 + cx + d = 0}$ 　標準形

$x = y - \dfrac{a}{4}$ を代入すると, $\boxed{y^4 + py^2 + qy + r = 0}$ 　被約形

$\boxed{z^3 + 2pz^2 + (p^2 - 4r)z - q^2 = 0}$ 　3 次分解方程式

このとき, $p = b - \dfrac{3}{8}a^2$, $q = c - \dfrac{ab}{2} + \dfrac{a^3}{8}$, $r = d - \dfrac{ac}{4} + \dfrac{a^2 b}{16} - \dfrac{3a^4}{256}$ となる.

4 次方程式の解の挙動は 3 次分解方程式の解の挙動に依存する.
はじめに, その解を計算する (3 次方程式については 8 ページを見よ).

3 次分解方程式	4 次方程式
3 解とも実数で正[a]	4 つの実数解
すべての解が実数で, 正の数が 1 つ, 負の数が 2 つ[a]	2 組の共役複素数解
1 つの実数解と 2 つの共役複素数解	2 つの実数解と 1 組の共役複素数解

z_1, z_2, z_3 は 3 次分解方程式の (8 ページ) の解であり, 以下を計算する.

w_1 を $w^2 = z_1$ の解の 1 つ
w_2 を $w^2 = z_2$ の解の 1 つとして
$w_3 = -\dfrac{q}{w_1 \cdot w_2}$ $\left(\begin{array}{l}\text{このとき } w_3 \text{ は } w^2 = z_3 \text{ の解の 1 つである.} \\ \text{ただし, } w_1 \cdot w_2 = 0 \text{ の場合, } w_3 = 0 \text{ とする.}\end{array}\right)$ を定める.

被約形の解:
$\begin{cases} y_1 = (+w_1 + w_2 + w_3)/2 \\ y_2 = (+w_1 - w_2 - w_3)/2 \\ y_3 = (-w_1 + w_2 - w_3)/2 \\ y_4 = (-w_1 - w_2 + w_3)/2 \end{cases}$

標準形の解 ($k = 1, \ldots, 4$ のとき): $\boxed{x_k = y_k - \dfrac{a}{4}}$

例　4 次方程式 $4x^4 + 15x^3 + 32x^2 + 31x - 10 = 0$ を解け.

$x^4 + 3.75x^3 + 8x^2 + 7.75x - 2.5 = 0$ 　標準形, $x = y - \dfrac{3.75}{4} = y - 0.9375$ を代入すると,
$y^4 + 2.7266y^2 - 0.6582y - 5.0518 = 0$ 　被約形
$z^3 + 5.4531z^2 + 27.6414z - 0.4332 = 0$ 　3 次分解方程式 (前のページを見よ)

$\begin{array}{l} z_1 = 0.0156 \\ z_2 = -2.7344 - 4.5i \\ z_3 = -2.7344 + 4.5i \end{array} \implies \begin{array}{l} w_1 = 0.125 \\ w_2 = -1.125 + 2i \\ w_3 = -1.125 - 2i \end{array} \implies \begin{array}{l} y_1 = -1.0625 \\ y_2 = -1.1875 \\ y_3 = -0.0625 + 2i \\ y_4 = -0.0625 - 2i \end{array} \implies \boxed{\begin{array}{l} x_1 = -2 \\ x_2 = 0.25 \\ x_3 = -1 + 2i \\ x_4 = -1 - 2i \end{array}}$

---
[a] 解と係数の関係により, 解の積は正である. つまり, $z_1 z_2 z_3 = q^2 > 0$.

4 次より高次の方程式に対して, 一般解の公式はない.

整数係数多項式の解

$$f(x) = a_n x^n + a_{n-1} x^{n-1} + \cdots + a_1 x + a_0$$

$f(x)$ が整数係数多項式 (すべての a_i が整数) のとき, 次が成り立つ.
 (1) 整数解はすべて a_0 の約数である.
  $$f(x_0) = 0 \text{ かつ } x_0 \in \mathbb{Z} \implies x_0 \mid a_0$$
さらに, 最高次の係数 $a_n = 1$ とすると, 次が得られる.
 (2) 有理解はすべて整数で, a_0 の約数である.
  $$f(x_0) = 0 \text{ かつ } x_0 \in \mathbb{Q} \implies x_0 \in \mathbb{Z} \text{ かつ } x_0 \mid a_0$$

$f(x) = x^n + a_{n-1} x^{n-1} + \cdots + a_1 x + a_0$ は整数係数の多項式である. 例えば組立除法を用いて a_0 の約数を調べる. そして, 有理数解をすべて見つける. 属する因子を分離 (11 ページの組立除法, 通常の除法, 多項式の除法を用いる) した後で, 2 次よりも高次の多項式が残ったならば, 近似法か, 場合によっては別の実数 (無理数) 解を求める方法を用いる.

f は整数係数多項式であるが, $a_n \neq 1$ のときは以下の 2 番目の例を見よ.

例

多項式 $x^3 - 3x^2 + x - 3$ の解を推定せよ.

-3 の約数は $\pm 1, \pm 3$

試してみると: $x_1 = 3$ は $x^3 - 3x^2 + x - 3$ の零点である.
除法を返す: $(x^3 - 3x^2 + x - 3)/(x - 3) = x^2 + 1$
$x^2 + 1$ は実数の零点がないので, $\underline{x_1 = 3}$ は $x^3 - 3x^2 + x - 3$ の唯一の実数の零点であり, 次が得られる: $x^3 - 3x^2 + x - 3 = (x - 3)(x^2 + 1)$

例

多項式 $6x^4 + 7x^3 - 13x^2 - 4x + 4$ の零点を推測せよ.

4 の約数は $\pm 1, \pm 2, \pm 4$, 6 の約数は $\pm 1, \pm 2, \pm 3, \pm 6$

> 既約分数 $\dfrac{p}{q}$ が多項式
> $f(x) = a_n x^n + a_{n-1} x^{n-1} + \cdots + a_1 x + a_0$ の零点ならば,
> p は $a_0 (= 4)$ の約数であり, q は $a_n (= 6)$ の約数である.

したがって, 有理数の零点として次の分数 $\dfrac{p}{q}$ のみ候補になる:
$$\frac{p}{q} = \pm 1, \pm \tfrac{1}{2}, \pm \tfrac{1}{3}, \pm \tfrac{1}{6}, \pm 2, \pm \tfrac{2}{3}, \pm 4, \pm \tfrac{4}{3}$$

代入することですべての零点を探す: $\underline{1, \tfrac{1}{2}, -2, -\tfrac{2}{3}}$

$$6x^4 + 7x^3 - 13x^2 - 4x + 4 = 6(x-1)(x-\tfrac{1}{2})(x+2)(x+\tfrac{2}{3})$$
$$= (x-1)(2x-1)(x+2)(3x+2) \text{ が得られる.}$$

1.1 実数

組立除法は 1 つの計算方法であり，それを使って多項式
$$f(x) = a_n x^n + a_{n-1} x^{n-1} + \cdots + a_1 x + a_0$$
に対して，最小限の計算労力で点 x_0 において以下のものを計算することができる:

(1) 関数の値 $f(x_0)$

(2) $f(x)$ を 1 次の因数で割る．すなわち，$\dfrac{f(x)}{x-x_0}$

(3) 微分係数 $f'(x_0), f''(x_0), \ldots, f^{(n)}(x_0)$

(4) f について点 x_0 まわりでのテーラー展開

多項式 $f(x)$ の係数を降べきの順 $a_n, a_{n-1}, \ldots, a_0$ に次々に書く (x^k の項がない場合には $a_k = 0$ を忘れないこと)．x_0 を 2 行目に書き，3 行目のはじめに a_n を書く．矢印で示したように (例を見よ) x_0 を掛けながら次に進む．横線より上にある 2 つの数を足し算したものを横線の下に書き，その和と x_0 を掛ける．

例　$f(x) = x^3 - x^2 - 9x + 13$ に対し，$f(3)$ と $\dfrac{f(x)}{x-3}$ を計算せよ．

組立除法

$$f(x) = x^3 - x^2 - 9x + 13, \quad x_0 = 3$$

$$
\begin{array}{r|rrrr}
 & 1 & -1 & -9 & 13 \\
x_0 = 3 & & 3 & 6 & -9 \\
\hline
 & 1 & 2 & -3 & \boxed{4} = f(3)
\end{array}
$$

以下のことが分かる．

(1) 3 行目の最後の行は関数の値 $f(x_0)$ である．ここで，$f(3) = 4$

(2) 3 行目の残りの数は，$f(x)$ を 1 次の因数 $x - x_0$ で割って得られる多項式 $g(x)$ の係数である．

$\dfrac{f(x)}{x-x_0} = g(x) + \dfrac{f(x_0)}{x-x_0}$　ここで: $\dfrac{x^3 - x^2 - 9x + 13}{x-3} = \mathbf{1}x^2 + \mathbf{2}x - \mathbf{3} + \dfrac{4}{x-3}$

因数定理: $f(x_0) = 0$ のとき，かつそのときに限り，$f(x)$ は $x - x_0$ で割りきれる．

組立除法はまた，複素数の係数に対しても使うことができる．

例

多項式 $f(z) = z^3 - (1+i)z^2 - (2-i)z + 2i$ に対し，$f(i)$ と $\dfrac{f(z)}{z-i}$ を計算せよ．

複素数における組立除法

$$
\begin{array}{r|rrrr}
 & 1 & -1-i & -2+i & 2i \\
z_0 = i & & i & -i & -2i \\
\hline
 & 1 & -1 & -2 & 0 = f(i)
\end{array}
$$

そして，$\dfrac{f(z)}{z-i} = z^2 - z - 2$

例

多項式 $f(x) = 2x^4 - x^3 - x - 18$ に対し，
$f(2), f'(2), f''(2), f^{(3)}(2), f^{(4)}(2)$，ならびに $\dfrac{f(x)}{x-2}$ と $x_0 = 2$ まわりの f のテーラー展開 (f を $x - 2$ のべきで再整理する) を計算せよ．

完全なホーナー法

$$
\begin{array}{r|ccccc}
 & 2 & -1 & 0 & -1 & -18 \; + \\
x_0 = 2 & & 4 & 6 & 12 & 22 \; + \\
\hline
 & 2 & 3 & 6 & 11 & \boxed{4} = \dfrac{f(2)}{0!} \implies f(2) = 4 \\
x_0 = 2 & & 4 & 14 & 40 \\
\hline
 & 2 & 7 & 20 & \boxed{51} = \dfrac{f'(2)}{1!} \implies f'(2) = 51 \\
x_0 = 2 & & 4 & 22 \\
\hline
 & 2 & 11 & \boxed{42} = \dfrac{f''(2)}{2!} \implies f''(2) = 42 \cdot 2! = 84 \\
x_0 = 2 & & 4 \\
\hline
 & 2 & \boxed{15} = \dfrac{f^{(3)}(2)}{3!} \implies f^{(3)}(2) = 15 \cdot 3! = 90 \\
x_0 = 2 \\
\hline
 & \boxed{2} = \dfrac{f^{(4)}(2)}{4!} \implies f^{(4)}(2) = 2 \cdot 4! = 48
\end{array}
$$

以下のことが分かる．

(1) 3 行目の最後の数は関数の値 $f(x_0)$ である．ここで，$f(2) = 4$

(2) 3 行目の残りの数は $f(x)$ を 1 次の因数 $x - x_0$ で割って得られる多項式 $g(x)$ の係数である．
$$\dfrac{f(x)}{x-x_0} = g(x) + \dfrac{f(x_0)}{x-x_0} \quad \text{ここで} \quad \dfrac{2x^4-x^3-x-18}{x-2} = 2x^3 + 3x^2 + 6x + 11 + \dfrac{4}{x-2}$$

(3) 微分係数： $f'(2) = 51, \; f''(2) = 84, \; f'''(2) = 90, \; f''''(2) = 48$

(4) テーラー展開の係数は上述のホーナー法において枠で囲んだ数である：

$$f(x) = \underbrace{2x^4 - x^3 - x - 18}_{\substack{x \text{ のべきで}\\ \text{整頓された } f}} = \underbrace{\boxed{2}(x-2)^4 + \boxed{15}(x-2)^3 + \boxed{42}(x-2)^2 + \boxed{51}(x-2) + \boxed{4}}_{\substack{f \text{ の 2 のまわりでの}\\ \text{テーラー展開}}} = \underbrace{}_{\substack{(x-2) \text{ のべきで}\\ \text{再整頓された } f}}$$

(5) $(x - 2)$ のべきの整頓後の係数はすべて ≥ 0 である．したがって, f の零点で > 2 のものはない．

例 (ユークリッドの互除法)

42 と 9 の最大公約数 $\gcd(42,9)$ を選び, ディオファントス方程式 (不定方程式) $42x + 9y = \gcd(42,9)$ を解け．

剰余付き割り算：
$42 = 4 \cdot 9 + 6$
$9 = 1 \cdot 6 + \underline{3}$
$6 = 2 \cdot 3$
$\Rightarrow \underline{3} = \gcd(42,9)$.

gcd はもとの数の倍数の和になる：
$3 = 9 - 1 \cdot 6$
$3 = 9 - 1 \cdot (42 - 4 \cdot 9)$
$3 = -1 \cdot 42 + 5 \cdot 9$

ディオファントス方程式
$42x + 9y = 3$ あるいは $14x + 3y = 1$ のすべての解は：$(x,y) = (-1,5) + m(3,-14)$, $m \in \mathbb{Z}$ となる．
[EM 1 巻の 37 ページ以降と 47 ページ以降を参照せよ].

2 幾何学

2.1 角, 三角形, 四角形, n 角形

$\boxed{\text{角}}$

$$\boxed{\text{度数法と弧度法の換算}}$$

- 角 α 度と
- それに相当する単位円の弧の長さ b との間に次の関係が存在する．

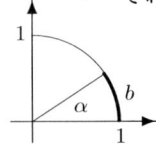

$$\boxed{\frac{\alpha}{180°} = \frac{b}{\pi}} \quad \begin{array}{l} \alpha = \frac{b}{\pi}180°, \quad b = 1 \implies \alpha = \frac{180°}{\pi} \approx 57.296° \\ b = \frac{\alpha}{180°}\pi, \quad \alpha = 1° \implies b = \frac{1°}{180°}\pi \approx 0.017 \end{array}$$

電卓を使う場合，度数法 (DEG) で示しているのか，弧度法 (RAD) で示しているのか確かめよ (関数電卓では，度数法を示すときに DEG, 弧度法を示すときに RAD にする).

直線を平行線で切ると, 2つの角は等しいか, 和が $180°$ である．

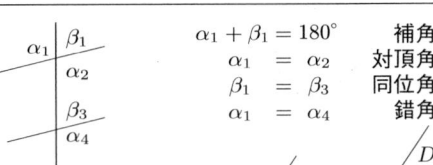

$\alpha_1 + \beta_1 = 180°$ 補角
$\alpha_1 = \alpha_2$ 対頂角
$\beta_1 = \beta_3$ 同位角
$\alpha_1 = \alpha_4$ 錯角

平行線と比の定理

$\overline{SA} : \overline{SC} = \overline{SB} : \overline{SD} = \overline{AB} : \overline{CD}$

$\boxed{\text{三角形}}$

合同条件

以下が等しいとき, 2つの三角形は合同である.	記号	不足している辺/角の計算
(1) 3辺	(sss) 三辺相等	余弦定理
(2) 2辺とその間の角	(sws) 二辺夾角相等	余弦定理
(3) 1辺とその両端の角	(wsw)(sww) 一辺両端角相等 / 二角夾辺相等	正弦定理
(4) 2辺と2辺のうち大きな辺の対角	(SsW)	正弦定理

相似条件:

以下が等しいとき, 2つの三角形は相似である.
(1) 3辺の比
(2) 2辺の比とその間の角
(3) 2角
(4) 2辺の比と2辺のうち大きな辺の対角

直角三角形

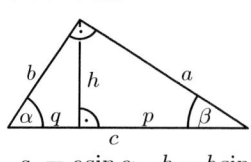  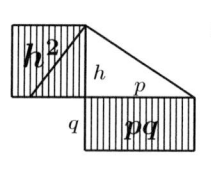 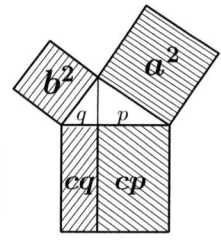

$a = c\sin\alpha, \quad h = b\sin\alpha$
$b = c\cos\alpha$
$F = \frac{1}{2}a^2 \tan\beta = \frac{1}{2}ab$
$ = \frac{1}{2}a^2 \cot\alpha$
$r_i = \frac{1}{2}(a+b-c)$

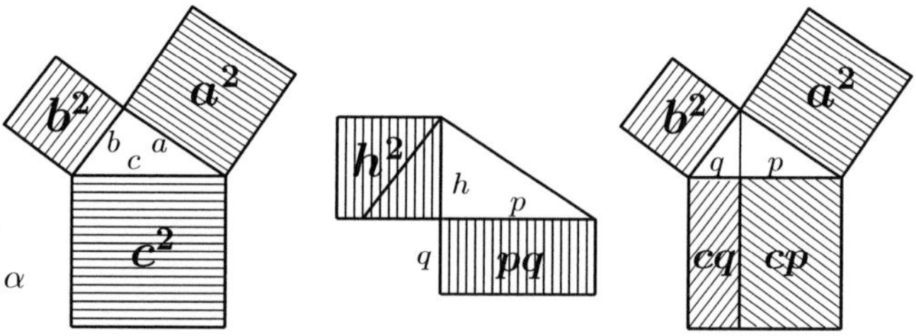

ピタゴラス (三平方) の定理
$a^2 + b^2 = c^2 \qquad h^2 = pq \qquad a^2 = cp \ , \ b^2 = cq$

正三角形

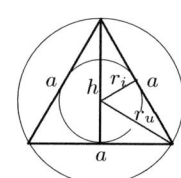

面積 $\quad F = \frac{\sqrt{3}}{4}a^2 \qquad$ 高さ $\quad h = \frac{\sqrt{3}}{2}a$

半径 $\begin{cases} \text{内接円} & r_i = \frac{\sqrt{3}}{6}a, \quad r_i = \frac{1}{2}r_u \\ \text{外接円} & r_u = \frac{\sqrt{3}}{3}a, \quad r_i + r_u = h \end{cases}$

一般的な三角形

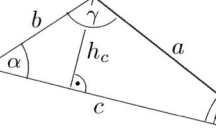

余弦定理
$c^2 = a^2 + b^2 - 2ab\cos\gamma$

正弦定理
$\dfrac{a}{\sin\alpha} = \dfrac{b}{\sin\beta} = \dfrac{c}{\sin\gamma} = 2r_u$

面積 $\quad F = \frac{1}{2}ch_c = \frac{1}{2}ab\sin\gamma = r_i s = \dfrac{abc}{4r_u}$
$ = \sqrt{s(s-a)(s-b)(s-c)}$
$ = a^2 \dfrac{\sin\beta\sin\gamma}{2\sin\alpha}$
$ = 2r_u \sin\alpha \sin\beta \sin\gamma$

$h_c = $ 高さ
$s = \frac{1}{2}(a+b+c)$

周りの長さ $\quad U = a+b+c = 2s = 8r_u \cos\frac{\alpha}{2}\cos\frac{\beta}{2}\cos\frac{\gamma}{2}$

内角の和 $\quad \alpha + \beta + \gamma = 180°$

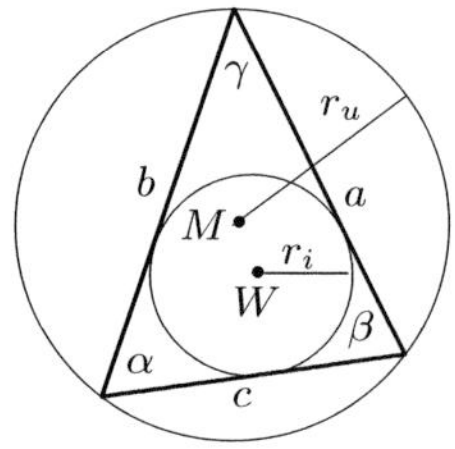

半径 $\begin{cases} \text{内接円} & r_i = 4r_u \sin\frac{\alpha}{2}\sin\frac{\beta}{2}\sin\frac{\gamma}{2} \\ \text{外接円} & r_u = \dfrac{abc}{4F} = \dfrac{a}{2\sin\alpha} = \dfrac{b}{2\sin\beta} = \dfrac{c}{2\sin\gamma} \end{cases}$

高さの交点 $\quad = H$
中線の交点 $\quad = S = $ 重心
角の二等分線の交点 $= W = $ 内心
垂直二等分線の交点 $= M = $ 外心

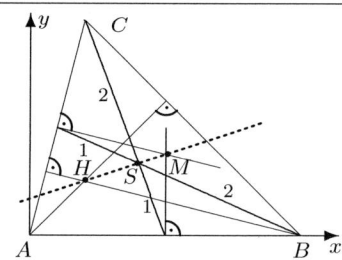

S はどの中線も $2:1$ の比で分けている.
H, S, M は一直線上にある (オイラーの直線).
$\overline{HS} : \overline{SM} = 2 : 1$ となる.

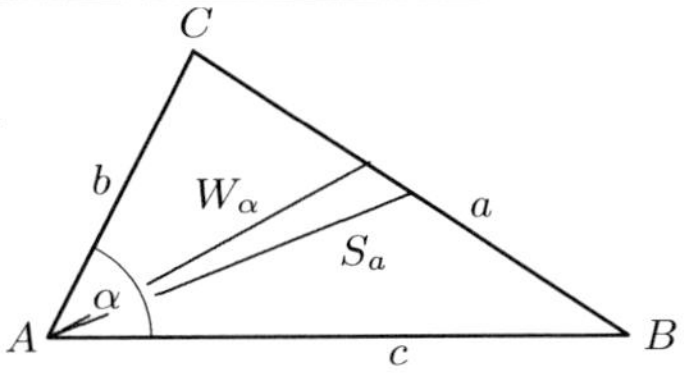

2.1 角, 三角形, 四角形, n 角形

角の二等分線の長さ: $W_\alpha = \dfrac{1}{b+c}\sqrt{bc\left((b+c)^2 - a^2\right)}$

中線の長さ: $S_a = \dfrac{1}{2}\sqrt{2(b^2+c^2) - a^2}$

タレスの定理
直径に対する円周角は直角である.

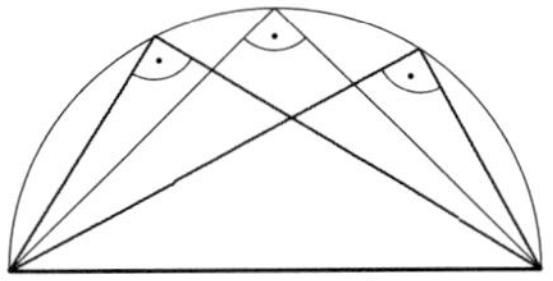

四角形

一般的な四角形

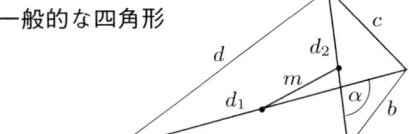

内角の和 $= 360°$
面積 $F = \dfrac{1}{2}d_1 d_2 \sin\alpha$
$a^2 + b^2 + c^2 + d^2 = d_1^2 + d_2^2 + 4m^2$

$m:$ 対角線の中点を結ぶ線分の長さ

平行四辺形

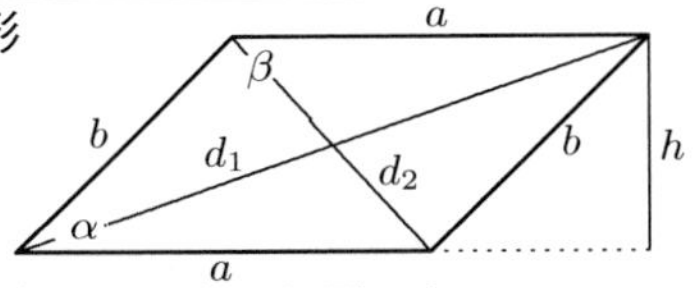

角 $\alpha + \beta = 180°$
高さ $h = b\sin\alpha = b\sin\beta$
対角線 $d_1^2 + d_2^2 = 2(a^2 + b^2)$
面積 $F = ah = ab\sin\alpha$

ある四角形が 平行四辺形である
$\iff$ 向かい合った 2 組の辺がそれぞれ等しい長さである $\iff$ 向かい合った 2 組の辺がそれぞれ平行である $\iff$ 向かい合った 2 組の対角がそれぞれ等しい $\iff$ 1 組の対辺が平行かつ等しい長さである $\iff$ 2 つの対角線は互いを 2 等分する

ひし形

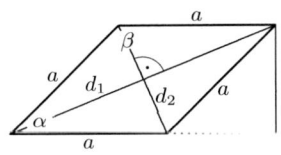

高さ $h = a\sin\alpha = a\sin\beta$
対角線 $d_1^2 + d_2^2 = 4a^2$
$d_1 = 2a\cos\dfrac{\alpha}{2}$
$d_2 = 2a\sin\dfrac{\alpha}{2}$
面積 $F = ah = a^2\sin\alpha = \dfrac{1}{2}d_1 d_2$

ある 平行四辺形 がひし形である
$\iff$ すべての辺が等しい長さである
$\iff$ 対角線が角の二等分線である
$\iff$ 対角線が互いに垂直に交わっている

台形

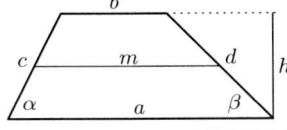

$m = \dfrac{a+b}{2}$

2 辺が平行であるとき, この四角形を台形と呼ぶ.
高さ $h = c\sin\alpha = d\sin\beta,$
面積 $F = mh = \dfrac{1}{2}(a+b)h$

正方形

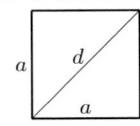

対角線 $d = a\sqrt{2}$
辺 $a = \dfrac{1}{2}\sqrt{2}\,d = \sqrt{F}$
面積 $F = a^2$

弦で囲まれた四角形

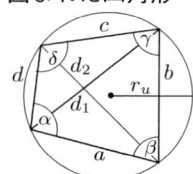

ある四角形が円に 内接する
$\iff \alpha+\gamma=\beta+\delta$

外接円の半径 $r_u = \dfrac{1}{4F}\sqrt{(ab+cd)(ac+bd)(ad+bc)}$

面積 $F = \sqrt{(s-a)(s-b)(s-c)(s-d)}$

ただし $s=\dfrac{1}{2}(a+b+c+d)$

トレミーの定理: 対角線の長さの積は対辺の長さの積の和に等しい．
$d_1 d_2 = ac + bd$

外接する四角形

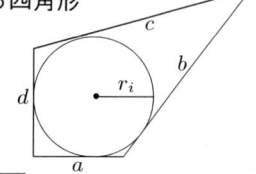

ある四角形が円に 外接する
$\iff a+c=b+d$

まわりの長さ $U = 2(a+c) = 2(b+d)$

内接円の半径 $r_i = \dfrac{2F}{U}$

面積 $F = \dfrac{1}{2}Ur_i$

正 n 角形

正 n 角形とは，n 本の辺と n 個の角が等しい多角形である．

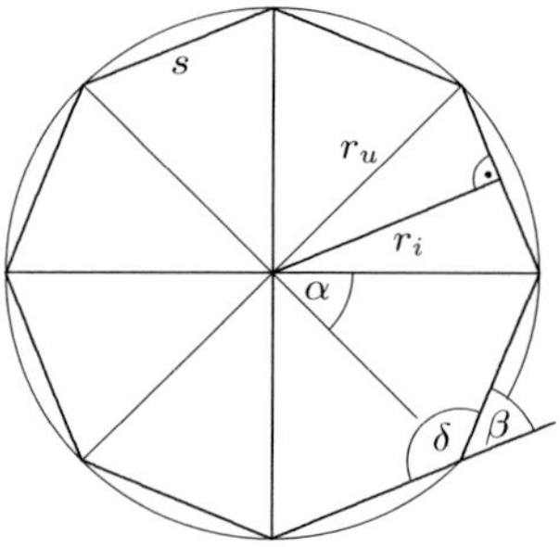

中心角 $\alpha = \dfrac{1}{n}360°$

外角 $\beta = \dfrac{1}{n}360°$ $\alpha = \beta$

内角 $\delta = 180° - \alpha = \dfrac{n-2}{n}180°$

内角の和 $= (n-2)180°$

辺 $s = 2\sqrt{r_u^2 - r_i^2} = 2r_u \sin\dfrac{\alpha}{2} = 2r_i \tan\dfrac{\alpha}{2}$

内接円の半径 $r_i = \dfrac{s}{2}\cot\dfrac{180°}{n} = r_u \cos\dfrac{180°}{n} = r_u \cos\dfrac{\alpha}{2}$

外接円の半径 $r_u = \dfrac{s}{2\sin\dfrac{180°}{n}}, \quad r_u^2 = r_i^2 + \dfrac{1}{4}s^2$

面積 $F = \dfrac{1}{2}nsr_i = nr_i^2 \tan\dfrac{\alpha}{2} = \dfrac{1}{2}nr_u^2 \sin\alpha = \dfrac{1}{4}ns^2 \cot\dfrac{\alpha}{2}$

正八角形

n	辺の長さ s	外接円の半径 r	面積 F	
5	$\dfrac{1}{2}\sqrt{10-2\sqrt{5}}\,r$	$\dfrac{1}{10}\sqrt{50+10\sqrt{5}}\,s$	$\dfrac{5}{8}\sqrt{10+2\sqrt{5}}\,r^2$	$=\dfrac{1}{4}\sqrt{25+10\sqrt{5}}\,s^2$
6	r	s	$\dfrac{3}{2}\sqrt{3}\,r^2$	$=\dfrac{3}{2}\sqrt{3}\,s^2$
8	$\sqrt{2-\sqrt{2}}\,r$	$\dfrac{1}{2}\sqrt{4+2\sqrt{2}}\,s$	$2\sqrt{2}\,r^2$	$=2(\sqrt{2}+1)\,s^2$
10	$\dfrac{1}{2}(\sqrt{5}-1)\,r$	$\dfrac{1}{2}(\sqrt{5}+1)\,s$	$\dfrac{5}{4}\sqrt{10-2\sqrt{5}}\,r^2$	$=\dfrac{5}{2}\sqrt{5+2\sqrt{5}}\,s^2$
$2n$	$s_{2n} = \sqrt{2r^2 - r\sqrt{4r^2 - s_n^2}}$			

2.2 黄金分割

黄金分割

線分全体と長い方の線分の比が，長い方の線分と短い方の線分の比に等しいとき，線分は黄金分割されているという．

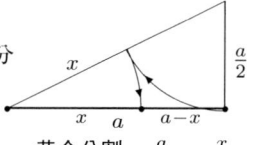

$$\dfrac{\text{線分全体}}{\text{長い方の線分}} = \dfrac{\text{長い方の線分}}{\text{短い方の線分}}$$

黄金分割: $\dfrac{a}{x} = \dfrac{x}{a-x}$

分割比 $\approx 61.8\% = 0.618$

$x = \dfrac{\sqrt{5}-1}{2}a \approx \mathbf{0.618}\,a$

2.3 円，楕円，双曲線，放物線

  円とは，固定点 (中心) M から等しい距離 (半径) にあるすべての点の集合である．

記号:

- r 半径
- d 直径 $= 2r$
- U 円周 $= 2\pi r$
- α 中心角
- β 円周角，$2\beta = \alpha$
- γ 円の接線とその接点を通る弦が作る角，$\gamma = \beta$
- b α に対する弧
- s α に対する弦
- M $=(x_m, y_m)$ 円の中心

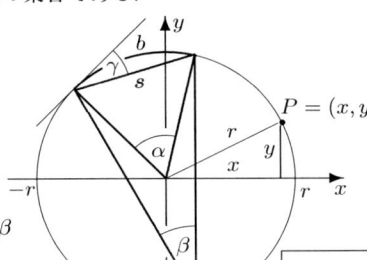

円
$$x^2 + y^2 = r^2$$

パラメータ表記
$$\vec{x}(t) = \begin{pmatrix} r\cos t \\ r\sin t \end{pmatrix}$$
$$0 \leq t \leq 2\pi$$

一般的な円の方程式
$$(x - x_m)^2 + (y - y_m)^2 = r^2$$

	円 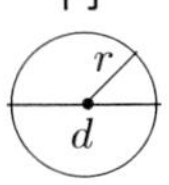	円弧 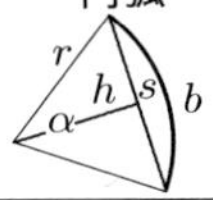	扇形 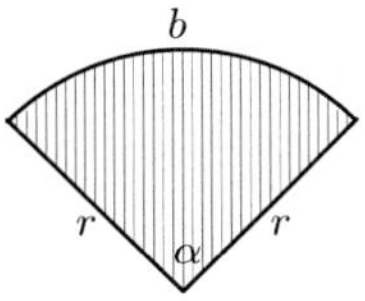	弓形 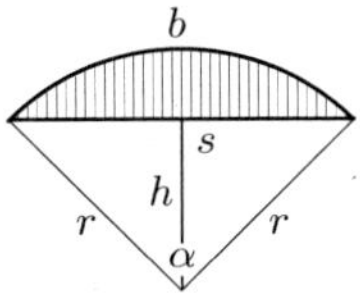
長さ	$U = 2\pi r$ $U = \pi d$	$b = \dfrac{\pi r}{180}\alpha$ $s = 2r\sin\dfrac{\alpha}{2}$ $h = r\cos\dfrac{\alpha}{2}$ $h = \dfrac{1}{2}\sqrt{4r^2 - s^2}$		
面積	$F = \pi r^2$		$F = \dfrac{1}{2}br$ $F = \dfrac{\pi\alpha}{360}r^2$	$F = \dfrac{1}{2}(br - sh)$ $F = \dfrac{r^2}{2}\left(\dfrac{\pi\alpha}{180} - \sin\alpha\right)$
中心 M から角の二等分線上の重心 S までの距離 a		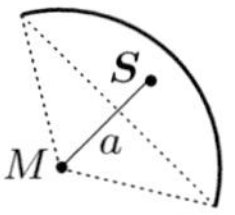 $a = \dfrac{rs}{b}$	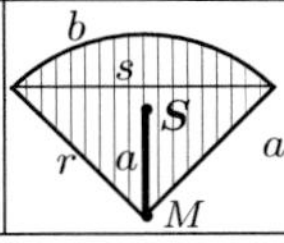 $a = \dfrac{2}{3}\dfrac{rs}{b}$	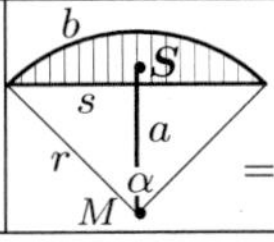 $a = \dfrac{1}{12}\dfrac{s^3}{F}$ $= \dfrac{2}{3}\dfrac{r^3}{F}\sin^3\dfrac{\alpha}{2}$

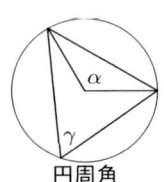

円周角
$\gamma = \dfrac{1}{2}\alpha$

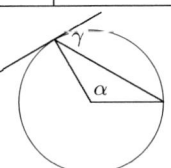

接線とその接点を通る弦が作る角
$\gamma = \dfrac{1}{2}\alpha$

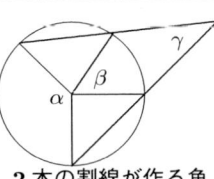

2 本の割線が作る角
$\gamma = \dfrac{1}{2}(\alpha - \beta)$

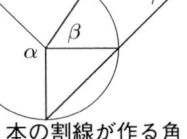

弦の定理
$\overline{SA} \cdot \overline{SB} = \overline{SC} \cdot \overline{SD}$
$= r^2 - m^2$

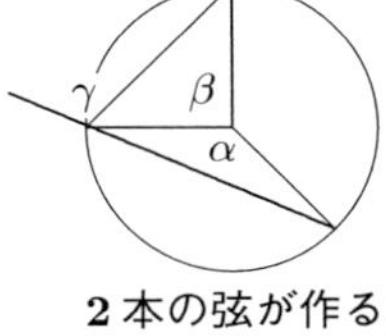

2 本の弦が作る角
$\gamma = \dfrac{1}{2}(\alpha + \beta)$

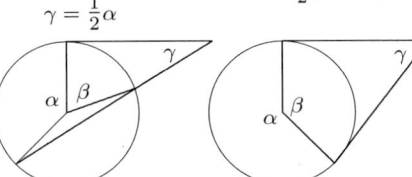

割線と接線が作る角
$\gamma = \dfrac{1}{2}(\alpha - \beta)$

2 本の接線が作る角
$\gamma = \dfrac{1}{2}(\alpha - \beta)$

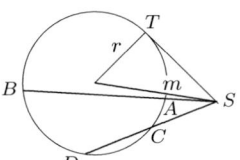

割線と接線の定理
$\overline{SA} \cdot \overline{SB} = \overline{SC} \cdot \overline{SD} = \overline{ST}^2$
$= m^2 - r^2$

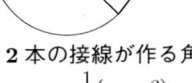
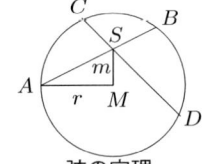

円 *(17ページも見よ)*

円とは, (中心) M から等しい距離 (半径) r にある,
平面上のすべての点 P の集合である.

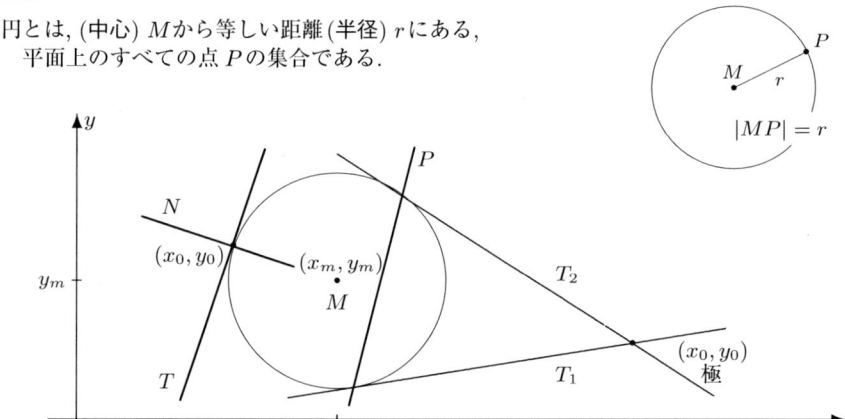

$|MP| = r$

1つの円外の極 (x_0,y_0) から円に向かって引いた2つの接線は点 (x_0,y_0) の極線 P と円の交点
において円に接する.

円	$M = (0,0)$ に対する 円の元の形	$M = (x_m, y_m)$ に対する 円の標準形
円の方程式	$x^2 + y^2 = r^2$	$(x - x_m)^2 + (y - y_m)^2 = r^2$
接線 T	$x_0 x + y_0 y = r^2$	$(x_0 - x_m)(x - x_m) + (y_0 - y_m)(y - y_m) = r^2$
法線 N	$-y_0 x + x_0 y = 0$	$-(y_0 - y_m)(x - x_m) + (x_0 - x_m)(y - y_m) = 0$
極線 P	$x_0 x + y_0 y = r^2$	$(x_0 - x_m)(x - x_m) + (y_0 - y_m)(y - y_m) = r^2$

接線 T と法線 N は円周上の点 (x_0, y_0) におけるもので, 極線 P に対する極 (x_0, y_0)
は円外の点におけるもの.

例: $x^2 - 2x + y^2 + 4y - 20 = 0$ は円の方程式である. 以下を求めよ:
- (a) 円の標準形, 中心 M, 半径 r を求め, 円の標準形を求めよ.
- (b) 接点 $(-3,1)$ を通る接線 T を求めよ.
- (c) 極 $(8,-3)$ を通る2接線を求めよ. 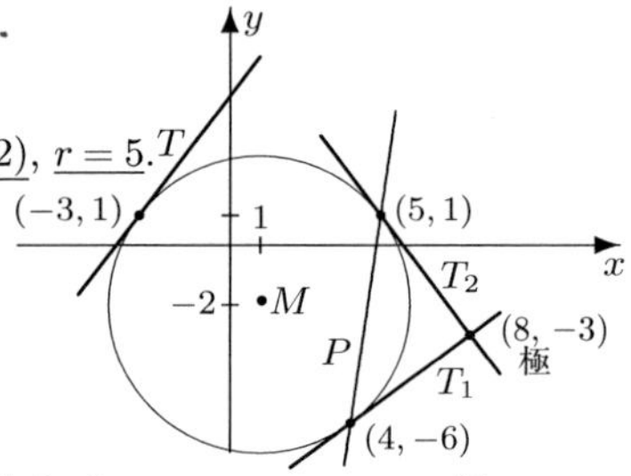
- (a) 平方完成により次を得る.
  $(x-1)^2 + (y+2)^2 = 25$ したがって, $M = (1,-2)$, $r = 5$.
- (b) $T: (-3-1)(x-1) + (1+2)(y+2) = 25$
  したがって, 接線の方程式は: $y = \frac{4}{3}x + 5$
- (c) $P: (8-1)(x-1) + (-3+2)(y+2) = 25$
  したがって, 極線の方程式は: $y = 7x - 34$

極線と円の交点は2接線の交点である:
$x^2 - 2x + y^2 + 4y - 20 = 0$ と $y = 7x - 34$ から2次方程式 $x^2 - 9x + 20 = 0$ の2解 $x_1 = 4$,
$x_2 = 5$ が得られ, 対応する y の値は, $y_1 = -6$, $y_2 = 1$.
2接線 $(4,-6)$ と $(5,1)$ から (b) と同様に, または2点を通る直線として
2接線 $T_1: y = \frac{3}{4}x - 9$ と $T_2: y = -\frac{4}{3}x + \frac{23}{3}$ が得られる.

2.3 円, 楕円, 双曲線, 放物線

楕円 (24 ページも見よ)

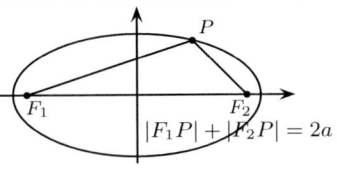

楕円とは, 2 つの与えられた点 (焦点) F_1, F_2 からの距離の和が一定 ($= 2a$) であるような平面上のすべての点 P の集合である.

2 つの焦点の距離を $2e$ とおく.

楕円は半径 a の円をひとつの座標軸にそって相似変換したものである.

円の y 座標は $\frac{b}{a}$ の比で拡大または縮小させる.
x 方向の半径: a
y 方向の半径: b
$\boxed{a^2 = e^2 + b^2}$ が得られる.

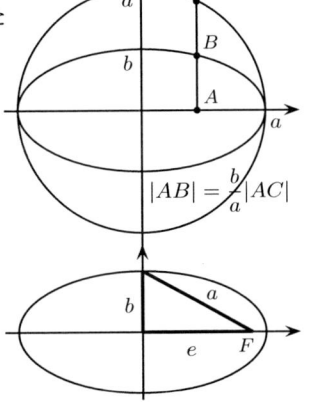

楕円の頂点: $(\pm a, 0)$ と $(0, \pm b)$
楕円の焦点: $(-e, 0)$ と $(e, 0)$
頂点から焦点までの距離: $e = \sqrt{a^2 - b^2}$
離心率: $\varepsilon = \frac{\sqrt{a^2 - b^2}}{a} = \frac{e}{a} < 1$

楕円の 1 つの焦点から出る光線は, もう 1 つの焦点を通るように反射される.
(法線 N は接線に垂直)

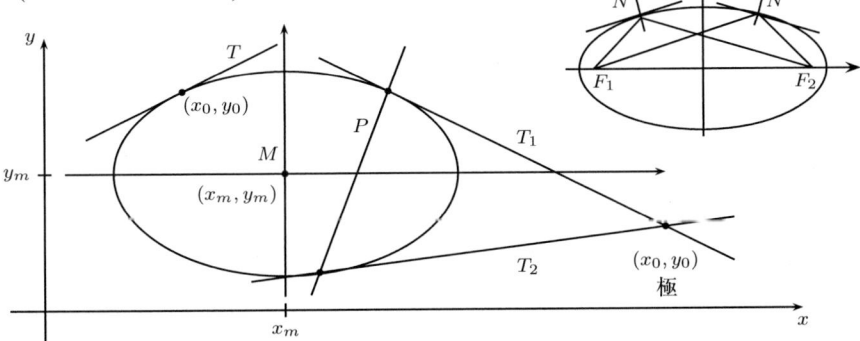

楕円	$M = (0,0)$ に対する 楕円の元の形	$M = (x_m, y_m)$ に対する 楕円の標準形
楕円の方程式	$\frac{x^2}{a^2} + \frac{y^2}{b^2} = 1$	$\frac{(x-x_m)^2}{a^2} + \frac{(y-y_m)^2}{b^2} = 1$
接線 T	$\frac{x_0 x}{a^2} + \frac{y_0 y}{b^2} = 1$	$\frac{(x_0-x_m)(x-x_m)}{a^2} + \frac{(y_0-y_m)(y-y_m)}{b^2} = 1$
極線 P	$\frac{x_0 x}{a^2} + \frac{y_0 y}{b^2} = 1$	$\frac{(x_0-x_m)(x-x_m)}{a^2} + \frac{(y_0-y_m)(y-y_m)}{b^2} = 1$

接線 T に対する (x_0, y_0) は楕円上におけるもの
極線 P に対する極 (x_0, y_0) は楕円の外におけるもの

左/右に開いた軸が水平な双曲線　(25 ページも見よ)

双曲線とは, 2 つの与えられた点 (焦点) F_1, F_2 との距離の差が一定 $(= 2a)$ となるような平面上のすべての点 P の集合である.
$$||PF_1| - |PF_2|| = 2a$$
焦点の距離を $2e$ とおく.

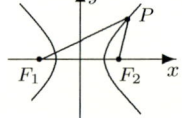

$\boxed{e^2 = a^2 + b^2}$ が得られる.

双曲線の頂点: $(\pm a, 0)$
中心から焦点までの距離: $e = \sqrt{a^2 + b^2}$
離心率: $\varepsilon = \frac{\sqrt{a^2+b^2}}{a} > 1$

F_2 から出る光線は F_1 を通る光線が逆方向に延びるように反射される.

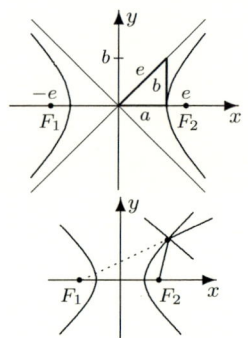

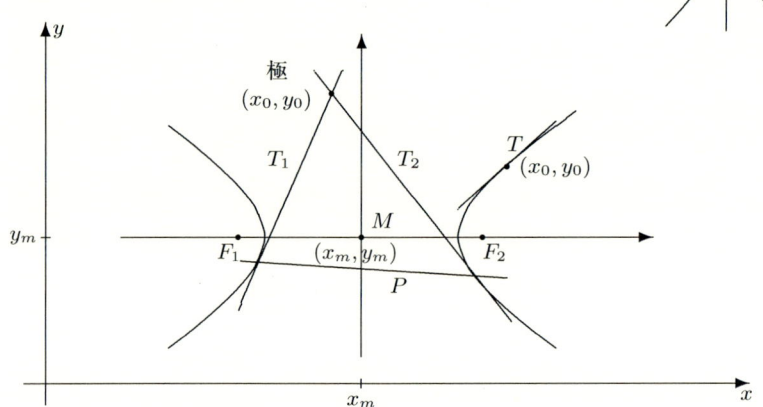

左/右に開いた軸が水平な放物線	$M = (0,0)$ に対する双曲線の元の形	$M = (x_m, y_m)$ に対する双曲線の標準形
楕円の方程式	$\dfrac{x^2}{a^2} - \dfrac{y^2}{b^2} = 1$	$\dfrac{(x-x_m)^2}{a^2} - \dfrac{(y-y_m)^2}{b^2} = 1$
接線　T	$\dfrac{x_0 x}{a^2} - \dfrac{y_0 y}{b^2} = 1$	$\dfrac{(x_0-x_m)(x-x_m)}{a^2} - \dfrac{(y_0-y_m)(y-y_m)}{b^2} = 1$
極線　P	$\dfrac{x_0 x}{a^2} - \dfrac{y_0 y}{b^2} = 1$	$\dfrac{(x_0-x_m)(x-x_m)}{a^2} - \dfrac{(y_0-y_m)(y-y_m)}{b^2} = 1$
漸近線	$y = \pm \dfrac{b}{a} x$	$y - y_m = \pm \dfrac{b}{a}(x - x_m)$

ある点 (x_0, y_0) を通る接線 T に対する点 (x_0, y_0) は双曲線の上におけるもの
極線 P に対する極 (x_0, y_0) は双曲線の弧の間におけるもの

2.3 円, 楕円, 双曲線, 放物線

上/下に開いた軸が垂直な双曲線 (25 ページも見よ)

双曲線とは, 2つの与えられた点 (焦点) F_1, F_2 との
距離の差が一定 ($= 2a$) となるような平面上のす
べての点 P の集合である.
$$\bigl||PF_1| - |PF_2|\bigr| = 2a$$
焦点の距離は $2e$ とする.

$\boxed{e^2 = a^2 + b^2}$ が得られる.

双曲線の頂点: $(0, \pm b)$
中心から焦点までの距離: $e = \sqrt{a^2 + b^2}$
離心率: $\varepsilon = \dfrac{\sqrt{a^2+b^2}}{a} > 1$

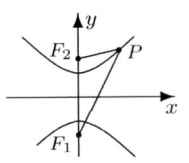

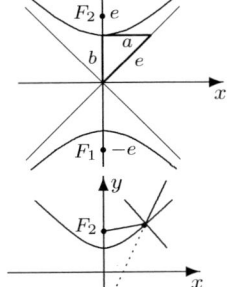

F_2 から出る光線は F_1 を通る光線が逆方向に
延びるように反射される.

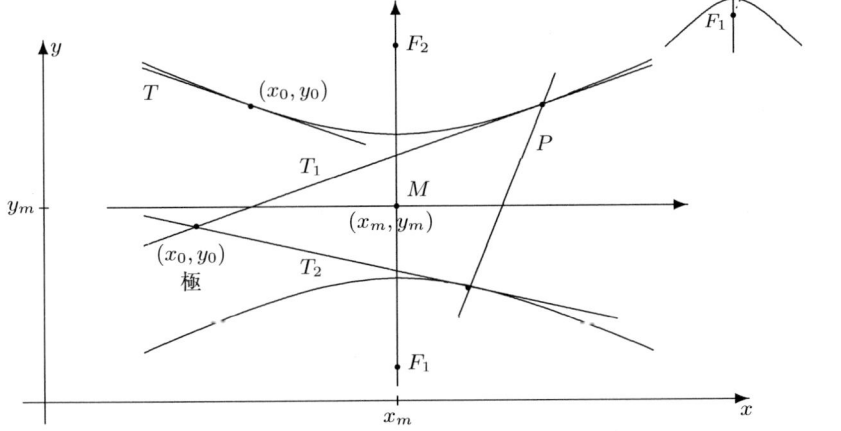

軸が垂直な上/下に開いた放物線	$M = (0,0)$ に対する双曲線の元の形	$M = (x_m, y_m)$ に対する双曲線の標準形
双曲線の方程式	$-\dfrac{x^2}{a^2} + \dfrac{y^2}{b^2} = 1$	$-\dfrac{(x-x_m)^2}{a^2} + \dfrac{(y-y_m)^2}{b^2} = 1$
接線 T	$-\dfrac{x_0 x}{a^2} + \dfrac{y_0 y}{b^2} = 1$	$-\dfrac{(x_0-x_m)(x-x_m)}{a^2} + \dfrac{(y_0-y_m)(y-y_m)}{b^2} = 1$
極線 P	$-\dfrac{x_0 x}{a^2} + \dfrac{y_0 y}{b^2} = 1$	$-\dfrac{(x_0-x_m)(x-x_m)}{a^2} + \dfrac{(y_0-y_m)(y-y_m)}{b^2} = 1$
漸近線	$y = \pm \dfrac{b}{a} x$	$y - y_m = \pm \dfrac{b}{a}(x - x_m)$

接線 T に対する点 (x_0, y_0) は双曲線の上におけるもの
極線 P に対する極 (x_0, y_0) は双曲線の弧の間におけるもの

上/下に開いた放物線　(26 ページも見よ)

放物線とは，与えられた直線 (準線) L への距離と点 F (焦点) までの距離が等しくどちらも $p > 0$ であるような，点 P の集合である．

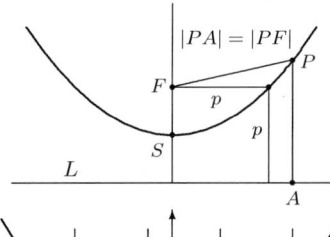

対称軸に平行な光線は，焦点 F を通るように反射される．

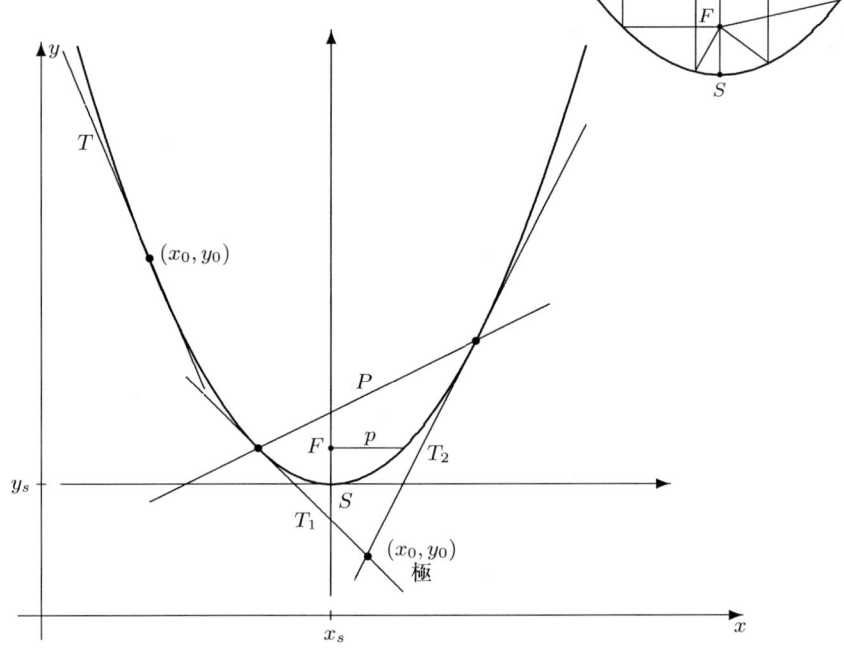

上に開いた放物線	$S=(0,0)$ に対する 放物線の元の形	$S=(x_s,y_s)$ に対する 放物線の標準形
放物線の方程式	$x^2 = 2py$	$(x-x_s)^2 = 2p(y-y_s)$
接線　　T	$x_0 x - py = py_0$	$(x_0-x_s)(x-x_s)-p(y-y_s) = p(y_0-y_s)$
極線　　P	$x_0 x - py = py_0$	$(x_0-x_s)(x-x_s)-p(y-y_s) = p(y_0-y_s)$
焦点　　F	$F=(0,\frac{1}{2}p)$	$F=(x_s,\frac{1}{2}p+y_s)$

接線 T に対する点 (x_0,y_0) は放物線の上におけるもの
極線 P に対する極 (x_0,y_0) は放物線の外におけるもの

下に開いた放物線の対応する公式は p を $-p$ に代えることによって得られる．

2.3 円, 楕円, 双曲線, 放物線

左/右に開いた放物線 (*26 ページも見よ*)

放物線とは, 与えられた直線 (準線) L への距離と, 点 F (焦点) までの距離が等しく, どちらも $p > 0$ であるような点 P の集合である.
p は焦点の y 座標である.

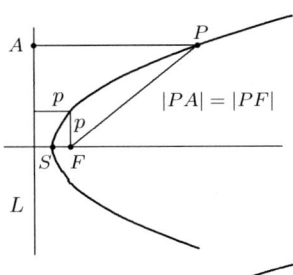

対称軸に平行な光線は, 焦点 F を通るように反射される.

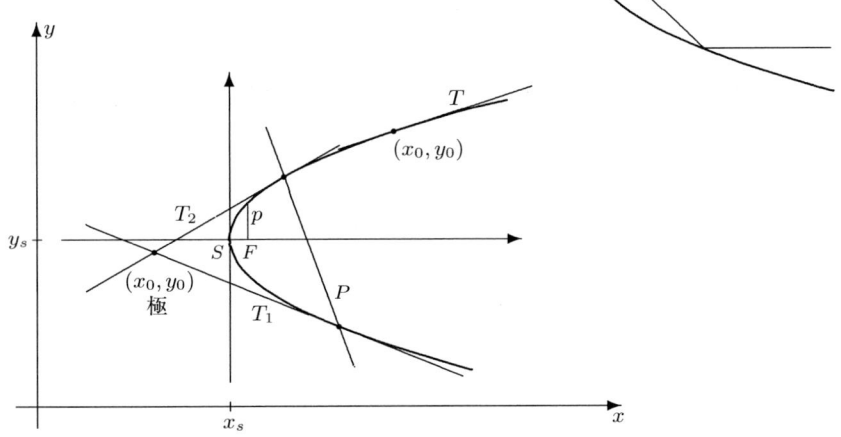

右に開いた 放物線	$S = (0,0)$ に対する 放物線の元の形	$S = (x_s, y_s)$ に対する 放物線の標準形
放物線の方程式	$y^2 = 2px$	$(y - y_s)^2 = 2p(x - x_s)$
接線 T	$-px + y_0 y = px_0$	$-p(x - x_s) + (y_0 - y_s)(y - y_s) = p(x_0 - x_s)$
極線 P	$-px + y_0 y = px_0$	$-p(x - x_s) + (y_0 - y_s)(y - y_s) = p(x_0 - x_s)$
焦点 F	$F = (\frac{1}{2}p, 0)$	$F = (\frac{1}{2}p + x_s, y_s)$

接線 T に対する点 (x_0, y_0) は放物線の上におけるもの
極線 P に対する極 (x_0, y_0) は放物線の外におけるもの

左に開いた放物線の対応する公式は p を $-p$ に代えることによって得られる.

| 楕円 |

楕円とは，2つの固定点 (焦点 F_1, F_2) からの距離の和が一定 ($=2a$) になるようなすべての点の集合である．

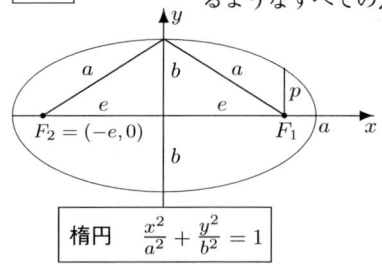

記号： a 長径の半分 $(a \geq b)$
b 短径の半分
$e = \sqrt{a^2 - b^2} = \varepsilon a$ $\begin{pmatrix} \text{中心から} \\ \text{焦点までの距離} \end{pmatrix}$
$F_{1,2} = (\pm e, 0)$ 焦点
$p = \dfrac{b^2}{a}$ $\begin{pmatrix} \text{焦点と同じ } x \text{ 座標での} \\ \text{楕円上の } y \text{ 座標} \end{pmatrix}$
$\varepsilon = \dfrac{\sqrt{a^2-b^2}}{a} = \dfrac{e}{a} < 1$ (離心率)

楕円 $\dfrac{x^2}{a^2} + \dfrac{y^2}{b^2} = 1$

楕円の方程式 (中心が原点 O)

直交座標表示 (デカルト座標)： $\dfrac{x^2}{a^2} + \dfrac{y^2}{b^2} = 1$

パラメータ表示： $\vec{x}(t) = \begin{pmatrix} a\cos t \\ b\sin t \end{pmatrix}$, $0 \leq t \leq 2\pi$

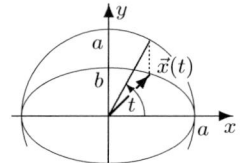

パラメータ t はそれに対応する円周上の角である．

極座標表示：

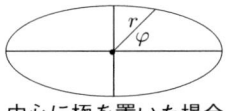 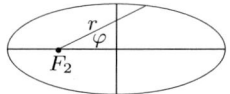

中心に極を置いた場合
$r = \dfrac{b}{\sqrt{1 - \varepsilon^2 \cos^2 \varphi}}$

左の焦点に極を置いた場合
$r = \dfrac{p}{1 - \varepsilon \cos \varphi}$

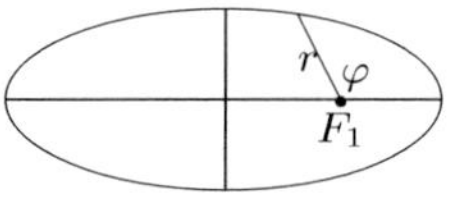

右の焦点に極を置いた場合
$r = \dfrac{p}{1 + \varepsilon \cos \varphi}$

面積

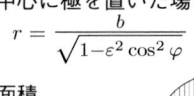 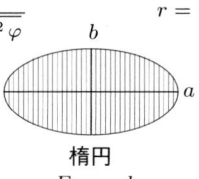 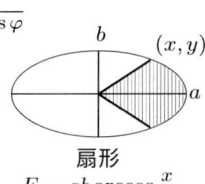

楕円
$F = \pi a b$

扇形
$F = ab \arccos \dfrac{x}{a}$

弓形
$F = ab \arccos \dfrac{x}{a} - xy$

周囲の長さ $U \approx \pi \left(3 \dfrac{a+b}{2} - \sqrt{ab} \right)$, $U = 4a \displaystyle\int_0^{\pi/2} \sqrt{1 - \varepsilon^2 \sin^2 t}\, dt = 4aE\left(\varepsilon, \dfrac{\pi}{2}\right)$ 第2種楕円積分は 120 ページを見よ．

接線，法線

$T: \dfrac{xx_0}{a^2} + \dfrac{yy_0}{b^2} = 1$

直線 $Ax + By = C$ は
楕円の接線である
$\iff A^2 a^2 + B^2 b^2 = C^2$

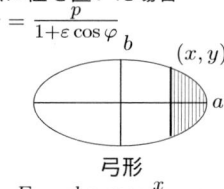

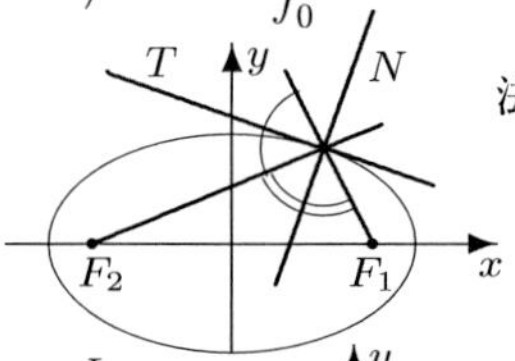

法線 N もしくは接線 T は 2 つの接線の焦点ベクトルの間の内角もしくは外角の二等分線である．

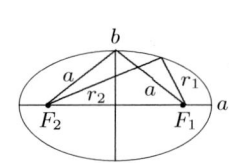

焦点の性質
$r_1 + r_2 = 2a$

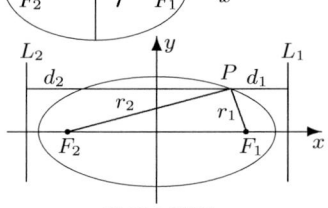

準線の性質
準線： $L_{1,2}: x = \pm \dfrac{a}{\varepsilon}$
$d_i = P$ から L_i までの距離
$\dfrac{r_1}{d_1} = \dfrac{r_2}{d_2} = \varepsilon$

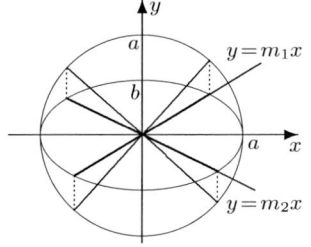

共役直径の勾配
$m_1 \cdot m_2 = -\dfrac{b^2}{a^2}$

2.3 円, 楕円, 双曲線, 放物線

双曲線　双曲線とは, 2つの固定点 (焦点 F_1, F_2) からの距離の差が一定 ($=2a$) となるようなすべての点の集合である.

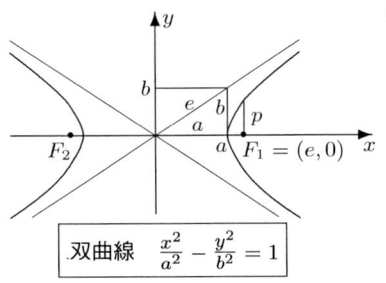

記号:
- $S_{1,2} = (\pm a, 0)$　頂点
- $e = \sqrt{a^2 - b^2} = \varepsilon a$　中心から焦点までの距離
- $F_{1,2} = (\pm e, 0)$　焦点
- $p = \dfrac{b^2}{a}$　$\begin{pmatrix}\text{焦点と同じ } x \text{ 座標での}\\ \text{双曲線上の } y \text{ 座標}\end{pmatrix}$
- $\varepsilon = \dfrac{\sqrt{a^2+b^2}}{a} = \dfrac{e}{a} > 1$　離心率
- $y = \pm \dfrac{b}{a} x$　漸近線

双曲線　$\dfrac{x^2}{a^2} - \dfrac{y^2}{b^2} = 1$

双曲線の方程式 (原点が中心)

直交座標表示 (デカルト座標): $\dfrac{x^2}{a^2} - \dfrac{y^2}{b^2} = 1$

パラメータ表示:
(右側の弧のみ)

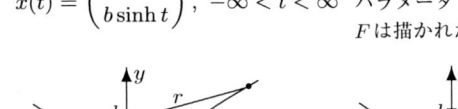

$\vec{x}(t) = \begin{pmatrix} a \cosh t \\ b \sinh t \end{pmatrix}$, $-\infty < t < \infty$　パラメータ t は $t : |t| = \dfrac{F}{ab}$
F は描かれた面積である.

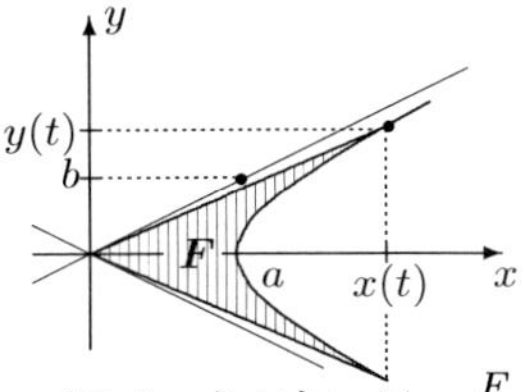

極座標表示:

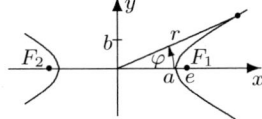

中心に極を置いた場合
$r = \dfrac{b}{\sqrt{\varepsilon^2 \cos^2 \varphi - 1}}$

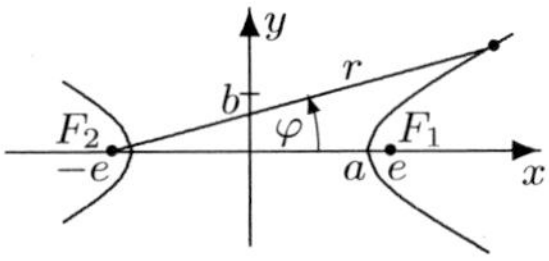

左の焦点に極を置いた場合
$r = \dfrac{p}{\varepsilon \cos \varphi - 1}$

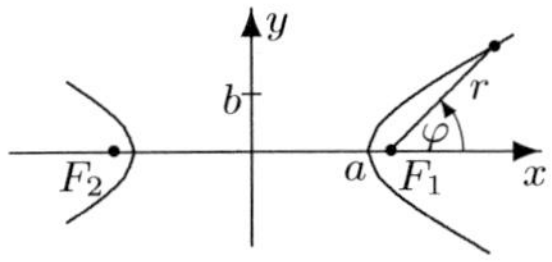

右の焦点に極を置いた場合
$r = \dfrac{p}{1 - \varepsilon \cos \varphi}$

面積

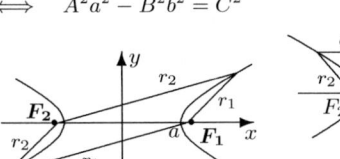

扇形
$F = ab \operatorname{arcosh} \dfrac{x}{a}$

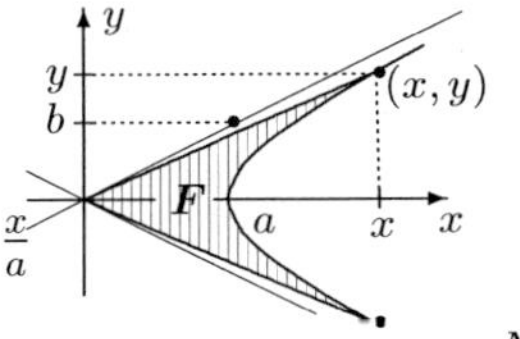

弓形
$F = xy - ab \operatorname{arcosh} \dfrac{x}{a}$
$ = xy - ab \ln(\dfrac{x}{a} + \dfrac{y}{b})$

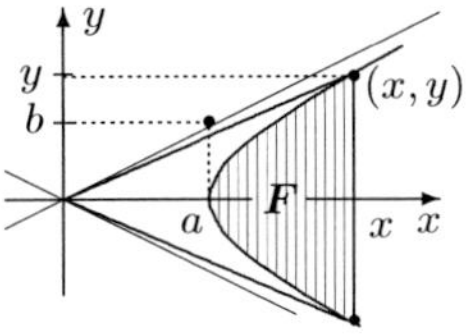

接線, 法線

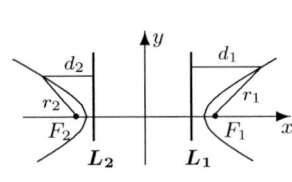

$T: \dfrac{x x_0}{a^2} - \dfrac{y y_0}{b^2} = 1$

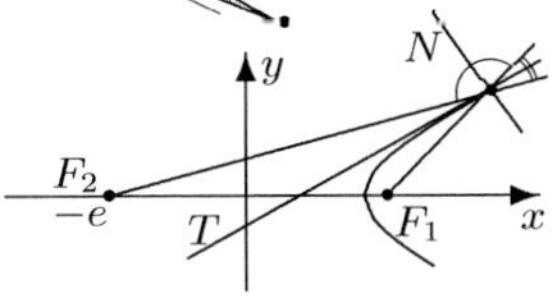

直線
$Ax + By = C$
は双曲線の接線である
$\iff A^2 a^2 - B^2 b^2 = C^2$

接線もしくは法線は, 2つの接線の焦点ベクトルがなす内角もしくは外角の二等分線になる.

焦点の性質
左の弧: $r_1 - r_2 = 2a$
右の弧: $r_2 - r_1 = 2a$

準線の性質
準線: $L_{1,2} : x = \pm \dfrac{a}{\varepsilon}$
($d_i = P$ から L_i までの距離)
$\dfrac{r_1}{d_1} = \dfrac{r_2}{d_2} = \varepsilon$

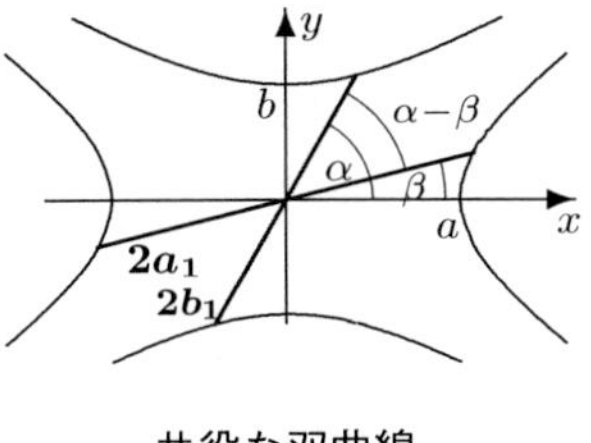

共役な双曲線
$\dfrac{x^2}{a^2} - \dfrac{y^2}{b^2} = \pm 1$
共役な勾配の関係:
$m_1 \cdot m_2 = \dfrac{b^2}{a^2}$
$a_1^2 - b_1^2 = a^2 - b^2$,　$ab = a_1 b_1 \sin(\alpha - \beta)$

放物線

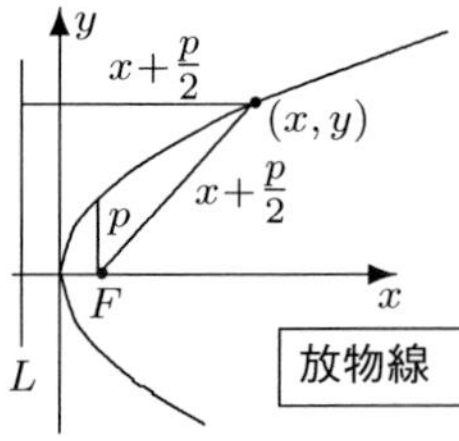

放物線とは，1つの固定点 (焦点 $F=\left(\frac{p}{2},0\right)$) と1本の直線 (準線 L: $x=-\frac{p}{2}$) が等しい距離 $\left(=x+\frac{p}{2}\right)$ にあるようなすべての $P=(x,y)$ の集合である．

記号： $S=(0,0)$ 頂点
$F=\left(\frac{p}{2},0\right)$ 焦点
p (焦点と同じ x 座標での放物線上の y 座標)
$\varepsilon=1$ 離心率

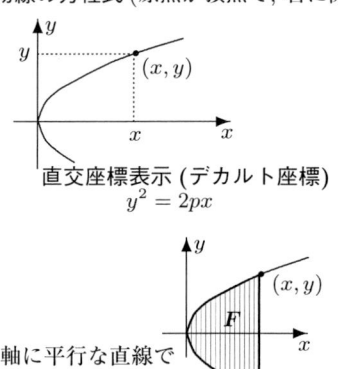

放物線 $y^2=2px$

放物線の方程式 (原点が頂点で，右に開いている)

直交座標表示 (デカルト座標)
$y^2=2px$

焦点に極を置いた場合
$r=\dfrac{p}{1-\cos\varphi}$

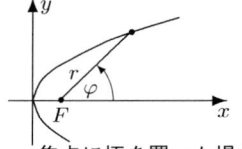

放物線の弧 OP の長さ L

$L=\dfrac{p}{2}\left(\sqrt{\dfrac{2x}{p}\left(1+\dfrac{2x}{p}\right)}+\log\left(\sqrt{\dfrac{2x}{p}}+\sqrt{1+\dfrac{2x}{p}}\right)\right)$
$=\sqrt{x\left(x+\dfrac{p}{2}\right)}+\dfrac{p}{2}\operatorname{arsinh}\sqrt{\dfrac{2x}{p}}$

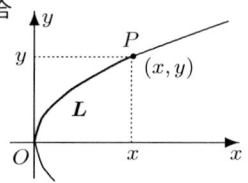

y 軸に平行な直線で切ったときの面積
$F=\dfrac{4}{3}xy=\dfrac{4}{3}\sqrt{2px^3}$

接線 T，法線 N
T： $yy_0=p(x+x_0)$

直線 $y=mx+n$ は放物線の接線である
$\iff p=2mn$

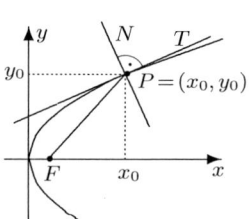

放物線上の点 $P=(x_0,y_0)$ における接線 T と法線 N は直線 FP と直線 $y=y_0$ との角の二等分線である．

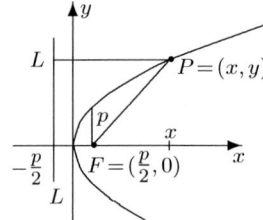

準線の性質
準線 L： $x=-\dfrac{p}{2}$
P から L までの距離 $=P$ から F までの距離

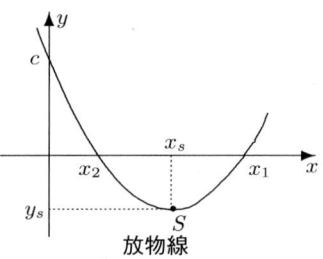

放物線
$y=ax^2+bx+c,\quad a\neq 0$

頂点 $S=(x_s,y_s)=\left(\dfrac{-b}{2a},\dfrac{4ac-b^2}{4a}\right)$
$p=\dfrac{1}{2|a|}$，$\quad x_s=\dfrac{x_1+x_2}{2}$
零点 $x_{1,2}=\dfrac{-b\pm\sqrt{b^2-4ac}}{2a}$

2.4　5つの正多面体の要素 (プラトンの立体)

プラトンの立体とは，合同な多角形を境界に持ち，かつ，同じ本数の辺が集まる立体である．
プラトンの立体は5つだけである．

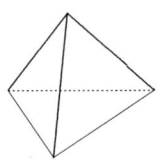 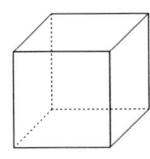 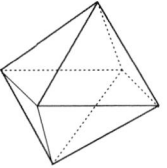 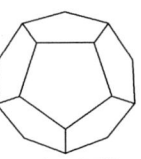 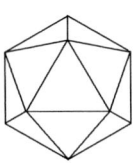

　　正四面体　　　　立方体　　　　　正八面体　　　　正十二面体　　　正二十面体

5つの正多面体の要素 ($a = 1$ 辺の長さ)

	正四面体	立方体	正八面体	正十二面体	正二十面体
面の総数/形	4 三角形	6 正方形	8 三角形	12 五角形	20 三角形
角の総数 e	4	8	6	20	12
辺の総数 k	6	12	12	30	30
面の総数 f	4	6	8	12	20
表面積 F	$\sqrt{3}\,a^2$	$6a^2$	$2\sqrt{3}\,a^2$	$3\sqrt{5(5+2\sqrt{5})}\,a^2$	$5\sqrt{3}\,a^2$
体積 V	$\frac{\sqrt{2}}{12}a^3$	a^3	$\frac{\sqrt{2}}{3}a^3$	$\frac{15+7\sqrt{5}}{4}a^3$	$\frac{5(3+\sqrt{5})}{12}a^3$
内接球の半径 r_i	$\frac{\sqrt{6}}{12}a$	$\frac{1}{2}a$	$\frac{\sqrt{6}}{6}a$	$\frac{\sqrt{10+22\sqrt{0.2}}}{4}a$	$\frac{\sqrt{3}\,(5+\sqrt{5})}{12}a$
外接球の半径 r_u	$\frac{\sqrt{6}}{4}a$	$\frac{\sqrt{3}}{2}a$	$\frac{\sqrt{2}}{2}a$	$\frac{\sqrt{3}\,(1+\sqrt{5})}{4}a$	$\frac{\sqrt{2(5+\sqrt{5})}}{4}a$

オイラーの多面体定理

凸な多角形，(あるいは連続変形を通して凸の多角形へ移動できるような多角形) については，e を角の総数, k を辺の総数, f を面の総数とすると，

$$\boxed{e - k + f = 2}$$

立方体　　　　　　　　　正八面体
正四面体　の面の中心点をつなぐと，正十二面体を得る．
正八面体　　　　　　　　正四面体
そして，逆も成り立つ (上の表の 角 ⟵⋯⋯⟶ 面 を参照せよ)．
立方体と正八面体は双対である．正十二面体と正十二面体も同様である．
正四面体は自己双対である．

展開図

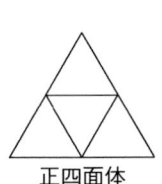 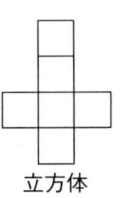 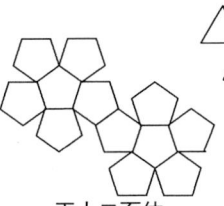 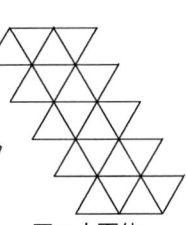

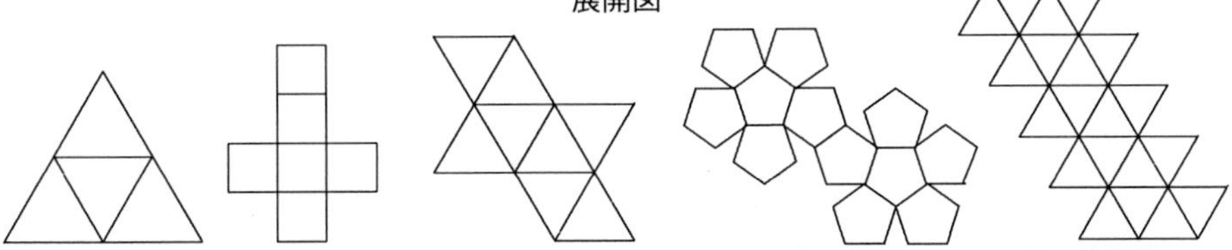

　正四面体　　　立方体　　　　正八面体　　　　正十二面体　　　正二十面体

2.5 立体

> **カヴァリエリの原理**
> 同じ高さの位置でどこを切っても断面積が等しい立体は,体積が等しく,重心の高さも等しい.

記号: 体積 V, 表面積 F, 側面積 M,
　　　底面積 G, 高さ h, 半径 r, 側線 s

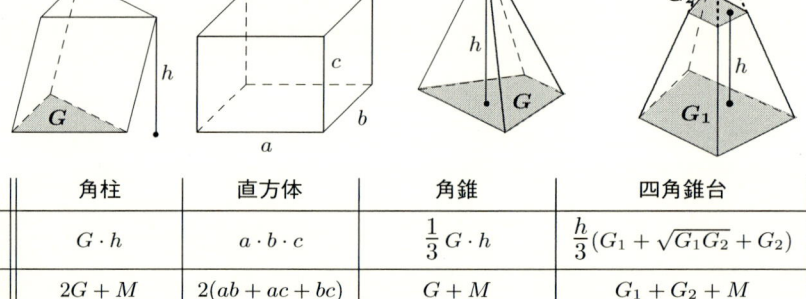

	角柱	直方体	角錐	四角錐台
V	$G \cdot h$	$a \cdot b \cdot c$	$\dfrac{1}{3} G \cdot h$	$\dfrac{h}{3}(G_1 + \sqrt{G_1 G_2} + G_2)$
F	$2G + M$	$2(ab + ac + bc)$	$G + M$	$G_1 + G_2 + M$

(一般的な角柱は,平行な平面にある 2 つの合同な n 角形と n 個の平行四辺形に囲まれる.)

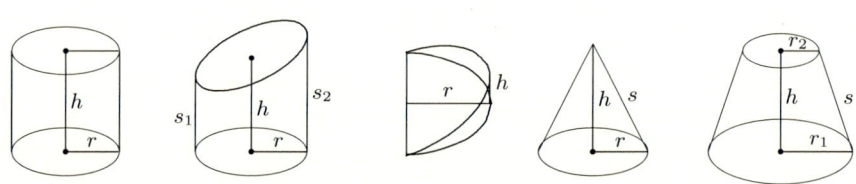

	直円柱	斜円柱	円柱のひづめ	直円錐	直円錐台
V	$\pi r^2 h$	$\pi r^2 h = \dfrac{\pi}{2} r^2 (s_1 + s_2)$	$\dfrac{2}{3} r^2 h$	$\dfrac{1}{3} \pi r^2 h$	$\dfrac{1}{3} \pi h (r_1^2 + r_1 r_2 + r_2^2)$
F	$2\pi r(r + h)$	(*)	(**)	$\pi r(r + s)$	$\pi(r_1^2 + r_2^2 + s(r_1 + r_2))$
M	$2\pi rh$	$\pi r(s_1 + s_2)$	$2rh$	πrs	$\pi s(r_1 + r_2)$
s				$\sqrt{r^2 + h^2}$	$\sqrt{h^2 + (r_1 - r_2)^2}$

(*) $\pi r \left(s_1 + s_2 + r + \sqrt{r^2 + \left(\dfrac{s_1 - s_2}{2}\right)^2} \right)$　　　(**) $2rh + \dfrac{\pi}{2} r(r + \sqrt{r^2 + h^2})$

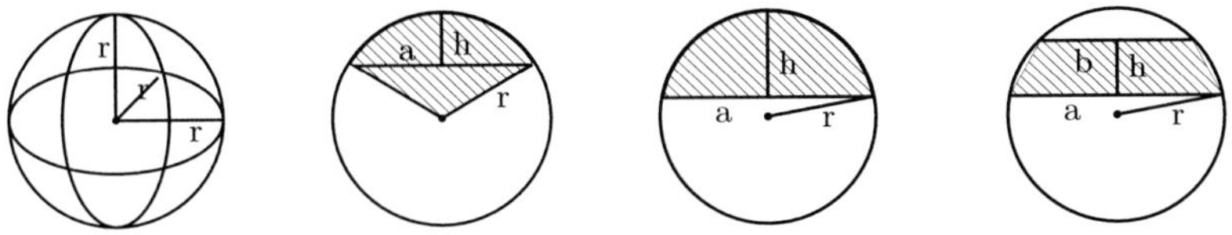

2.5 立体

	球	球扇形	球台	球層
V	$\frac{4}{3}\pi r^3$	$\frac{2}{3}\pi r^2 h$	$\frac{1}{3}\pi h^2(3r-h)$ $\frac{1}{6}\pi h(3a^2 + h^2)$	$\frac{1}{6}\pi h(3a^2 + 3b^2 + h^2)$
F	$4\pi r^2$	$\pi r(2h+a)$	$\pi(4rh - h^2)$ $\pi(2rh + a^2)$	$\pi(2rh + a^2 + b^2)$
M			$2\pi rh$ $\pi(h^2 + a^2)$	$2\pi rh$

平行六面体 はその底面が平行四辺形である角柱である.

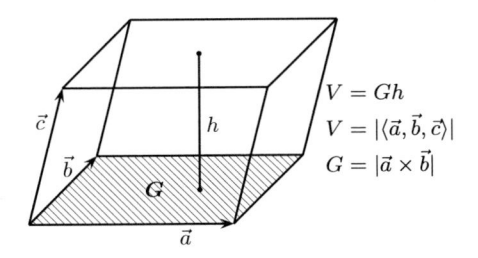

$V = Gh$
$V = |\langle \vec{a}, \vec{b}, \vec{c}\rangle|$ （三重積については 49 ページを見よ）
$G = |\vec{a} \times \vec{b}|$ （ベクトル積 (外積) については 48 ページを見よ）

正四面体 は三角錐である.

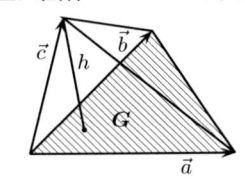

$V = \frac{1}{3}Gh$
$V = \frac{1}{6}|\langle \vec{a}, \vec{b}, \vec{c}\rangle|$ （三重積については 49 ページを見よ）
$G = \frac{1}{2}|\vec{a} \times \vec{b}|$ （ベクトル積 (外積) については 48 ページを見よ）

トーラス は回転体であり, 円を含む平面の中で, 円の外にある軸のまわりに, 円が回転することによって生成される.

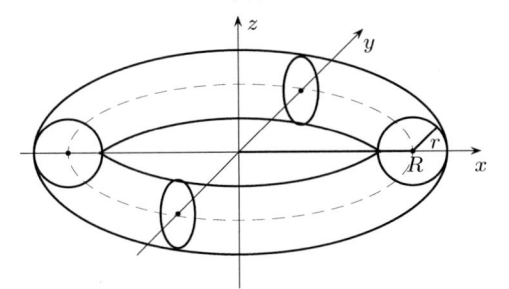

R 大きな方の円の半径
r 小さな方の円の半径

表面積 $F = 4\pi^2 Rr = (2\pi R)(2\pi r)$
体積 $V = 2\pi^2 Rr^2 = (2\pi R)(\pi r^2)$

（パップス・ギュルダンの定理については, 148 ページを見よ）

2.6 二次曲面

直円錐
体積 $V = \frac{1}{3}\pi r^2 h$
側面積 $F_M = \pi r s$
表面積 $F = \pi r(r+s)$
母線 $s = \sqrt{r^2 + h^2}$
頂角 $\alpha = 2\arctan\frac{r}{h}$
重心 S 底面から $\frac{h}{4}$ の距離で対称軸上

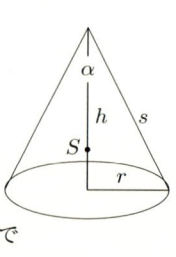

直円柱
体積 $V = \pi r^2 h$
側面積 $F_M = 2\pi r h$
表面積 $F = 2\pi r(h+r)$

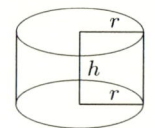

球
$$x^2 + y^2 + z^2 = r^2$$
$$V = \frac{4}{3}\pi r^3$$
$$F = 4\pi r^2$$

楕円面
$$\frac{x^2}{a^2} + \frac{y^2}{b^2} + \frac{z^2}{c^2} = 1$$
$$V = \frac{4}{3}\pi abc$$

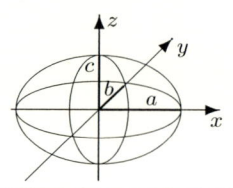

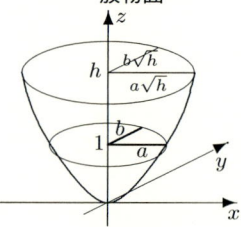

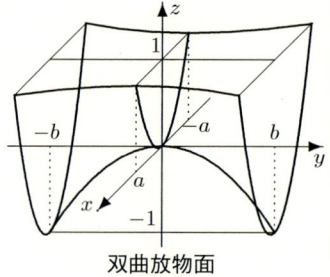

放物面

楕円放物面
$z = \frac{x^2}{a^2} + \frac{y^2}{b^2}$
$V = \frac{1}{2}\pi abh^2$

回転放物面 $(a = b)$
$z = \frac{x^2}{a^2} + \frac{y^2}{a^2}$
$V = \frac{1}{2}\pi a^2 h^2$

双曲面

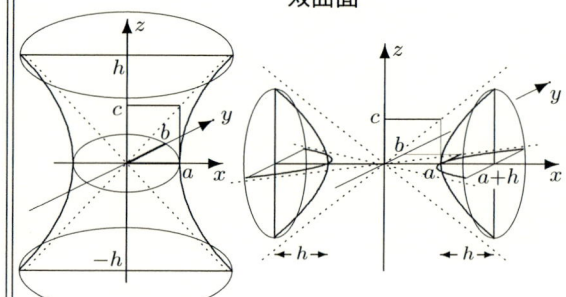

一葉双曲面
$\frac{x^2}{a^2} + \frac{y^2}{b^2} - \frac{z^2}{c^2} = 1$
体積 $(-h \leq z \leq h)$
$V = \frac{2\pi}{3}\frac{abh}{c^2}(3c^2 + h^2)$

二葉双曲面
$\frac{x^2}{a^2} - \frac{y^2}{b^2} - \frac{z^2}{c^2} = 1$
体積 $(a \leq x \leq a+h)$
$V = \frac{\pi}{3}\frac{bch^2}{a^2}(3a + h)$

双曲放物面 (鞍型)
$z = \frac{x^2}{a^2} - \frac{y^2}{b^2}$

回転体の側面積

回転楕円面 $\quad \frac{x^2}{a^2} + \frac{y^2}{a^2} + \frac{z^2}{c^2} = 1$

$F_M = 2\pi a\left(a + \frac{c^2}{\sqrt{a^2-c^2}}\arcsin\frac{\sqrt{a^2-c^2}}{c}\right)$, $a > c$ のとき

$F_M = 2\pi a\left(a + \frac{c^2}{\sqrt{c^2-a^2}}\operatorname{arsinh}\frac{\sqrt{c^2-a^2}}{c}\right)$, $a < c$ のとき

回転放物面 $\quad z = \frac{x^2}{a^2} + \frac{y^2}{a^2}$, $0 \leq z \leq h$

$F_M = \frac{4\pi a}{3}\left(\left(h + \frac{a^2}{4}\right)^{3/2} - \frac{a^3}{8}\right)$

2.7 不変量による二次曲線と二次曲面の分類

二次曲線の一般方程式の不変量:

$$ax^2 + by^2 + 2cxy + 2dx + 2ey + f = 0$$

$$\Delta = \begin{vmatrix} a & c & d \\ c & b & e \\ d & e & f \end{vmatrix}, \quad \delta = \begin{vmatrix} a & c \\ c & b \end{vmatrix} = ab - c^2, \quad \begin{array}{l} S = a + b \\ T = d^2 - af \end{array}$$

これらの 4 つの量は,座標系の平行移動と回転により変わらないので,曲線の不変量と呼ばれる.

二次曲線 (円錐曲線)

$\boxed{\delta \neq 0}$ 　有心二次曲線

δ	Δ	円錐曲線	標準形
$\delta > 0$	$\Delta \neq 0$	$\Delta \cdot S < 0$ 　実楕円 $\Delta \cdot S > 0$ 　空集合　(虚楕円)	$Ax^2 + By^2 + \dfrac{\Delta}{\delta} = 0$ ここで, A, B は対称行列 $\begin{pmatrix} a & c \\ c & b \end{pmatrix}$ の特性方程式 $u^2 - Su + \delta = 0$ の解 (固有値)
	$\Delta = 0$	孤立点 (実数の交点を持つ 2 虚直線)	
$\delta < 0$	$\Delta \neq 0$	双曲線	
	$\Delta = 0$	交わる 2 直線	

$\boxed{\delta = 0}$ 　無心二次曲線

	$\Delta \neq 0$	放物線	$y^2 = 2px, \quad p = \dfrac{ae - cd}{S\sqrt{a^2 + c^2}}$
$\delta = 0$	$\Delta = 0$	直線の対 $\begin{cases} T > 0 & \text{平行 2 直線} \\ T = 0 & \text{重なった 2 直線} \\ T < 0 & \text{虚の 2 直線} \end{cases}$	

二次曲面を表す一般方程式の不変量:

$$ax^2 + by^2 + cz^2 + 2dxy + 2exz + 2fyz + 2gx + 2hy + 2kz + l = 0$$

$$\Delta = \begin{vmatrix} a & d & e & g \\ d & b & f & h \\ e & f & c & k \\ g & h & k & l \end{vmatrix}, \quad \delta = \begin{vmatrix} a & d & e \\ d & b & f \\ e & f & c \end{vmatrix}, \quad \begin{aligned} S &= a+b+c \\ T &= d^2+e^2+f^2-ab-ac-bc \end{aligned}$$

二次曲面

$\boxed{\delta \neq 0}$ 有心二次曲面

	$S\delta > 0$ かつ $T < 0$	$S\delta < 0$ または $T > 0$
$\Delta > 0$	虚楕円面 $\dfrac{x^2}{A^2}+\dfrac{y^2}{B^2}+\dfrac{z^2}{C^2}=-1$	一葉双曲面 $\dfrac{x^2}{A^2}+\dfrac{y^2}{B^2}-\dfrac{z^2}{C^2}=1$
$\Delta = 0$	孤立点 (頂点が実の虚楕円錐) $\dfrac{x^2}{A^2}+\dfrac{y^2}{B^2}+\dfrac{z^2}{C^2}=0$	円錐 (上下に2つ) $\dfrac{x^2}{A^2}+\dfrac{y^2}{B^2}-\dfrac{z^2}{C^2}=0$
$\Delta < 0$	楕円面 $\dfrac{x^2}{A^2}+\dfrac{y^2}{B^2}+\dfrac{z^2}{C^2}=1$	二葉双曲面 $\dfrac{x^2}{A^2}+\dfrac{y^2}{B^2}-\dfrac{z^2}{C^2}=-1$

$\boxed{\delta = 0}$ 放物面, 円柱, 2 平面

	$\Delta < 0\ (T<0)$	$\Delta > 0\ (T>0)$
$\Delta \neq 0$	楕円放物面 $\dfrac{x^2}{A^2}+\dfrac{y^2}{B^2}=\pm z$	楕円放物面 $\dfrac{x^2}{A^2}-\dfrac{y^2}{B^2}=\pm z$
$\Delta = 0$	$\begin{cases} T>0 & \text{双曲柱} \\ T=0 & \text{放物柱} \\ T<0 & \text{実楕円柱あるいは虚楕円柱} \end{cases}$	

もし曲面が, 2つの実平面または虚平面に分離しないときのみの場合, 上式が成り立つ.

二次曲面はちょうど以下のとき, かつそのときのみ分類される.

$$\begin{vmatrix} b & f & h \\ f & c & k \\ h & k & l \end{vmatrix} + \begin{vmatrix} a & e & g \\ e & c & k \\ g & k & l \end{vmatrix} + \begin{vmatrix} a & d & g \\ d & b & h \\ g & h & l \end{vmatrix} = 0$$

2.8 主軸変換

曲面の方程式: $\quad ax^2+by^2+cz^2+2dxy+2exz+2fyz+2gx+2hy+2kz+l=0$

$\vec{x} = \begin{pmatrix} x \\ y \\ z \end{pmatrix}$, $\vec{x}^{\mathrm{T}} = (x,y,z)$, $M = \begin{pmatrix} a & d & e \\ d & b & f \\ e & f & c \end{pmatrix}$, $\vec{m} = \begin{pmatrix} g \\ h \\ k \end{pmatrix}$, $\vec{m}^{\mathrm{T}} = (g,h,k)$, $m = l$

行列表記での曲面の方程式: $\quad \vec{x}^{\mathrm{T}} M \vec{x} + 2\vec{m}^{\mathrm{T}} \vec{x} + m = 0$

円錐曲線に対して同様に表記すると $\quad ax^2 + by^2 + 2cxy + 2dx + 2ey + f = 0$

$M\vec{s} = -\vec{m}$ のとき, $\vec{s}$ を曲線/曲面の **対称点** と呼ぶ.
直立一次方程式 $M\vec{s} = -\vec{m}$ がちょうど1つの解を持つならば ($\iff \delta = |M| \neq 0$), 対称点を
中心と呼び, 曲線/曲面を**有心二次曲線/有心二次曲面**と呼ぶ.

曲線/曲面: $\quad \vec{x}^{\mathrm{T}} M \vec{x} + 2\vec{m}^{\mathrm{T}} \vec{x} + m = 0$

A 中心 $\vec{s}$ あり 　　　　　　　　　　　　　　　**B 中心なし**

1 1次の項を消去するために
　　座標系の平行移動
$\vec{x} = \vec{r} + \vec{s}$ により以下となる.
$\vec{r}^{\mathrm{T}} M \vec{r} + g = 0 \quad$ ただし, $\quad g = \vec{m}^{\mathrm{T}} \vec{s} + m$

主軸変換
2次/3次対称行列 M の対角化: $\quad A^{\mathrm{T}} M A = D$

(1) 対称行列 M は2つ/3つの実数の固有値: $\lambda_1, \lambda_2, \lambda_3$, $\lambda_1 \neq 0$
(2) 対応する固有ベクトルから回転行列 $A = (\vec{a}_1, \vec{a}_2, \vec{a}_3)$ を作る
　　(注意: $\lambda_{2,3} = 0$ の場合, $\vec{m}$ に垂直な $\vec{a}_2$ を選ぶ. すなわち, $\vec{a}_2 \cdot \vec{m} = 0$)
　　回転行列および回転軸, 回転角については, 66, 67 ページを見よ

---

2 交差項(異なる変数が混ざった項)
　　を消去するための座標系の回転
$\vec{r} = A\vec{u}$ により以下となる
$\vec{u}^{\mathrm{T}} D \vec{u} + g = 0$, ただし, $D = \begin{pmatrix} \lambda_1 & 0 & 0 \\ 0 & \lambda_2 & 0 \\ 0 & 0 & \lambda_3 \end{pmatrix}$

標準形
曲線: $\quad \lambda_1 u^2 + \lambda_2 v^2 + g = 0$
曲面: $\quad \lambda_1 u^2 + \lambda_2 v^2 + \lambda_3 w^2 + g = 0$

特徴: 有心二次曲線の場合の円錐曲線/二次
曲面の標準形を定めるためには, 以下のこと
のみが分かればよい.
1) $g = \vec{m}^{\mathrm{T}} \vec{s} + m$ を定めるための1つの中心
2) M の固有値 $\lambda_1, \lambda_2, \lambda_3$

---

1 交差項(異なる変数が混ざった項)
　　を除去するための回転
$\vec{x} = A\vec{r}$
と, 場合によっては平方完成により以下となる:
曲線: $\quad \lambda_1(r-r_0)^2 + p(s-s_0) = 0$
曲面: $\lambda_1(r-r_0)^2 + \lambda_2(s-s_0)^2 + p(t-t_0) = 0$

2 1次の項を除去するための
　　座標系の平行移動
$\vec{r} = \vec{u} + \vec{r}_0$, $\vec{r}_0^{\mathrm{T}} = (r_0, s_0, t_0)$ により

標準形
曲線: $\quad \lambda_1 u^2 + pv = 0 \quad$, $p = 2\vec{m}^{\mathrm{T}} \vec{a}_2$
平面: $\quad \lambda_1 u^2 + \lambda_2 v^2 + pw = 0 \quad$, $p = 2\vec{m}^{\mathrm{T}} \vec{a}_3$

A 対称点がある 2 次曲線/2 次曲面の分類

曲線
$$\lambda_1 u^2 + \lambda_2 v^2 + g = 0$$

曲面
$$\lambda_1 u^2 + \lambda_2 v^2 + \lambda_3 w^2 + g = 0$$

M が零行列でないとき,固有値 (λ_1) は 0 に等しくない必要がある.
必要なら,-1 を両辺に掛けることにより,$\lambda_1 > 0$ にできる.

λ_1	λ_2	g	曲線の型
+	+	+	空集合, $\emptyset$
+	+	0	1 点 (原点)
+	+	−	楕円*
+	−	±	双曲線*
+	−	0	O を通る 2 直線*
+	0	+	空集合, $\emptyset$
+	0	0	2 重直線 (v 軸)
+	0	−	v 軸に平行な 2 直線

λ_1	λ_2	λ_3	g	曲面の型
+	+	+	+	空集合, $\emptyset$
+	+	+	0	1 点 (原点)
+	+	+	−	楕円面*
+	+	−	+	二葉双曲線*
+	+	−	0	上下に広がる楕円錐面* (w 軸は円錐の軸である)
+	+	−	−	一葉双曲線*
+	+	0	+	空集合, $\emptyset$
+	+	0	0	w 軸
+	+	0	−	楕円柱
+	−	0	±	双曲柱
+	−	0	0	w 軸を通る 2 平面
+	0	0	+	空集合, $\emptyset$
+	0	0	0	2 重平面 (vw 平面)
+	0	0	−	vw 平面に平行な 2 平面

記号:

+	は	>0 を
−	は	<0 を
±	は	$\neq 0$ を
0	は	$=0$ を意味する.

*ただ 1 つの対称点 (= 中点) を通る中点曲線/中点曲面

B 対称点がない 2 次曲線/2 次曲面の分類

曲線
$$\lambda_1 u^2 + pv = 0$$

曲面
$$\lambda_1 u^2 + \lambda_2 v^2 + pw = 0$$

λ_1	p	曲線の型
+	±	放物線

λ_1	λ_2	p	曲面の型
+	+	±	楕円放物面
+	−	±	双曲放物面, 鞍型
+	0	±	放物柱

アフィン同値の意味で **8** 種類の **2** 次曲線 (円錐曲線) が存在する.

アフィン同値の意味で **15** 種類の **2** 次曲面が存在する.

2.9 軸に平行な円錐曲線

$ax^2 + by^2 + 2cx + 2dy + e = 0$ の形の方程式により，xy 平面において次のものが表現できる：楕円 (特に円)，双曲線，軸に平行な位置での放物線，いわゆる退化した場合としての空集合，1 直線，2 直線，あるいは全平面．
平方完成と代入により標準形

$$Au^2 + Bv^2 = 1 \quad \text{あるいは，} \quad Au^2 + Bv^2 = 0 \quad \text{あるいは，} \quad Au^2 + Bv = 0$$

が導かれる．この形から，円錐曲線の型を読み取ることができる．

標準形	係数		円錐曲線の型
$Au^2 + Bv^2 = 1$	$AB = 0$	$A^2 + B^2 = 0$	空集合
		$A^2 + B^2 \neq 0$	平行な 2 直線
	$AB > 0$	$A, B > 0$	楕円, ($A = B$ ならば円)
		$A, B < 0$	空集合
	$AB < 0$		双曲線
$Au^2 + Bv^2 = 0$	$AB = 0$	$A^2 + B^2 = 0$	すべての曲面
		$A^2 + B^2 \neq 0$	1 直線
	$AB > 0$		1 点
	$AB < 0$		交わる 2 直線
$Au^2 + Bv = 0$	$A, B \neq 0$		放物線

一般円錐曲線

$ax^2 + by^2 + 2cxy + 2dx + 2ey + f = 0$ の形の方程式を通して xy 平面において回転円錐曲線 (回転していることは，$c \neq 0$ のとき，「交差項」xy が存在することによって，特徴付けられる) が表現される．
このことについては 2.7 節と 2.8 節で体系的に扱っている．
回転角 φ に対して，以下が成り立つ：$\tan 2\varphi = \frac{2c}{a-b}$ ($a \neq b$ のとき)，$\varphi = \frac{\pi}{4}$ ($a = b$ のとき)
このとき，中心軸は：
$$\vec{a}_1 = \begin{pmatrix} \cos\varphi \\ \sin\varphi \end{pmatrix} \quad \vec{a}_2 = \begin{pmatrix} -\sin\varphi \\ \cos\varphi \end{pmatrix}$$

角度 φ だけの xy 座標系の回転に対する変換公式は次のようになる：

$$\begin{aligned} x &= \cos\varphi \cdot \xi - \sin\varphi \cdot \eta \\ y &= \sin\varphi \cdot \xi + \cos\varphi \cdot \eta \end{aligned} \quad \begin{aligned} \xi &= \cos\varphi \cdot x + \sin\varphi \cdot y \\ \eta &= -\sin\varphi \cdot x + \cos\varphi \cdot y \end{aligned}$$

回転された $\xi\eta$ 座標系では，円錐曲線は軸に平行な位置にある (上の表を見よ)．

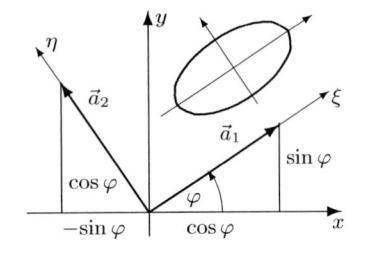

2.10 球面三角法

球面二角形 は2つの大円弧による球面の切片のことで、球の半径 $= r$ とする.

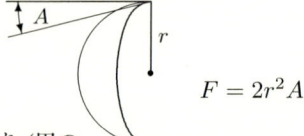

$$F = 2r^2 A$$

球面三角形

a,b,c は球面三角形の辺, A,B,C は球面三角形の角であり (円の半径 $r=1$ そして $a,b,c,A,B,C < \pi$ とする), 以下が成り立つ.

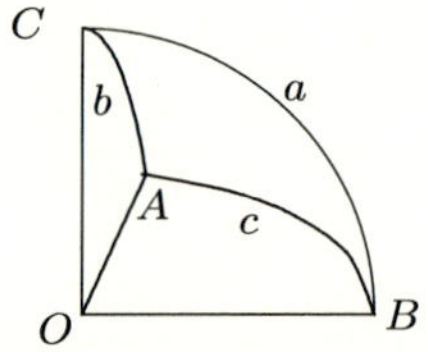

辺の和	$a + b + c < 2\pi$
角の和	$A + B + C > \pi$
球面過剰	$\varepsilon = A + B + C - \pi$
面積 (半径 $= r$ の場合)	$F = r^2 \varepsilon$

直角球面三角形 ($C = 90°$)

直角球面三角形 ($C = 90°$) の5つの量 (a,b,c,A,B) のうち2つの量が知られているときは, その他の量は次の公式を計算して求められる.

ネイピアの方程式	
$\sin a = \sin c \sin A$	$\tan a = \tan c \cos B$
$\sin b = \sin c \sin B$	$\tan b = \tan c \cos A$
$\tan a = \sin b \tan A$	$\cos B = \cos b \sin A$
$\tan b = \sin a \tan B$	$\cos A = \cos a \sin B$
$\cos c = \cos a \cos b$	$\cos c = \cot A \cot B$

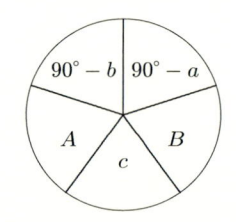

注: 上式は次のようにおいている (右上の円を見よ).

どの余弦も
1. 両隣の余接の大きさの積である.
    例: $\cos A = \cot(90° - b) \cdot \cot c = \tan b \cdot \dfrac{1}{\tan c}$, したがって, $\tan b = \tan c \cos A$
2. 両隣でない正弦の大きさの積である.
    例: $\cos(90° - b) = \sin c \cdot \sin B$, したがって, $\sin b = \sin c \sin B$

斜角の球面三角形 (A,B,C は角, a,b,c はそれぞれの角に向かい合っている辺)

与えられた半径の下で, 球面三角形は以下によって決められる.

a,b,c	3辺
A,B,C	3角
a,b,C	2辺とその間の角
A,B,c	1辺とその両端の角
a,b,A	2辺と1つの辺に向かい合った角
A,B,a	2角とそのうち1つの角に向かい合った辺

残りの量を次の公式で計算する:

$\dfrac{\sin a}{\sin A} = \dfrac{\sin b}{\sin B} = \dfrac{\sin c}{\sin C}$ 正弦定理

$\left. \begin{array}{l} \cos a = \cos b \cos c + \sin b \sin c \cos A \\ \cos A = -\cos B \cos C + \sin B \sin C \cos a \end{array} \right\}$ 余弦定理

$\sin a \cot b = \cot B \sin C + \cos a \cos C$
$\sin A \cot B = \cot b \sin c - \cos A \cos c$

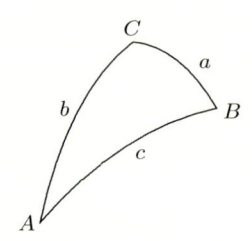

3 初等関数

3.1 基礎概念

関数 (写像): $f, g, h, \ldots$ 　　詳しくは: $f : \begin{cases} A & \longrightarrow & B \\ x & \longmapsto & f(x) \end{cases}$

　$D(f) := A$ は f の定義域である.
　$W(f) := \{f(a) | a \in A\} \subseteq B$ は f の値域である.

関数方程式: $y = f(x)$ 　　　　関数項: $f(x)$

f のグラフ: xy 平面における $(x, f(x))$ の集合

実関数: $f : A \longrightarrow B$ 　ここで, $A, B \subseteq \mathbb{R}$ 　　　　本書ではこの場合のみ扱う.

関数の性質

区間上の単調性	
f が単調増加する $\iff (x_1 < x_2 \implies f(x_1) \leq f(x_2))$	
f が狭義単調増加する $\iff (x_1 < x_2 \implies f(x_1) < f(x_2))$	
f が単調減少する $\iff (x_1 < x_2 \implies f(x_1) \geq f(x_2))$	
f が狭義単調減少する $\iff (x_1 < x_2 \implies f(x_1) > f(x_2))$	

(単調性と曲率については 90 ページを見よ.)

周期性　　$f(x + p) = f(x)$ 　　(任意の p が 0 以外の実数, かつ, すべての x が実数のとき)
　　　　　このような最小の正の数 p (もし存在するならば) を f の周期と呼ぶ.
　　　　　フーリエ級数の節 (80, 82 ページ) も見よ.

グラフの対称性

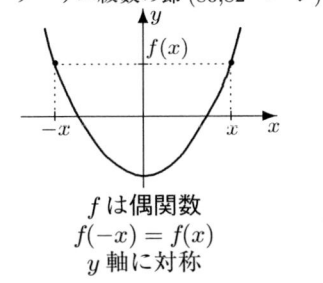

f は偶関数
$f(-x) = f(x)$
y 軸に対称

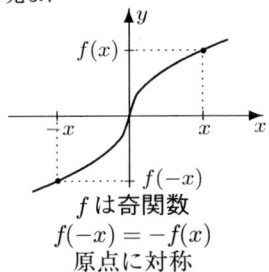

f は奇関数
$f(-x) = -f(x)$
原点に対称

可逆性　　f が狭義単調のとき, 逆関数 g (f^{-1} でも示される) が存在する.

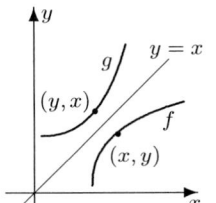

f の逆関数 g は以下で求まる.
　1) $y = f(x)$ の解 x を求める. したがって, $x = g(y)$.
　2) 変数 x と y を取り替える. つまり, $y = g(x)$.

逆関数については 88 ページも見よ.

x と y を取り替えると, f のグラフと g のグラフが角の二等分線 $y = x$ に対して対称となる.

極限値と連続性

$\lim_{x \to a} f(x) = g$ $\iff$ 各 $\epsilon > 0$ に対し,ある $\delta > 0$ が存在して,$|x - a| < \delta$ なるすべての $x \in D(f) \setminus \{a\}$ に対して,次が成り立つ: $|f(x) - g| < \epsilon$

f は x_0 で連続 $\iff$ $\begin{cases} (1) & f(x_0) \text{ が存在する} \\ (2) & \lim_{x \to x_0} f(x) \text{ が存在する} \\ (3) & \lim_{x \to x_0} f(x) = f(x_0) \end{cases}$ $\iff$ 要約すると, $\lim_{x \to x_0} f(x) = f(x_0)$

f が x_0 で連続であることはしばしば以下によって証明される:

$\iff \begin{cases} (1) & \lim_{x \to x_0+} f(x) = f(x_0) \text{ (右側極限) かつ} \\ (2) & \lim_{x \to x_0-} f(x) = f(x_0) \text{ (左側極限)} \end{cases}$

連続関数に関する定理

中間値の定理 $[a,b]$ で,連続な関数 f は関数値として,$f(a)$ と $f(b)$ の間であるどのような実数 r もとる.

ワイエルシュトラスの定理 $[a,b]$ で連続な関数 f は,$[a,b]$ で最大値と最小値を持つ.

3.2 代数学的関数

整式

関数形としては,多項式がある.

$$f(x) = a_n x^n + \cdots + a_1 x + a_0 \ , \ a_n \neq 0$$

x の絶対値が大きいとき $a_n x^n$ のようにふるまう.

特別な場合

アフィン関数: $f(x) = ax + b$
    グラフは傾き a で y 切片 b の直線

2 次関数: $f(x) = ax^2 + bx + c, \ a \neq 0$
    グラフは $\begin{cases} \text{頂点} & S = \left(-\frac{b}{2a}, c - \frac{b^2}{4a}\right) \\ \text{零点} & x_{1,2} = \frac{-b \pm \sqrt{b^2 - 4ac}}{2a} \end{cases}$ を持つ放物線 (22 ページ)

べき関数: $f(x) = x^n \ \ (n \in \mathbb{N})$

グラフ: n が偶数ならば,y 軸に対して対称.
f は偶関数
$f(-x) = f(x)$
$(-x)^2 = x^2$

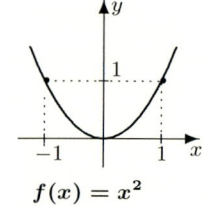

$f(x) = x^2$

グラフ: n が奇数ならば,原点に対して対称.
f は奇関数
$f(-x) = -f(x)$
$(-x)^3 = -x^3$

$f(x) = x^3$

分数関数

関数形: $\quad f(x) = \dfrac{a_n x^n + \cdots + a_1 x + a_0}{b_m x^m + \cdots + b_1 x + b_0} = \dfrac{p(x)}{q(x)} \quad \left(\dfrac{多項式}{多項式}\right)$

真分数: $\quad n < m \quad$ (x 軸は漸近線である ($x \to \pm\infty$ のとき))
仮分数: $\quad n \geq m \quad$ 多項式の除法により以下のようになる.

$$f(x) = \underbrace{a(x)}_{\text{多項式の漸近線}} + \underbrace{\dfrac{r(x)}{q(x)}}_{\text{真分数}} \quad (y = a(x) \text{ は漸近形である } (x \to \pm\infty \text{ のとき)}.)$$

$f(x) = \dfrac{p(x)}{q(x)}$ で $p(x)$ と $q(x)$ が互いに素であるならば, 以下が成り立つ:

$f(x)$ の零点は $p(x)$ の零点と一致する.
　符号の交替がある零点: $\quad p(x)$ の奇数次の零点
　符号の交替がない零点: $\quad p(x)$ の偶数次の零点
$f(x)$ の極は $q(x)$ の零点と一致する.
　符号の交替がある極: $\quad q(x)$ の奇数次の零点
　符号の交替がない極: $\quad q(x)$ の偶数次の零点

部分分数分解: 真分数の有理関数の部分分数分解は
- **HM** を見よ. そこでは, 詳しい説明と種々の例が載っている. _{訳注1) [伊藤] 91–101 ページ}

べき根関数

$f(x) = \sqrt[n]{x}, \quad n > 1; \quad (D(f) = W(f) = \mathbb{R}_{\geq 0} \text{ のとき})$
$y = \sqrt[n]{x}$ は $x \geq 0$ において $y = x^n$ の逆関数である.

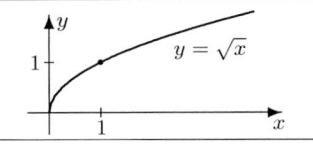

3.3 指数関数と対数関数

指数関数と対数関数

指数関数:
　$f(x) = a^x = e^{x \log a}, \quad a > 0, a \neq 1$
　$D(f) = \mathbb{R} \qquad W(f) = \mathbb{R}_{>0}$
　単調増加, $\quad 1 < a$ のとき
　単調減少, $\quad 0 < a < 1$ のとき
　$a^{x+y} = a^x \cdot a^y, \; a^0 = 1$

対数関数:
　$f(x) = \log_a x, \quad a > 0, a \neq 1$
　$D(f) = \mathbb{R}_{>0} \qquad W(f) = \mathbb{R}$
　単調増加, $\quad 1 < a$ のとき
　単調減少, $\quad 0 < a < 1$ のとき
　$\log_a(x \cdot y) = \log_a x + \log_a y, \; \log_a 1 = 0$

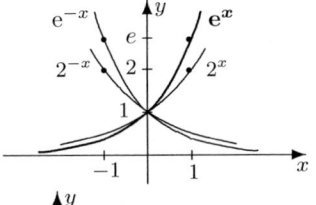

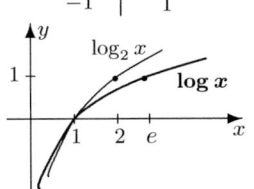

指数関数と対数関数は互いに逆関数である.

特に, 底 $e = 2.71828\ldots$: $\qquad f(x) = e^x$ かつ $f(x) = \log_e x = \log x$

| $\log_{1/a} x = -\log_a x$ | $\log_a x = \dfrac{1}{\log a} \log x$ | $e^{\log x} = x$ | $\log e^x = x$ |

3.4　円関数 (三角関数)

度数法と弧度法の換算

- 角 α 度と
- 単位円で角 α 度に対する弧の長さ b
  もしくは角 α 度に対する弧の長さとその円の半径の比 b

に対して次の関係が存在する．

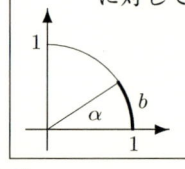

$$\boxed{\frac{\alpha}{180°} = \frac{b}{\pi}}$$

$\alpha = \dfrac{b}{\pi} 180°, \quad b = 1 \implies \alpha = \dfrac{180°}{\pi} \approx 57.296°$

$b = \dfrac{\alpha}{180°}\pi, \quad \alpha = 1° \implies b = \dfrac{1°}{180°}\pi \approx 0.017$

定義

$\sin\alpha = \dfrac{\text{対辺}}{\text{斜辺}} = \dfrac{G}{H}$

$\cos\alpha = \dfrac{\text{隣辺}}{\text{斜辺}} = \dfrac{A}{H}$

$\tan\alpha = \dfrac{\text{対辺}}{\text{隣辺}} = \dfrac{G}{A} = \dfrac{\sin\alpha}{\cos\alpha} = \dfrac{1}{\cot\alpha}$

$\cot\alpha = \dfrac{\text{隣辺}}{\text{対辺}} = \dfrac{A}{G} = \dfrac{\cos\alpha}{\sin\alpha} = \dfrac{1}{\tan\alpha}$

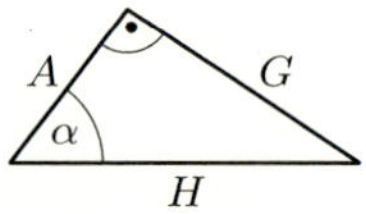

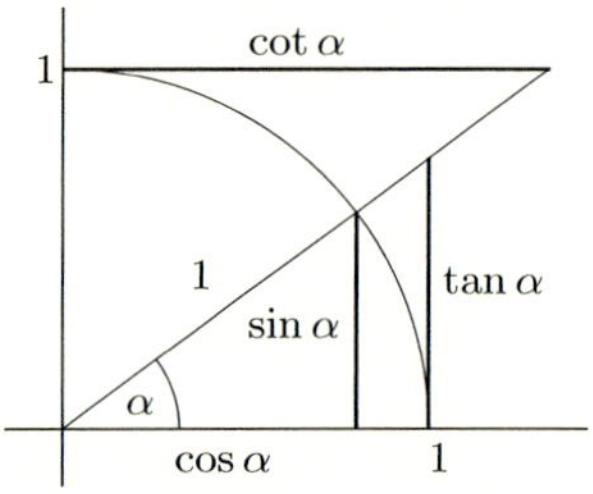

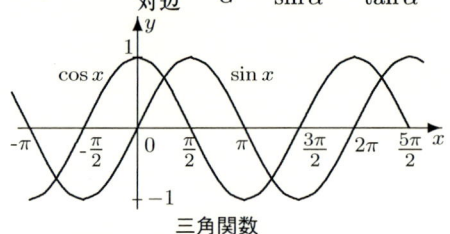

三角関数 $\sin x$, $\cos x$

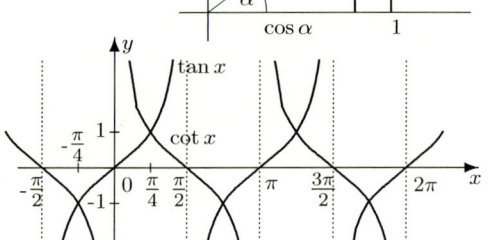

三角関数 $\tan x$, $\cot x$

基本公式

$\cos x = \sin(x + \frac{\pi}{2})$

$\sin x = \cos(x - \frac{\pi}{2})$

$$\boxed{\cos^2 x + \sin^2 x = 1}$$

$1 + \tan^2 x = \dfrac{1}{\cos^2 x}$

$1 + \cot^2 x = \dfrac{1}{\sin^2 x}$

重要な三角関数の値

	0	$\frac{1}{6}\pi$	$\frac{1}{4}\pi$	$\frac{1}{3}\pi$	$\frac{1}{2}\pi$	$\frac{2}{3}\pi$	$\frac{3}{4}\pi$	$\frac{5}{6}\pi$	π	$\frac{7}{6}\pi$	$\frac{5}{4}\pi$	$\frac{4}{3}\pi$	$\frac{3}{2}\pi$	$\frac{5}{3}\pi$	$\frac{7}{4}\pi$	$\frac{11}{6}\pi$	2π
	$0°$	$30°$	$45°$	$60°$	$90°$	$120°$	$135°$	$150°$	$180°$	$210°$	$225°$	$240°$	$270°$	$300°$	$315°$	$330°$	$360°$
$\sin x$	0	$\frac{1}{2}$	$\frac{\sqrt{2}}{2}$	$\frac{\sqrt{3}}{2}$	1	$\frac{\sqrt{3}}{2}$	$\frac{\sqrt{2}}{2}$	$\frac{1}{2}$	0	$-\frac{1}{2}$	$-\frac{\sqrt{2}}{2}$	$-\frac{\sqrt{3}}{2}$	-1	$-\frac{\sqrt{3}}{2}$	$-\frac{\sqrt{2}}{2}$	$-\frac{1}{2}$	0
$\cos x$	1	$\frac{\sqrt{3}}{2}$	$\frac{\sqrt{2}}{2}$	$\frac{1}{2}$	0	$-\frac{1}{2}$	$-\frac{\sqrt{2}}{2}$	$-\frac{\sqrt{3}}{2}$	-1	$-\frac{\sqrt{3}}{2}$	$-\frac{\sqrt{2}}{2}$	$-\frac{1}{2}$	0	$\frac{1}{2}$	$\frac{\sqrt{2}}{2}$	$\frac{\sqrt{3}}{2}$	1
$\tan x$	0	$\frac{\sqrt{3}}{3}$	1	$\sqrt{3}$	$\pm\infty$	$-\sqrt{3}$	-1	$-\frac{\sqrt{3}}{3}$	0	$\frac{\sqrt{3}}{3}$	1	$\sqrt{3}$	$\pm\infty$	$-\sqrt{3}$	-1	$-\frac{\sqrt{3}}{3}$	0
$\cot x$	$\pm\infty$	$\sqrt{3}$	1	$\frac{\sqrt{3}}{3}$	0	$-\frac{\sqrt{3}}{3}$	-1	$-\sqrt{3}$	$\pm\infty$	$\sqrt{3}$	1	$\frac{\sqrt{3}}{3}$	0	$-\frac{\sqrt{3}}{3}$	-1	$-\sqrt{3}$	$\pm\infty$

3.4 円関数 (三角関数)

三角関数間の関係　($\pm\sqrt{}$ の符号は象限ごとに変える)

	$\sin x$	$\cos x$	$\tan x$	$\cot x$
$\sin x =$	$\sin x$	$\pm\sqrt{1-\cos^2 x}$	$\dfrac{\tan x}{\pm\sqrt{1+\tan^2 x}}$	$\dfrac{1}{\pm\sqrt{1+\cot^2 x}}$
$\cos x =$	$\pm\sqrt{1-\sin^2 x}$	$\cos x$	$\dfrac{1}{\pm\sqrt{1+\tan^2 x}}$	$\dfrac{\cot x}{\pm\sqrt{1+\cot^2 x}}$
$\tan x =$	$\dfrac{\sin x}{\pm\sqrt{1-\sin^2 x}}$	$\dfrac{\pm\sqrt{1-\cos^2 x}}{\cos x}$	$\tan x$	$\dfrac{1}{\cot x}$
$\cot x =$	$\dfrac{\pm\sqrt{1-\sin^2 x}}{\sin x}$	$\dfrac{\cos x}{\pm\sqrt{1-\cos^2 x}}$	$\dfrac{1}{\tan x}$	$\cot x$

周期性 ($k \in \mathbb{Z}$):

$\sin x, \cos x$　(周期 2π):　$\sin(x+k\cdot 2\pi) = \sin x$　　$\cos(x+k\cdot 2\pi) = \cos x$

$\tan x, \cot x$　(周期 π):　$\tan(x+k\cdot \pi) = \tan x$　　$\cot(x+k\cdot \pi) = \cot x$

対称性

偶関数

$\cos(-x) = \cos x$

奇関数

$\sin(-x) = -\sin x$
$\tan(-x) = -\tan x$
$\cot(-x) = -\cot x$

余角の公式

$\sin(\frac{\pi}{2} \pm x) = \cos x$
$\cos(\frac{\pi}{2} - x) = \sin x$
$\tan(\frac{\pi}{2} - x) = \cot x$
$\cot(\frac{\pi}{2} - x) = \tan x$

加法定理

$\sin(x \pm y) = \sin x \cos y \pm \cos x \sin y$

$\cos(x \pm y) = \cos x \cos y \mp \sin x \sin y$

$\tan(x \pm y) = \dfrac{\tan x \pm \tan y}{1 \mp \tan x \tan y}$

$\cot(x \pm y) = \dfrac{\cot x \cot y \mp 1}{\cot y \pm \cot x}$

倍角の公式

$\sin 2x = 2\sin x \cos x = \dfrac{2\tan x}{1+\tan^2 x}$

$\cos 2x = \cos^2 x - \sin^2 x = \dfrac{1-\tan^2 x}{1+\tan^2 x}$

$\sin 3x = 3\sin x - 4\sin^3 x$

$\cos 3x = 4\cos^3 x - 3\cos x$

$\sin 4x = 8\cos^3 x \sin x - 4\cos x \sin x$

$\cos 4x = 8\cos^4 x - 8\cos^2 x + 1$

$\tan 2x = \dfrac{2\tan x}{1-\tan^2 x}$

$\cot 2x = \dfrac{\cot^2 x - 1}{2\cot x}$

$\tan 3x = \dfrac{3\tan x - \tan^3 x}{1-3\tan^2 x}$

$\cot 3x = \dfrac{\cot^3 x - 3\cot x}{3\cot^2 x - 1}$

$\tan 4x = \dfrac{4\tan x - 4\tan^3 x}{1-6\tan^2 x + \tan^4 x}$

$\cot 4x = \dfrac{\cot^4 x - 6\cot^2 x + 1}{4\cot^3 x - 4\cot x}$

$\sin nx = n\cos^{n-1}x \sin x - \binom{n}{3}\cos^{n-3}x \sin^3 x + \binom{n}{5}\cos^{n-5}x \sin^5 x \mp \cdots$

$\cos nx = \cos^n x - \binom{n}{2}\cos^{n-2}x \sin^2 x + \binom{n}{4}\cos^{n-4}x \sin^4 x - \binom{n}{6}\cos^{n-6}x \sin^6 x \pm \cdots$

半角の公式　($\pm\sqrt{}$ の符号は象限ごとに変える)

$\sin \dfrac{x}{2} = \pm\sqrt{\dfrac{1}{2}(1-\cos x)}$

$\cos \dfrac{x}{2} = \pm\sqrt{\dfrac{1}{2}(1+\cos x)}$

$\tan \dfrac{x}{2} = \pm\sqrt{\dfrac{1-\cos x}{1+\cos x}} = \dfrac{1-\cos x}{\sin x} = \dfrac{\sin x}{1+\cos x}$

$\cot \dfrac{x}{2} = \pm\sqrt{\dfrac{1+\cos x}{1-\cos x}} = \dfrac{1+\cos x}{\sin x} = \dfrac{\sin x}{1-\cos x}$

和積の公式

$$\sin x + \sin y = 2\sin\tfrac{x+y}{2}\cos\tfrac{x-y}{2} \qquad \tan x \pm \tan y = \frac{\sin(x\pm y)}{\cos x \cos y}$$

$$\sin x - \sin y = 2\cos\tfrac{x+y}{2}\sin\tfrac{x-y}{2} \qquad \cot x \pm \cot y = \pm\frac{\sin(x\pm y)}{\sin x \sin y}$$

$$\cos x + \cos y = 2\cos\tfrac{x+y}{2}\cos\tfrac{x-y}{2} \qquad \tan x + \cot y = \frac{\cos(x-y)}{\cos x \sin y}$$

$$\cos x - \cos y = -2\sin\tfrac{x+y}{2}\sin\tfrac{x-y}{2} \qquad \cot x - \tan y = \frac{\cos(x+y)}{\sin x \cos y}$$

積和の公式

$$\sin x \sin y = \tfrac{1}{2}\bigl(\cos(x-y) - \cos(x+y)\bigr) \qquad \sin x \cos y = \tfrac{1}{2}\bigl(\sin(x-y) + \sin(x+y)\bigr)$$

$$\cos x \cos y = \tfrac{1}{2}\bigl(\cos(x-y) + \cos(x+y)\bigr)$$

べき乗の公式

$$\sin^2 x = \tfrac{1}{2}(1-\cos 2x) \qquad \sin^3 x = \tfrac{1}{4}(3\sin x - \sin 3x) \qquad \sin^4 x = \tfrac{1}{8}(\cos 4x - 4\cos 2x + 3)$$

$$\cos^2 x = \tfrac{1}{2}(1+\cos 2x) \qquad \cos^3 x = \tfrac{1}{4}(\cos 3x + 3\cos x) \qquad \cos^4 x = \tfrac{1}{8}(\cos 4x + 4\cos 2x + 3)$$

三角関数の和

$$\sum_{k=1}^{n} \sin kx = \sin x + \sin 2x + \cdots + \sin nx = \frac{\sin\tfrac{nx}{2}\sin\tfrac{(n+1)x}{2}}{\sin\tfrac{x}{2}}$$

$$\tfrac{1}{2} + \sum_{k=1}^{n} \cos kx = \tfrac{1}{2} + \cos x + \cos 2x + \cdots + \cos nx = \frac{\sin(n+\tfrac{1}{2})x}{2\sin\tfrac{x}{2}}$$

$$\sum_{k=1}^{n} \sin(2k-1)x = \sin x + \sin 3x + \cdots + \sin(2n-1)x = \frac{\sin^2 nx}{\sin x}$$

逆三角関数

$\arcsin x,\ -1\le x\le 1 \quad \sin x$ の逆関数, $-\tfrac{\pi}{2} \le x \le \tfrac{\pi}{2}$

$\arccos x,\ -1\le x\le 1 \quad \cos x$ の逆関数, $0 \le x \le \pi$

$\arctan x,\ x\in\mathbb{R} \quad \tan x$ の逆関数, $-\tfrac{\pi}{2} < x < \tfrac{\pi}{2}$

$\mathrm{arccot}\, x,\ x\in\mathbb{R} \quad \cot x$ の逆関数, $0 < x < \pi$

$\arcsin x = \tfrac{\pi}{2} - \arccos x = \arctan \tfrac{x}{\sqrt{1-x^2}}$

$\arccos x = \tfrac{\pi}{2} - \arcsin x = \mathrm{arccot}\, \tfrac{x}{\sqrt{1-x^2}}$

$\arctan x = \tfrac{\pi}{2} - \mathrm{arccot}\, x = \arcsin \tfrac{x}{\sqrt{1+x^2}}$

$\mathrm{arccot}\, x = \tfrac{\pi}{2} - \arctan x = \arccos \tfrac{x}{\sqrt{1+x^2}}$

$\arctan x + \arctan \tfrac{1}{x} = \pm\tfrac{\pi}{2},\ x \gtrless 0$ に対して

$\sin(\arcsin x) = x,\ -1 \le x \le 1 \qquad\qquad \cos(\arccos x) = x,\ -1 \le x \le 1$

$$\arcsin(\sin x) = \begin{cases} x, & -\tfrac{\pi}{2} \le x \le \tfrac{\pi}{2} \\ \pi - x, & \tfrac{\pi}{2} \le x \le \tfrac{3\pi}{2} \\ \text{2π 周期の関数として拡張される} \end{cases} \qquad \arccos(\cos x) = \begin{cases} x, & 0 \le x \le \pi \\ 2\pi - x, & \pi \le x \le 2\pi \\ \text{2π 周期の関数として拡張される} \end{cases}$$

指数関数もしくは対数関数による表現については, 178, 179 ページを見よ.

3.4 円関数 (三角関数)

逆三角関数

特殊値

x	$\arcsin x$	$\arccos x$
-1	$-\pi/2$	π
$-\sqrt{3}/2$	$-\pi/3$	$5\pi/6$
$-\sqrt{2}/2$	$-\pi/4$	$3\pi/4$
$-1/2$	$-\pi/6$	$2\pi/3$
0	0	$\pi/2$
$1/2$	$\pi/6$	$\pi/3$
$\sqrt{2}/2$	$\pi/4$	$\pi/4$
$\sqrt{3}/2$	$\pi/3$	$\pi/6$
1	$\pi/2$	0

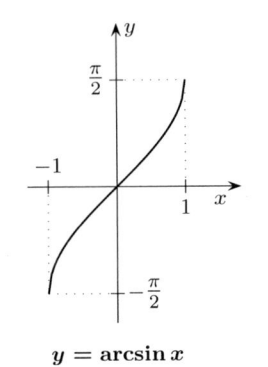

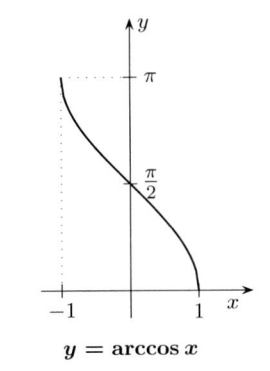

x	$\arctan x$	$\text{arccot}\, x$
$-\sqrt{3}$	$-\pi/3$	$5\pi/6$
-1	$-\pi/4$	$3\pi/4$
$-\sqrt{3}/3$	$-\pi/6$	$2\pi/3$
0	0	$\pi/2$
$\sqrt{3}/3$	$\pi/6$	$\pi/3$
1	$\pi/4$	$\pi/4$
$\sqrt{3}$	$\pi/3$	$\pi/6$

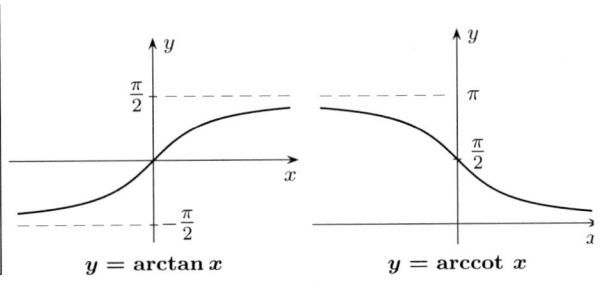

$y = \arcsin x$

$y = \arccos x$

$y = \arctan x$

$y = \text{arccot}\, x$

各象限での符号のふるまい

$(0 \leq \varphi \leq 2\pi)$

第 2 象限

$\sin \varphi > 0$
$\cos \varphi < 0$
$\tan \varphi < 0$
$\cot \varphi < 0$
$\varphi = \pi + \arctan \frac{y}{x}$

第 1 象限

$\sin \varphi > 0$
$\cos \varphi > 0$
$\tan \varphi > 0$
$\cot \varphi > 0$
$\varphi = \arctan \frac{y}{x}$

第 3 象限

$\sin \varphi < 0$
$\cos \varphi < 0$
$\tan \varphi > 0$
$\cot \varphi > 0$
$\varphi = \pi + \arctan \frac{y}{x}$

第 4 象限

$\sin \varphi < 0$
$\cos \varphi > 0$
$\tan \varphi < 0$
$\cot \varphi < 0$
$\varphi = 2\pi + \arctan \frac{y}{x}$

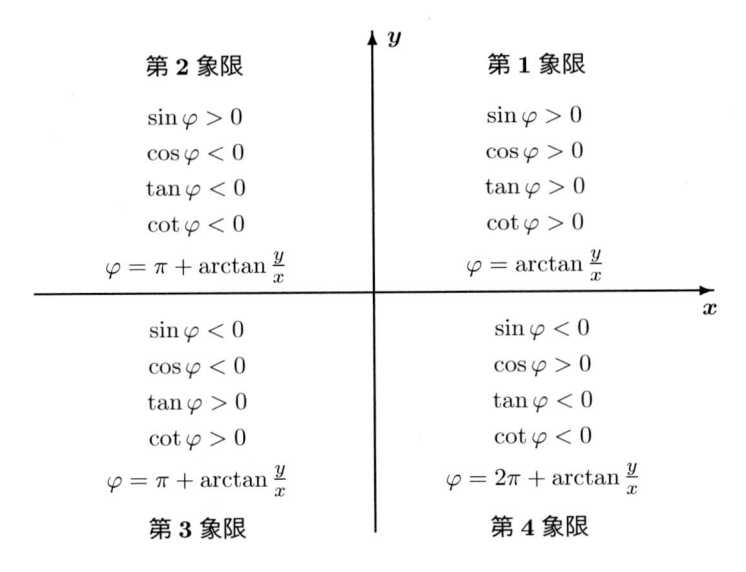

3.5 双曲線関数

定義

$$\cosh x = \frac{e^x + e^{-x}}{2}, \quad \sinh x = \frac{e^x - e^{-x}}{2}$$

$$\tanh x = \frac{e^x - e^{-x}}{e^x + e^{-x}} = \frac{1 - e^{-2x}}{1 + e^{-2x}} = \frac{\sinh x}{\cosh x}$$

$$\coth x = \frac{e^x + e^{-x}}{e^x - e^{-x}} = \frac{1 + e^{-2x}}{1 - e^{-2x}} = \frac{\cosh x}{\sinh x}$$

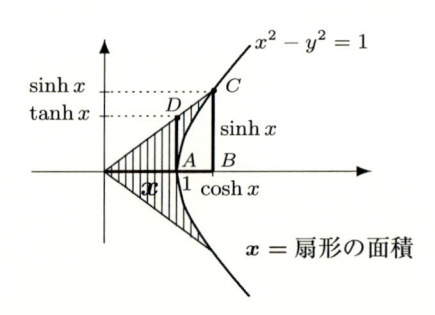

単位双曲線での $\sinh$ と $\cosh$ の定義
$x^2 - y^2 = 1$

$\sinh x = BC$
$\cosh x = OB$
$\tanh x = AD$
$x = $ 扇形の面積

基本公式

$$\boxed{\cosh^2 x - \sinh^2 x = 1}$$

$\tanh x \cdot \coth x = 1$

$\cosh x \pm \sinh x = e^{\pm x}$

双曲線関数間の関係 ($x \gtreqless 0$ のとき $\pm\sqrt{\ }$)

	$\sinh x$	$\cosh x$	$\tanh x$	$\coth x$
$\sinh x =$	$\sinh x$	$\pm\sqrt{\cosh^2 x - 1}$	$\dfrac{\tanh x}{\sqrt{1-\tanh^2 x}}$	$\dfrac{1}{\pm\sqrt{\coth^2 x - 1}}$
$\cosh x =$	$\sqrt{\sinh^2 x + 1}$	$\cosh x$	$\dfrac{1}{\sqrt{1-\tanh^2 x}}$	$\dfrac{\coth x}{\pm\sqrt{\coth^2 x - 1}}$
$\tanh x =$	$\dfrac{\sinh x}{\sqrt{\sinh^2 x + 1}}$	$\dfrac{\pm\sqrt{\cosh^2 x - 1}}{\cosh x}$	$\tanh x$	$\dfrac{1}{\coth x}$
$\coth x =$	$\dfrac{\sqrt{\sinh^2 x + 1}}{\sinh x}$	$\dfrac{\cosh x}{\pm\sqrt{\cosh^2 x - 1}}$	$\dfrac{1}{\tanh x}$	$\coth x$

加法定理

$\sinh(x \pm y) = \sinh x \cosh y \pm \cosh x \sinh y$

$\cosh(x \pm y) = \cosh x \cosh y \pm \sinh x \sinh y$

$\tanh(x \pm y) = \dfrac{\tanh x \pm \tanh y}{1 \pm \tanh x \tanh y}$

$\coth(x \pm y) = \dfrac{1 \pm \coth x \coth y}{\coth x \pm \coth y}$

倍角の公式

$\sinh 2x = 2 \sinh x \cosh x = \dfrac{2\tanh x}{1 - \tanh^2 x}$

$\cosh 2x = \cosh^2 x + \sinh^2 x = \dfrac{1 + \tanh^2 x}{1 - \tanh^2 x}$

$\tanh 2x = \dfrac{2\tanh x}{1 + \tanh^2 x}$

$\coth 2x = \dfrac{\coth^2 x + 1}{2 \coth x}$

$\sinh nx = \binom{n}{1}\cosh^{n-1} x \sinh x + \binom{n}{3}\cosh^{n-3} x \sinh^3 x + \binom{n}{5}\cosh^{n-5} x \sinh^5 x + \cdots$

$\cosh nx = \cosh^n x + \binom{n}{2}\cosh^{n-2} x \sinh^2 x + \binom{n}{4}\cosh^{n-4} x \sinh^4 x + \cdots$

半角の公式 ($x \gtreqless 0$ によって $\pm\sqrt{\ }$ の符号が変わる)

$\sinh \dfrac{x}{2} = \pm\sqrt{\dfrac{1}{2}(\cosh x - 1)}$

$\cosh \dfrac{x}{2} = \sqrt{\dfrac{1}{2}(\cosh x + 1)}$

$\tanh \dfrac{x}{2} = \pm\sqrt{\dfrac{\cosh x - 1}{\cosh x + 1}} = \dfrac{\sinh x}{\cosh x + 1} = \dfrac{\cosh x - 1}{\sinh x}$

$\coth \dfrac{x}{2} = \pm\sqrt{\dfrac{\cosh x + 1}{\cosh x - 1}} = \dfrac{\sinh x}{\cosh x - 1} = \dfrac{\cosh x + 1}{\sinh x}$

3.5 双曲線関数

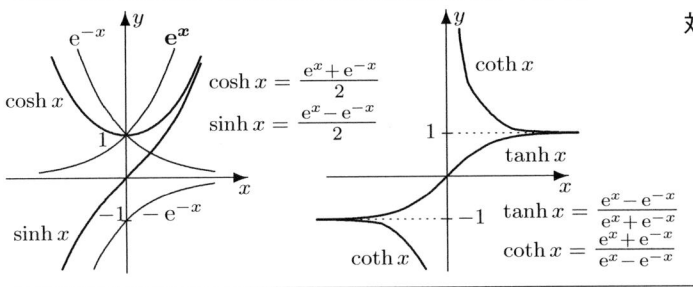

対称性

偶関数
$$\cosh(-x) = \cosh x$$

奇関数
$$\sinh(-x) = -\sinh x$$
$$\tanh(-x) = -\tanh x$$
$$\coth(-x) = -\coth x$$

$$\cosh x = \frac{e^x + e^{-x}}{2}$$
$$\sinh x = \frac{e^x - e^{-x}}{2}$$
$$\tanh x = \frac{e^x - e^{-x}}{e^x + e^{-x}}$$
$$\coth x = \frac{e^x + e^{-x}}{e^x - e^{-x}}$$

和積の公式

$$\sinh x + \sinh y = 2 \sinh \tfrac{x+y}{2} \cosh \tfrac{x-y}{2}$$
$$\sinh x - \sinh y = 2 \cosh \tfrac{x+y}{2} \sinh \tfrac{x-y}{2}$$
$$\cosh x + \cosh y = 2 \cosh \tfrac{x+y}{2} \cosh \tfrac{x-y}{2}$$
$$\cosh x - \cosh y = 2 \sinh \tfrac{x+y}{2} \sinh \tfrac{x-y}{2}$$

$$\tanh x \pm \tanh y = \frac{\sinh(x \pm y)}{\cosh x \cosh y}$$
$$\coth x \pm \coth y = \pm \frac{\sinh(x \pm y)}{\sinh x \sinh y}$$
$$\tanh x + \coth y = \frac{\cosh(x+y)}{\cosh x \sinh y}$$
$$\coth x - \tanh y = \frac{\cosh(x-y)}{\sinh x \cosh y}$$

積和の公式

$$\sinh x \sinh y = \tfrac{1}{2}\bigl(\cosh(x+y) - \cosh(x-y)\bigr)$$
$$\cosh x \cosh y = \tfrac{1}{2}\bigl(\cosh(x+y) + \cosh(x-y)\bigr)$$
$$\sinh x \cosh y = \tfrac{1}{2}\bigl(\sinh(x+y) + \sinh(x-y)\bigr)$$

$$\tanh x \tanh y = \frac{\tanh x + \tanh y}{\coth x + \coth y}$$
$$\coth x \coth y = \frac{\coth x + \coth y}{\tanh x + \tanh y}$$

べき乗の公式

$$\sinh^2 x = \tfrac{1}{2}(\cosh 2x - 1) \quad \| \quad \cosh^2 x = \tfrac{1}{2}(\cosh 2x + 1) \quad \| \quad \cosh^2 x - \sinh^2 x = 1$$

ド・モアブルの公式

$$(\cosh x \pm \sinh x)^n = \cosh nx \pm \sinh nx$$

逆双曲線関数[訳注 2]

$$\operatorname{arsinh} x = \log(x + \sqrt{x^2 + 1})$$
$$\operatorname{arcosh} x = \log(x + \sqrt{x^2 - 1}), \quad x \geq 1$$
$$\operatorname{artanh} x = \tfrac{1}{2} \log \tfrac{1+x}{1-x}, \quad |x| < 1$$
$$\operatorname{arcoth} x = \tfrac{1}{2} \log \tfrac{x+1}{x-1}, \quad |x| > 1$$

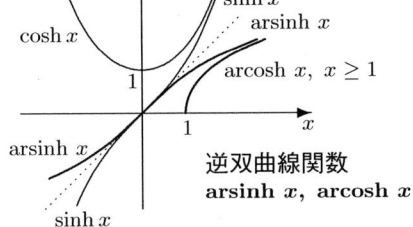

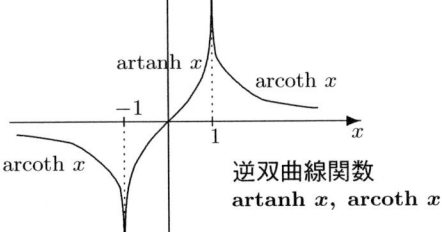

逆双曲線関数 **arsinh x, arcosh x**

逆双曲線関数 **artanh x, arcoth x**

三角関数と双曲線関数

- x あるいは ax ($ax+b$ ではない) の双曲線関数が関連するどの公式も，対応する三角関数公式から得ることができる．$\sin x$ を $i \sinh x$ と置き換え，$\cos x$ を $\cosh x$ と置き換え，そして次々に x を ix と置き換える．
- 複素数における円関数と双曲線関数の関係は 178 ページを見よ．

振動 $A\sin(\omega t + \varphi)$

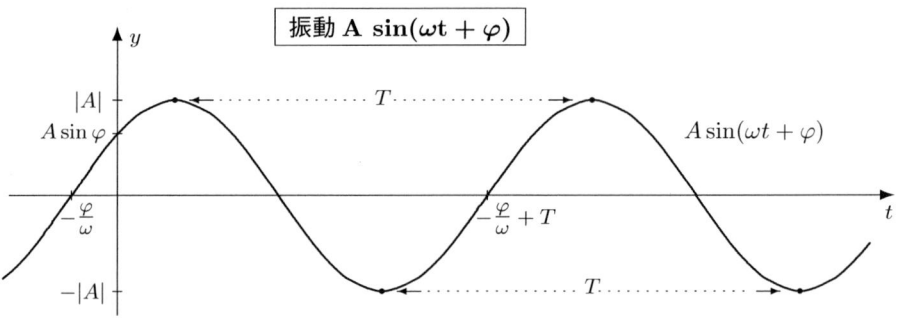

振動 $A\sin(\omega t + \varphi)$ の特徴量:

- $|A|$ 振幅 (実際の振幅の半分)
- $T = \dfrac{2\pi}{\omega}$ 周期 (元に戻るまでの時間)
- $\omega = \dfrac{2\pi}{T}$ 角振動数 (2π 秒間の振動数)
- $\dfrac{1}{T} = \dfrac{\omega}{2\pi}$ 振動数 (1 秒間の振動数)
- φ 位相角 (位相の変位)

余弦振動から正弦振動へ書き換える:
$$A\cos(\omega t + \varphi) = A\sin(\omega t + \varphi + \tfrac{\pi}{2})$$

振動の重ね合わせ

$$A_1 \sin(\omega t + \varphi_1) + A_2 \sin(\omega t + \varphi_2) = A\sin(\omega t + \varphi)$$

$$A = \sqrt{A_1^2 + A_2^2 + 2A_1 A_2 \cos(\varphi_1 - \varphi_2)}$$

$$\tan\varphi = \frac{A_1 \sin\varphi_1 + A_2 \sin\varphi_2}{A_1 \cos\varphi_1 + A_2 \cos\varphi_2} \quad \text{象限に注意!}$$

特殊例: $B\cos\omega t + C\sin\omega t = A\sin(\omega t + \varphi)$

$B = A\sin\varphi$
$C = A\cos\varphi$

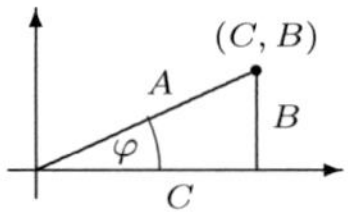

$A = \sqrt{B^2 + C^2}$
$\tan\varphi = \dfrac{B}{C}$ 象限に注意!

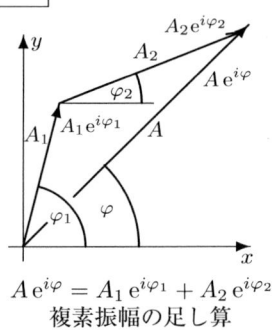

$A e^{i\varphi} = A_1 e^{i\varphi_1} + A_2 e^{i\varphi_2}$
複素振幅の足し算

説明図

複素数の表示

$$\begin{aligned}
A \cdot e^{i(\omega t + \varphi)} &= A\bigl(\cos(\omega t + \varphi) + i\sin(\omega t + \varphi)\bigr) \\
&= A e^{i\varphi} \cdot e^{i\omega t} \\
&= A e^{i\varphi}(\cos\omega t + i\sin\omega t)
\end{aligned}$$

$Ae^{i\varphi}$ を複素振幅と呼び, 説明図についても, (実)振幅 A と位相 φ を「含んでいる」.

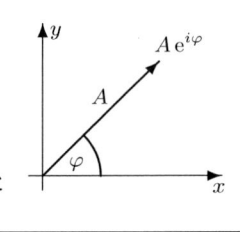

4 ベクトルの計算

4.1 スカラー積, ベクトル積, 三重積

スカラー積

$$\vec{a} \cdot \vec{b} = \begin{pmatrix} a_1 \\ a_2 \\ a_3 \end{pmatrix} \cdot \begin{pmatrix} b_1 \\ b_2 \\ b_3 \end{pmatrix} = \begin{cases} a_1 b_1 + a_2 b_2 + a_3 b_3 \\ |\vec{a}| \cdot |\vec{b}| \cdot \cos \sphericalangle(\vec{a}, \vec{b}) \end{cases}^{\text{訳注3}}$$

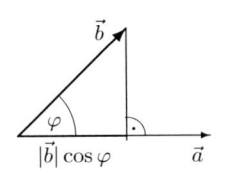

スカラー積の性質:

(1) $\vec{a} \cdot \vec{a} \geq 0$
(2) $\vec{a} \cdot \vec{a} = 0 \iff \vec{a} = \vec{0}$ } 正の定値性
(3) $\vec{a} \cdot \vec{b} = \vec{b} \cdot \vec{a}$ 交換法則
(4) $\vec{a} \cdot (\vec{b} + \vec{c}) = \vec{a} \cdot \vec{b} + \vec{a} \cdot \vec{c}$ 分配法則
(5) $(\lambda \vec{a}) \cdot \vec{b} = \lambda (\vec{a} \cdot \vec{b})$

$\vec{a}$ の長さ:
$$|\vec{a}| = \sqrt{\vec{a}^2} = \sqrt{\vec{a} \cdot \vec{a}} = \sqrt{a_1^2 + a_2^2 + a_3^2}$$
$$|\vec{a}|^2 = \vec{a}^2 \quad \text{で} \quad |\lambda \vec{a}| = |\lambda| \, |\vec{a}|$$

$\vec{a}$ と $\vec{b}$ のなす角[1]の余弦:
$$\cos \sphericalangle(\vec{a}, \vec{b}) = \frac{\vec{a} \cdot \vec{b}}{|\vec{a}| \cdot |\vec{b}|} = \frac{a_1 b_1 + a_2 b_2 + a_3 b_3}{\sqrt{a_1^2 + a_2^2 + a_3^2} \cdot \sqrt{b_1^2 + b_2^2 + b_3^2}}$$

直交性[1]: $\vec{a} \perp \vec{b} \iff \vec{a} \cdot \vec{b} = 0$

[1] $\vec{a}, \vec{b} \neq \vec{0}$ のときのみ意味がある.

コーシー・シュワルツの不等式: $|\vec{a} \cdot \vec{b}| \leq |\vec{a}| \cdot |\vec{b}|$
$\vec{a}, \vec{b}$ が線型従属のとき, かつ, そのときに限り,
 等号が成り立つ.

三角不等式: $|\vec{a} + \vec{b}| \leq |\vec{a}| + |\vec{b}|$

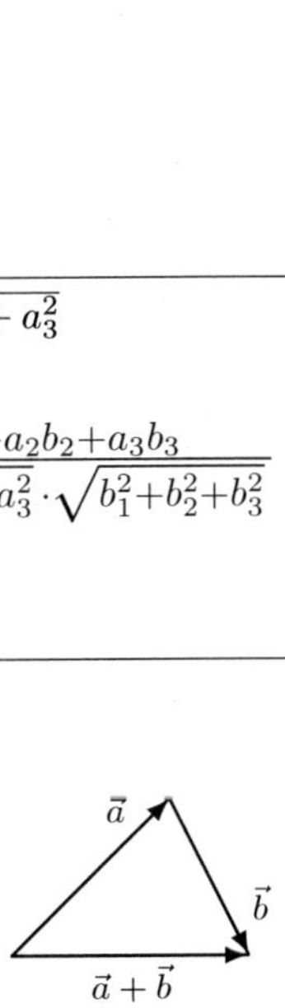

余弦定理
$$(\vec{a} - \vec{b})^2 = \vec{a}^2 - 2\vec{a}\vec{b} + \vec{b}^2$$
$$|\vec{a} - \vec{b}|^2 = |\vec{a}|^2 + |\vec{b}|^2 - 2|\vec{a}| \cdot |\vec{b}| \cdot \cos \sphericalangle(\vec{a}, \vec{b})$$
(余弦定理については, 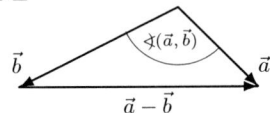
  14 ページも見よ)

ピタゴラスの定理 $(\sphericalangle(\vec{a}, \vec{b}) = 90°)$ $|\vec{a} - \vec{b}|^2 = |\vec{a}|^2 + |\vec{b}|^2$

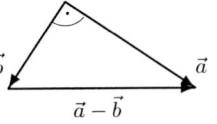

スカラー積は $\mathbb{R}^n$ の場合もそれに応じて定義することができる.

ベクトル積

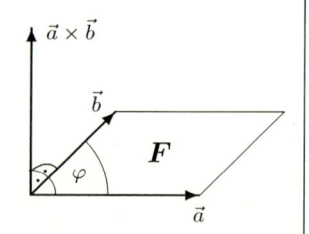

$$\vec{a} \times \vec{b} = \begin{pmatrix} a_1 \\ a_2 \\ a_3 \end{pmatrix} \times \begin{pmatrix} b_1 \\ b_2 \\ b_3 \end{pmatrix} = \begin{pmatrix} a_2 b_3 - a_3 b_2 \\ a_3 b_1 - a_1 b_3 \\ a_1 b_2 - a_2 b_1 \end{pmatrix}$$

$$|\vec{a} \times \vec{b}| = |\vec{a}| \cdot |\vec{b}| \cdot \sin \sphericalangle(\vec{a}, \vec{b})$$

ベクトル積の性質:
(1) $\vec{a} \times \vec{b}$ は $\vec{a}$ と $\vec{b}$ の双方に**垂直**であることを表す.
(2) $|\vec{a} \times \vec{b}| = |\vec{a}| \cdot |\vec{b}| \cdot \sin \sphericalangle(\vec{a}, \vec{b}) = \vec{a}$ と $\vec{b}$ で張られる平行四辺形の**面積** F
(3) $\vec{a}, \vec{b}, \vec{a} \times \vec{b}$ はこの順で**右手座標系**を形成する.
(4) $|\vec{a} \times \vec{b}|^2 = (\vec{a} \times \vec{b})^2 = \begin{vmatrix} \vec{a} \cdot \vec{a} & \vec{a} \cdot \vec{b} \\ \vec{a} \cdot \vec{b} & \vec{b} \cdot \vec{b} \end{vmatrix} = \det \begin{pmatrix} \vec{a} \cdot \vec{a} & \vec{a} \cdot \vec{b} \\ \vec{a} \cdot \vec{b} & \vec{b} \cdot \vec{b} \end{pmatrix}$

計算規則
(5) $\vec{a} \times \vec{b} = -(\vec{b} \times \vec{a})$ (6) $(\lambda \vec{a}) \times \vec{b} = \vec{a} \times (\lambda \vec{b}) = \lambda (\vec{a} \times \vec{b})$
(7) $\vec{a} \times (\vec{b} + \vec{c}) = \vec{a} \times \vec{b} + \vec{a} \times \vec{c}$
(8) $\vec{a} \times \vec{b} = \vec{0} \iff \vec{a}, \vec{b}$ は線型従属である.

多重積
(9) $\vec{a} \cdot (\vec{b} \times \vec{c}) = (\vec{a} \times \vec{b}) \cdot \vec{c} = \langle \vec{a}, \vec{b}, \vec{c} \rangle$ **三重積 (行列式)**
(10) $\left.\begin{array}{l} \vec{a} \times (\vec{b} \times \vec{c}) = (\vec{a} \cdot \vec{c})\vec{b} - (\vec{a} \cdot \vec{b})\vec{c} \\ (\vec{a} \times \vec{b}) \times \vec{c} = (\vec{a} \cdot \vec{c})\vec{b} - (\vec{b} \cdot \vec{c})\vec{a} \end{array}\right\}$ **展開公式**
(11) $\vec{a} \times (\vec{b} \times \vec{c}) + \vec{b} \times (\vec{c} \times \vec{a}) + \vec{c} \times (\vec{a} \times \vec{b}) = \vec{0}$ **ヤコビの恒等式**

2つのベクトル積のスカラー積
(12) $(\vec{a} \times \vec{b}) \cdot (\vec{c} \times \vec{d}) = (\vec{a} \cdot \vec{c})(\vec{b} \cdot \vec{d}) - (\vec{a} \cdot \vec{d})(\vec{b} \cdot \vec{c})$ **ラグランジュの恒等式**
    特に: $(\vec{a} \times \vec{b})^2 = \vec{a}^2 \vec{b}^2 - (\vec{a} \cdot \vec{b})^2$

2つのベクトル積のベクトル積
(13) $(\vec{a} \times \vec{b}) \times (\vec{c} \times \vec{d}) = \langle \vec{a}, \vec{c}, \vec{d} \rangle \vec{b} - \langle \vec{b}, \vec{c}, \vec{d} \rangle \vec{a} = \langle \vec{a}, \vec{b}, \vec{d} \rangle \vec{c} - \langle \vec{a}, \vec{b}, \vec{c} \rangle \vec{d}$
    特に: $(\vec{a} \times \vec{b}) \times (\vec{b} \times \vec{c}) = \langle \vec{a}, \vec{b}, \vec{c} \rangle \vec{b}$

例
$\vec{a} = (2, -1, 1)$ と $\vec{b} = (-1, 3, 2)$ で張られる平行四辺形の面積 F と, $\vec{a}$ と $\vec{b}$ の間の角 φ を計算せよ.

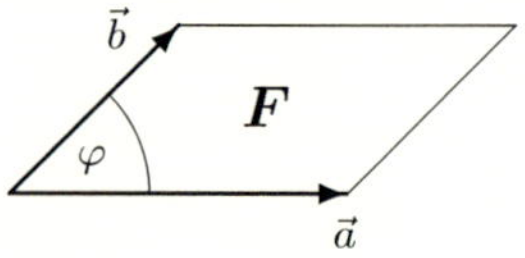

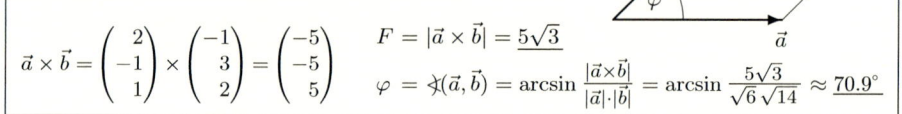

$\vec{a} \times \vec{b} = \begin{pmatrix} 2 \\ -1 \\ 1 \end{pmatrix} \times \begin{pmatrix} -1 \\ 3 \\ 2 \end{pmatrix} = \begin{pmatrix} -5 \\ -5 \\ 5 \end{pmatrix}$ $F = |\vec{a} \times \vec{b}| = \underline{5\sqrt{3}}$

$\varphi = \sphericalangle(\vec{a}, \vec{b}) = \arcsin \frac{|\vec{a} \times \vec{b}|}{|\vec{a}| \cdot |\vec{b}|} = \arcsin \frac{5\sqrt{3}}{\sqrt{6}\sqrt{14}} \approx \underline{70.9°}$

4.1 スカラー積, ベクトル積, 三重積

三重積

$$\langle \vec{a}, \vec{b}, \vec{c} \rangle = \begin{vmatrix} a_1 & b_1 & c_1 \\ a_2 & b_2 & c_2 \\ a_3 & b_3 & c_3 \end{vmatrix} = \det(\vec{a}, \vec{b}, \vec{c})$$

$$= \vec{a} \cdot (\vec{b} \times \vec{c}) = \vec{c} \cdot (\vec{a} \times \vec{b}) = \vec{b} \cdot (\vec{c} \times \vec{a})$$

$$= \langle \vec{a}, \vec{b}, \vec{c} \rangle = \langle \vec{c}, \vec{a}, \vec{b} \rangle = \langle \vec{b}, \vec{c}, \vec{a} \rangle$$

巡回置換は三重積の値を変えない.

$$= a_1 b_2 c_3 + a_2 b_3 c_1 + a_3 b_1 c_2 - a_3 b_2 c_1 - a_2 b_1 c_3 - a_1 b_3 c_2$$

サラスの法則について, 59 ページを見よ.

三重積の性質:

(1) $\langle \vec{a}, \vec{b}, \vec{c} \rangle$ $\begin{cases} > 0 & \iff \vec{a}, \vec{b}, \vec{c} \text{ は右手座標系を形成する.} \\ = 0 & \iff \vec{a}, \vec{b}, \vec{c} \text{ は線型従属である (一平面上にある).} \\ < 0 & \iff \vec{a}, \vec{b}, \vec{c} \text{ は左手座標系を形成する.} \end{cases}$

(2) $\langle \vec{a}, \vec{b}, \vec{c} \rangle = -\langle \vec{b}, \vec{a}, \vec{c} \rangle = -\langle \vec{a}, \vec{c}, \vec{b} \rangle = -\langle \vec{c}, \vec{b}, \vec{a} \rangle$

(3) $\langle \vec{a}, \vec{b}, \vec{c} \rangle = $ 3 つのベクトル $\vec{a}, \vec{b}, \vec{c}$ で張られた平行六面体の符号付き体積 ($=$ 方向付けられた体積)

(4) $|\langle \vec{a}, \vec{b}, \vec{c} \rangle| = \vec{a}, \vec{b}, \vec{c}$ で張られた平行六面体の体積

(5) $\frac{1}{6}|\langle \vec{a}, \vec{b}, \vec{c} \rangle| = \vec{a}, \vec{b}, \vec{c}$ で張られた三角錐の体積

(6) $\langle \vec{a}, \vec{b}, \vec{c} \rangle^2 = \begin{vmatrix} \vec{a} \cdot \vec{a} & \vec{a} \cdot \vec{b} & \vec{a} \cdot \vec{c} \\ \vec{a} \cdot \vec{b} & \vec{b} \cdot \vec{b} & \vec{b} \cdot \vec{c} \\ \vec{a} \cdot \vec{c} & \vec{b} \cdot \vec{c} & \vec{c} \cdot \vec{c} \end{vmatrix} = \det \begin{pmatrix} \vec{a} \cdot \vec{a} & \vec{a} \cdot \vec{b} & \vec{a} \cdot \vec{c} \\ \vec{a} \cdot \vec{b} & \vec{b} \cdot \vec{b} & \vec{b} \cdot \vec{c} \\ \vec{a} \cdot \vec{c} & \vec{b} \cdot \vec{c} & \vec{c} \cdot \vec{c} \end{pmatrix}$

$\vec{a}, \vec{b}, \vec{c}$ が線型従属 $\iff \langle \vec{a}, \vec{b}, \vec{c} \rangle = 0 \iff \vec{a}, \vec{b}, \vec{c}$ が一平面上にある

直線 $\vec{x} = \vec{a}_1 + t\vec{b}_1$ と $\vec{x} = \vec{a}_2 + t\vec{b}_2$ はねじれの位置にある $\iff \langle \vec{a}_1 - \vec{a}_2, \vec{b}_1, \vec{b}_2 \rangle \neq 0$.

例

$\vec{a} = \begin{pmatrix} 1 \\ 2 \\ -1 \end{pmatrix}, \vec{b} = \begin{pmatrix} 2 \\ 0 \\ -2 \end{pmatrix}, \vec{c} = \begin{pmatrix} 1 \\ 1 \\ 2 \end{pmatrix}$ とせよ.

$\vec{a}, \vec{b}, \vec{c}$ で張られた平行六面体の体積 V_S, および
$\vec{a}, \vec{b}, \vec{c}$ 三角錐の体積 V_T を計算せよ.

$$\langle \vec{a}, \vec{b}, \vec{c} \rangle = \det(\vec{a}, \vec{b}, \vec{c}) = \begin{vmatrix} 1 & 2 & 1 \\ 2 & 0 & 1 \\ -1 & -2 & 2 \end{vmatrix}$$

$$= 1 \cdot 0 \cdot 2 + 2 \cdot (-2) \cdot 1 + (-1) \cdot 2 \cdot 1 - 1 \cdot 0 \cdot (-1) - 1 \cdot (-2) \cdot 1 - 2 \cdot 2 \cdot 2 = \underline{-12}$$

この行列式は負である. したがって, ベクトル $\vec{a}, \vec{b}, \vec{c}$ は左手座標系を形成する.
体積について以下のようになる (三角錐の体積 $=$ 平行六面体の $\frac{1}{6}$).

平行六面体の体積: $V_S = |\langle \vec{a}, \vec{b}, \vec{c} \rangle| = |\det(\vec{a}, \vec{b}, \vec{c})| = \underline{12}$, 三角錐の体積: $V_T = \frac{1}{6} V_S = \underline{2}$

4.2 平面上の直線，空間上の直線と平面

$\mathbb{R}^2$ の直線

デカルト表示の方程式	ベクトル表示の方程式

一般形

$ax + by = c$

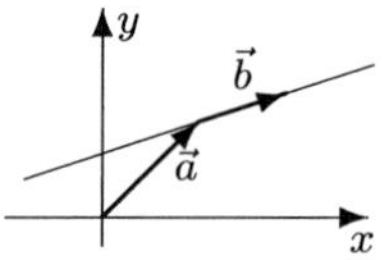

一般形

$\vec{n} \cdot \vec{x} = \vec{n} \cdot \vec{x}_0$

$\vec{n} = \begin{pmatrix} a \\ b \end{pmatrix}$

点と傾きが与えられたとき

$\dfrac{y - y_1}{x - x_1} = m$

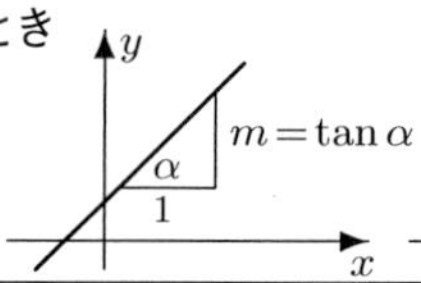

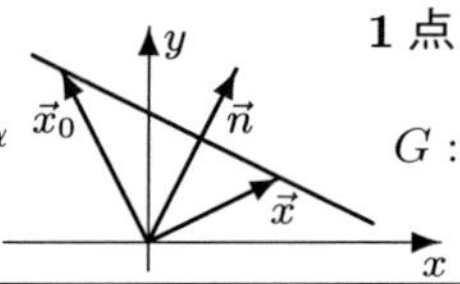

$m = \tan \alpha$

1 点を通る標準形

$G: \quad \vec{x} = \vec{a} + t\vec{b}$

$t \in \mathbb{R}$

2 点が与えられたとき

$\dfrac{y - y_1}{x - x_1} = \dfrac{y_2 - y_1}{x_2 - x_1}$

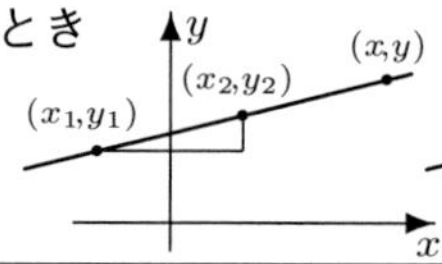

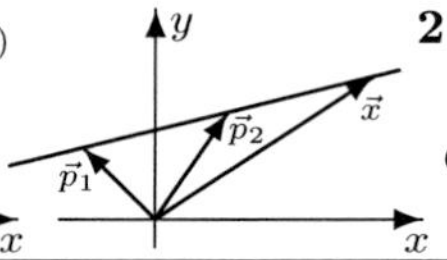

2 点が与えられたとき

$G: \quad \vec{x} = \vec{p}_1 + t(\vec{p}_2 - \vec{p}_1)$

$t \in \mathbb{R}$

x, y 切片が与えられたとき

$\dfrac{x}{a_x} + \dfrac{y}{a_y} = 1$

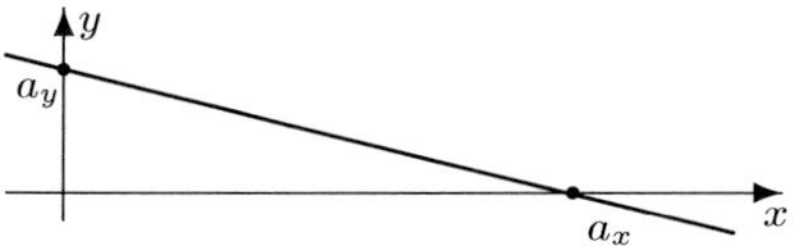

ヘッセの標準形

$\dfrac{a}{\sqrt{a^2 + b^2}} x + \dfrac{b}{\sqrt{a^2 + b^2}} y = d, \ d \geq 0$

ヘッセの標準形

$\vec{n} \cdot \vec{x} = d, \ |\vec{n}| = 1, \ d \geq 0$

(d は原点から直線への距離である)

$\mathbb{R}^3$ の直線

点と直線が与えられたとき

$G: \quad \vec{a}$ の終点を通り，方向ベクトル $\vec{b}$ を持つ直線

$G: \quad \vec{x} = \vec{a} + t\vec{b}, \ t \in \mathbb{R}$

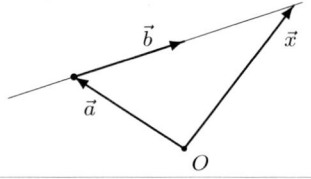

2 点が与えられたとき

$G: 2$ つの異なる点 P_1, P_2 を通る直線

$\vec{p}_1 = \overrightarrow{OP_1}, \ \vec{p}_2 = \overrightarrow{OP_2}, \ \vec{p}_2 - \vec{p}_1 = \overrightarrow{P_1 P_2}$ とする

$G: \vec{x} = \vec{p}_1 + t(\vec{p}_2 - \vec{p}_1), \ t \in \mathbb{R}$

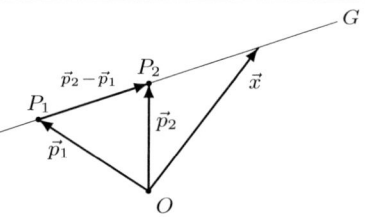

4.2 平面上の直線, 空間上の直線と平面

$\boxed{\mathbb{R}^3 \text{ の平面}}$

パラメータ表示

(1) $\boxed{E: \vec{a} \text{ の終点を通り, 方向ベクトル } \vec{b}, \vec{c} \text{ で張られる平面}}$

$\boxed{E: \vec{x} = \vec{a} + r\vec{b} + s\vec{c}}$ 法線ベクトル: $\vec{n} = \vec{b} \times \vec{c}$

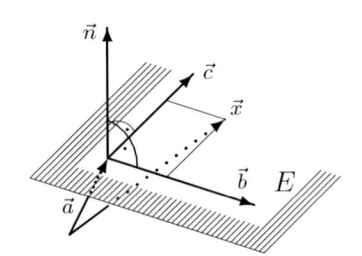

(2) $\boxed{E: \text{一直線上にない 3 点 } P_1, P_2, P_3 \text{ を通る平面}}$

$\boxed{E: \vec{x} = \vec{p}_1 + r(\vec{p}_2 - \vec{p}_1) + s(\vec{p}_3 - \vec{p}_1)}$ 法線ベクトル: $\vec{n} = (\vec{p}_2 - \vec{p}_1) \times (\vec{p}_3 - \vec{p}_1)$

一般形

$\boxed{E: \begin{array}{l} ax + by + cz = d \\ \vec{n} \cdot \vec{x} = d \end{array}}$ 法線ベクトル: $\vec{n} = (a, b, c)$

(3) $\boxed{E: \vec{a} \text{ の終点を通り, 法線ベクトル } \vec{n} \text{ を持つ平面}}$

$\boxed{E: \vec{n} \cdot \vec{x} = \vec{n} \cdot \vec{a} \text{ または } \vec{n} \cdot (\vec{x} - \vec{a}) = 0}$

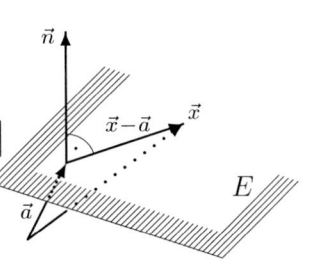

ヘッセの標準形

$\boxed{E: \vec{n} \cdot \vec{x} = d, \text{ ただし } \begin{array}{l} |\vec{n}| = 1 \\ d \geq 0 \end{array}}$

$\vec{n}$ は法線単位ベクトルであり, 原点から平面へ向かう.
d は E から原点への距離である.

(4) $\boxed{E \text{ は } \vec{n} \text{ に垂直で原点からの距離が } d \text{ である}}$

2 つの右のような平面が存在する ($d > 0$ ならば):
$\boxed{E_{1,2}: \pm\vec{n} \cdot \vec{x} = d}$

x, y, z 切片が与えられたとき

(5) $\boxed{E: x, y, z \text{ 切片 } a', b', c' \text{ を持つ平面}}$

$\boxed{E: \dfrac{x}{a'} + \dfrac{y}{b'} + \dfrac{z}{c'} = 1}$ 法線ベクトル: $\vec{n} = \left(\dfrac{1}{a'}, \dfrac{1}{b'}, \dfrac{1}{c'}\right)$

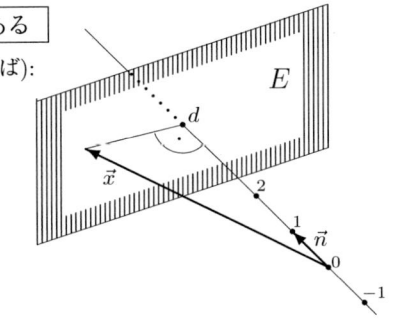

(6) $\boxed{E: z \text{ 軸に平行で } x \text{ 切片 } a', b' \text{ を持つ平面}}$

$\boxed{E: \dfrac{x}{a'} + \dfrac{y}{b'} = 1}$ 法線ベクトル: $\vec{n} = \left(\dfrac{1}{a'}, \dfrac{1}{b'}, 0\right)$

(7) $\boxed{E: yz \text{ 平面に平行で } x \text{ 切片 } a' \text{ を持つ平面}}$

$\boxed{E: \dfrac{x}{a'} = 1}$ 法線ベクトル: $\vec{n} = \left(\dfrac{1}{a'}, 0, 0\right)$

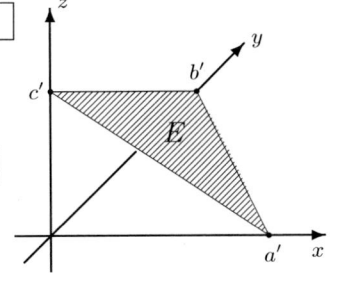

平面の方程式の変形

パラメータ表示から座標表示への変形

| パラメータ表示 $E: \vec{x} = \vec{a} + r\vec{b} + s\vec{c}$ | $\xrightarrow{\vec{n} = \vec{b} \times \vec{c} = (a,b,c)\text{ との内積をとる}}$ | 座標表示 $E: \begin{array}{r} \vec{n} \cdot \vec{x} = \vec{n} \cdot \vec{a} \\ ax + by + cz = d \end{array}$ |

方向ベクトル $\vec{b}$ と $\vec{c}$ の両方に垂直なあるベクトル(法線ベクトル) $\vec{n}$、例えば、$\vec{n} = \vec{b} \times \vec{c}$ をパラメータ表示の両辺に掛ける.

座標表示からパラメータ表示への変形

| 座標表示 $E: ax + by + cz = d$ | $\xrightarrow{\text{連立一次方程式の解}}$ | パラメータ表示 $E: \vec{x} = \vec{a} + r\vec{b} + s\vec{c}$ |

連立一次方程式 $ax + by + cz = d$ を解く.

$a \neq 0$、ならば、$y = r, z = s$ を定め、x について解く.
結果をベクトル的に記す.

$$E: \vec{x} = \begin{pmatrix} x \\ y \\ z \end{pmatrix} = \begin{pmatrix} \frac{d}{a} \\ 0 \\ 0 \end{pmatrix} + r \begin{pmatrix} -\frac{b}{a} \\ 1 \\ 0 \end{pmatrix} + s \begin{pmatrix} -\frac{c}{a} \\ 0 \\ 1 \end{pmatrix}$$

$a = 0$ ならば、$b \neq 0$ あるいは $c \neq 0$ であり、それに応じて同様に行う.

座標表示からヘッセの標準形への変形

座標表示 $ax + by + cz = d$ を法線ベクトル $\vec{n} = (a, b, c)$ の長さ $\sqrt{a^2 + b^2 + c^2}$ で割る. そして必要に応じて、方程式に -1 を掛けて正にする.

パラメータ表示からヘッセの標準形への変形

1. パラメータ表示から座標表示へ変形する.
2. 座標表示からヘッセ標準形へ変形する.

例 平面の方程式の変形

1) パラメータ表示から座標表示への変形:
$$E: \vec{x} = \begin{pmatrix} 1 \\ -2 \\ 1 \end{pmatrix} + r \begin{pmatrix} 1 \\ 2 \\ 0 \end{pmatrix} + s \begin{pmatrix} 1 \\ 0 \\ -1 \end{pmatrix}$$

$\vec{n} = \begin{pmatrix} 1 \\ 2 \\ 0 \end{pmatrix} \times \begin{pmatrix} 1 \\ 0 \\ -1 \end{pmatrix} = \begin{pmatrix} -2 \\ 1 \\ -2 \end{pmatrix}$, したがって $E: \vec{n} \cdot \begin{pmatrix} x \\ y \\ z \end{pmatrix} = \vec{n} \cdot \begin{pmatrix} 1 \\ -2 \\ 1 \end{pmatrix} \Longrightarrow \underline{E: \ -2x + y - 2z = -6}$

2) 座標表示からパラメータ表示への変形: $E: \ -2x + y - 2z = -6$
連立一次方程式 $-2x + y - 2z = -6$ の解: 例: $x = r, z = s \Longrightarrow y = -6 + 2r + 2s$
$\Longrightarrow \begin{array}{l} x = r \\ y = -6 + 2r + 2s \\ z = s \end{array}$, したがって (ベクトル表記)
$$E: \vec{x} = \begin{pmatrix} 0 \\ -6 \\ 0 \end{pmatrix} + r \begin{pmatrix} 1 \\ 2 \\ 0 \end{pmatrix} + s \begin{pmatrix} 0 \\ 2 \\ 1 \end{pmatrix}$$

4.3 距離, 角, 垂線

記号:

点 / ベクトル	直線	平面
$P = (p_1, p_2, p_3)$	$G\ :\ \vec{x} = \vec{a} + t\vec{b}$	$E\ :\ ax + by + cz = d$
$Q = (q_1, q_2, q_3)$	$G_1\ :\ \vec{x} = \vec{a}_1 + t\vec{b}_1$	$E\ :\ \vec{n} \cdot \vec{x} = d$
$\vec{p} = \overrightarrow{OP},\ \vec{q} = \overrightarrow{OQ}$	$G_2\ :\ \vec{x} = \vec{a}_2 + t\vec{b}_2$	$E_1\ :\ \vec{n}_1 \cdot \vec{x} = d_1$
$\vec{n} = (a,b,c),\ \vec{x}_0 = \overrightarrow{OX_0}$		$E_2\ :\ \vec{n}_2 \cdot \vec{x} = d_2$

距離 d

2 点 $\quad d(P,Q) = |\vec{q} - \vec{p}| = \sqrt{(q_1 - p_1)^2 + (q_2 - p_2)^2 + (q_3 - p_3)^2}$

点と直線 $\quad d(P,G) = \dfrac{|\vec{b} \times (\vec{p} - \vec{a})|}{|\vec{b}|}$

点と平面 $\quad d(P,E) = \dfrac{|\vec{n} \cdot \vec{p} - d|}{|\vec{n}|} = \dfrac{|ap_1 + bp_2 + cp_3 - d|}{\sqrt{a^2 + b^2 + c^2}}$

2 直線 $\quad d(G_1, G_2) = \dfrac{|(\vec{a}_1 - \vec{a}_2) \cdot (\vec{b}_1 \times \vec{b}_2)|}{|\vec{b}_1 \times \vec{b}_2|}$

G_1 と G_2 は平行でない. したがって, $\vec{b}_1 \times \vec{b}_2 \neq 0$ とする

交角 φ

2 直線 $\quad \varphi = \sphericalangle(G_1, G_2) = \sphericalangle(\vec{b}_1, \vec{b}_2) = \arccos \dfrac{\vec{b}_1 \cdot \vec{b}_2}{|\vec{b}_1|\,|\vec{b}_2|}$

直線と平面 $\quad \varphi = \sphericalangle(G, E) = 90^0 - \sphericalangle(\vec{b}, \vec{n}) = 90^0 - \arccos \dfrac{\vec{b} \cdot \vec{n}}{|\vec{b}|\,|\vec{n}|}$

2 平面 $\quad \varphi = \sphericalangle(E_1, E_2) = \sphericalangle(\vec{n}_1, \vec{n}_2) = \arccos \dfrac{\vec{n}_1 \cdot \vec{n}_2}{|\vec{n}_1|\,|\vec{n}_2|}$

垂線の足 X_0

点 P から直線 G への $\quad \vec{x}_0 = \vec{a} + t_0 \vec{b},\quad t_0 = \dfrac{(\vec{p} - \vec{a}) \cdot \vec{b}}{|\vec{b}|^2}$

点 P から平面 E への $\quad \vec{x}_0 = \vec{p} + t_0 \vec{n},\quad t_0 = \dfrac{d - \vec{n} \cdot \vec{p}}{|\vec{n}|^2}$

鏡像点 P'

直線 G あるいは平面 E に対する P の鏡像点 P' に関して, 次の式が成り立つ: $\vec{p}\,' = 2\vec{x} - \vec{p}$.
このとき X_0 は P から G もしくは E への垂線の足となる.

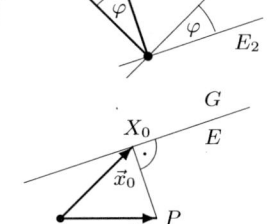

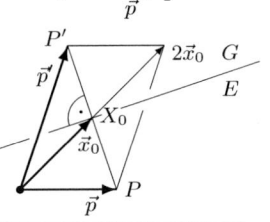

4.4 線型従属性, ベクトル空間 $\mathrm{I\!R}^n$ の基底

$$\boxed{\begin{array}{c} \vec{x} \in \mathrm{I\!R}^n \text{ は } \vec{a}_1,\ldots,\vec{a}_k \in \mathrm{I\!R}^n \text{ の線型結合} \\ \iff \vec{x} = x_1\vec{a}_1 + \cdots + x_k\vec{a}_k \text{ が実数 } x_i \text{ について成り立つ} \end{array}}$$

$\vec{a}_1,\ldots,\vec{a}_k \in \mathrm{I\!R}^n$ の線型包とは $\vec{a}_1,\ldots,\vec{a}_k$ のすべての線型結合の集合である. したがって, 集合 $L(\vec{a}_1,\ldots,\vec{a}_k) := \{x_1\vec{a}_1 + \cdots + x_k\vec{a}_k \mid x_i \in \mathrm{I\!R}\}$.

$$\boxed{\begin{array}{cl} & \text{ベクトル } \vec{a}_1,\ldots,\vec{a}_k \in \mathrm{I\!R}^n \text{ は線型独立である} \\ \iff & \text{零ベクトルはベクトル } \vec{a}_1,\ldots,\vec{a}_k \text{ の} \\ & \text{線型結合として自明な表現しか持たない} \\ \iff & x_1\vec{a}_1 + \cdots + x_k\vec{a}_k = \vec{0} \implies x_1 = x_2 = \cdots = x_k = 0 \end{array}}$$

$$\boxed{\begin{array}{cl} & \text{集合 } \{\vec{a}_1,\ldots,\vec{a}_k\} \text{ は } \mathrm{I\!R}^n \text{ の基底である} \\ \iff & \text{すべての } \vec{b} \in \mathrm{I\!R}^n \text{ はベクトル } \vec{a}_1,\ldots,\vec{a}_k \text{ の線型結合} \\ & \text{としてただ 1 通りに表せる} \\ \iff & \text{連立一次方程式 } x_1\vec{a}_1 + \cdots + x_k\vec{a}_k = \vec{b} \text{ は各 } \vec{b} \in \mathrm{I\!R}^n \text{ のときただ 1 つの解を持つ} \\ \iff & L(\vec{a}_1,\ldots,\vec{a}_k) = \mathrm{I\!R}^n \text{, すなわち, } \{\vec{a}_1,\ldots,\vec{a}_k\} \text{ は } \mathrm{I\!R}^n \text{ の生成系であり,} \\ & \vec{a}_1,\ldots,\vec{a}_k \text{ は線型独立である} \\ \iff & L(\vec{a}_1,\ldots,\vec{a}_k) = \mathrm{I\!R}^n \text{ かつ } k = n \\ \iff & \vec{a}_1,\ldots,\vec{a}_k \text{ は線型独立であり, } k = n \text{ である} \\ \iff & k = n \text{ かつ } \det(\vec{a}_1,\ldots,\vec{a}_k) \neq 0 \end{array}}$$

シュミットの直交化法

$L = L(\vec{a}_1,\ldots,\vec{a}_m)$ が m 個のベクトル $\vec{a}_1,\ldots,\vec{a}_m \in \mathrm{I\!R}^n$ の線型包であるとき次のようにして, L の直交基底 $(\vec{b}_1,\ldots,\vec{b}_k)$ を得る.

$\vec{a}_1 \neq 0$ のとき (そうでないときは別のベクトルを選ぶ), 以下のようにおく:

$\vec{b}_1 := \vec{a}_1$ 　　　　　　　　$\vec{a}_2 \notin L(\vec{a}_1) = L(\vec{b}_1)$ のとき, 以下のようにおく:

$\vec{b}_2 := \vec{a}_2 - \dfrac{\vec{a}_2 \cdot \vec{b}_1}{\vec{b}_1^2}\vec{b}_1$ 　　　$\vec{a}_3 \notin L(\vec{a}_1,\vec{a}_2) = L(\vec{b}_1,\vec{b}_2)$ のとき, 以下のようにおく:

$\vec{b}_3 := \vec{a}_3 - \dfrac{\vec{a}_3 \cdot \vec{b}_1}{\vec{b}_1^2}\vec{b}_1 - \dfrac{\vec{a}_3 \cdot \vec{b}_2}{\vec{b}_2^2}\vec{b}_2$, 　など

一般的に次のように定める. $\boxed{\vec{b}_{\ell+1} := \vec{a}_{\ell+1} - \dfrac{\vec{a}_{\ell+1} \cdot \vec{b}_1}{\vec{b}_1^2}\vec{b}_1 - \cdots - \dfrac{\vec{a}_{\ell+1} \cdot \vec{b}_\ell}{\vec{b}_\ell^2}\vec{b}_\ell}$

この方法は次のとき終了する. $L(\vec{a}_1,\ldots,\vec{a}_m) = L(\vec{b}_1,\ldots,\vec{b}_k)$ のとき, したがって $L(\vec{b}_1,\ldots,\vec{b}_k)$ に含まれていないベクトルに $L(\vec{a}_1,\ldots,\vec{a}_m)$ の要素が見つからないとき.

直交基底 　　　$(\vec{b}_1,\ldots,\vec{b}_k)$ 　　　から

正規直交基底 $\left(\dfrac{1}{|\vec{b}_1|}\vec{b}_1,\ldots,\dfrac{1}{|\vec{b}_k|}\vec{b}_k\right)$ の正規化により得る.

5 行列, 行列式, 固有値
5.1 行列

> 行列

m 行 (行ベクトル) と n 列 (列ベクトル) に配置された $m \cdot n$ の実数または複素数, あるいはさらに関数 (例えばヤコビ行列を見よ) からなる長方形の図式: a_{ij} は第 i 行第 j 列の要素を指す. また, 以下 $\bar{z}$ は z の共役複素数を表す.

(m,n) 行列
$A = (a_{ij})$

$$A = (a_{ij})$$
(m,n) 行列
$$A = \begin{pmatrix} a_{11} \cdots a_{1n} \\ \vdots \qquad \vdots \\ a_{m1} \cdots a_{mn} \end{pmatrix}$$

$$A^{\mathrm{T}} = (a_{ji})$$
転置行列
(m,n) 行列
$$A^{\mathrm{T}} = \begin{pmatrix} a_{11} \cdots a_{m1} \\ \vdots \qquad \vdots \\ a_{1n} \cdots a_{mn} \end{pmatrix}$$

$$A^* = (\overline{a_{ji}}) = \overline{A}^{\mathrm{T}} = \overline{A^{\mathrm{T}}}$$
随伴 (共役) 行列
(m,n) 行列
$$A^* = \begin{pmatrix} \overline{a_{11}} \cdots \overline{a_{m1}} \\ \vdots \qquad \vdots \\ \overline{a_{1n}} \cdots \overline{a_{mn}} \end{pmatrix}$$

零行列
$$O = \begin{pmatrix} 0 \cdots 0 \\ \vdots \qquad \vdots \\ 0 \cdots 0 \end{pmatrix}$$
$a_{ij} = 0$ (すべての i,j で).

上三角行列 $(m \leq n)$
$$\begin{pmatrix} a_{11} & \cdots & & a_{1n} \\ 0 & \ddots & & \vdots \\ 0 & 0 & a_{mm} \cdots & a_{mn} \end{pmatrix}$$
$a_{ij} = 0$ $(i > j$ のとき$)$.

階段行列
$$\begin{pmatrix} \star & & & & \\ 0 & \star & & & \\ & 0 & \star & & \\ & & & \ddots & \\ & & & 0 & \star \\ 0 & & & & 0 \end{pmatrix}$$
階段 $\star$ には 0 でない数が入り, 階段の下は 0 のみか, 任意の数となる.

> 特別な正方行列 $(m = n)$

対角行列
$D = \mathrm{diag}(d_1, \ldots, d_n) =$
$$\begin{pmatrix} d_1 & 0 & \cdots & 0 \\ 0 & d_2 & \cdots & 0 \\ \vdots & \vdots & & \vdots \\ 0 & 0 & \cdots & d_n \end{pmatrix} = (d_i \cdot \delta_{ij})$$

単位行列
$E = \mathrm{diag}(1, \ldots, 1) =$
$$\begin{pmatrix} 1 & 0 & \cdots & 0 \\ 0 & 1 & \cdots & 0 \\ \vdots & \vdots & & \vdots \\ 0 & 0 & \cdots & 1 \end{pmatrix} = (\delta_{ij})$$

クロネッカーのデルタ
$$\delta_{ij} = \begin{cases} 1 & , i = j \\ 0 & , i \neq j \end{cases}$$

行列		
対称	$A = A^{\mathrm{T}}$	$a_{ij} = a_{ji}$
歪対称 (交代)	$A = -A^{\mathrm{T}}$	$a_{ij} = -a_{ji}$
エルミート	$A = A^*$	$a_{ij} = \overline{a_{ji}}$, ($\overline{a_{ji}}$ は a_{ji} の複素共役)
直交	$A^{-1} = A^{\mathrm{T}}$	A の列ベクトル $\vec{a}_j$ が直交 (直交かつ正規化): $\vec{a}_i^{\mathrm{T}} \cdot \vec{a}_j = \delta_{ij}$
ユニタリ	$A^{-1} = A^*$	
正規	$A \cdot A^* = A^* \cdot A$	

行列の計算

1つの行列と1つのスカラー (実数あるいは複素数) の掛け算	$\lambda A = \lambda(a_{ij}) = (\lambda a_{ij})$ A は λ を成分ごとに掛けられる.
2つの行列の足し算	$A + B = (a_{ij}) + (b_{ij}) = (a_{ij} + b_{ij})$ 2つの (m,n) 行列は成分ごとに足される
2つの行列の掛け算	(m,n) 行列 $A = (a_{ij})$ に (n,l) 行列 $B = (b_{jk})$ と掛けると (m,l) 行列 $C = (c_{ik})$ となる. $A \cdot B = (a_{ij}) \cdot (b_{jk}) = (c_{ik})$ ただし $c_{ik} = \sum_{j=1}^{n} a_{ij} \cdot b_{jk}$ c_{ik} は A の第 i 行と B の第 j 列のスカラー積である.

積行列 $A \cdot B$ の計算 (一般には, $A \cdot B \neq B \cdot A$)

1) 1番目の行列 A の右上に 2番目の行列 B を書く.

	B
A	AB

2) スカラー積 $(A \text{の} i \text{行目}) \cdot (B \text{の} k \text{列目}) = c_{ik}$ を計算する. $i = 1, \ldots, m$ かつ $k = 1, \ldots, l$ のとき, 計算結果の c_{ik} を A の i 行目と B の k 列目を延長した交点に書き留める.

例 $A = \begin{pmatrix} 2 & 2 & 4 \\ 2 & 1 & 1 \end{pmatrix}$, $B = \begin{pmatrix} 6 & 1 \\ 4 & -1 \\ 7 & 2 \end{pmatrix}$. AB と BA を計算せよ.

$$A = \begin{array}{|cc|cc|} \hline & & 6 & 1 \\ & & 4 & -1 \\ & & 7 & 2 \\ \hline 2 & 2 & 4 & 48 & 8 \\ 2 & 1 & 1 & 23 & 3 \\ \hline \end{array} = AB$$

$$B = \begin{array}{|cc|ccc|} \hline & & 2 & 2 & 4 \\ & & 2 & 1 & 1 \\ \hline 6 & 1 & 14 & 13 & 25 \\ 4 & -1 & 6 & 7 & 15 \\ 7 & 2 & 18 & 16 & 30 \\ \hline \end{array} = BA$$

例 $c_{21} = 2 \cdot 6 + 1 \cdot 4 + 1 \cdot 7 = 23$ 例 $c_{32} = 7 \cdot 2 + 2 \cdot 1 = 16$

計算法則

$A + B = B + A$	$A(BC) = (AB)C$	$(AB)^{\mathrm{T}} = B^{\mathrm{T}} A^{\mathrm{T}}$
$\lambda(A + B) = \lambda A + \lambda B$	$(A + B)^{\mathrm{T}} = A^{\mathrm{T}} + B^{\mathrm{T}}$	$(AB)^{-1} = B^{-1} A^{-1}$
$A(B + C) = AB + AC$	$(\lambda(A + B))^{*} = \overline{\lambda}(A^{*} + B^{*})$	$(AB)^{*} = B^{*} A^{*}$

5.1 行列

行列の階数

行列 A の行の階数 (列の階数) とは, 行ベクトル (列ベクトル) で張られた空間の次元である. 各行列 A に対して以下が成り立つ.

$$A \text{ の行の階数} = A \text{ の列の階数} = A \text{ の階数} = \operatorname{rank} A \text{ と記す}$$

行列 A の階数は基本変形により変わらない.
  (1) 2 つの行 (列) を交換する
  (2) 1 つの行 (列) と 0 でない数を掛ける
  (3) 1 つの行 (列) の何倍かをもう 1 つの行 (列) に足す

行列の階数の決定

基本変形により, 行列を階段型にし, 階数を読み取る: $\operatorname{rank} A = $ 階段の数

(m,n) 行列は最大階数を持つ $\iff \operatorname{rank} A = \min(m,n)$
(n,n) の正方行列は最大階数を持つ $\iff \operatorname{rank} A = n \iff \det A \neq 0$

正方行列の逆行列

A, B が (n,n) の正方行列で $A \cdot B = E$ ならば, A と B を互いに逆と呼ぶ. $B = A^{-1}$ と書き, 以下が成り立つ.

$$A \cdot A^{-1} = A^{-1} \cdot A = E$$

A^{-1} が存在するならば, A を可逆行列 (正則行列), そうでなければ, 特異行列と呼ぶ.

A^{-1} が存在 $\iff \det A = |A| \neq 0$
$\phantom{A^{-1} \text{ が存在}} \iff A$ が最大階数 n を持つ
$\phantom{A^{-1} \text{ が存在}} \iff A$ の行ベクトルが線型独立である
$\phantom{A^{-1} \text{ が存在}} \iff A$ の行ベクトルが $\mathbb{R}^n$ の基底をなす

計算法則

$(A \cdot B)^{-1} = B^{-1} \cdot A^{-1}$ $\qquad (A^{\mathrm{T}})^{-1} = (A^{-1})^{\mathrm{T}}$
$(A^{-1})^{-1} = A$ $\qquad \det A^{-1} = (\det A)^{-1} = \dfrac{1}{\det A}$

正方行列のトレース

$A = \begin{pmatrix} a_{11} & \cdots & a_{1n} \\ \vdots & & \vdots \\ a_{n1} & \cdots & a_{nn} \end{pmatrix} \implies \begin{aligned} \operatorname{tr} A &= \sum_{i=1}^{n} a_{ii} = a_{11} + \cdots + a_{nn} \\ &= \text{対角成分の和} \end{aligned}$

$\operatorname{tr}(AB) = \operatorname{tr}(BA),$
$\operatorname{tr}(A^{-1}BA) = \operatorname{tr} B$ (相似行列のトレースは等しい)

逆行列の計算

(a) 行列式の公式を用いる:

$\boxed{n=2}$

$A = \begin{pmatrix} a & b \\ c & d \end{pmatrix}$

$A^{-1} = \frac{1}{\det A} \begin{pmatrix} d & -b \\ -c & a \end{pmatrix}$

$\boxed{\text{一般}}$

$A^{-1} = \frac{1}{\det A} \left(A_{\mathrm{adj}}\right)^{\mathrm{T}}$

このとき $A_{\mathrm{adj}} = \left((-1)^{i+j} \det A_{ij}\right)$ であり $(-1)^{i+j}\det A_{ij}$ は a_{ij} の余因子である:
行列 A_{ij} は i 行 j 列を取り除くことよって $A = (a_{ij})$ から得られる.

(b) ガウスの消去法 (基本変形) を用いる:

例 (基本変形)

$A = \left(\begin{array}{cc|cc} 3 & 1 & 1 & 0 \\ 5 & 2 & 0 & 1 \end{array}\right) = E$

$\left(\begin{array}{cc|cc} 3 & 1 & 1 & 0 \\ 0 & 1 & -5 & 3 \end{array}\right)$

$\left(\begin{array}{cc|cc} 3 & 0 & 6 & -3 \\ 0 & 1 & -5 & 3 \end{array}\right)$

$E = \left(\begin{array}{cc|cc} 1 & 0 & 2 & -1 \\ 0 & 1 & -5 & 3 \end{array}\right) = A^{-1}$

$A = \left(\begin{array}{ccc|ccc} 3 & 1 & 1 & 1 & 0 & 0 \\ 5 & 2 & 1 & 0 & 1 & 0 \\ 3 & 1 & 2 & 0 & 0 & 1 \end{array}\right) = E$

基本行変形によって「左側」が単位行列となるまで変形を続ける.
そのとき「右側」は求める行列 A^{-1} となる.

$E = \left(\begin{array}{ccc|ccc} 1 & 0 & 0 & 3 & -1 & -1 \\ 0 & 1 & 0 & -7 & 3 & 2 \\ 0 & 0 & 1 & -1 & 0 & 1 \end{array}\right) = A^{-1}$

5.2 行列式

行列式

各 (n,n) の正方行列 A には行列式と呼ばれる 1 つの数の $\det A$ が割り当てられる. $\det A$ の代わりに $|A|$ とも書く.

$$\boxed{\det A = \sum_\sigma \mathrm{sign}\,(\sigma) \cdot a_{1\sigma(1)} \cdots a_{n\sigma(n)}} \quad \boxed{\text{ライプニッツの公式}}$$

ここで $\sigma = (\sigma(1),\sigma(2),\ldots,\sigma(n))$ は $(1,2,\ldots,n)$ のすべての順列を動く.

$$\mathrm{sign}\,(\sigma) = \begin{cases} 1, & \sigma \text{ が偶順列のとき} \\ -1, & \sigma \text{ が奇順列のとき} \end{cases}$$

$(1,2,\ldots,n)$ の順列 $\sigma = (\sigma(1),\sigma(2),\ldots,\sigma(n))$ が偶あるいは奇とは, σ の転倒 (すなわち $i<j$ であるが $\sigma(i) > \sigma(j)$) が偶数あるいは奇数となることを示す.

例 $\sigma = (2,3,1)$ は偶順列であり, 2 つの転倒がある:
$1 < 3$, そして $2 = \sigma(1) > \sigma(3) = 1$ と $2 < 3$, そして $3 = \sigma(2) > \sigma(3) = 1$, したがって $\mathrm{sign}(2,3,1) = 1$.
$\sigma = (2,1,3)$ は奇置換であり, 1 つの転倒がある:
$1 < 2$, そして $\sigma(1) > \sigma(2)$, したがって $\mathrm{sign}(2,1,3) = -1$ となる.

5.2 行列式

(2,2) 行列の行列式

$$A = \begin{pmatrix} a & b \\ c & d \end{pmatrix} \implies \det A = |A| = \begin{vmatrix} a & b \\ c & d \end{vmatrix} = ad - bc$$

(3,3) 行列の行列式，サラスの法則

$$\det A = \begin{vmatrix} a_1 & b_1 & c_1 \\ a_2 & b_2 & c_2 \\ a_3 & b_3 & c_3 \end{vmatrix} = a_1 b_2 c_3 + a_2 b_3 c_1 + a_3 b_1 c_2 - c_1 b_2 a_3 - c_2 b_3 a_1 - c_3 b_1 a_2$$

記憶すべき法則：

行列式の下にはじめの2行を書く．実線に沿った3組の3つの積を足し，破線に沿った3組の3つの積を引く．

(n,n) 行列の行列式，ラプラスの展開定理

$$\det A = \det(a_{ij}) = \underbrace{\sum_{j=1}^{n} (-1)^{i+j} a_{ij} \det A_{ij}}_{i\,\text{行目に関する展開}} = \underbrace{\sum_{i=1}^{n} (-1)^{i+j} a_{ij} \det A_{ij}}_{j\,\text{行目に関する展開}}$$

このとき，A_{ij} は i 行 j 列を取り除くことによって，A から得られる $(n-1, n-1)$ 行列である．

碁盤目状の $\begin{vmatrix} + & - & \cdots \\ - & + & \cdots \\ \vdots & \vdots & \end{vmatrix}$ により

分類された符号 $(-1)^{i+j}$ を用いた $(-1)^{i+j} \det \mathbf{A}_{ij}$ を $\boldsymbol{a_{ij}}$ の余因子と呼ぶ．

例

1 行目に関する展開：

$$\begin{vmatrix} 3 & 0 & 2 \\ 1 & 1 & -1 \\ 0 & 1 & 0 \end{vmatrix} = 3 \cdot \begin{vmatrix} 1 & -1 \\ 1 & 0 \end{vmatrix} - 0 \cdot \begin{vmatrix} 1 & -1 \\ 0 & 0 \end{vmatrix} + 2 \cdot \begin{vmatrix} 1 & 1 \\ 0 & 1 \end{vmatrix} = 3 \cdot 1 - 0 + 2 \cdot 1 = 5$$

3 行目に関する展開はより簡単である (2 か所 0 があるため)：

$$= 0 \cdot \begin{vmatrix} 0 & 2 \\ 1 & -1 \end{vmatrix} - 1 \cdot \begin{vmatrix} 3 & 2 \\ 1 & -1 \end{vmatrix} + 0 \cdot \begin{vmatrix} 3 & 0 \\ 1 & 1 \end{vmatrix} = (-1) \cdot (-5) = 5$$

例 (三角行列の行列式は対角要素の積である)

$R = (r_{ij})$ で (n,n) の三角行列ならば，次が成り立つ： $\det R = r_{11} \cdot r_{22} \cdots r_{nn}$

行列式の計算法則

(A, B は n 次の正方行列である)

行列の基本変形 (57 ページを見よ) により行列式は次のように影響を受ける.
(1) 2つの行 (列) を交換すれば, 行列式の符号を変える.
(2) 1つの行 (列) に数 λ を掛けると, 行列式に λ が掛かる.
(3) 1つの行 (列) に何倍かしたものを他の行 (列) に足しても, 行列式の値は変わらない.

$$\det A \cdot B = \det A \cdot \det B \quad \text{積の定理}$$

$$\det A^{\mathrm{T}} = \det A \quad\Big|\quad \det A^{-1} = \frac{1}{\det A} \quad\Big|\quad \det(\alpha \cdot A) = \alpha^n \cdot \det A$$

$\det A \neq 0 \iff A$ の行 (列) が線型独立である
$ \iff A$ の行 (列) が $\mathbb{R}^n$ の基底である
$ \iff \operatorname{rank} A = n$
$ \iff A$ が最大階数 n を持つ
$ \iff A^{-1}$ が存在する, A は可逆 (正則)
$ \iff A\vec{x} = \vec{b}$ は一意的に解ける: $\vec{x} = A^{-1}\vec{b}$

行列式の実用的な計算

いくつかの 0 と異なる要素を選ぶ. それが属する行 (列) を何倍かしたものを他の行 (列) に加えることによって, 属する列 (行) になるべく多くの 0 をつくる. それから, この列 (行) に関して展開する.

例
$$\begin{vmatrix} 1 & \boxed{1} & 3 \\ -1 & 2 & 2 \\ 4 & 1 & 1 \end{vmatrix} = \begin{vmatrix} 1 & 1 & 3 \\ -3 & 0 & -4 \\ 3 & 0 & -2 \end{vmatrix} = (-1) \begin{vmatrix} -3 & -4 \\ 3 & -2 \end{vmatrix} = (-1) \cdot 18 = \underline{\underline{-18}}$$

2 行目の (-2) 倍を 2 行目に足し, 1 行目の (-1) 倍を 3 行目に足す. そして, 2 列目に関して展開する.

クラメルの公式

正方行列を係数に持つ連立一次方程式 $A\vec{x} = \vec{b}$ の解法

A は $\det A \neq 0$ の (n, n) 正方行列で, $\vec{b}$ は与えられた列ベクトルとすると, 連立一次方程式 $A\vec{x} = \vec{b}$ は一意的に解ける.

解のベクトル成分 $\vec{x} = \begin{pmatrix} x_1 \\ \vdots \\ x_n \end{pmatrix}$ は $\boxed{x_i = \dfrac{\det A_i}{\det A}}$ である.

A_i は A の第 i 列を $\vec{b}$ に置き換えることにより A から得られる.

5.3 固有値

$\boxed{(n,n) \text{ 行列 } A \text{ の固有値と固有ベクトル}}$

$\boxed{(\lambda, \vec{x}) \; A \text{ の固有 (値と固有ベクトルの) 対}} \iff \boxed{A \cdot \vec{x} = \lambda \vec{x}, \; \vec{x} \neq \vec{0}}$

$(\lambda, \vec{x})$ が A の固有対ならば,
$\qquad\qquad\qquad \lambda \qquad$ を A の固有値
$\qquad\qquad\qquad \vec{x} \neq \vec{0} \quad$ を A の固有ベクトルと呼ぶ.
$L_\lambda = \{\vec{x} \mid A\vec{x} = \lambda \vec{x}\}$ を A の λ に属する固有空間と呼ぶ.
$g_\lambda = \dim L_\lambda$ を λ の幾何学的重複度と呼ぶ.
A の特性多項式の零点 λ の重複度を代数学的重複度 k_λ と呼ぶ.
$1 \leq g_\lambda \leq k_\lambda \leq n$ が成り立つ.

$\boxed{\lambda \text{ が } A \text{ の固有値}} \iff \boxed{\det(\lambda E - A) = 0} \quad$ A の
$\qquad\qquad\qquad\qquad\qquad\qquad\qquad\qquad\qquad$ 固有方程式

$\boxed{\begin{array}{c} A \text{ の固有値 } \lambda_i \\ \iff \\ \lambda_i \text{ が以下の } A \text{ の固有多項式 } p_A \text{ の零点である:} \\ p_A(\lambda) = \det(\lambda E - A) = \lambda^n + c_{n-1}\lambda^{n-1} + \cdots + c_1\lambda + c_0 \end{array}}$

すべての (n,n) 行列は n 個の (一般に複素数の) 代数学的重複度に応じて繰り返された固有値 $\lambda_1, \ldots, \lambda_n$ を持つ.

異なった固有値に対する固有ベクトルは線型独立である.

$\sigma(A) = \{\lambda_1, \ldots, \lambda_n\}$ を A のスペクトルと呼ぶ.
$\rho(A) = \max\{|\lambda| : \lambda \; A \text{ の固有値}\}$ を A のスペクトル半径と呼ぶ.

$\boxed{\begin{array}{ll} |\lambda| \leq \rho(A) & (A \text{ の各固有値 } \lambda \text{ に対して}) \\ \rho(A) \leq \|A\| & (各作用素ノルムに対して) \; (183 \text{ ページを見よ}) \end{array}}$

固有多項式 p_A の係数 $c_0, \ldots, c_n$ を
A の不変量と呼ぶ. $\quad \begin{array}{rl} c_0 &= (-1)^n \lambda_1 \cdots \lambda_n = (-1)^n \det A \\ c_{n-1} &= -(\lambda_1 + \cdots + \lambda_n) = -\operatorname{tr} A = -(a_{11} + \cdots + a_{nn}) \end{array}$

例 $\quad A = \begin{pmatrix} 1 & 1 \\ 0 & 1 \end{pmatrix}$ ならば, 以下となる.

固有多項式: $p_A(\lambda) = \begin{vmatrix} \lambda - 1 & -1 \\ 0 & \lambda - 1 \end{vmatrix} = (\lambda - 1)^2 = \lambda^2 - 2\lambda + 1$

A の固有値: $\lambda_{1,2} = 1$, 代数学的重複度 $k_1 = 2$

$\lambda_{1,2} = 1$ に属する固有空間: $L_1 = \left\{ \begin{pmatrix} x_1 \\ 0 \end{pmatrix} \mid x_1 \in \mathbb{R} \right\}, \quad g_1 = \dim L_1 = 1$

A の不変量: $c_0 = (-1)^2 \lambda_1 \lambda_2 = (-1)^2 \det A = 1, \quad c_1 = -(\lambda_1 + \lambda_2) = -\operatorname{tr} A = -2$

A は対角化できない ($g_1 \neq k_1$ のため, 次のページを見よ).

相似行列

2つの (n,n) 行列 A,B は相似である
$\iff$
$B = C^{-1}AC$ なる逆行列 C が存在する

$A \mapsto C^{-1}AC$ は C を変換行列とする相似変換と呼ばれる.

$\boxed{A,B\text{ が相似} \implies p_A = p_B}$ 相似行列は同一の固有方程式を持ち，それゆえ同一の不変量を持つ. (その逆は成り立たない!)

A の固有値と固有ベクトルの組 $(\lambda, \vec{x}) \iff C^{-1}AC$ の固有値と固有ベクトルの組 $(\lambda, C^{-1}\vec{x})$

幾何的解釈

線型写像 $\vec{x} \mapsto A \cdot \vec{x}$ により $\vec{x}$ は A の固有値 λ に対する固有ベクトル $\vec{x}$ に写像される: $A\vec{x} = \lambda \vec{x}$

すべての固有空間 L_λ はそれ自身に写像される: $\vec{x} \in L_\lambda \implies A\vec{x} = \lambda \vec{x} \in L_\lambda$

次の主張は同値である:

$\boxed{(n,n) \text{ 行列 } A \text{ が (必ずしも異ならない) 固有値 } \lambda_1, \ldots, \lambda_n \text{ に対する } n \text{ 個の線型独立な固有ベクトル } \vec{x}_1, \ldots, \vec{x}_n \text{ を持つ.}}$

$\iff$ $\boxed{X^{-1}AX = D}$ $D = \mathrm{diag}(\lambda_1, \ldots, \lambda_n)$ かつ $X = (\vec{x}_1, \ldots, \vec{x}_n)$

$\iff$ $\boxed{\text{すべての幾何学的重複度は代数学的重複度に等しい}}$

$\iff$ $\boxed{A \text{ は対角化可能，言い換えると対角相似である}}$

$\iff$ $\boxed{A \text{ は } X \text{ を変換行列として対角行列 } D \text{ に相似である}}$

正規行列

A は正規行列 $\iff$ 1つのユニタリ行列 U ($\iff U^{-1} = U^*$) と
$U^*AU = D$ なる1つの対角行列 $D = \mathrm{diag}(\lambda_1, \ldots, \lambda_n)$ を持つ

正規行列 ($\iff AA^* = A^*A$) はユニタリ行列により対角化可能である.

エルミート行列 ($\iff A = A^*$) はユニタリ行列により対角化可能であり，すべての固有値は実数である.

正規行列

A は対称 $\iff$ 固有ベクトルからなる1つの実直交行列 U ($\iff U^{-1} = U^T$) と
実対角行列 $D = \mathrm{diag}(\lambda_1, \ldots, \lambda_n)$ を持ち，$U^T A U = D$ を満たす

A が対称 ($\iff A = A^T$) ならば，以下が成り立つ.
1. すべての固有値は実数で，$p_A(\lambda)$ が実数の範囲で1次の因子に分解される.
2. 異なった固有値に対する固有ベクトルは線型独立かつ直交する.

5.4 線型写像と行列

線型写像

すべての $\vec{x}, \vec{y} \in \mathbb{R}^n$ とすべての $r \in \mathbb{R}$ に対して次が成り立つとき, $\varphi: \mathbb{R}^n \longrightarrow \mathbb{R}^m$ を線型と呼ぶ.

$$\varphi(\vec{x} + \vec{y}) = \varphi(\vec{x}) + \varphi(\vec{y}) \text{ かつ } \varphi(r \cdot \vec{x}) = r \cdot \varphi(\vec{x})$$

$\operatorname{Ker} \varphi := \varphi^{-1}(\{\vec{0}\}) = \{\vec{x} \in \mathbb{R}^n \mid \varphi(\vec{x}) = \vec{0}\}$
$\operatorname{Im} \varphi : = \varphi(\mathbb{R}^n) = \{\vec{y} \in \mathbb{R}^m \mid \exists \vec{x} \in \mathbb{R}^n, \varphi(\vec{x}) = \vec{y}\}$

$$n = \dim \operatorname{Ker} \varphi + \dim \operatorname{Im} \varphi \quad | \text{ 次元公式}$$

線型写像と行列

M が (m,n) 行列ならば, $\varphi_M : \begin{array}{c} \mathbb{R}^n \longrightarrow \mathbb{R}^m \\ \vec{x} \longmapsto M\vec{x} \end{array}$, すなわち $\varphi_M(\vec{x}) = M\vec{x}$ で, 線型写像となる.

各行列は線型写像を定める.
逆に各線型写像には行列が属する.

$\varphi: \mathbb{R}^n \to \mathbb{R}^m$ が線型かつ $M = M(\varphi) = (\varphi(\vec{e}_1)_E, \cdots, \varphi(\vec{e}_n)_E)$ が, (m,n) 行列で, n 個の列が $\mathbb{R}^n$ 上の標準基底ベクトル $\vec{e}_i$ の像の E 座標ベクトル $\varphi(\vec{e}_i)_E$ からなるとき, 以下が成り立つ.

$$\varphi = \varphi_M, \text{ すなわち } \varphi(\vec{x}) = \varphi_M(\vec{x}) = M\vec{x}$$

φ に属する行列は $\mathbb{R}^n$ の基底 A と $\mathbb{R}^m$ の基底 B に依存するので, $M_B^A(\varphi)$ のように示すことにする (次のページを見よ).

同値行列

(m,n) 行列 A, B が等しい階数を持つとき, 同値と呼ばれる.

A が B に同値 $\iff \operatorname{rank} A = \operatorname{rank} B \iff$ 可逆行列 Z と S が存在し, $ZAS = B$ となる.
$\iff A$ と B は同一の線型写像の異なる基底による表現行列である.

例 行列 $A = \begin{pmatrix} 1 & 2 & 1 \\ 0 & 1 & 1 \\ 0 & 2 & 2 \end{pmatrix}$ は階数 2 となる.

可逆行列 Z, S で, $ZAS = \begin{pmatrix} 1 & 0 & 0 \\ 0 & 1 & 0 \\ 0 & 0 & 0 \end{pmatrix}$ となるようなものを定めよ.

図式:

	A	E
ZAS	ZA	Z
S	E	

A は
行変形 (行列 Z) によって ZA,
列変形 (行列 S) によって
標準形 $ZAS = \begin{pmatrix} 1 & 0 & 0 \\ 0 & 1 & 0 \\ 0 & 0 & 0 \end{pmatrix}$ に変形される.

直交行列

(n,n) 直交行列 M に属する $\varphi(\vec{x}) = M\vec{x}$ なる線型写像
$\varphi : \mathbb{R}^n \to \mathbb{R}^n$ を直交変換と呼ぶ.

M は直交行列 $\iff$ $\begin{array}{l} M \text{ の列は 2 つずつ互いに直交な単位ベクトルによる} \\ \mathbb{R}^n \text{ の基底からなる} \\ \text{そのような基底は直交基底と呼ばれる} \end{array}$

$\iff M^T = M^{-1} \iff MM^T = E \iff M$ は直交基底である

直交写像の性質

直交写像 φ

(1) は等長である, すなわち $|\varphi(\vec{x})| = |\vec{x}|$,

(2) は等角である, すなわち $\angle(\varphi(\vec{x}), \varphi(\vec{y})) = \angle(\vec{x}, \vec{y})$,

(3) は正規直交基底 ($\iff A^T = A^{-1}$) を正規直交基底に写す.
正確には:
$A = (\vec{a}_1, ..., \vec{a}_n)$ が正規直交基底ならば, $\varphi(A) = (\varphi(\vec{a}_1), ..., \varphi(\vec{a}_n))$
が直交基底であるのは, φ が直交であるとき, かつその場合に限る.

写像行列 $M_B^A(\varphi)$

φ が基底 $A = (\vec{a}_1, ..., \vec{a}_n)$ を持つ $\mathbb{R}^n$ から基底 $B = (\vec{b}_1, ..., \vec{b}_m)$ を持つ $\mathbb{R}^m$ への線型写像であるならば, 短く書くと $\varphi : \mathbb{R}_A^n \longrightarrow \mathbb{R}_B^m$ が線型であるならば

次のことが成り立つ.
$$\begin{array}{rcl} \varphi(\vec{x})_B & = & M_B^A(\varphi) \cdot \vec{x}_A, \text{ ここで} \\ M_B^A(\varphi) & = & (\varphi(\vec{a}_1)_B, ..., \varphi(\vec{a}_n)_B) \end{array}$$

像 $\varphi(\vec{x})$ の B の座標ベクトル $\varphi(\vec{x})_B$ は $\vec{x}$ の A 座標ベクトル $\vec{x}_A$ に左から $M_B^A(\varphi)$ を掛けることにより, 得られる.

$M_B^A(\varphi)$ は (m,n) 行列である. その行列の n 個の列は, A の n 個の基底ベクトルの像に対する B の座標ベクトルである.

覚え書き: $\boxed{\begin{array}{l} M_B^A(\varphi) \text{ の列は } \varphi \text{ によって写像され, } B \text{ により表現} \\ \text{された } A \text{ の基底ベクトルとなる!} \end{array}}$ $M_B^A(\varphi)$

φ が可逆行列ならば, 次が成り立つ. $\boxed{M_A^B(\varphi^{-1}) = \left(M_B^A(\varphi)\right)^{-1}}$

注意: E が標準基底ならば, $M_E^E(\varphi)$ を $M(\varphi)$ と記す.

例 $\vec{a}_1 = \begin{pmatrix} 1 \\ 1 \end{pmatrix}, \vec{a}_2 = \begin{pmatrix} -1 \\ 1 \end{pmatrix}$ そして $\vec{b}_1 = \begin{pmatrix} 0 \\ 1 \end{pmatrix}, \vec{b}_2 = \begin{pmatrix} -1 \\ 0 \end{pmatrix}, \varphi : 90°$ だけ回転

$\varphi(\vec{a}_1) = \begin{pmatrix} -1 \\ 1 \end{pmatrix} = 1\vec{b}_1 + 1\vec{b}_2, \; \varphi(\vec{a}_2) = \begin{pmatrix} -1 \\ -1 \end{pmatrix} = -1\vec{b}_1 + 1\vec{b}_2 \implies M_B^A(\varphi) = \begin{pmatrix} 1 & -1 \\ 1 & 1 \end{pmatrix}$

5.4 線型写像と行列

座標変換行列 $M_B^A(\text{id})$

A,B が $\mathbb{R}^n$ の基底ならば, 座標ベクトルに対して以下が成り立つ:

$$\vec{x}_B = M_B^A(\text{id}) \cdot \vec{x}_A$$
$$M_B^A(\text{id}) = (\vec{a}_{1B}, \ldots, \vec{a}_{nB})$$
$$M_A^B(\text{id}) = \left(M_B^A(\text{id})\right)^{-1}$$

$M_B^A(\text{id})$ の列は基底 $A = (\vec{a}_1, \ldots, \vec{a}_n)$ の基底 B に関する座標ベクトル $\vec{a}_{iB}$ である.

A 座標は $M_B^A(\text{id})$ を掛けることによって B 座標に移動する!

特に $B = E$ のとき, 次が成り立つ:
$$M_E^A(\text{id}) = A \qquad \vec{x}_E = A\vec{x}_A$$
$$\left(M_E^A(\text{id})\right)^{-1} = M_A^E(\text{id}) = A^{-1} \qquad \vec{x}_A = A^{-1}\vec{x}_E$$

かつ

A 座標は E 座標の A を掛けることによって A 座標に移動する!
E 座標は A 座標の A^{-1} を掛けることによって A 座標に移動する!

線型写像の合成

線型写像 φ と ψ を合成すると再び線型写像 $\psi \circ \varphi$ になる. そして, その行列は ψ の行列と φ の行列の積である. 順序に注意せよ.

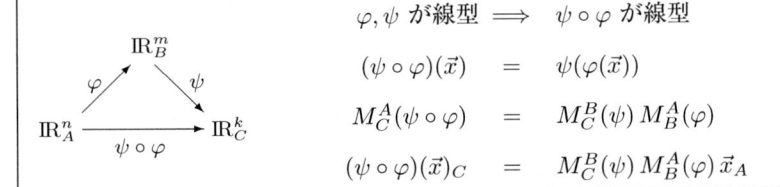

$$\varphi, \psi \text{ が線型} \implies \psi \circ \varphi \text{ が線型}$$
$$(\psi \circ \varphi)(\vec{x}) = \psi(\varphi(\vec{x}))$$
$$M_C^A(\psi \circ \varphi) = M_C^B(\psi) \, M_B^A(\varphi)$$
$$(\psi \circ \varphi)(\vec{x})_C = M_C^B(\psi) \, M_B^A(\varphi) \, \vec{x}_A$$

$$\mathbb{R}_A^n \xrightarrow{\psi \circ \varphi} \mathbb{R}_C^k, \quad \mathbb{R}_A^n \xrightarrow{\varphi} \mathbb{R}_B^m \xrightarrow{\psi} \mathbb{R}_C^k$$

基底交換に際しての写像行列 $M_{B'}^{A'}(\varphi)$

φ を基底 A と A' を持つ $\mathbb{R}^n$ から基底 B と B' を持つ $\mathbb{R}^m$ への線型写像とせよ. 短く書くと

$$\varphi : \mathbb{R}_{A,A'}^n \longrightarrow \mathbb{R}_{B,B'}^m \text{ が線型のとき,}$$

φ を基底 A', B' に関して記述する行列 $M_{B'}^{A'}(\varphi)$ に対して, 以下が成り立つ.

$$\boxed{M_{B'}^{A'}(\varphi) = M_{B'}^B(\text{id}) \, M_B^A(\varphi) \, M_A^{A'}(\text{id})}$$

$$\varphi(\vec{x})_{B'} = M_{B'}^{A'}(\varphi) \, \vec{x}_{A'} = M_{B'}^B(\text{id}) \, M_B^A(\varphi) \, \underbrace{M_A^{A'}(\text{id}) \, \vec{x}_{A'}}_{\vec{x}_A}$$

$$\begin{array}{ccc} \mathbb{R}_A^n & \xrightarrow{\varphi} & \mathbb{R}_B^m \\ \text{id} \uparrow & & \downarrow \text{id} \\ \mathbb{R}_{A'}^n & \xrightarrow{\varphi} & \mathbb{R}_{B'}^m \end{array}$$

（下括弧：$\varphi(\vec{x})_B$, $\varphi(\vec{x})_{B'}$）

空間の回転と回転行列

与えられた回転 δ (回転軸 $\vec{a}$ と角 α) に対する回転行列 $M(\delta)$ の計算

$\delta : \mathbb{R}^3 \to \mathbb{R}^3$ が軸 $\vec{a}$ $(|\vec{a}|=1)$ に関して角度 α $(-\pi < \alpha \leq \pi)$ だけ空間の回転するとき, 次のように回転行列 $M(\delta)$ は計算される.

1) $\vec{a}$ $(|\vec{b}|=1, \vec{a}\cdot\vec{b}=0)$ に垂直な単位ベクトル $\vec{b}$ を選ぶ. そのとき $A := (\vec{a}, \vec{b}, \vec{a}\times\vec{b})$ は直交 (デカルト基底) である. したがって $A^{-1} = A^{\mathrm{T}}$ かつ

$$M^A_A(\delta) = \begin{pmatrix} 1 & 0 & 0 \\ 0 & \cos\alpha & -\sin\alpha \\ 0 & \sin\alpha & \cos\alpha \end{pmatrix} \quad \begin{array}{l} A \text{ に関する} \\ \delta \text{ の回転行列が得られる.} \end{array}$$

2) 求める回転行列 $M(\delta)$ は
$M(\delta) = M^E_E(\delta) = A\, M^A_A(\delta)\, A^{-1} = A\, M^A_A(\delta)\, A^{\mathrm{T}}$, したがって

$$\boxed{M(\delta) = A\, M^A_A(\delta)\, A^{\mathrm{T}}}\quad \begin{array}{l}\text{他の書き方については,}\\ \text{次のページを見よ!}\end{array}$$

与えられた回転行列 M における回転軸 $\vec{a}$ と回転角 α の計算

M は回転行列 $\iff \begin{array}{l}\det M = 1 \\ MM^{\mathrm{T}} = E\end{array} \iff \begin{array}{l}\det M = 1 \\ M \text{ の列は対の正規直交単位ベクトルである.}\end{array}$

1) 回転軸 $\vec{a}$ は固有値 1 に対する固有ベクトルである.

2) $\vec{a}$ に属する回転角 α に対して以下が成り立つ.

$1 + 2\cos\alpha = \mathrm{tr}\, M$, したがって $\cos\alpha = \frac{1}{2}(\mathrm{tr}\, M - 1)$

$\cos\alpha = \cos(-\alpha)$ なので, $\pm\alpha$ を得るため, α か $-\alpha$ を決定しなければならない. 差し当たり, 特殊な場合は以下となる.

$\cos\alpha = 1 \Longrightarrow \alpha = 0;$ これは $M = E$ のときのみ成り立つ.
$\cos\alpha = -1 \Longrightarrow \alpha = \pi$

残りは (実際に) 計算することで決定する.

$\vec{a}$ に垂直なベクトル $\vec{b}$ を選ぶ. したがって, $\vec{a}\cdot\vec{b} = 0$, そして $M\vec{b}$ を計算する. このとき以下が成り立つ.

$\det(\vec{a}, \vec{b}, M\vec{b}) > 0 \Longrightarrow 0 < \alpha < \pi \Longrightarrow \alpha = \arccos\frac{1}{2}(\mathrm{tr}\, M - 1)$
$\det(\vec{a}, \vec{b}, M\vec{b}) < 0 \Longrightarrow -\pi < \alpha < 0 \Longrightarrow \alpha = -\arccos\frac{1}{2}(\mathrm{tr}\, M - 1)$

それを用いて回転軸 $\vec{a}$ に対する回転角 α が決定される.

例 軸 $\vec{a} = (1,1,1)$, 角 $\alpha_1 = 60°$, $\alpha_2 = 45°$, のとき回転行列 $M(\alpha_i)$ を求めよ.

$M(60°) = \frac{1}{3}\begin{pmatrix} 2 & -1 & 2 \\ 2 & 2 & -1 \\ -1 & 2 & 2 \end{pmatrix}, \quad M(45°) = \frac{1}{6}\begin{pmatrix} 2+2\sqrt{2} & 2-2\sqrt{2}-\sqrt{6} & 2-2\sqrt{2}+\sqrt{6} \\ 2-2\sqrt{2}+\sqrt{6} & 2+2\sqrt{2} & 2-2\sqrt{2}-\sqrt{6} \\ 2-2\sqrt{2}-\sqrt{6} & 2-2\sqrt{2}+\sqrt{6} & 2+2\sqrt{2} \end{pmatrix}$

5.4 線型写像と行列

空間における軸 $\vec{a}$ に対する角度 α の回転

$\vec{a}$ が単位ベクトル，したがって $|\vec{a}| = 1$ のとき，かつ δ が $\mathbb{R}^3 \to \mathbb{R}^3$ で軸 $\vec{a}$ のまわりの角 α の回転ならば，$\delta(\vec{x})$ は $\vec{a}, \vec{x}, \vec{a} \times \vec{x}$ の線型結合から次のようになる．

$$\delta(\vec{x}) = (1-\cos\alpha)\vec{a}\vec{x}\cdot\vec{a} + \cos\alpha\cdot\vec{x} + \sin\alpha\cdot(\vec{a}\times\vec{x})$$

与えられた回転 δ の回転行列 $M(\delta)$ の計算

δ が $\mathbb{R}^3 \to \mathbb{R}^3$ で軸 $\vec{a}$ ($|\vec{a}|=1$) のまわりの角度 α ($-\pi < \alpha \leq \pi$) の空間の回転ならば，$M(\delta)$ は角度 α と単位ベクトル $\vec{a} = (a,b,c)$ の座標から次のように計算される：

$$M(\delta) = (1-\cos\alpha)\begin{pmatrix} a^2 & ab & ac \\ ab & b^2 & bc \\ ac & bc & c^2 \end{pmatrix} + \cos\alpha\begin{pmatrix} 1 & 0 & 0 \\ 0 & 1 & 0 \\ 0 & 0 & 1 \end{pmatrix} + \sin\alpha\begin{pmatrix} 0 & -c & b \\ c & 0 & -a \\ -b & a & 0 \end{pmatrix}$$

例 δ は軸 $(1,1,1)$ のまわりで $60°$ だけ空間を回転させるものとせよ．
回転行列 $M(\delta)$ を計算せよ ($M(60°)$ の場合は前のページを見よ)．
$\alpha = 60°$ のとき，$\cos\alpha = \frac{1}{2}$, $\sin\alpha = \frac{1}{2}\sqrt{3}$, $\vec{a} = \frac{1}{\sqrt{3}}(1,1,1)$, したがって

$$\begin{aligned} M(\delta) &= (1-\tfrac{1}{2})\tfrac{1}{3}\begin{pmatrix} 1 & 1 & 1 \\ 1 & 1 & 1 \\ 1 & 1 & 1 \end{pmatrix} + \tfrac{1}{2}\begin{pmatrix} 1 & 0 & 0 \\ 0 & 1 & 0 \\ 0 & 0 & 1 \end{pmatrix} + \tfrac{1}{2}\sqrt{3}\tfrac{1}{\sqrt{3}}\begin{pmatrix} 0 & -1 & 1 \\ 1 & 0 & -1 \\ -1 & 1 & 0 \end{pmatrix} \\ &= \tfrac{1}{3}\begin{pmatrix} 2 & -1 & 2 \\ 2 & 2 & -1 \\ -1 & 2 & 2 \end{pmatrix} \end{aligned}$$

回転行列を計算するための別の導き方については前のページを見よ．
回転行列の回転角と回転軸の決定についても前のページを見よ．

平面の直交写像 (回転，鏡像)

$\varphi(\vec{x}) = M\cdot\vec{x}$ かつ $M^{-1} = M^\mathrm{T}$ なる直交写像 φ に対して次のいずれかが成り立つ．

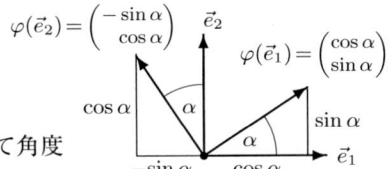

(1) $\det M = 1$. このとき，φ は原点に対して角度 α だけ回転させたものであり，

写像行列 $M = \begin{pmatrix} \cos\alpha & -\sin\alpha \\ \sin\alpha & \cos\alpha \end{pmatrix}$ となる．

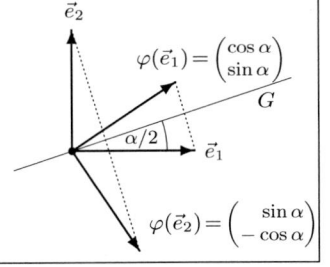

(2) $\det M = -1$. このとき，φ は傾き $\alpha/2$ の原点を通る直線 G に対する**鏡像**であり，

写像行列 $M = \begin{pmatrix} \cos\alpha & \sin\alpha \\ \sin\alpha & -\cos\alpha \end{pmatrix}$ となる．

空間の平面/直線上の射影

S,G をそれぞれ原点を通る $\mathbb{R}^3$ における平面, 直線とせよ. π_S もしくは π_G はそれぞれ $\mathbb{R}^3$ から S もしくは G への射影とせよ (垂線の足については 53 ページを見よ). E は単位行列とする！

射影	行き先	写像行列
π_S	平面 $S: \vec{n} \cdot \vec{x} = 0$ ここで $|\vec{n}| = 1$	$M(\pi_S) = E - \vec{n}\vec{n}^{\mathrm{T}}$
π_G	直線 $G: \vec{x} = r\vec{b},\ r \in \mathbb{R}$ ここで $|\vec{b}| = 1$	$M(\pi_G) = \vec{b}\vec{b}^{\mathrm{T}}$

平面/直線に関する空間の鏡像

S,G をそれぞれ原点を通る $\mathbb{R}^3$ における平面, 直線とせよ. σ_S, σ_G をそれぞれ $\mathbb{R}^3$ から S もしくは G への鏡像とせよ (鏡像点については 53 ページを見よ).

鏡像	鏡となるもの	写像行列
σ_S	平面 $S: \vec{n} \cdot \vec{x} = 0$ ここで $|\vec{n}| = 1$	$M(\sigma_S) = E - 2\vec{n}\vec{n}^{\mathrm{T}}$
σ_G	直線 $G: \vec{x} = r\vec{b},\ r \in \mathbb{R}$ ここで $|\vec{b}| = 1$	$M(\sigma_G) = 2\vec{b}\vec{b}^{\mathrm{T}} - E$

例 σ_S を空間の平面 $S: 2x - y + 2z = 0$ に対する射影とせよ. 写像行列 $M(\sigma_S)$ を決定せよ.

$\left|\begin{pmatrix} 2 \\ -1 \\ 2 \end{pmatrix}\right| = 3.\ \vec{n} := \frac{1}{3}\begin{pmatrix} 2 \\ -1 \\ 2 \end{pmatrix}$, とおくと, S は $\vec{n} \cdot \vec{x} = 0$ ここで $|\vec{n}| = 1$.

$$M(\sigma_S) = E - 2\vec{n}\vec{n}^{\mathrm{T}} = \begin{pmatrix} 1 & 0 & 0 \\ 0 & 1 & 0 \\ 0 & 0 & 1 \end{pmatrix} - 2 \cdot \frac{1}{3} \begin{pmatrix} 2 \\ -1 \\ 2 \end{pmatrix} \frac{1}{3}(2, -1, 2)$$

$$= \begin{pmatrix} 1 & 0 & 0 \\ 0 & 1 & 0 \\ 0 & 0 & 1 \end{pmatrix} - \frac{2}{9} \begin{pmatrix} 4 & -2 & 4 \\ -2 & 1 & -2 \\ 4 & -2 & 4 \end{pmatrix} = \frac{1}{9}\begin{pmatrix} 1 & 4 & -8 \\ 4 & 7 & 4 \\ -8 & 4 & 1 \end{pmatrix}$$

注: $\vec{n}$ は縦ベクトル, $\vec{n}^{\mathrm{T}}$ は横ベクトルであり, $\vec{n} \cdot \vec{x}$ はスカラー積である. したがって, 2 は 1 つの数であり, $\vec{n}\vec{n}^{\mathrm{T}}$ は行列の積であり, 3×3 行列となる.

特殊な平面における写像
(写像行列は標準基底 E に関するものである.)

	鏡像		回転		写像
x 軸に対する	$\begin{pmatrix} 1 & 0 \\ 0 & -1 \end{pmatrix}$	$\alpha°$	$\begin{pmatrix} \cos\alpha & -\sin\alpha \\ \sin\alpha & \cos\alpha \end{pmatrix}$	x 軸に対する	$\begin{pmatrix} 1 & 0 \\ 0 & 0 \end{pmatrix}$
y 軸に対する	$\begin{pmatrix} -1 & 0 \\ 0 & 1 \end{pmatrix}$	$45°$	$\frac{1}{2}\sqrt{2}\begin{pmatrix} 1 & -1 \\ 1 & 1 \end{pmatrix}$	y 軸に対する	$\begin{pmatrix} 0 & 0 \\ 0 & 1 \end{pmatrix}$
直線 $y = x$	$\begin{pmatrix} 0 & 1 \\ 1 & 0 \end{pmatrix}$	$60°$	$\frac{1}{2}\begin{pmatrix} 1 & -\sqrt{3} \\ \sqrt{3} & 1 \end{pmatrix}$	直線 $y = x$	$\frac{1}{2}\begin{pmatrix} 1 & 1 \\ 1 & 1 \end{pmatrix}$
直線 $y = ax$	$\frac{1}{1+a^2}\begin{pmatrix} 1-a^2 & 2a \\ 2a & a^2-1 \end{pmatrix}$	$90°$	$\begin{pmatrix} 0 & -1 \\ 1 & 0 \end{pmatrix}$	直線 $y = ax$	$\frac{1}{1+a^2}\begin{pmatrix} 1 & a \\ a & a^2 \end{pmatrix}$

6 数列, 級数

6.1 有限級数

> **有限級数**　3ページの二項係数 $\binom{n}{k}$, 76ページのベルヌーイ数 B_k を見よ.
>
> $\sum_{k=1}^{n} k \quad = 1+2+3+\cdots+n \quad = \dfrac{n(n+1)}{2}$
>
> $\sum_{k=1}^{n} 2k-1 = 1+3+5+\cdots+(2n-1) = n^2$
>
> $\sum_{k=1}^{n} 2k \quad = 2+4+6+\cdots+2n \quad = n(n+1)$
>
> $\sum_{k=1}^{n} k^2 \quad = 1^2+2^2+3^2+\cdots+n^2 \quad = \dfrac{n(n+1)(2n+1)}{6}$
>
> $\sum_{k=1}^{n}(2k-1)^2 = 1^2+3^2+5^2+\cdots+(2n-1)^2 = \dfrac{n(4n^2-1)}{3}$
>
> $\sum_{k=1}^{n} k^3 \quad = 1^3+2^3+3^3+\cdots+n^3 \quad = \dfrac{n^2(n+1)^2}{4} = \left(\dfrac{n(n+1)}{2}\right)^2$
>
> $\sum_{k=1}^{n} \dfrac{1}{k(k+1)} = \dfrac{1}{1\cdot 2}+\dfrac{1}{2\cdot 3}+\dfrac{1}{3\cdot 4}+\cdots+\dfrac{1}{n(n+1)} = 1-\dfrac{1}{n+1} = \dfrac{n}{n+1}$
>
> $\sum_{k=1}^{n} k^m = 1^m+2^m+3^m+\cdots+n^m = \dfrac{1}{m+1}\sum_{k=0}^{m}\binom{m+1}{k}B_k(n+1)^{m+1-k}$

> **二項定理**
>
> $$(a+b)^n = \sum_{k=0}^{n}\binom{n}{k}a^{n-k}b^k = \binom{n}{0}a^n + \binom{n}{1}a^{n-1}b+\cdots+\binom{n}{n}b^n, \quad n \in \mathbb{N}$$
>
> 4ページも見よ.

$\sum_{k=0}^{n}\binom{n}{k}x^k \quad = \binom{n}{0}+\binom{n}{1}x+\cdots+\binom{n}{n}x^n \quad = (1+x)^n$

$\sum_{k=0}^{n}\binom{n}{k} \quad = \binom{n}{0}+\binom{n}{1}+\cdots+\binom{n}{n} \quad = 2^n$

$\sum_{k=0}^{n} k\binom{n}{k} \quad = 1\cdot\binom{n}{1}+2\cdot\binom{n}{2}+\cdots+n\cdot\binom{n}{n} = n\,2^{n-1}$

$\sum_{k=0}^{n}(-1)^k\binom{n}{k} = \binom{n}{0}-\binom{n}{1}+\cdots+(-1)^n\binom{n}{n} \quad = 0$

> **有限等比 (幾何) 級数**
>
> $$\sum_{k=0}^{n} a^k = 1+a+a^2+\cdots+a^n = \dfrac{a^{n+1}-1}{a-1}, a\neq 1 \text{ に対して}$$

$\displaystyle\sum_{k=m}^{n} a^k = a^m+a^{m+1}+a^{m+2}+\cdots+a^n = \dfrac{a^{n+1}-a^m}{a-1}, a\neq 1$ に対して

$\displaystyle\sum_{k=0}^{n} a^k b^{n-k} = b^n+ab^{n-1}+a^2b^{n-2}+\cdots+a^n = \dfrac{a^{n+1}-b^{n+1}}{a-b}, a\neq b$ に対して

> **有限等差 (算術) 級数**
>
> $a_k = a_1+(k-1)d$　　$\displaystyle\sum_{k=1}^{n} a_k = a_1+(a_1+d)+(a_1+2d)+\cdots+(a_1+(n-1)d)$
> $\quad = a_{k-1}+d$　　　　　　　$= na_1+\dfrac{n(n-1)}{2}d = \dfrac{n(a_1+a_n)}{2}$

6.2 数列と級数

> **数列**
>
> h は数列 (a_n) の**集積点**
> $\iff$ 各 $\epsilon > 0$ かつ $n_0 \in \mathbb{N}$ に対して $|a_n - h| < \epsilon$ なる $n \geq n_0$ が存在する
> $\iff$ $\forall \epsilon > 0 \ \forall n_0 \in \mathbb{N} \ \exists n \in \mathbb{N} : n \geq n_0 \land |a_n - h| < \epsilon$
> $\iff$ n が増加すると a_n は h のどんな近傍の点にも常に存在する
>
> a は数列 (a_n) の**極限値**
> $\iff$ 各 $\epsilon > 0$ ですべての $n \geq n_0$ に対し, $|a_n - a| < \epsilon$ なる $n_0 \in \mathbb{N}$ が存在する
> $\iff$ $\forall \epsilon > 0 \ \exists n_0 \in \mathbb{N} \ \forall n \in \mathbb{N} : n \geq n_0 \implies |a_n - a| < \epsilon$
> $\iff$ a_n は a のどんな小さな近傍にもついには納まる
>   表記法: $\lim_{k \to \infty} a_n = a$ あるいは $a_n \longrightarrow a$ あるいは (a_n) は a に収束する.
>
> (a_n) は**有界** $\iff$ すべての $n \in \mathbb{N}$ に対して $|a_n| \leq S$ なる $S \in \mathbb{R}$ が存在する
>
> 実数列 (a_n) は単調 $\begin{matrix}増加\\減少\end{matrix}$ $\iff$ すべての $n \in \mathbb{N}$ に対して $a_{n+1} \gtreqless a_n$ が成り立つ
>
> ---
> **重要な諸定理**
>
> **ワイエルシュトラスの定理**: どのような有界列も集積点を持つ.
>
> **コーシーの判定法**: (a_n) は収束 $\iff$ 各 $\epsilon > 0$ ですべての $n, m \geq n_0$ に対して $|a_n - a_m| < \epsilon$ となる n_0 が存在する
>
> **単調判定法**: どんな有界単調実数列も常に収束する.

計算法則	$n \longrightarrow \infty$ に対する極限値の実例	
$a_n \longrightarrow a$, $b_n \longrightarrow b$ から, 次が成り立つ.	$\sqrt[n]{a} \longrightarrow 1$	$\left(\dfrac{n+1}{n}\right)^n \longrightarrow e$
$a_n \pm b_n \longrightarrow a \pm b$	$\sqrt[n]{n} \longrightarrow 1$	$\left(1 + \dfrac{1}{n}\right)^n \longrightarrow e$
$a_n \cdot b_n \longrightarrow a \cdot b$	$\sqrt[n]{n!} \longrightarrow \infty$	$\left(1 + \dfrac{x}{n}\right)^n \longrightarrow e^x$
$\dfrac{a_n}{b_n} \longrightarrow \dfrac{a}{b}$, $b_n, b \neq 0$ のとき	$\dfrac{1}{n}\sqrt[n]{n!} \longrightarrow \dfrac{1}{e}$	$\left(1 - \dfrac{x}{n}\right)^n \longrightarrow e^{-x}$
$a_n^{b_n} \longrightarrow a^b$, $a_n, a > 0$ のとき	$\dfrac{a^n}{n!} \longrightarrow 0$	$n(\sqrt[n]{x} - 1) \longrightarrow \log x, x > 0$ のとき
$a_n^c \longrightarrow a^c$, $a_n, a > 0$ のとき	$\dfrac{n^n}{n!} \longrightarrow \infty$	$\dbinom{a}{n} \longrightarrow 0, a > -1$ のとき

等比数列	k は定まった自然数とするとき
$a^n \longrightarrow \begin{cases} 0, & \|a\| < 1 \text{ のとき} \\ 1, & a = 1 \text{ のとき} \end{cases}$	$\dfrac{a^n}{n^k} \longrightarrow \begin{cases} 0, & \|a\| \leq 1 \text{ のとき} \\ \infty, & a > 1 \text{ のとき} \end{cases}$
a^n $a \leq -1$ または $a > 1$ のとき発散	

6.2 数列と級数

級数の収束

級数 $\sum_{k=0}^{\infty} a_k$ を部分和の級数 ($\sum_{k=0}^{n} a_k$) として定義する.

$$\sum_{k=0}^{\infty} a_k := \lim_{n \to \infty} \sum_{k=0}^{n} a_k$$

収束判定法

$\sum_{k=0}^{\infty} a_k$ は収束し, $\sum_{k=0}^{n} a_k = s \iff$ 各 $\epsilon > 0$ に対してある n_0 についてすべての $n \geq n_0$ で $|\sum_{k=0}^{\infty} a_k - s| < \epsilon$ となる n_0 が存在する

コーシーの判定法

$\sum_{k=0}^{\infty} a_k$ は収束 $\iff$ 各 $\epsilon > 0$ に対してある n_0 についてすべての $n_0 \leq n < m$ で $|\sum_{k=0}^{\infty} a_k - s| < \epsilon$ となる n_0 が存在する

収束の必要条件

$\sum_{k=0}^{\infty} a_k$ が収束するならば, 必ず $\lim_{k \to \infty} a_k = 0$ となる.

絶対収束と条件収束

級数 $\sum_{k=0}^{\infty} a_k$ が

　絶対収束とは, 絶対値の級数 $\sum_{k=0}^{\infty} |a_k|$ が収束すること.

　無条件収束とは, どのように並べ替えた級数も元の級数と等しい値に収束すること.

　条件収束とは, 収束するが, 無条件収束でないこと.

$\sum_{k=0}^{\infty} a_k$ は絶対収束 $\iff$ $\sum_{k=0}^{\infty} a_k$ は無条件収束.

収束級数の計算法則

$\sum_{k=0}^{\infty} a_k = a$ と $\sum_{k=0}^{\infty} b_k = b$ と収束級数であり, $r \in \mathbb{R}$ ならば, 以下が成り立つ:

$\sum_{k=0}^{\infty} (a_k + b_k) = \sum_{k=0}^{\infty} a_k + \sum_{k=0}^{\infty} b_k = a + b$ 　　(収束級数の和)

$\sum_{k=0}^{\infty} r \cdot a_k \quad = r \cdot \sum_{k=0}^{\infty} a_k = r \cdot a$ 　　　　　($r \in \mathbb{R}$ を掛ける)

絶対収束級数の計算法則

2つの絶対収束級数 $\sum_{k=0}^{\infty} a_k = a$ と $\sum_{k=0}^{\infty} b_k = b$ は自由に掛け算をしてよい. 絶対収束する級数の積を展開した級数も元の級数の和の積に絶対収束する.[訳注4)]

$\left(\sum_{k=0}^{\infty} a_k\right) \cdot \left(\sum_{n=0}^{\infty} b_n\right) = \sum_{k,n=0}^{\infty} a_k \cdot b_n = a \cdot b$

絶対収束級数に対して次のコーシー積が意味を持つ:

$\sum_{n=0}^{\infty} \left(\sum_{k=0}^{n} a_k b_{n-k}\right) = a_0 b_0 + (a_0 b_1 + a_1 b_0) + (a_0 b_2 + a_1 b_1 + a_2 b_0) + \cdots = a \cdot b$

級数の収束判定法

比較 (優級数) 判定法

$\sum_{k=0}^{\infty} a_k$ は,すべての $k \geq n_0$ に対して $|a_k| \leq b_k$ となる収束級数 $\sum_{k=0}^{\infty} b_k$ と n_0 が存在するとき絶対収束する.

比較 (劣級数) 判定法

$\sum_{k=0}^{\infty} a_k$ は,すべての $k \geq n_0$ に対して $0 \leq b_k \leq a_k$ となる発散級数 $\sum_{k=0}^{\infty} b_k$ と n_0 が存在するとき発散する.

ダランベールの判定法

$q := \lim_{k \to \infty} \frac{|a_{k+1}|}{|a_k|}$ が存在するならば, 次が成り立つ. $\sum_{k=0}^{\infty} a_k \begin{cases} 絶対収束, & q < 1 \\ 発散, & q > 1 \end{cases}$

コーシーの判定法:

$q := \lim_{k \to \infty} \sqrt[k]{|a_k|}$ が存在するならば, 次が成り立つ. $\sum_{k=0}^{\infty} a_k \begin{cases} 絶対収束, & q < 1 \\ 発散, & q > 1 \end{cases}$

極限値が存在しないとき, その場合は $q = \limsup$ とみなす.
$q = 1$ ならば, コーシーの判定法とダランベールの判定法では決定できない!
ダランベールの判定法を用いることができれば, コーシーの判定法も用いることができるが, 逆はできない!

比較判定法

$b_k > 0$ かつ $\lim_{k \to \infty} \frac{a_k}{b_k} = r \neq 0$ となる級数 (a_k) と (b_k) が存在するならば, 次が成り立つ.

$$\sum_{k=0}^{\infty} a_k \text{ は収束} \iff \sum_{k=0}^{\infty} b_k \text{ は収束}$$

積分判定法

$f : [1, \infty) \longrightarrow \mathbb{R}$ が単調減少するならば, 次が成り立つ.

$$\sum_{k=0}^{\infty} f(k) \text{ は収束} \iff \int_1^{\infty} f(x)dx \text{ は収束}$$

交代級数

ライプニッツの判定法

交代級数 $\sum_{k=0}^{\infty} (-1)^k a_k (a_k > 0)$ は, 級数 (a_k) が単調な零数列 (単調減少して 0 に収束する) であるとき, 収束する.

誤差評価:

$S_n = \sum_{k=0}^{n} (-1)^k a_k$ かつ $S_n = \sum_{k=0}^{\infty} (-1)^k a_k$ ならば, $|S - S_n| \leq a_{n+1}$ が成り立つ.

例

$$1 - \frac{1}{2} + \frac{1}{3} - \frac{1}{4} \pm \cdots = \log 2 \quad (次のページも見よ)$$

$$\left| \log 2 - \left(1 - \frac{1}{2} + \frac{1}{3} - \frac{1}{4} \pm \cdots + \frac{(-1)^{n-1}}{n}\right) \right| = |S - S_n| \leq \frac{1}{n+1} \quad (誤差評価)$$

級数の実例

$\sum_{k=0}^{\infty} a^k = 1 + a + a^2 + \cdots = \begin{cases} \dfrac{1}{1-a} & |a| < 1 \\ 発散 & |a| \geq 1 \end{cases}$ 等比級数

$\sum_{k=n}^{\infty} a^k = a^n \sum_{k=0}^{\infty} a^k = \begin{cases} \dfrac{a^n}{1-a} & |a| < 1 \\ 発散 & |a| \geq 1 \end{cases}$ 等比級数

$\sum_{k=1}^{\infty} \dfrac{1}{k} = 1 + \dfrac{1}{2} + \dfrac{1}{3} + \dfrac{1}{4} + \cdots = \infty$ (調和級数)

$\sum_{k=1}^{\infty} \dfrac{1}{k^\alpha} = 1 + \dfrac{1}{2^\alpha} + \dfrac{1}{3^\alpha} + \dfrac{1}{4^\alpha} + \cdots$ 収束 $\iff a > 1$

$\sum_{k=1}^{\infty} (-1)^{k-1} \dfrac{1}{k} = 1 - \dfrac{1}{2} + \dfrac{1}{3} - \dfrac{1}{4} \pm \cdots = \log 2$

$\sum_{k=1}^{\infty} \dfrac{1}{k 2^k} = \dfrac{1}{1 \cdot 2^1} + \dfrac{1}{2 \cdot 2^2} + \dfrac{1}{3 \cdot 2^3} + \cdots = \log 2$

$\sum_{k=2}^{\infty} \dfrac{k-1}{k!} = \dfrac{1}{2!} + \dfrac{2}{3!} + \dfrac{3}{4!} + \dfrac{4}{5!} + \cdots = 1$

$\sum_{k=0}^{\infty} \dfrac{1}{2^k} = 1 + \dfrac{1}{2} + \dfrac{1}{2^2} + \dfrac{1}{2^3} + \dfrac{1}{2^4} + \cdots = 2$

$\sum_{k=0}^{\infty} \dfrac{1}{k!} = 1 + \dfrac{1}{1!} + \dfrac{1}{2!} + \dfrac{1}{3!} + \dfrac{1}{4!} + \cdots = e$

$\sum_{k=0}^{\infty} (-1)^k \dfrac{1}{k!} = 1 - \dfrac{1}{1!} + \dfrac{1}{2!} - \dfrac{1}{3!} + \dfrac{1}{4!} \pm \cdots = \dfrac{1}{e}$

$\sum_{k=0}^{\infty} (-1)^k \dfrac{1}{2k+1} = 1 - \dfrac{1}{3} + \dfrac{1}{5} - \dfrac{1}{7} \pm \cdots = \dfrac{\pi}{4}$

$\sum_{k=1}^{\infty} \dfrac{1}{k^2} = 1 + \dfrac{1}{2^2} + \dfrac{1}{3^2} + \dfrac{1}{4^2} + \cdots = \dfrac{\pi^2}{6}$

$\sum_{k=1}^{\infty} (-1)^{k+1} \dfrac{1}{k^2} = 1 - \dfrac{1}{2^2} + \dfrac{1}{3^2} - \dfrac{1}{4^2} \pm \cdots = \dfrac{\pi^2}{12}$

$\sum_{k=0}^{\infty} \dfrac{1}{(2k+1)^2} = 1 + \dfrac{1}{3^2} + \dfrac{1}{5^2} + \dfrac{1}{7^2} + \cdots = \dfrac{\pi^2}{8}$

ベルヌーイ数 B_{2n} とオイラー数 E_{2n} は 76 ページを見よ．

$\sum_{k=1}^{\infty} \dfrac{1}{k^{2n}} = 1 + \dfrac{1}{2^{2n}} + \dfrac{1}{3^{2n}} + \dfrac{1}{4^{2n}} + \cdots = \dfrac{(-1)^{n-1} \pi^{2n} 2^{2n-1}}{(2n)!} B_{2n}, \quad n \geq 1$

$\sum_{k=1}^{\infty} \dfrac{(-1)^{k+1}}{(2k-1)^{2n+1}} = 1 - \dfrac{1}{3^{2n+1}} + \dfrac{1}{5^{2n+1}} - \dfrac{1}{7^{2n+1}} \pm \cdots = \dfrac{(-1)^n \pi^{2n+1}}{2^{2n+2}(2n)!} E_{2n}, \quad n \geq 0$

6.3 関数列

関数列の収束

関数 $f_n : D \longrightarrow \mathbb{R}$ の数列 (f_n) は

関数 f に**各点収束する** (記号: $\lim_{k \to \infty} f_n(x) = f(x)$)

$\iff$ 各 $x \in D$ に対して数列 $(f_n(x))$ は $f(x)$ に収束する

$\iff$ $\forall \epsilon > 0 \ \forall x \in D \ \exists n_0 \in \mathbb{N} \ \forall n \geq n_0 : |f_n(x) - f(x)| < \epsilon$

関数 f に**一様収束する**

$\iff$ 各 $\epsilon > 0$ についてすべての $n \geq n_0$ かつすべての $x \in D$ に対して, $|f_n(x) - f(x)| < \epsilon$ なる n_0 が存在する

$\iff$ $\forall \epsilon > 0 \ \exists n_0 \in \mathbb{N} \ \forall x \in D \ \forall n \geq n_0 : |f_n(x) - f(x)| < \epsilon$

$\boxed{f_n(x) \text{ が } f \text{ に一様収束すれば, 各点収束もする!}}$

関数列の一様収束

一様収束のコーシーの判定法
関数 $f_n : D \longrightarrow \mathbb{R}$ の数列 (f_n) が D 上で一様収束するのは, $\epsilon > 0$ に対し, ある $n_0 \in \mathbb{N}$ で, すべての $x \in D$ かつすべての $n, m \geq n_0$ に対して $|f_n(x) - f_m(x)| < \epsilon$ となるようなものが存在するとき, かつそのときに限る.

一様収束と

- 連続性
  区間 $I = [a, b]$ 上の関数 f_n が連続かつ数列 (f_n) が I 上で一様収束すれば, 極限関数 f も連続である.

- 積分可能性
  区間 $I = [a, b]$ 上の関数 f_n が積分可能かつ数列 (f_n) が I 上で一様収束すれば, 極限関数 f も積分可能であり, 以下が成り立つ.
  $$\lim_{n \to \infty} \int_a^b f_n(x)\,dx = \int_a^b \Big(\lim_{n \to \infty} f_n(x)\Big) dx = \int_a^b f(x)\,dx$$

- 微分可能性
  区間 $I = [a, b]$ の関数 f_n が微分可能で, かつ $x_0 \in I$ に対して数列 $(f_n(x_0))$ が収束し, 微分係数 (f'_n) が I 上で一様収束すれば, 数列 (f_n) は I 上で一様収束し, 極限関数 f は微分可能であり, 以下が成り立つ.
  $$\lim_{n \to \infty} f'_n(x) = \Big(\lim_{n \to \infty} f_n(x)\Big)' = f'(x)$$

関数級数の一様収束

- 必要条件
  D 上の級数 $\sum_{k=0}^{\infty} f_k(x)$ が一様収束すれば, 関数列 $(f_k(x))$ は D 上で 0 に一様収束する.

- ワイエルシュトラスの M 判定法
  $\sup\{|f_k(x)| : x \in D\} \leq c_k$ となり, $\sum_{k=0}^{\infty} c_k$ が収束すれば, $\sum_{k=0}^{\infty} f_k(x)$ は D 上で一様収束する.

例 $f_n(x) := \frac{nx}{1+n^2 x^2}$ のとき (f_n) の一様収束を調べよ.

各 $x \in \mathbb{R}$ に対して $\lim_{n \to \infty} f_n(x) = 0$ となる. したがって, (f_n) は $\mathbb{R}$ 上で 0 に各点収束する.

さらに以下が成り立つ.
$$f'_n(x) = \frac{n}{(1+n^2 x^2)^2}(1 + n^2 x^2 - x 2 n^2 x) = 0 \iff x = \pm \frac{1}{n}, \quad f(0) = 0, \quad f\Big(\frac{1}{n}\Big) = \frac{1}{2}$$
関数 f_n が $\frac{1}{n}$ で最大値 $\frac{1}{2}$ をとることを確かめよ.

例えば $\epsilon = \frac{1}{4}$ で極限関数 0 まわりで幅 $\frac{1}{4}$ の帯の中においてすべての f_n で n_0 が存在するような n_0 は存在しない. (f_n) は $\mathbb{R}$ 上で一様収束しない.

6.4 べき級数

べき級数

$$\sum_{n=0}^{\infty} a_n(x-x_0)^n = a_0 + a_1(x-x_0) + a_2(x-x_0)^2 + a_3(x-x_0)^3 + \cdots$$

は x_0 を展開の中心とし，係数を a_n とするべき級数と呼ぶ．
その級数は，x_0 に関して対称な区間 r において収束する．
べき級数が収束領域内の任意のコンパクト (すなわち有界閉) 部分集合上で絶対かつ一様収束する．
極限関数は何回でも微分可能である．
$\frac{1}{0} = \infty$ と $\frac{1}{\infty} = 0$ を規約することにより収束半径 r に対して以下が成り立つ：

コーシー・アダマールの定理		
$\frac{1}{r} = \limsup \sqrt[n]{\|a_n\|}$	$\frac{1}{r} = \lim_{n \to \infty} \frac{\|a_{n+1}\|}{\|a_n\|}$	すべての $a_n \neq 0$ であり極限値が存在するとき

境界点における収束は別途調べる必要がある，**ANA** の 210 ページ以下を見よ．

アーベルの連続性定理

べき級数 $\sum_{n=0}^{\infty} a_n x^n$ は $0 < r < \infty$ となる収束半径 r を持ち，$(-r, r)$ において $f(x) = \sum_{n=0}^{\infty} a_n x^n$ となる．
$x = r$ に対して，その級数も収束すれば，f は $(-r, r]$ において連続である．以下が成り立つ．

$$\lim_{x \to r^-} f(x) = \sum_{n=0}^{\infty} a_n r^n$$

べき級数の計算

$f(x) = \sum_{n=0}^{\infty} a_n x^n$, $g(x) = \sum_{n=0}^{\infty} b_n x^n$ かつ $s \in \mathbb{R}$ に対して以下が成り立つ．

$s \cdot f(x) = \sum_{n=0}^{\infty} s \cdot a_n x^n$ および $f(x) + g(x) = \sum_{n=0}^{\infty} (a_n + b_n) x^n$

$f(x) \cdot g(x) = \sum_{n=0}^{\infty} c_n x^n$ ただし $c_n = \sum_{k=0}^{n} a_k b_{n-k}$ (71 ページのコーシー積参照)

$\frac{f(x)}{g(x)} = \sum_{n=0}^{\infty} c_n x^n$ ただし $\sum_{k=0}^{\infty} a_n x^n = \left(\sum_{n=0}^{\infty} b_n x^n\right) \cdot \left(\sum_{n=0}^{\infty} c_n x^n\right)$

項別微積分

$f'(x) = \sum_{n=1}^{\infty} n a_n x^{n-1} = \sum_{n=0}^{\infty} (n+1) a_{n+1} x^n$

$f^n(0) = n! \cdot a_n$

$\int f(x) dx = \sum_{n=0}^{\infty} \frac{a_n}{n+1} x^{n+1} + c$

> べき級数が収束範囲の内部で項別に微分・積分できる！

対称性

f は偶関数 $\iff a_{2n+1} = 0$, 各 $n \in \mathbb{N}$ に対して
f は奇関数 $\iff a_{2n} = 0$, 各 $n \in \mathbb{N}$ に対して

ベルヌーイ数

ベルヌーイ数 B_n はべき級数の展開によって表せる.

$$\frac{x}{e^x-1} = \sum_{n=0}^{\infty} \frac{B_n}{n!} x^n$$

$B_3 = B_5 = B_7 = \cdots = 0$ となる.

$B_0 =$	1	$B_8 =$	$-\frac{1}{30}$
$B_1 =$	$-\frac{1}{2}$	$B_{10} =$	$\frac{5}{66}$
$B_2 =$	$\frac{1}{6}$	$B_{12} =$	$-\frac{691}{2730}$
$B_4 =$	$-\frac{1}{30}$	$B_{14} =$	$\frac{7}{6}$
$B_6 =$	$\frac{1}{42}$	$B_{16} =$	$-\frac{3617}{510}$

$$\sum_{k=0}^{n-1} \binom{n}{k} B_k = 0$$

オイラー数

オイラー数 E_n は次のべき級数の展開によって表せる.

$$\frac{1}{\cosh x} = \frac{2}{e^x + e^{-x}} = \sum_{n=0}^{\infty} \frac{E_n}{n!} x^n$$

$E_1 = E_3 = E_5 = E_7 = \cdots = 0$ となる.

$E_0 =$	1	$E_4 =$	5	$E_8 =$	1385
$E_2 =$	-1	$E_6 =$	-61	$E_{10} =$	-50521

$E_{12} =$	$2\,702\,765$
$E_{14} =$	$-199\,360\,981$
$E_{16} =$	$19\,391\,512\,145$
$E_{18} =$	$-2\,404\,879\,675\,441$
$E_{20} =$	$370\,371\,188\,237\,525$
$E_{22} =$	$-69\,348\,874\,393\,137\,901$

$$1 + \frac{1}{2^{2n}} + \frac{1}{3^{2n}} + \frac{1}{4^{2n}} + \frac{1}{5^{2n}} + \cdots + \frac{1}{k^{2n}} + \cdots = \frac{\pi^{2n} 2^{2n-1}}{(2n)!} (-1)^{n-1} B_{2n}$$

$$1 - \frac{1}{2^{2n}} + \frac{1}{3^{2n}} - \frac{1}{4^{2n}} + \frac{1}{5^{2n}} + \cdots + \frac{(-1)^{k+1}}{k^{2n}} + \cdots = \frac{\pi^{2n}(2^{2n-1}-1)}{(2n)!} (-1)^{n-1} B_{2n}$$

$$1 + \frac{1}{3^{2n}} + \frac{1}{5^{2n}} + \frac{1}{7^{2n}} + \cdots + \frac{1}{(2k-1)^{2n}} + \cdots = \frac{\pi^{2n}(2^{2n}-1)}{2(2n)!} (-1)^{n-1} B_{2n}$$

$$1 - \frac{1}{3^{2n+1}} + \frac{1}{5^{2n+1}} - \frac{1}{7^{2n+1}} + \cdots + \frac{(-1)^{k+1}}{(2k-1)^{2n+1}} + \cdots = \frac{\pi^{2n+1}}{2^{2n+2}(2n)!} (-1)^n E_{2n}$$

6.5 級数展開の表

等比級数

$\frac{1}{1-x}$	$= \sum_{n=0}^{\infty} x^n$	$= 1 + x + x^2 + x^3 + \cdots$	$-1 < x < 1$
$\frac{1}{1+x}$	$= \sum_{n=0}^{\infty} (-1)^n x^n$	$= 1 - x + x^2 - x^3 \pm \cdots$	$-1 < x < 1$
$\frac{1}{1-x^2}$	$= \sum_{n=0}^{\infty} x^{2n}$	$= 1 + x^2 + x^4 + x^6 + \cdots$	$-1 < x < 1$
$\frac{1}{1+x^2}$	$= \sum_{n=0}^{\infty} (-1)^n x^{2n}$	$= 1 - x^2 + x^4 - x^6 \pm \cdots$	$-1 < x < 1$
$\frac{1}{a \pm x}$	$= \frac{1}{a} \frac{1}{1 \pm \frac{x}{a}}$	$= \frac{1}{a}(1 \mp \frac{x}{a} + \frac{x^2}{a^2} \mp \frac{x^3}{a^3} \mp \cdots)$	$-\|a\| < x < \|a\|$

等比級数の微分または積分によって以下が成り立つ.

$\frac{1}{(1-x)^2}$	$= \sum_{n=0}^{\infty} (n+1) x^n$	$= 1 + 2x + 3x^2 + 4x^3 + \cdots$	$-1 < x < 1$
$\log(1-x)$	$= -\sum_{n=1}^{\infty} \frac{x^n}{n}$	$= -(x + \frac{x^2}{2} + \frac{x^3}{3} + \frac{x^4}{4} + \cdots)$	$-1 \leq x < 1$

6.5 級数展開の表

$$\boxed{\text{二項係数}} \qquad \boxed{\begin{array}{c}\text{二項係数 }\binom{a}{n}\\ \text{については 5 ページを見よ}\end{array}}$$

$$\boxed{(1+x)^a = \sum_{n=0}^{\infty} \binom{a}{n} x^n} = \begin{cases} 1 + ax + \binom{a}{2}x^2 + \binom{a}{3}x^3 + \cdots \\ 1 + ax + \dfrac{a(a-1)}{2}x^2 + \dfrac{a(a-1)(a-2)}{3!}x^3 + \cdots \end{cases}$$

$$\begin{array}{cc} -1 \leq x \leq 1 & 0 < a \\ -1 < x \leq 1 \text{ に対して,} & -1 < a \leq 0 \text{ のとき} \\ -1 < x < 1 & a \leq -1 \end{array}$$

$\boxed{a \in \mathrm{IN} \text{ に対して級数は有限である! 4, 69 ページの二項定理について見よ.}}$

二項級数の例

$(1+x)^{1/2} = \sum_{n=0}^{\infty}\binom{1/2}{n}x^n = 1 + \frac{1}{2}x - \frac{1\cdot 1}{2\cdot 4}x^2 + \frac{1\cdot 1\cdot 3}{2\cdot 4\cdot 6}x^3 - \frac{1\cdot 1\cdot 3\cdot 5}{2\cdot 4\cdot 6\cdot 8}x^4 \pm \cdots \qquad -1 \leq x \leq 1$

$(1+x)^{1/3} = \sum_{n=0}^{\infty}\binom{1/3}{n}x^n = 1 + \frac{1}{3}x - \frac{1\cdot 2}{3\cdot 6}x^2 + \frac{1\cdot 2\cdot 5}{3\cdot 6\cdot 9}x^3 - \frac{1\cdot 2\cdot 5\cdot 8}{3\cdot 6\cdot 9\cdot 12}x^4 \pm \cdots \qquad -1 \leq x \leq 1$

$(1+x)^{1/4} = \sum_{n=0}^{\infty}\binom{1/4}{n}x^n = 1 + \frac{1}{4}x - \frac{1\cdot 3}{4\cdot 8}x^2 + \frac{1\cdot 3\cdot 7}{4\cdot 8\cdot 12}x^3 - \frac{1\cdot 3\cdot 7\cdot 11}{4\cdot 8\cdot 12\cdot 16}x^4 \pm \cdots \qquad -1 \leq x \leq 1$

$(1+x)^{3/2} = \sum_{n=0}^{\infty}\binom{3/2}{n}x^n = 1 + \frac{3}{2}x + \frac{3\cdot 1}{2\cdot 4}x^2 - \frac{3\cdot 1\cdot 1}{2\cdot 4\cdot 6}x^3 + \frac{3\cdot 1\cdot 1\cdot 3}{2\cdot 4\cdot 6\cdot 8}x^4 \mp \cdots \qquad -1 \leq x \leq 1$

$\dfrac{1}{(1+x)^{1/2}} = \sum_{n=0}^{\infty}\binom{-1/2}{n}x^n = 1 - \frac{1}{2}x + \frac{1\cdot 3}{2\cdot 4}x^2 - \frac{1\cdot 3\cdot 5}{2\cdot 4\cdot 6}x^3 + \frac{1\cdot 3\cdot 5\cdot 7}{2\cdot 4\cdot 6\cdot 8}x^4 \mp \cdots \qquad -1 < x \leq 1$

$\dfrac{1}{(1+x)^{1/3}} = \sum_{n=0}^{\infty}\binom{-1/3}{n}x^n = 1 - \frac{1}{3}x + \frac{1\cdot 4}{3\cdot 6}x^2 - \frac{1\cdot 4\cdot 7}{3\cdot 6\cdot 9}x^3 + \frac{1\cdot 4\cdot 7\cdot 10}{3\cdot 6\cdot 9\cdot 12}x^4 \mp \cdots \qquad -1 < x \leq 1$

$\dfrac{1}{(1+x)^{1/4}} = \sum_{n=0}^{\infty}\binom{-1/4}{n}x^n = 1 - \frac{1}{4}x + \frac{1\cdot 5}{4\cdot 8}x^2 - \frac{1\cdot 5\cdot 9}{4\cdot 8\cdot 12}x^3 + \frac{1\cdot 5\cdot 9\cdot 13}{4\cdot 8\cdot 12\cdot 16}x^4 \mp \cdots \qquad -1 < x \leq 1$

$\dfrac{1}{(1+x)^{3/2}} = \sum_{n=0}^{\infty}\binom{-3/2}{n}x^n = 1 - \frac{3}{2}x + \frac{3\cdot 5}{2\cdot 4}x^2 - \frac{3\cdot 5\cdot 7}{2\cdot 4\cdot 6}x^3 + \frac{3\cdot 5\cdot 7\cdot 9}{2\cdot 4\cdot 6\cdot 8}x^4 \mp \cdots \qquad -1 < x < 1$

$\dfrac{1}{(1+x)^2} = \sum_{n=0}^{\infty}\binom{-2}{n}x^n = \sum_{n=0}^{\infty}(-1)^n(n+1)x^n = 1 - 2x + 3x^2 - 4x^3 \pm \cdots \qquad -1 < x < 1$

$\dfrac{1}{(1+x)^3} = \sum_{n=0}^{\infty}\binom{-3}{n}x^n = \sum_{n=0}^{\infty}(-1)^n\dfrac{(n+1)(n+2)}{2}x^n$
$\qquad\qquad\qquad\qquad\qquad = \frac{1}{2}(1\cdot 2 - 2\cdot 3x + 3\cdot 4x^2 - 4\cdot 5x^3 \pm \cdots) \qquad -1 < x < 1$

$\dfrac{1}{(1+x)^4} = \sum_{n=0}^{\infty}\binom{-4}{n}x^n = \sum_{n=0}^{\infty}(-1)^n\dfrac{(n+1)(n+2)(n+3)}{3!}x^n$
$\qquad\qquad\qquad\qquad\qquad = \frac{1}{6}(1\cdot 2\cdot 3 - 2\cdot 3\cdot 4x + 3\cdot 4\cdot 5x^2 \mp \cdots) \qquad -1 < x < 1$

べき級数における初等関数の展開例 (B_n については76ページを見よ)

$$\mathrm{e}^x = 1 + \frac{1}{1!}x + \frac{1}{2!}x^2 + \frac{1}{3!}x^3 + \frac{1}{4!}x^4 + \frac{1}{5!}x^5 + \frac{1}{6!}x^6 + \cdots = \sum_{n=0}^{\infty} \frac{1}{n!}x^n \qquad x \in \mathrm{I\!R}$$

$$\cos x = 1 \quad - \frac{1}{2!}x^2 \quad + \frac{1}{4!}x^4 \quad - \frac{1}{6!}x^6 \pm \cdots = \sum_{n=0}^{\infty} \frac{(-1)^n}{(2n)!}x^{2n}$$

$$\cosh x = 1 \quad + \frac{1}{2!}x^2 \quad + \frac{1}{4!}x^4 \quad + \frac{1}{6!}x^6 + \cdots = \sum_{n=0}^{\infty} \frac{1}{(2n)!}x^{2n}$$

$$\sin x = \frac{1}{1!}x \quad - \frac{1}{3!}x^3 \quad + \frac{1}{5!}x^5 \quad \mp \cdots = \sum_{n=0}^{\infty} \frac{(-1)^n}{(2n+1)!}x^{2n+1}$$

$$\sinh x = \frac{1}{1!}x \quad + \frac{1}{3!}x^3 \quad + \frac{1}{5!}x^5 \quad + \cdots = \sum_{n=0}^{\infty} \frac{1}{(2n+1)!}x^{2n+1}$$

$$\sin(x+a) = \sin a + \frac{\cos a}{1!}x - \frac{\sin a}{2!}x^2 - \frac{\cos a}{3!}x^3 + \frac{\sin a}{4!}x^4 \pm \cdots \qquad x \in \mathrm{I\!R}$$

$$\cos(x+a) = \cos a - \frac{\sin a}{1!}x - \frac{\cos a}{2!}x^2 + \frac{\sin a}{3!}x^3 + \frac{\cos a}{4!}x^4 \pm \cdots \qquad x \in \mathrm{I\!R}$$

$$\frac{x}{\mathrm{e}^x - 1} = \sum_{n=0}^{\infty} \frac{B_n}{n!}x^n = 1 - \frac{1}{2}x + \frac{1}{6}\cdot\frac{1}{2!}x^2 - \frac{1}{30}\cdot\frac{1}{4!}x^4 + \frac{1}{42}\cdot\frac{1}{6!}x^6 \mp \cdots \qquad |x| < 2\pi$$

$$\mathrm{e}^{\sin x} = 1 + x + \frac{1}{2!}x^2 - \frac{3}{4!}x^4 - \frac{8}{5!}x^5 + \frac{3}{6!}x^6 + \cdots \qquad x \in \mathrm{I\!R}$$

$$\mathrm{e}^{\cos x} = \mathrm{e}\bigl(1 - \frac{1}{2!}x^2 + \frac{4}{4!}x^4 - \frac{31}{6!}x^6 + \cdots\bigr) \qquad x \in \mathrm{I\!R}$$

$$\tan x = \sum_{n=1}^{\infty} \frac{(-1)^{n-1} 2^{2n}(2^{2n}-1)}{(2n)!} B_{2n} x^{2n-1} = x + \frac{1}{3}x^3 + \frac{2}{15}x^5 + \frac{17}{315}x^7 + \cdots \qquad |x| < \frac{\pi}{2}$$

$$\tanh x = \sum_{n=1}^{\infty} \frac{2^{2n}(2^{2n}-1)}{(2n)!} B_{2n} x^{2n-1} = x - \frac{1}{3}x^3 + \frac{2}{15}x^5 \pm \cdots \qquad |x| < \frac{\pi}{2}$$

$$x \cot x = 1 + \sum_{n=1}^{\infty} \frac{(-1)^n 2^{2n}}{(2n)!} B_{2n} x^{2n} = 1 - \frac{1}{3}x^2 - \frac{1}{45}x^4 - \frac{2}{945}x^6 - \cdots \qquad |x| < \pi$$

$$x \coth x = 1 + \sum_{n=1}^{\infty} \frac{2^{2n}}{(2n)!} B_{2n} x^{2n} = 1 + \frac{1}{3}x^2 - \frac{1}{45}x^4 + \frac{2}{945}x^6 \pm \cdots \qquad |x| < \pi$$

$$\log(1+x) = \sum_{n=1}^{\infty} \frac{(-1)^{n+1}}{n} x^n = x - \frac{1}{2}x^2 + \frac{1}{3}x^3 - \frac{1}{4}x^4 + - \cdots \qquad -1 < x \leq 1$$

$$\log(1-x) = -\sum_{n=1}^{\infty} \frac{x^n}{n} = -\bigl(x + \frac{1}{2}x^2 + \frac{1}{3}x^3 + \frac{1}{4}x^4 + \frac{1}{5}x^5 + \cdots\bigr) \qquad -1 \leq x < 1$$

$$\log x = \sum_{n=1}^{\infty} \frac{(-1)^{n+1}}{n}(x-1)^n = (x-1) - \frac{1}{2}(x-1)^2 + \frac{1}{3}(x-1)^3 \mp \cdots \qquad 0 < x \leq 2$$

$$\log|\sin x| = \log|x| + \sum_{n=1}^{\infty} \frac{(-1)^n 2^{2n-1}}{n(2n)!} B_{2n} x^{2n} = \log|x| - \frac{x^2}{6} - \frac{x^4}{180} - \frac{x^6}{2835} + \cdots \qquad 0 < |x| < \pi$$

$$\log\cos x = \sum_{n=1}^{\infty} \frac{(-1)^n 2^{2n-1}(2^{2n}-1)}{n(2n)!} B_{2n} x^{2n} = -\Bigl(\frac{x^2}{2} + \frac{x^4}{12} + \frac{x^6}{45} + \frac{17x^8}{2520} + \cdots\Bigr) \qquad |x| < \frac{\pi}{2}$$

6.5 級数展開の表

$$\arcsin x = \sum_{n=0}^{\infty} \frac{(2n)!}{2^{2n}(n!)^2(2n+1)} x^{2n+1} = x + \frac{1}{6}x^3 + \frac{3}{40}x^5 + \frac{15}{336}x^7 + \cdots \qquad |x| \leq 1$$

$$\arccos x = \frac{\pi}{2} - \arcsin x$$

$$\arctan x = \sum_{n=0}^{\infty} \frac{(-1)^n}{2n+1} x^{2n+1} = x - \frac{1}{3}x^3 + \frac{1}{5}x^5 - \frac{1}{7}x^7 + - \cdots \qquad |x| \leq 1$$

$$\mathrm{arccot}\, x = \frac{\pi}{2} - \arctan x$$

$$\mathrm{arsinh}\, x = \sum_{n=0}^{\infty} \frac{(-1)^n(2n)!}{2^{2n}(n!)^2(2n+1)} x^{2n+1} = x - \frac{1}{6}x^3 + \frac{3}{40}x^5 - \frac{15}{336}x^7 + \cdots \qquad |x| \leq 1$$

$$\mathrm{artanh}\, x = \log\sqrt{\frac{1+x}{1-x}} = \sum_{n=0}^{\infty} \frac{x^{2n+1}}{2n+1} = x + \frac{1}{3}x^3 + \frac{1}{5}x^5 + \frac{1}{7}x^7 + \cdots \qquad |x| < 1$$

$$\mathrm{arcoth}\, x = \log\sqrt{\frac{x+1}{x-1}} = \sum_{n=0}^{\infty} \frac{1}{(2n+1)x^{2n+1}} = \frac{1}{x} + \frac{1}{3x^3} + \frac{1}{5x^5} + \frac{1}{7x^7} + \cdots \qquad |x| > 1$$

テーラー展開

f が点 a において何回でも微分可能な関数ならば, 以下のように呼ばれる.

$$T_n(x) = f(a) + \frac{f'(a)}{1!}(x-a) + \frac{f''(a)}{2!}(x-a)^2 + \cdots + \frac{f^{(n)}(a)}{n!}(x-a)^n$$

$$= \sum_{k=0}^{n} \frac{f^{(k)}(a)}{k!}(x-a)^k \qquad f \text{ の } a \text{ のまわりの } n \text{ 次テーラー多項式}$$

$$T(x) = f(a) + \frac{f'(a)}{1!}(x-a) + \frac{f''(a)}{2!}(x-a)^2 + \cdots$$

$$= \sum_{k=0}^{\infty} \frac{f^{(k)}(a)}{k!}(x-a)^k \qquad f \text{ の } a \text{ のまわりのテーラー級数}$$

$$\boxed{R_n(x) = f(x) - T_n(x)} \qquad f \text{ の } a \text{ のまわりのテーラー展開の } n \text{ 次剰余項}$$

f は a のまわりのテーラー級数によって表される $\iff f(x) = \sum_{k=0}^{\infty} \frac{f^{(k)}(a)}{k!}(x-a)^k \iff \lim_{n\to\infty} R_n(x) = 0$

剰余項の表記

$$R_n(x) = \frac{f^{(n+1)}(\xi)}{(n+1)!}(x-a)^{n+1} \qquad \text{ラグランジュの剰余項}$$
ξ は a と x の間にある.

$$R_n(x) = \frac{1}{n!}\int_a^x (x-t)^n f^{(n+1)}(t)\, dt \qquad \text{剰余項の積分表記}$$

同じ展開の中心 a で f のべき級数展開とテーラー級数展開は一致する.
既知のべき級数があれば, テーラー級数展開として用いることができる.
周期関数については 80 ページ以下のフーリエ級数も見よ.

有理関数のテーラー展開については, 部分分数分解を作り, 次のべき級数が適用できるようにする.

$$\frac{1}{1-x} = \sum_{k=0}^{\infty} x^k \quad \text{あるいは} \quad \frac{1}{(1-x)^2} = \sum_{k=0}^{\infty} (k+1)x^k$$

点 a まわりの多項式のテーラー級数は $(x-a)$ のべき多項式を整頓し直したものである (12 ページのホーナー法を見よ).

6.6 フーリエ級数

フーリエ級数

f が周期 p を持つ周期関数 $(f(x+p) = f(x))$ かつ $[0,p]$ 上で積分可能ならば，以下のように呼ばれる．

$$a_k = \frac{2}{p}\int_0^p f(x)\cos\frac{2\pi}{p}kx\,dx$$
$$b_k = \frac{2}{p}\int_0^p f(x)\sin\frac{2\pi}{p}kx\,dx$$

f のフーリエ係数

$$S_n(x) = \frac{a_0}{2} + \sum_{k=1}^n \left(a_k\cos\frac{2\pi}{p}kx + b_k\sin\frac{2\pi}{p}kx\right) \qquad f \text{ の } n \text{ 次フーリエ多項式}$$

$$S(x) = \frac{a_0}{2} + \sum_{k=1}^\infty \left(a_k\cos\frac{2\pi}{p}kx + b_k\sin\frac{2\pi}{p}kx\right) \qquad f \text{ のフーリエ級数}$$

$$= \tfrac{a_0}{2} + a_1\cos\tfrac{2\pi}{p}x + b_1\sin\tfrac{2\pi}{p}x + a_2\cos\tfrac{2\pi}{p}2x + b_2\sin\tfrac{2\pi}{p}2x + a_3\cos\tfrac{2\pi}{p}3x + \cdots$$

フーリエ係数の計算

(1) 積分区間の始点は任意である．$a \in \mathbb{R}$ ならば以下が成り立つ．

$$a_k = \frac{2}{p}\int_a^{a+p} f(x)\cos\frac{2\pi}{p}kx\,dx \quad \text{かつ} \quad b_k = \frac{2}{p}\int_a^{a+p} f(x)\sin\frac{2\pi}{p}kx\,dx$$

(2) f が偶関数ならば，$f(-x) = f(x)$ が成り立ち，フーリエ級数において余弦項のみ存在する．

各 k に対して $b_k = 0$ かつ $\quad a_k = \dfrac{4}{p}\int_0^{\frac{p}{2}} f(x)\cos\dfrac{2\pi}{p}kx\,dx$

(3) f が奇関数ならば，$f(-x) = -f(x)$ が成り立ち，フーリエ級数において正弦項のみ存在する．

各 k に対して $a_k = 0$ かつ $\quad b_k = \dfrac{4}{p}\int_0^{\frac{p}{2}} f(x)\sin\dfrac{2\pi}{p}kx\,dx$

正弦フーリエ級数

$$S(x) = \frac{a_0}{2} + \sum_{k=1}^\infty A_k \sin\left(\frac{2\pi}{p}kx + \varphi_k\right)$$

$$A_k = \sqrt{a_k^2 + b_k^2}$$
$$\tan\varphi_k = \frac{a_k}{b_k}, \quad \frac{1}{b_k}\cos\varphi_k > 0$$

複素数表記のフーリエ級数

$$S(x) = \sum_{k=-\infty}^\infty c_k\, e^{i\frac{2\pi}{p}kx}$$

$$c_0 = \frac{a_0}{2}, \quad c_k = \begin{cases} \frac{1}{2}(a_k - ib_k), & k > 0 \text{ のとき} \\ \frac{1}{2}(a_{-k} + ib_{-k}), & k < 0 \text{ のとき} \end{cases}$$

$$c_k = \frac{1}{p}\int_0^p f(x)\, e^{-i\frac{2\pi}{p}kx}\,dx$$

6.6 フーリエ級数

ディリクレ核とフェイェール核, 周期 $p = 2\pi$

ディリクレ核
$$D_n(t) = \begin{cases} \dfrac{\sin(n+\frac{1}{2})t}{\sin \frac{t}{2}}, & t \neq 0, \pm 2\pi, \pm 4\pi, \ldots \text{ に対して} \\ 2n+1, & t = 0, \pm 2\pi, \pm 4\pi, \ldots \text{ に対して} \end{cases}$$

ディリクレ積分
$$S_n(x) = \frac{1}{\pi} \int_0^\pi \frac{f(x+t)+f(x-t)}{2} D_n(t)\, dt$$

フェイェール核
$$F_n(t) = \begin{cases} \dfrac{1}{n}\left(\dfrac{\sin \frac{n}{2}t}{\sin \frac{t}{2}}\right)^2, & t \neq 0, \pm 2\pi, \pm 4\pi, \ldots \text{ に対して} \\ n, & t = 0, \pm 2\pi, \pm 4\pi, \ldots \text{ に対して} \end{cases}$$

フェイェール積分
$$\frac{1}{n}\sum_{k=0}^{n-1} S_k(x) = \frac{1}{\pi} \int_0^\pi \frac{f(x+t)+f(x-t)}{2} F_n(t)\, dt$$

表現定理

区分的になめらかな (すなわち区分的に連続で微分できる) 関数 f は連続点においてフーリエ級数によって表される.

不連続点 a では, フーリエ級数は左側極限値と右側極限値の平均に収束する:

$$\frac{1}{2}\left(\lim_{x \to a^-} f(x) + \lim_{x \to a^+} f(x)\right)$$

フーリエ多項式の最良近似性:

任意の n 次三角多項式 $T_n(x) = \frac{\alpha_0}{2} + \sum_{k=1}^n (\alpha_k \cos \frac{2\pi}{p} kx + \beta_k \sin \frac{2\pi}{p} kx)$ を計算すると, $T_n(x) = S_n(x)$ (フーリエ多項式) ならば,
$\int_0^p (f(x) - T_n(x))^2\, dx$ は最小となる.

$$\frac{a_0^2}{2} + \sum_{k=1}^n (a_k^2 + b_k^2) \leq \frac{2}{p} \int_0^p f^2(x)\, dx \quad \Big| \quad \text{ベッセルの不等式}$$

$$\frac{a_0^2}{2} + \sum_{k=1}^\infty (a_k^2 + b_k^2) = \frac{2}{p} \int_0^p f^2(x)\, dx \quad \Big| \quad \text{パーセバルの等式}$$

リーマン・ルベーグの補題: f が $I = [a,b]$ で積分可能ならば, 以下が成り立つ.

$$\lim_{n \to \infty} \int_a^b f(x) \sin nx\, dx = 0 \quad \text{かつ} \quad \lim_{n \to \infty} \int_a^b f(x) \cos nx\, dx = 0$$

6.7 フーリエ展開の表

$y = f(x)$ は周期関数とせよ. 次のすべての例は 2π 周期とする.

$y = f(x)$ の跳躍点 x_0 において
フーリエ級数は左側極限値と
右側極限値の平均に収束する.

$$\frac{1}{2}\left(\lim_{x \to x_0^-} f(x) + \lim_{x \to x_0^+} f(x)\right)$$

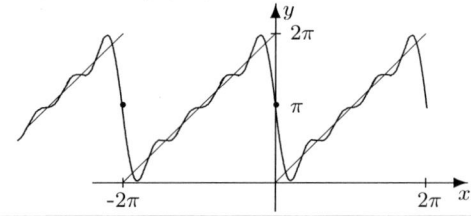

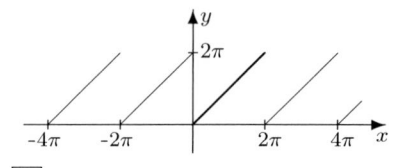

---

1 $y = x$, $0 < x < 2\pi$ に対して

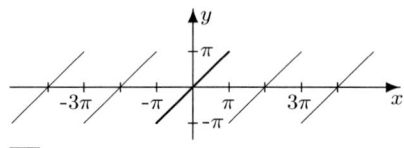

$$y = \pi - 2(\sin x + \frac{\sin 2x}{2} + \frac{\sin 3x}{3} + \cdots)$$
$$= \pi - 2\sum_{k=1}^{\infty} \frac{\sin kx}{k}, \quad x \neq 0, \pm 2\pi, \pm 4\pi, \ldots$$

前述の図は $k = 4$ のときのフーリエ展開を示している. したがって
$$y \approx \pi - 2(\sin x + \frac{\sin 2x}{2} + \frac{\sin 3x}{3} + \frac{\sin 4x}{4})$$

---

2 $y = x$, $-\pi < x < \pi$ に対して

$$y = 2(\frac{\sin x}{1} - \frac{\sin 2x}{2} + \frac{\sin 3x}{3} \pm \cdots)$$
$$= 2\sum_{k=1}^{\infty} (-1)^{k+1} \frac{\sin kx}{k}, \quad x \neq \pm\pi, \pm 3\pi, \ldots$$

---

3 $y = |x|$, $-\pi \leq x \leq \pi$ に対して

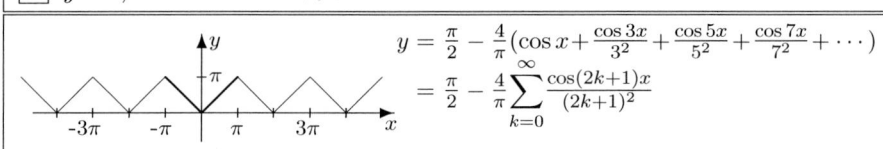

$$y = \frac{\pi}{2} - \frac{4}{\pi}(\cos x + \frac{\cos 3x}{3^2} + \frac{\cos 5x}{5^2} + \frac{\cos 7x}{7^2} + \cdots)$$
$$= \frac{\pi}{2} - \frac{4}{\pi} \sum_{k=0}^{\infty} \frac{\cos(2k+1)x}{(2k+1)^2}$$

---

4 $y = \begin{cases} x, & -\frac{\pi}{2} \leq x \leq \frac{\pi}{2} \text{ に対して} \\ \pi - x, & \frac{\pi}{2} < x \leq \frac{3\pi}{2} \text{ に対して} \end{cases} = |x + \frac{\pi}{2}| - \frac{\pi}{2}, \ -\frac{3}{2}\pi \leq x \leq \frac{\pi}{2}$ に対して

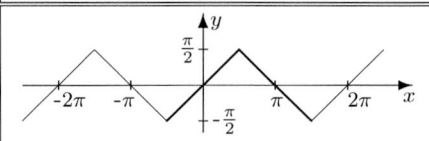

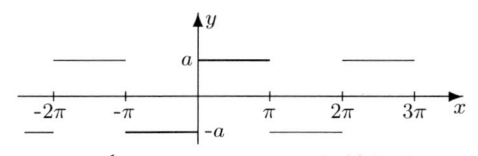

$$y = \frac{4}{\pi}(\sin x - \frac{\sin 3x}{3^2} + \frac{\sin 5x}{5^2} + \cdots)$$
$$= \frac{4}{\pi} \sum_{k=0}^{\infty} (-1)^k \frac{\sin(2k+1)x}{(2k+1)^2}$$

---

5 $y = \begin{cases} -a, & -\pi < x < 0 \text{ に対して} \\ a, & 0 < x < \pi \text{ に対して} \end{cases}$

$$y = \frac{4a}{\pi}(\sin x + \frac{\sin 3x}{3} + \frac{\sin 5x}{5} + \cdots)$$
$$= \frac{4a}{\pi} \sum_{k=0}^{\infty} \frac{\sin(2k+1)x}{2k+1},$$
$$x \neq 0, \pm\pi, \pm 2\pi, \ldots \text{ に対して}$$

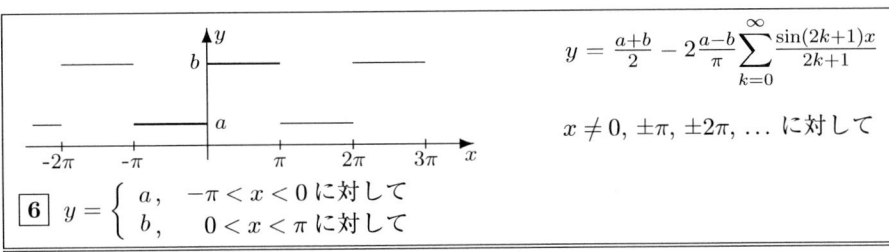

6.7 フーリエ展開の表

6 $y = \begin{cases} a, & -\pi < x < 0 \text{ に対して} \\ b, & 0 < x < \pi \text{ に対して} \end{cases}$

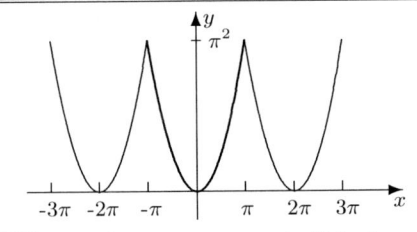

$y = \frac{a+b}{2} - 2\frac{a-b}{\pi}\sum_{k=0}^{\infty}\frac{\sin(2k+1)x}{2k+1}$

$x \neq 0, \pm\pi, \pm 2\pi, \ldots$ に対して

7 $y = x^2$, $-\pi \leq x \leq 0$ に対して

$y = \frac{\pi^2}{3} - 4(\cos x - \frac{\cos 2x}{2^2} + \frac{\cos 3x}{3^2} \mp \cdots)$

$= \frac{\pi^2}{3} + 4\sum_{k=1}^{\infty}(-1)^k\frac{\cos kx}{k^2}$

8 $y = \begin{cases} -x^2, & -\pi < x \leq 0 \text{ に対して} \\ x^2, & 0 < x < \pi \text{ に対して} \end{cases}$

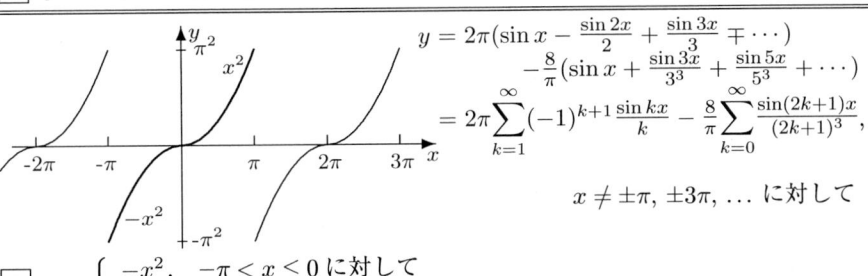

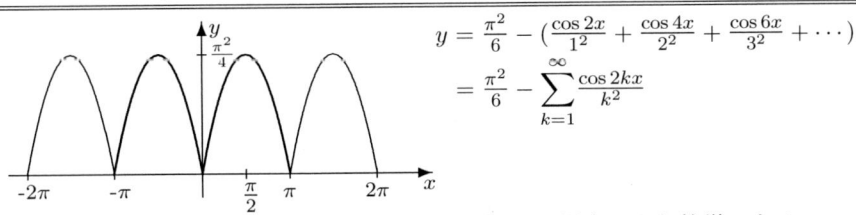

$y = 2\pi(\sin x - \frac{\sin 2x}{2} + \frac{\sin 3x}{3} \mp \cdots)$
$\quad - \frac{8}{\pi}(\sin x + \frac{\sin 3x}{3^3} + \frac{\sin 5x}{5^3} + \cdots)$
$= 2\pi\sum_{k=1}^{\infty}(-1)^{k+1}\frac{\sin kx}{k} - \frac{8}{\pi}\sum_{k=0}^{\infty}\frac{\sin(2k+1)x}{(2k+1)^3}$,

$x \neq \pm\pi, \pm 3\pi, \ldots$ に対して

9 $y = \begin{cases} -x(\pi+x), & -\pi \leq x \leq 0 \text{ に対して} \\ x(\pi-x), & 0 < x \leq \pi \text{ に対して} \end{cases}$

$y = \frac{\pi^2}{6} - (\frac{\cos 2x}{1^2} + \frac{\cos 4x}{2^2} + \frac{\cos 6x}{3^2} + \cdots)$
$= \frac{\pi^2}{6} - \sum_{k=1}^{\infty}\frac{\cos 2kx}{k^2}$

周期 π の場合はより簡単になる:
$y = x(\pi - x) = -x^2 + \pi x, 0 \leq x \leq \pi$

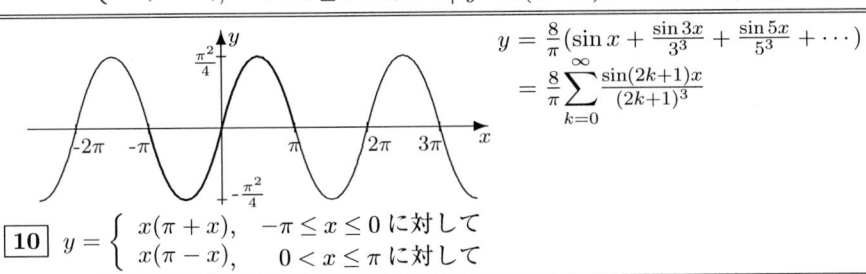

10 $y = \begin{cases} x(\pi+x), & -\pi \leq x \leq 0 \text{ に対して} \\ x(\pi-x), & 0 < x \leq \pi \text{ に対して} \end{cases}$

$y = \frac{8}{\pi}(\sin x + \frac{\sin 3x}{3^3} + \frac{\sin 5x}{5^3} + \cdots)$
$= \frac{8}{\pi}\sum_{k=0}^{\infty}\frac{\sin(2k+1)x}{(2k+1)^3}$

$$y = \frac{2}{\pi} - \frac{4}{\pi}\left(\frac{\cos 2x}{1\cdot 3} + \frac{\cos 4x}{3\cdot 5} + \frac{\cos 6x}{5\cdot 7} + \cdots\right)$$
$$= \frac{2}{\pi} - \frac{4}{\pi}\sum_{k=1}^{\infty}\frac{\cos 2kx}{4k^2-1}$$

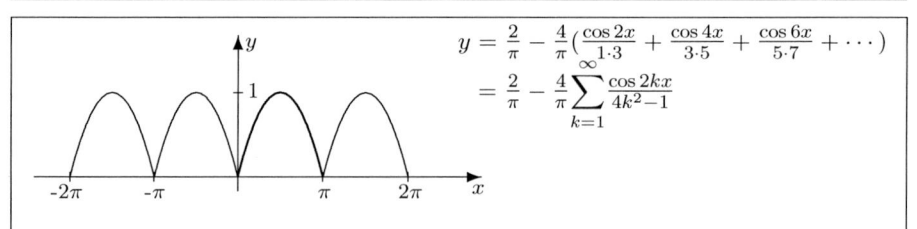

11 $y = \sin x$, $0 \le x \le \pi$ に対して

$$y = \frac{4}{\pi}\left(\frac{2\sin 2x}{1\cdot 3} + \frac{4\sin 4x}{3\cdot 5} + \frac{6\sin 6x}{5\cdot 7}\cdots\right)$$
$$= \frac{4}{\pi}\sum_{k=1}^{\infty}\frac{2k\sin 2kx}{4k^2-1},$$
$$x \ne 0, \pm\pi, \pm 2\pi, \ldots \text{ に対して}$$

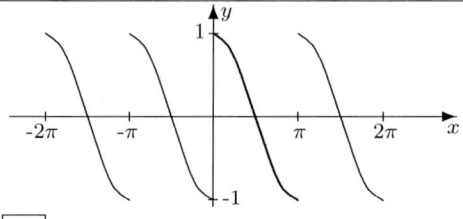

12 $y = \cos x$, $0 \le x \le \pi$ に対して

$$y = \frac{1}{\pi} + \frac{1}{2}\sin x - \frac{2}{\pi}\left(\frac{\cos 2x}{1\cdot 3} + \frac{\cos 4x}{3\cdot 5} + \frac{\cos 6x}{5\cdot 7} + \cdots\right)$$
$$= \frac{1}{\pi} + \frac{1}{2}\sin x - \frac{2}{\pi}\sum_{k=1}^{\infty}\frac{\cos 2kx}{4k^2-1}$$

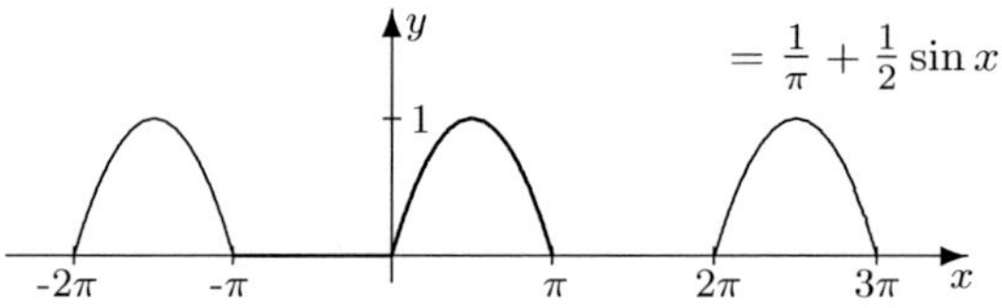

13 $y = \begin{cases} 0, & -\pi \le x \le 0 \text{ に対して} \\ \sin x, & 0 < x \le \pi \text{ に対して} \end{cases}$

$$y = -\frac{1}{2}\sin x + \frac{4\sin 2x}{1\cdot 3} - \frac{6\sin 3x}{2\cdot 4} + \frac{8\sin 4x}{3\cdot 5}\cdots$$
$$= -\frac{1}{2}\sin x + \sum_{k=2}^{\infty}(-1)^k\frac{2k\sin kx}{k^2-1},$$
$$x \ne \pm\pi, \pm 3\pi, \ldots \text{ に対して}$$

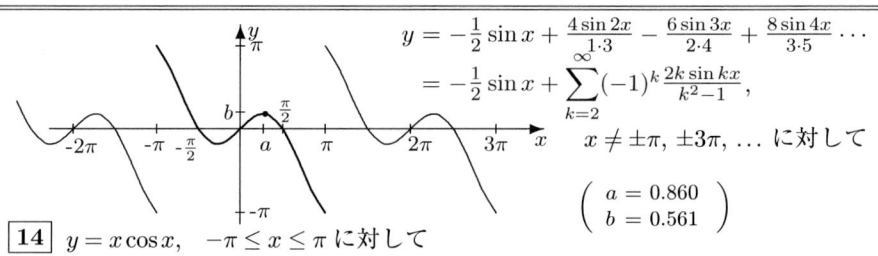

$$\begin{pmatrix} a = 0.860 \\ b = 0.561 \end{pmatrix}$$

14 $y = x\cos x$, $-\pi \le x \le \pi$ に対して

$$y = 1 - \frac{\cos x}{2} - 2\left(\frac{\cos 2x}{1\cdot 3} - \frac{\cos 3x}{2\cdot 4} + \frac{\cos 4x}{3\cdot 5} + \cdots\right)$$
$$= 1 - \frac{1}{2}\cos x + 2\sum_{k=2}^{\infty}(-1)^{k+1}\frac{\cos kx}{k^2-1}$$

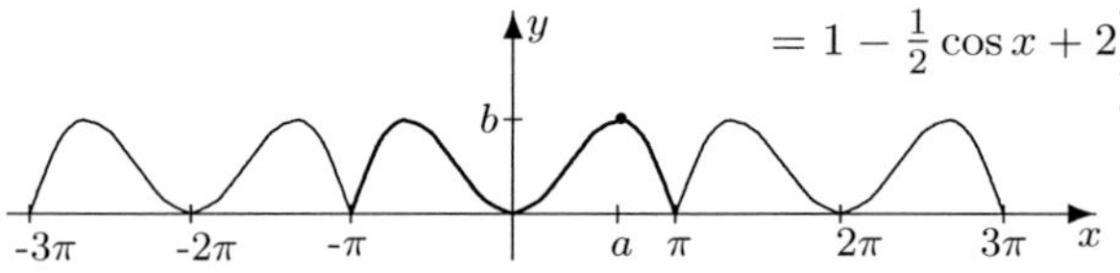

$$\begin{pmatrix} a = 2.029 \\ b = 1.820 \end{pmatrix}$$

15 $y = x\sin x$, $-\pi \le x \le \pi$ に対して

6.8 簡単なフーリエ級数で表現された関数

フーリエ級数		2π 周期で表現された関数	有効範囲
$\sum_{k=1}^{\infty} \dfrac{\sin kx}{k}$	$= \sin x + \dfrac{\sin 2x}{2} + \dfrac{\sin 3x}{3} + \cdots$	$\dfrac{\pi - x}{2}$	$0 < x < 2\pi$
$\sum_{k=1}^{\infty} \dfrac{\cos kx}{k}$	$= \cos x + \dfrac{\cos 2x}{2} + \dfrac{\cos 3x}{3} + \cdots$	$-\log(2\sin\dfrac{x}{2})$	$0 < x < 2\pi$
$\sum_{k=1}^{\infty} \dfrac{\cos kx}{k^2}$	$= \cos x + \dfrac{\cos 2x}{2^2} + \dfrac{\cos 3x}{3^2} + \cdots$	$\dfrac{3x^2 - 6\pi x + 2\pi^2}{12}$	$0 \leq x \leq 2\pi$
$\sum_{k=1}^{\infty} \dfrac{\sin kx}{k^3}$	$= \sin x + \dfrac{\sin 2x}{2^3} + \dfrac{\sin 3x}{3^3} + \cdots$	$\dfrac{x^3 - 3\pi x^2 + 2\pi^2 x}{12}$	$0 \leq x \leq 2\pi$
$\sum_{k=1}^{\infty} (-1)^{k+1} \dfrac{\cos kx}{k}$	$= \cos x - \dfrac{\cos 2x}{2} + \dfrac{\cos 3x}{3} \mp \cdots$	$\log(2\cos\dfrac{x}{2})$	$-\pi < x < \pi$
$\sum_{k=1}^{\infty} (-1)^{k+1} \dfrac{\sin kx}{k}$	$= \sin x - \dfrac{\sin 2x}{2} + \dfrac{\sin 3x}{3} \mp \cdots$	$\dfrac{x}{2}$	$-\pi < x < \pi$
$\sum_{k=1}^{\infty} (-1)^{k+1} \dfrac{\cos kx}{k^2}$	$= \cos x - \dfrac{\cos 2x}{2^2} + \dfrac{\cos 3x}{3^2} \mp \cdots$	$\dfrac{\pi^2 - 3x^2}{12}$	$-\pi \leq x \leq \pi$
$\sum_{k=1}^{\infty} (-1)^{k+1} \dfrac{\sin kx}{k^3}$	$= \sin x - \dfrac{\sin 2x}{2^3} + \dfrac{\sin 3x}{3^3} \mp \cdots$	$\dfrac{\pi^2 x - x^3}{12}$	$-\pi \leq x \leq \pi$
$\sum_{k=1}^{\infty} \dfrac{\sin(2k-1)x}{2k-1}$	$= \sin x + \dfrac{\sin 3x}{3} + \dfrac{\sin 5x}{5} + \cdots$	$\begin{cases} -\dfrac{\pi}{4}, & -\pi < x < 0 \\ \dfrac{\pi}{4}, & 0 < x < \pi \end{cases}$	$-\pi < x < \pi$, $x \neq 0$
$\sum_{k=1}^{\infty} \dfrac{\cos(2k-1)x}{2k-1}$	$= \cos x + \dfrac{\cos 3x}{3} + \dfrac{\cos 5x}{5} + \cdots$	$-\dfrac{1}{2}\log(\tan\dfrac{|x|}{2})$	$-\pi < x < \pi$, $x \neq 0$
$\sum_{k=1}^{\infty} \dfrac{\cos(2k-1)x}{(2k-1)^2}$	$= \cos x + \dfrac{\cos 3x}{3^2} + \dfrac{\cos 5x}{5^2} + \cdots$	$\dfrac{\pi^2 - 2\pi|x|}{8}$	$-\pi \leq x \leq \pi$
$\sum_{k=1}^{\infty} \dfrac{\sin(2k-1)x}{(2k-1)^3}$	$= \sin x + \dfrac{\sin 3x}{3^3} + \dfrac{\sin 5x}{5^3} + \cdots$	$\dfrac{\pi x(\pi - |x|)}{8}$	$-\pi \leq x \leq \pi$
$\sum_{k=1}^{\infty} (-1)^k \dfrac{\cos(2k+1)x}{2k+1}$	$= \cos x - \dfrac{\cos 3x}{3} + \dfrac{\cos 5x}{5} \mp \cdots$	$\begin{cases} \dfrac{\pi}{4}, & |x| < \dfrac{\pi}{2} \\ -\dfrac{\pi}{4}, & \dfrac{\pi}{2} < |x| < \pi \end{cases}$	$-\pi \leq x \leq \pi$, $x \neq \pm\dfrac{\pi}{2}$
$\sum_{k=0}^{\infty} (-1)^k \dfrac{\sin(2k+1)x}{2k+1}$	$= \sin x - \dfrac{\sin 3x}{3} + \dfrac{\sin 5x}{5} \mp \cdots$	$-\dfrac{1}{2}\log\left(\tan\left(\dfrac{\pi}{4} - \dfrac{x}{2}\right)\right)$	$-\dfrac{\pi}{2} < x < \dfrac{\pi}{2}$
$\sum_{k=0}^{\infty} (-1)^k \dfrac{\sin(2k+1)x}{(2k+1)^2}$	$= \sin x - \dfrac{\sin 3x}{3^2} + \dfrac{\sin 5x}{5^2} \mp \cdots$	$\dfrac{\pi x}{4}$	$-\dfrac{\pi}{2} \leq x \leq \dfrac{\pi}{2}$
$\sum_{k=0}^{\infty} (-1)^k \dfrac{\cos(2k+1)x}{(2k+1)^3}$	$= \cos x - \dfrac{\cos 3x}{3^3} + \dfrac{\cos 5x}{5^3} \mp \cdots$	$\dfrac{\pi^3 - 4\pi x^2}{32}$	$-\dfrac{\pi}{2} \leq x \leq \dfrac{\pi}{2}$

7 微分法

7.1 微分係数, 傾き, 微分法則

微分可能性

I を開区間とし, $x_0 \in I$ とせよ.
関数 $f: I \to \mathbb{R}$ は以下のとき点 x_0 において微分可能という.

第1のとらえ方: $\lim\limits_{x \to x_0} \dfrac{f(x)-f(x_0)}{x-x_0} =: f'(x_0)$ が存在する.

第2のとらえ方: $\lim\limits_{h \to 0} \dfrac{f(x_0+h)-f(x_0)}{h} =: f'(x_0)$ が存在する.

第3のとらえ方: ある数 $f'(x_0)$ が存在して
$$\lim_{x \to x_0} \frac{f(x)-f(x_0)-f'(x_0)(x-x_0)}{x-x_0} = 0 \text{ となる.}$$

$f'(x_0)$ を点 x_0 における f の微分係数と呼ぶ.
$f'(x)$ を $f(x)$ の導関数と呼ぶ. x で微分することを明確にするために f' は $\dfrac{df}{dx}$ とも書く (例えば以下の連鎖律の項を見よ!).

微分法則

積の微分:
$$(f \cdot g)' = f' \cdot g + f \cdot g'$$
$$(fgh)' = f'gh + fg'h + fgh'$$

商の微分:
$$\left(\frac{f}{g}\right)' = \frac{f' \cdot g - f \cdot g'}{g^2}$$

線型性:
$$(f+g)' = f' + g'$$
$$(cf)' = cf', \quad c \in \mathbb{R} \text{ に対して}$$

連鎖律 (合成関数の微分):
$$(f(g(x)))' = f'(g(x)) \cdot g'(x)$$
$$\frac{df}{dx} = \frac{df}{dg} \cdot \frac{dg}{dx}$$

微分: デカルト座標 / 極座標

$y = f(x)$ を曲線のデカルト座標表示, $r = r(\varphi)$ をその極座標表示 (124 ページを見よ) とするとき, 以下の表示がある.
x の微分 $' = \dfrac{d}{dx}$ と φ の微分 $\dot{} = \dfrac{d}{d\varphi}$ に対して以下が成り立つ.

$x = r\cos\varphi$	$\dot{x} = \dot{r}\cos\varphi - r\sin\varphi$	$y' = \dfrac{\dot{y}}{\dot{x}} = \dfrac{\dot{r}\sin\varphi + r\cos\varphi}{\dot{r}\cos\varphi - r\sin\varphi}$
$y = r\sin\varphi$	$\dot{y} = \dot{r}\sin\varphi + r\cos\varphi$	$y'' = \dfrac{\dot{x}\ddot{y} - \ddot{x}\dot{y}}{\dot{x}^3} = \dfrac{r^2 + 2\dot{r}^2 - r\ddot{r}}{(\dot{r}\cos\varphi - r\sin\varphi)^3}$
$r = \sqrt{x^2+y^2}$	$r' = \dfrac{x+yy'}{\sqrt{x^2+y^2}}$	$\dot{r} = \dfrac{r'}{\varphi'} = \dfrac{x+yy'}{xy'-y}\sqrt{x^2+y^2}$
$\varphi = \arctan\dfrac{y}{x} \ (+\pi)$	$\varphi' = \dfrac{xy'-y}{x^2+y^2}$	

7.1 微分係数, 傾き, 微分法則

接線

f は x_0 で微分可能である $\iff$ f は $(x_0, f(x_0))$ で接線を持つ

f の点 $(x_0, f(x_0))$ における
接線の方程式

$$T \ : \ y = f(x_0) + f'(x_0)(x - x_0)$$

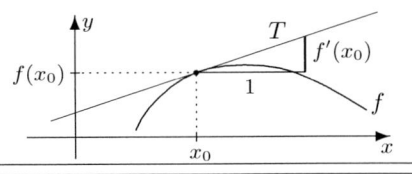

微分法の平均値の定理

f が $[a,b]$ 上で連続かつ (a,b) 上で微分可能ならば, ある $\xi \in (a,b)$ が存在して以下が成り立つ.

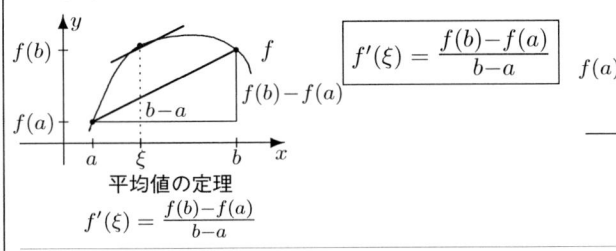

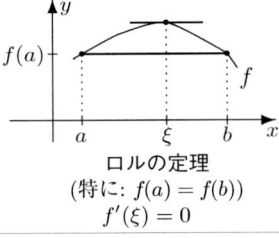

$$f'(\xi) = \frac{f(b) - f(a)}{b - a}$$

平均値の定理
$$f'(\xi) = \frac{f(b) - f(a)}{b - a}$$

ロルの定理
(特に: $f(a) = f(b)$)
$f'(\xi) = 0$

拡張平均値の定理

f, g が $[a,b]$ 上で連続で, (a,b) 上で微分可能かつすべての $x \in (a,b)$ に対して $g(x) \neq 0$ ならば, ある $\xi \in (a,b)$ が存在して

$$\frac{f'(\xi)}{g'(\xi)} = \frac{f(b) - f(a)}{g(b) - g(a)}$$

直観的説明:
$\vec{f}(x) = \begin{pmatrix} g(x) \\ f(x) \end{pmatrix}$ は曲線のパラメータ表示である.

曲線の各弦の傾き $\frac{f(b) - f(a)}{g(b) - g(a)}$ は平均の点 $(g(\xi), f(\xi))$ における接線の傾き $\frac{f'(\xi)}{g'(\xi)}$ に一致する.

各差分ベクトル $\vec{f}(b) - \vec{f}(a)$ は平均値 ξ の接線ベクトル $\vec{f}'(\xi)$ に平行となる.

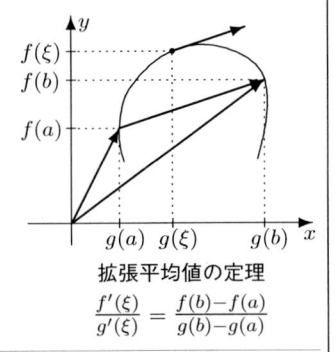

拡張平均値の定理
$$\frac{f'(\xi)}{g'(\xi)} = \frac{f(b) - f(a)}{g(b) - g(a)}$$

$g(x) = x$ のとき, 拡張平均値の定理は平均値の定理に帰着する!

テイラーの定理

f は $[a, a+h]$ 上で連続かつ $(n-1)$ 回連続微分可能であり, $(a, a+h)$ では n 回微分可能ならば, $\theta \in (0,1)$ について以下が成り立つ.

$$f(a+h) = f(a) + \frac{f'(a)}{1!}h + \frac{f''(a)}{2!}h^2 + \cdots + \frac{f^{(n-1)}(a)}{(n-1)!}h^{n-1} + \frac{f^{(n)}(a+\theta h)}{n!}h^n$$

平均値の定理は $n = 1$ においてテイラーの定理の特別な場合になる.

逆関数の微分

$y = f(x)$ は逆関数を持つ関数で微分可能ならば, 逆関数 $x = g(y)$ は微分可能であり以下が成り立つ.

$$g'(y) = \frac{1}{f'(g(y))} \quad \text{あるいは} \quad \frac{dx}{dy} = \frac{1}{\frac{dy}{dx}}, \quad f'(x) \neq 0 \text{ のとき}$$

通常, 変数 x と y を取り替え $y = g(x), y' = g'(x)$ と書く.

例

(1) $x > 0$ に対して, $y = x^2$ の逆関数を微分せよ.

$y = f(x) = x^2 \implies x = g(y) = \sqrt{y} \implies g'(y) = \frac{1}{f'(g(y))} = \frac{1}{2x} = \underline{\underline{\frac{1}{2\sqrt{y}}}}$

あるいは $\frac{dx}{dy} = \frac{1}{\frac{dy}{dx}} = \frac{1}{2x} = \underline{\underline{\frac{1}{2\sqrt{y}}}}$ x と y を取り替えると

$y = \sqrt{x}$ の微分は $y' = \underline{\underline{\frac{1}{2\sqrt{x}}}}$ となる

(2) $y = \arctan x$ を微分せよ.

$x = \tan y \implies y' = \frac{dy}{dx} = \frac{1}{\frac{dx}{dy}} = \frac{1}{\frac{1}{\cos^2 y}} = \frac{1}{\frac{\cos^2 y + \sin^2 y}{\cos^2 y}} = \frac{1}{1 + \tan^2 y} = \underline{\underline{\frac{1}{1 + x^2}}}$

陰関数の微分

方程式 $f(x,y) = 0$ によって変数 y を関数 $y = h(x)$ として定義すると, 関数 y を陰関数表記したことになる.

連鎖律を用いることによって, $y = h(x)$ を陽に与えることなく, 陰関数微分することができ, いくつかの点 (x_0, y_0) における解の導関数 $y', y'', \cdots$ を計算することができる(137 ページも見よ).

例

(1) $x^2 + y^2 - 10 = 0$ によって $-3 = h(1)$ となる関数 $y = h(x)$ の陰関数表示が定義される.
$y'(1)$ を次の 2 通りによって計算せよ. 　(a) 　陰関数表示の微分
　　　　　　　　　　　　　　　　　　　　(b) 　解関数の微分

(a) 　$x^2 + y^2 - 10 = 0 \implies$ (陰関数表示の微分) $2x + 2yy' = 0 \implies y' = -\frac{x}{y} \ (y \neq 0)$

　　　$f(1, -3) = 0$ かつ $y_0 = -3 \neq 0 \implies y'(1) = -\frac{1}{-3} = \underline{\underline{\frac{1}{3}}}$

　　　$\frac{1}{3}$ は点 $(1, -3)$ における円 $x^2 + y^2 = 10$ の傾きである.

(b) 　解関数 $y = -\sqrt{10 - x^2}$ (下側の半円) は簡単に与えられ, 微分できる.

　　　$y = -\sqrt{10 - x^2} \implies y' = \frac{x}{\sqrt{10 - x^2}} \implies \underline{\underline{y'(1) = \frac{1}{3}}}$

(2) $y + x\,\mathrm{e}^y - 2 = 0$ によって区間 $(0, 2)$ で $1 = h(\mathrm{e}^{-1})$ となる関数 $y = h(x)$ の陰関数表記が与えられる. $y'(\mathrm{e}^{-1})$ と $y''(\mathrm{e}^{-1})$ を計算せよ.

陰関数表記の微分を与える.

$y' + \mathrm{e}^y + x\,\mathrm{e}^y y' = 0$ かつ $x = \mathrm{e}^{-1}$ かつ $y = 1 \implies \underline{\underline{y'(\mathrm{e}^{-1}) = -\frac{1}{2}\mathrm{e}}}$

もう 1 度陰関数表記の微分を与える.

$y'' + 2\,\mathrm{e}^y y' + x\,\mathrm{e}^y y'^2 + x\,\mathrm{e}^y y'' = 0$ かつ $x = \mathrm{e}^{-1}$ かつ $y = 1$ かつ $y' = -\frac{1}{2}\mathrm{e} \implies \underline{\underline{y''(\mathrm{e}^{-1}) = \frac{3}{8}\mathrm{e}^2}}$

7.2 極限値，ロピタルの法則，極値

極限値の計算のための法則

(1) 積の極限値 = 極限値の積
$$\lim_{x\to x_0} f(x)\cdot g(x) = \lim_{x\to x_0} f(x)\cdot \lim_{x\to x_0} g(x)$$
ただし $\lim_{x\to x_0} f(x)$ かつ $\lim_{x\to x_0} g(x)$ が存在するとき

(2) 商の極限値 = 極限値の商:
$$\lim_{x\to x_0} \frac{f(x)}{g(x)} = \frac{\lim_{x\to x_0} f(x)}{\lim_{x\to x_0} g(x)}$$
ただし $\lim_{x\to x_0} f(x)$ かつ $\lim_{x\to x_0} g(x)$ が存在し，$\lim_{x\to x_0} g(x)\ne 0$ のとき

(3) f が連続ならば，f と $\lim$ を交換してよい．
$$\lim_{x\to x_0} f(x) = f\bigl(\lim_{x\to x_0} x\bigr) = f(x_0)$$
例えば $\lim_{x\to x_0} e^{f(x)} = e^{\lim_{x\to x_0} f(x)} = \exp\bigl(\lim_{x\to x_0} f(x)\bigr)$

(4) より簡単なべき級数を用いて，極限値を計算することも多い．

(5) ロピタルの法則

$\lim_{x\to x_0}\frac{f(x)}{g(x)}$ は $\lim_{x\to x_0} f(x) = \lim_{x\to x_0} g(x) = 0$ あるいは $\lim_{x\to x_0} f(x) = \lim_{x\to x_0} g(x) = \infty$ であるとき，$\left[\frac{0}{0}\right]$ 形あるいは $\left[\frac{\infty}{\infty}\right]$ 形の不定形と呼ばれる．

不定形

不定形には $\left[\frac{0}{0}\right], \left[\frac{\infty}{\infty}\right]$ のほかに $[0\cdot\infty], [0^0], [1^\infty], [\infty^0], [\infty-\infty]$ がある．

極限値 $\left[\frac{0}{0}\right]$ あるいは $\left[\frac{\infty}{\infty}\right]$ の計算に対するロピタルの定理

f と g が x_0 の近傍で微分可能かつ $\lim_{x\to x_0}\frac{f(x)}{g(x)}$ が $\left[\frac{0}{0}\right]$ あるいは $\left[\frac{\infty}{\infty}\right]$ の形であり，それゆえ
$\lim_{x\to x_0} f(x) = \lim_{x\to x_0} g(x) = 0$ あるいは $\lim_{x\to x_0} f(x) = \lim_{x\to x_0} g(x) = \pm\infty$ となり，
右辺の極限値が存在すれば，
$$\lim_{x\to x_0} \frac{f(x)}{g(x)} = \lim_{x\to x_0} \frac{f'(x)}{g'(x)}$$

例 $[0^0], [1^\infty], [\infty^0]$ は $a^b = e^{b\log a}$ を用いて変形せよ．$\exp(x) := e^x$ を定める．

$\left[\frac{0}{0}\right]$ $\quad \lim_{x\to 0}\frac{\tan x}{x} = \lim_{x\to 0}\frac{1}{\cos x}\cdot\frac{\sin x}{x} \stackrel{(1)}{=} \lim_{x\to 0}\frac{1}{\cos x}\cdot \lim_{x\to 0}\frac{\sin x}{x} = 1\cdot \lim_{x\to 0}\frac{\sin x}{x} \stackrel{\left[\frac{0}{0}\right]}{=} \lim_{x\to 0}\frac{\cos x}{1} = \underline{\underline{1}}$

$\left[\frac{\infty}{\infty}\right]$ $\quad \lim_{x\to\infty}\frac{3x^3}{e^x} \stackrel{\left[\frac{\infty}{\infty}\right]}{=} \lim_{x\to\infty}\frac{9x^2}{e^x} \stackrel{\left[\frac{\infty}{\infty}\right]}{=} \lim_{x\to\infty}\frac{18x}{e^x} \stackrel{\left[\frac{\infty}{\infty}\right]}{=} \lim_{x\to\infty}\frac{18}{e^x} = \underline{\underline{0}}$ ロピタルの定理を繰り返し適用！

$[0\cdot\infty]$ $\quad \lim_{x\to 0^+} x\cdot\log x \stackrel{[0\cdot\infty]}{=} \lim_{x\to 0^+}\frac{\log x}{\frac{1}{x}} \stackrel{\left[\frac{\infty}{\infty}\right]}{=} \lim_{x\to 0^+}\frac{\frac{1}{x}}{-\frac{1}{x^2}} = \lim_{x\to 0^+}(-x) = \underline{\underline{0}}$

$[0^0]$ $\quad \lim_{x\to 0^+} x^x = \lim_{x\to 0^+} e^{x\ln x} = \lim_{x\to 0^+}\exp(x\log x) \stackrel{(3)}{=} \exp\bigl(\lim_{x\to 0^+} x\log x\bigr) = e^0 = \underline{\underline{1}}$

$[1^\infty]$ $\quad \lim_{x\to\infty}\bigl(1-\frac{1}{x}\bigr)^{2x} \stackrel{(3)}{=} \exp\bigl(\lim_{x\to\infty} 2x\log(1-\frac{1}{x})\bigr) \stackrel{[\infty\cdot 0]}{=} \exp\bigl(2\lim_{x\to\infty}\frac{\log(1-\frac{1}{x})}{\frac{1}{x}}\bigr) \stackrel{\left[\frac{0}{0}\right]}{=} \cdots = \underline{\underline{e^{-2}}}$

$[\infty^0]$ $\quad \lim_{x\to\infty}(1+x)^{\frac{1}{x}} = \lim_{x\to\infty}\exp\bigl(\frac{\log(1+x)}{x}\bigr) = \exp\bigl(\lim_{x\to\infty}\frac{\log(1+x)}{x}\bigr) \stackrel{\left[\frac{\infty}{\infty}\right]}{=} \exp\bigl(\lim_{x\to\infty}\frac{1}{1+x}\bigr) = e^0 = \underline{\underline{1}}$

$[\infty-\infty]$ $\quad \lim_{x\to 1}\bigl(\frac{1}{x-1} - \frac{1}{\log x}\bigr) = \lim_{x\to 1}\frac{\log x - (x-1)}{(x-1)\log x} \stackrel{\left[\frac{0}{0}\right]}{=} \lim_{x\to 1}\frac{\frac{1}{x}-1}{\log x + 1 - \frac{1}{x}} \stackrel{\left[\frac{0}{0}\right]}{=} \lim_{x\to 1}\frac{-\frac{1}{x^2}}{\frac{1}{x}+\frac{1}{x^2}} = \underline{\underline{-\frac{1}{2}}}$

$\left[\frac{0}{0}\right]$ べき級数: $\lim_{x\to 0}\frac{\cos x - \sqrt{1-x^2}}{x^4} \stackrel{\text{def}}{=} \lim_{x\to 0}\frac{(1-\frac{1}{2}x^2+\frac{1}{4!}x^4\mp\cdots)-(1-\frac{1}{2}x^2-\frac{1}{8}x^4-\cdots)}{x^4} = \lim_{x\to 0}\frac{\frac{1}{6}x^4+\cdots}{x^4} = \underline{\underline{\frac{1}{6}}}$

$$\boxed{y = f(x) \text{ の極値}}$$

必要条件

微分可能関数 $y = f(x)$ が x_0 で極値を持つならば，必ず $f'(x_0) = 0$ となる．そのような点を臨界点あるいは停留点と呼ぶ．

十分条件

(1) 高次導関数を使わない方法:

$f'(x_0) = 0$ かつ f' が x_0 において符号を変えるならば，そこで極値を持つ．

f' が x_0 で $\begin{matrix} + \text{ から } - \text{ へ} \\ - \text{ から } + \text{ へ} \end{matrix}$ 変わるならば，x_0 で $\begin{matrix} \text{極大} \\ \text{極小} \end{matrix}$ を持つ．

$f'(x_0) = 0$ かつ f' が x_0 で符号を変えないならば，したがって，x_0 の近傍で $f'(x) \geq 0$（あるいは $f'(x) \leq 0$）ならば，そこで水平な接線が接する変曲点（停留点，鞍点）を持つ．

(2) 高次導関数を使う方法:

n 次導関数が x_0 で 0 にならない*最初の*導関数ならば，したがって，
$f'(x_0) = \cdots = f^{(n-1)}(x_0) = 0$ そして $f^{(n)}(x_0) \neq 0$ ならば，以下が成り立つ．

n が偶数 $\implies f$ は x_0 で極値を持つ：$\begin{cases} f^{(n)}(x_0) < 0 \implies \text{極大} \\ f^{(n)}(x_0) > 0 \implies \text{極小} \end{cases}$

n が奇数 $\implies f$ は x_0 で変曲点を持つ．

f が微分可能でない点（例えば，境界点）は，例えばそこで値を比較するといった，さらなる考察が必要となる（**HM** の 268-272 ページを見よ 訳注1)[伊藤]92 ページ）．

$$\boxed{y = f(x) \text{ の変曲点}}$$

$y' = f'(x)$ が x_0 極値を持つとき，2 回微分可能な関数 $y = f(x)$ は x_0 で変曲点を持つ．

  必要条件: $f''(x_0) = 0$
  十分条件: $f''(x_0) = 0$ かつ $f^{(k)}(x_0) = 0,\ k = 2, \ldots, n-1$
  $f^{(n)}(x_0) \neq 0,\ n$ は奇数

f' が x_1 で極小を持つならば，
- f は x_1 で凹から凸へ変わる．

f' が x_2 で極大を持つならば，
- f は x_2 で凸から凹へ変わる．

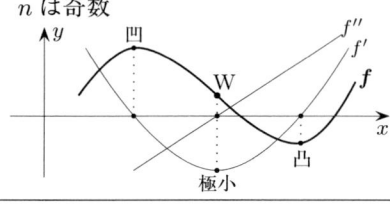

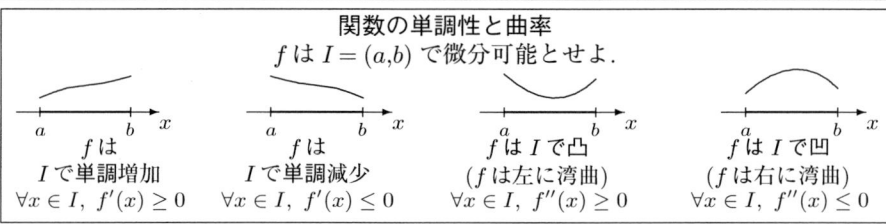

$$\boxed{\text{関数の単調性と曲率}}$$
f は $I = (a, b)$ で微分可能とせよ．

f は I で単調増加	f は I で単調減少	f は I で凸 (f は左に湾曲)	f は I で凹 (f は右に湾曲)
$\forall x \in I,\ f'(x) \geq 0$	$\forall x \in I,\ f'(x) \leq 0$	$\forall x \in I,\ f''(x) \geq 0$	$\forall x \in I,\ f''(x) \leq 0$

8 積分法
8.1 基礎概念と諸定理
8.1.1 不定積分, 定積分

$$\boxed{\begin{array}{c} \text{不定積分} \quad \int f(x)\, dx \\ F'(x) = f(x) \implies \int f(x)\, dx = F(x) + C \end{array}}$$

$\int f(x)\, dx$ 不定積分　　$f(x)$ 被積分関数　　C 積分定数
　　$F(x)$ 原始関数　　x 積分変数

$F'(x) = f(x)$ ならば, $F(x)$ を $f(x)$ の原始関数と呼ぶ.
$f(x)$ のすべての原始関数の集合を $f(x)$ の不定積分と呼ぶ.

$$\boxed{\begin{array}{l} \text{どんな連続関数も原始関数を持つ.} \\ f \text{ が連続} \quad \implies \quad \int f(x)\, dx \text{ が存在する.} \\ f \text{ が } [a,b] \text{ 上で連続} \implies F(x) := \int_a^x f(t)\, dt \text{ は } f \text{ の原始関数である.} \end{array}}$$

$$\boxed{\text{定積分} \quad \int_a^b f(x)\, dx}$$

f は区間 $[a,b]$ 上で有界とせよ.
$\mathcal{Z} = \{a = x_0, x_1, \ldots, x_{n-1}, x_n = b\}$ は区間 $[a,b]$ の分割とせよ. このとき
$m_k = \inf\{f(x) \mid x_{k-1} \le x \le x_k\}$, $M_k = \sup\{f(x) \mid x_{k-1} \le x \le x_k\}$, $\xi_k \in [x_{k-1}, x_k]$

$$\underline{S}(f, \mathcal{Z}) = \sum_{k=1}^n m_k(x_k - x_{k-1}) \quad \text{を下限和と呼ぶ.}$$

$$\overline{S}(f, \mathcal{Z}) = \sum_{k=1}^n M_k(x_k - x_{k-1}) \quad \text{を上限和と呼ぶ.}$$

$$S(f, \mathcal{Z}, \xi) = \sum_{k=1}^n f(\xi_k)(x_k - x_{k-1}) \quad \text{をリーマン和と呼ぶ.}$$

以下のとき, 分割の列 $(\mathcal{Z}_i)$ は許容的と呼ばれる.
　最大幅 $\delta_i = \max\{|x_k - x_{k-1}|\}$ に対して次のことが成り立つとき: $\lim_{i \to \infty} \delta_i = 0$
どんな許容的分割列 $(\mathcal{Z}_i)$ に対しても, 以下が成り立つならば, f は区間 $[a,b]$ 上で積分可能である:
$\lim_{i \to \infty} \underline{S}(f, \mathcal{Z}_i) = \lim_{i \to \infty} \overline{S}(f, \mathcal{Z}_i)$. この共通の極限値は $\int_a^b f(x)\, dx$ と呼ばれる.

$\int_a^b f(x)$ が存在する　$\iff$　f は $[a,b]$ 上で積分可能である

　　$\iff$　任意の分点を持つ許容的分割列に対しても, リーマン和の列は収束する

　　$\iff$　すべての正の ϵ に対し, $\overline{S}(f,\mathcal{Z}) - \underline{S}(f,\mathcal{Z}) < \epsilon$ となる分割 $\mathcal{Z}$ が存在する

$$\boxed{\begin{array}{l} \text{どんな単調関数も積分可能である.} \\ \text{どんな (区分的) 連続関数も積分可能である.} \end{array}}$$

$$\boxed{\begin{array}{c} \text{計算法則 (積分の線型性)} \\ \int (f(x) \pm g(x))\, dx = \int f(x)\, dx \pm \int g(x)\, dx \quad \text{そして} \quad \int a \cdot f(x)\, dx = a \cdot \int f(x)\, dx \end{array}}$$

注:
- f が積分可能であっても, f は原始関数を持つとは限らない！

$\operatorname{sign} x$ は中間値の定理を満たさないので (**ANA 1** の 160 ページ), $f(x) = \operatorname{sign} x$ が任意の有限区間上で積分可能 (区分的に連続なので) であるが, 0 を含む区間では原始関数は存在しない.

- f が原始関数を持ったとしても, f は積分可能とは限らない！

$$f(x) = \begin{cases} 2x \sin \frac{1}{x^2} - \frac{2}{x} \cos \frac{1}{x^2} &, x \neq 0 \\ 0 &, x = 0 \end{cases} \text{ は原始関数 } F(x) = \begin{cases} x^2 \sin \frac{1}{x^2} &, x \neq 0 \\ 0 &, x = 0 \end{cases} \text{ を持つ.}$$

しかし, f は有界でないので, 積分可能でない.

微分積分法の基本定理

第 1 の解釈 (原始関数を用いた定積分の計算)

f が $[a,b]$ 上で連続かつ F が f の原始関数 $\implies \displaystyle\int_a^b f(x)\,dx = F(b) - F(a)$

第 2 の解釈 (微分と積分の関係)

f が $[a,b]$ 上で連続 $\implies \displaystyle\int_a^x f(t)\,dt$ は微分可能かつ $\left(\displaystyle\int_a^x f(t)\,dt \right)' = f(x)$

パラメータに依存した積分の導関数

$$F(x) = \int_{u(x)}^{v(x)} f(x,t)\,dt \implies F'(x) = -f(x,u) \cdot u' + f(x,v) \cdot v' + \int_{u(x)}^{v(x)} f_x(x,t)\,dt$$

例　　　$F(x) = \displaystyle\int_{\sin x}^{3x} \frac{e^{xt}}{t}\,dt$　　被積分関数は初等的に積分可能でない. したがって, 定積分を原始関数を用いて計算し, そのあと微分するという手続きができない.

$$F'(x) = -\frac{e^{x \sin x}}{\sin x} \cdot \cos x + \frac{e^{x \cdot 3x}}{3x} \cdot 3 + \int_{\sin x}^{3x} e^{xt}\,dt$$

$$= -\frac{e^{x \sin x}}{\sin x} \cdot \cos x + \frac{e^{3x^2}}{3x} \cdot 3 + \left[\frac{1}{x} e^{xt}\right]_{\sin x}^{3x} = -\frac{e^{x \sin x}}{\tan x} + \frac{e^{3x^2}}{x} + \frac{1}{x}\left(e^{3x^2} - e^{x \sin x}\right)$$

積分法の平均値の定理

f が区間 $[a,b]$ 上で連続ならば, ある $\xi \in (a,b)$ において次が成り立つ.

$$\int_a^b f(x)\,dx = (b-a) \cdot f(\xi)$$

拡張平均値の定理

f と g が連続かつ区間 $[a,b]$ で $g \geq 0$ ならば, $\xi \in (a,b)$ に対して次が成り立つ.

$$\int_a^b f(x)\,g(x)\,dx = f(\xi) \cdot \int_a^b g(x)\,dx$$

8.1 基礎概念と諸定理

置換積分

$$\int f(x)\,dx = \int f(g(t))\,g'(t)\,dt \qquad \underline{\text{置換}}: \begin{cases} x = g(t) \\ dx = g'(t)\,dt \end{cases}$$

あるいは

$$\int f(h(x))\,h'(x)\,dx = \int f(t)\,dt \qquad \underline{\text{置換}}: \begin{cases} h(x) = t \\ h'(x)\,dx = dt \end{cases}$$

定積分

$$\int_a^b f(h(x))h'(x)\,dx = \int_{h(a)}^{h(b)} f(t)\,dt \qquad \underline{\text{置換}}: \begin{cases} h(x) = t \\ h'(x)\,dx = dt \end{cases} \begin{array}{l} x\text{ は } a \text{ と } b \text{ の間を動く} \\ t\text{ は } h(a) \text{ と } h(b) \text{ の間を動く} \end{array}$$

例 (積分定数は不定積分の場合は省略する!)

$\boxed{1}$ $\displaystyle\int_0^2 4x\,e^{x^2}\,dx = \int_0^4 2\,e^t\,dt = \Big[2\,e^t\Big]_0^4 = \underline{\underline{2(e^4-1)}}$ 　　　　$\underline{\text{置換}}: \begin{cases} x^2 = t \\ 2x\,dx = dt \end{cases} \begin{array}{|l} 0 \leq x \leq 2 \\ 0 \leq t \leq 4 \end{array}$

$\boxed{2}$ $\displaystyle\int_0^{\pi/3} \tan x\,dx = \int_0^{\pi/3} \frac{\sin x}{\cos x}\,dx$ 　　$\underline{\text{置換}}: \begin{cases} \cos x = t \\ -\sin x\,dx = dt \end{cases} \begin{array}{|l} 0 \leq x \leq \frac{\pi}{3} \\ 1 \geq t \geq \frac{1}{2} \end{array}$

$\qquad = -\displaystyle\int_1^{1/2} \frac{dt}{t} = -\Big[\log|t|\Big]_1^{1/2} = \underline{\underline{\log 2}}$

または: $\boxed{\displaystyle\int \frac{f'}{f}\,dx = \log|f|} \implies \displaystyle\int_0^{\pi/6} \tan x\,dx = -\int_0^{\pi/6} \frac{-\sin x}{\cos x}\,dx = -\Big[\log|\cos x|\Big]_0^{\pi/6} = \underline{\underline{\log 2}}$

$\boxed{3}$ $\displaystyle\int \sqrt{1-x^2}\,dx$ 　　$\underline{\text{置換}}: \begin{cases} x = \sin t \\ dx = \cos t\,dt \end{cases}$ 　$\Big|$ 　$\displaystyle\int \sqrt{1-x^2}\,dx$ 105 ページの 105 番と M3 も見よ

$\qquad = \int \cos t (\cos t)\,dt = \int \cos^2 t\,dt = \frac{1}{2}\int (1+\cos 2t)\,dt \qquad \Big| \quad \cos^2 t = \frac{1}{2}(1+\cos 2t)$

$\qquad = \frac{1}{2}(t + \frac{1}{2}\sin 2t) = \frac{1}{2}(t+\sin t\cos t) = \underline{\underline{\frac{1}{2}(\arcsin x + x\sqrt{1-x^2})}} \qquad \Big| \quad \sin 2t = 2\sin t\cos t$

部分積分

$$\boxed{\int uv'\,dx = uv - \int u'v\,dx} \qquad \text{あるいは} \qquad \boxed{\int u'v\,dx = uv - \int uv'\,dx}$$

例 (積分定数は省略する!)

$\boxed{1}$ $\displaystyle\int \underset{u\,\cdot\,v'}{x\cdot e^x}\,dx = \underset{u\,\cdot\,v}{x\cdot e^x} - \int \underset{u'\,\cdot\,v}{1\cdot e^x}\,dx = \underline{\underline{e^x(x-1)}}$

$\boxed{2}$ $\displaystyle\int \log x\,dx = \int \underset{u'\,\cdot\,v}{1\cdot \log x}\,dx = \underset{u\,\cdot\,v}{x\cdot \log x} - \int \underset{u\,\cdot\,v'}{x\cdot \frac{1}{x}}\,dx = \underline{\underline{x\log x - x}}$

$\boxed{3}$ 何度も使う:

$\qquad \int e^x \sin x\,dx = e^x \sin x - \int e^x \cos x\,dx = e^x \sin x - \big(e^x \cos x + \int e^x \sin x\,dx\big)$

$\qquad \qquad \qquad \qquad \qquad \qquad \qquad \qquad \qquad \quad = e^x \sin x - e^x \cos x - \int e^x \sin x\,dx$

$\qquad \implies 2\int e^x \sin x\,dx = e^x(\sin x - \cos x) \implies \int e^x \sin x\,dx = \underline{\underline{\frac{1}{2}e^x(\sin x - \cos x)}}$

8.1.2 広義積分 (117 ページ以下も見よ)

定積分の定義により被積分関数と積分区間が有界であることが前提となる.
広義積分は2つの型に分類される.

- 型 I　有界でない積分区間に関する積分
- 型 II　有界でない被積分関数に関する積分

型 I の広義積分
(有界でない積分区間)

$$\int_a^\infty f(x)\,dx := \lim_{b\to\infty} \int_a^b f(x)\,dx \qquad \int_{-\infty}^b f(x)\,dx := \lim_{a\to-\infty} \int_a^b f(x)\,dx$$

例

$$\int_0^\infty \frac{dx}{e^x} = \lim_{b\to\infty} \int_0^b \frac{dx}{e^x} = \lim_{b\to\infty} \left[-e^{-x}\right]_0^b = \lim_{b\to\infty}(-e^{-b}+1) = \underline{\underline{1}}$$

収束判定

$f(x) \geq 0$ ($x \geq x_0$ に対して) かつ各 $b > a$ に対して, $\int_a^b f(x)\,dx$ が存在する.

$\boxed{\int_a^\infty f(x)\,dx}$ は　収束する, ただし $s > 1$ に対して $\lim_{x\to\infty} x^s \cdot f(x)$ が存在するとき
　　　　　　　　　　発散する, ただし $\lim_{x\to\infty} x \cdot f(x) \neq 0$ のとき

型 II の広義積分
(有界でない被積分関数)

f は上端で有界でないとき:
$$\int_a^b f(x)\,dx := \lim_{c\to b^-} \int_a^c f(x)\,dx$$

f は下端で有界でないとき:
$$\int_a^b f(x)\,dx := \lim_{c\to a^+} \int_c^b f(x)\,dx$$

例

$$\int_0^1 \frac{dx}{x} = \lim_{a\to 0^+} \int_a^1 \frac{dx}{x} = \lim_{a\to 0^+} \left[\log x\right]_a^1 = \lim_{a\to 0^+}(0 - \log a) = \infty \quad \text{この広義積分は発散する.}$$

収束判定

$f(x) \geq 0$ かつ f が上端で有界でなく, 各 $a < c < b$ に対して

$\int_a^c f(x)\,dx$ が存在するならば,

$\boxed{\int_a^b f(x)\,dx}$ は　収束する, ただしある $s < 1$ に対して $\lim_{x\to b^-}(b-x)^s \cdot f(x)$ が存在するとき
　　　　　　　　　　発散する, ただし $\lim_{x\to b^-}(b-x) \cdot f(x) \neq 0$ のとき

広義積分については **117 ページ以降の表を見よ.**

8.1 基礎概念と諸定理

8.1.3 有理関数の積分 (部分分数分解)

代入することによって有理関数の積分を得ることができる．これは実用的である．なぜなら，初等的に解けるからである．すなわち，適切に変形して既知の積分に帰着させる．(部分分数分解については **HM** の 67-74 ページを見よ[訳注1)][伊藤]99-101 ページ)
この変形は時間がかかるが，コンピュータでもできる！

基本的な分数の積分 (番号は 100, 103 ページの公式を指す)

$$\int \frac{dx}{x-a} = \log|x-a| \qquad \text{[4 番]}$$

$$\int \frac{dx}{(x-a)^2} = \frac{-1}{x-a} \qquad \text{[3 番]}$$

$$\int \frac{dx}{(x-a)^3} = \frac{-1}{2(x-a)^2} \qquad \text{[3 番]}$$

$$\int (x-a)^n \, dx = \frac{(x-a)^{n+1}}{n+1} \quad [n \neq -1] \qquad \text{[3 番]}$$

$$\int \frac{dx}{(x-a)^n} = \frac{(x-a)^{-n+1}}{-n+1} \quad [n \neq 1] \qquad \text{[3 番]}$$

$$\int \frac{dx}{ax^2+bx+c} = \frac{2}{\sqrt{\Delta}} \arctan \frac{2ax+b}{\sqrt{\Delta}} \quad \boxed{\Delta = 4ac - b^2 > 0} \qquad \text{[63 番]}$$

$$\int \frac{x \, dx}{ax^2+bx+c} = \frac{1}{2a}\log|ax^2+bx+c| - \frac{b}{a\sqrt{\Delta}} \arctan \frac{2ax+b}{\sqrt{\Delta}} \qquad \text{[66 番]}$$

$$\int \frac{dx}{(ax^2+bx+c)^2} = \frac{2ax+b}{\Delta(ax^2+bx+c)} + \frac{4a}{\Delta\sqrt{\Delta}} \arctan \frac{2ax+b}{\sqrt{\Delta}} \qquad \text{[64 番]}$$

$$\int \frac{x \, dx}{(ax^2+bx+c)^2} = -\frac{bx+2c}{\Delta(ax^2+bx+c)} - \frac{2b}{\Delta\sqrt{\Delta}} \arctan \frac{2ax+b}{\sqrt{\Delta}} \qquad \text{[69 番]}$$

$$\int \frac{dx}{(ax^2+bx+c)^n} \quad \text{と} \quad \int \frac{x \, dx}{(ax^2+bx+c)^n} \qquad \text{[72, 73 番]}$$

8.1.4 べき根関数の置換積分

有理関数は別として，有理関数でない不定積分を計算するための一般的に適用可能な方法はない．多くの場合，被積分関数は巧妙な置換を用いて有理化できる．その後部分分数分解 (例えば **HM** の 67-74 ページを見よ[訳注1)][伊藤]99-101 ページ) を用いて積分できる．

以下において，$R(u,v)$ は変数 u と v の有理関数を表す．すなわち，u と v は四則演算 $(+,-,\cdot,/)$ だけを用いて表される．

$$R(u,v) = u\frac{(u^2-2uv^3)(2u-3uv)}{3uv+v^2-u^2v^4} + \frac{3+u}{u^2+2uv}$$

$R(\sin x, \cos x)$ は $\sin x$ と $\cos x$ における有理関数を表す．

$$R(\sin x, \cos x) = 2\sin x + \frac{3\cos^2 x \sin x + 2}{\cos x - 3\sin^3 x}$$

$$R(\sin x, \cos x) = \frac{3\sin x \cdot \cos x}{2\sin x + \cos^2 x}$$

が $\cos x$ について奇関数である．
なぜなら $R(\sin x, -\cos x) = -R(\sin x, \cos x)$.

$$R(\sin x, \cos x) = \frac{\cos x}{\sin x + \sin^3 x}$$

が $\cos x$ について奇関数であり，$\sin x$ について奇関数である．
なぜなら $R(-\sin x, -\cos x) = R(\sin x, \cos x)$.

積分	べき根を消去するための置換	置換後の積分
$\displaystyle\int R\left(x, \sqrt[m]{\frac{px+q}{rx+s}}\right) dx$ $(ps-qr \neq 0)$	$\sqrt[m]{\frac{px+q}{rx+s}} = t, \quad \frac{px+q}{rx+s} = t^m$ $x = \frac{st^m - q}{p - rt^m}$ $dx = mt^{m-1}\frac{sp-rq}{(p-rt^m)^2} dt$	$\displaystyle\int R^*(t)\,dt$ 部分分数分解せよ
$\displaystyle\int R\left(x, \left(\frac{px+q}{rx+s}\right)^k, \left(\frac{px+q}{rx+s}\right)^\ell\right) dx$ (k,ℓ は有理数)	$\sqrt[m]{\frac{px+q}{rx+s}} = t, \quad \frac{px+q}{rx+s} = t^m$ $m = k,\ell$ の最小公倍数 x, dx 上を見よ	$\displaystyle\int R^*(t)\,dt$ 部分分数分解せよ
$\displaystyle\int R\left(x, \sqrt{a^2 - b^2 x^2}\right) dx$	$x = \frac{a}{b}\sin t, \quad \sqrt{\ } = a\cos t$ $dx = \frac{a}{b}\cos t\, dt$	$\displaystyle\int R^*(\sin t, \cos t)\,dt$ $97, 112$ ページを見よ
$\displaystyle\int R\left(x, \sqrt{b^2 x^2 - a^2}\right) dx$	$x = \frac{a}{b}\cosh t, \quad \sqrt{\ } = a\sinh t$ $dx = \frac{a}{b}\sinh t\, dt$	$\displaystyle\int R^*(\sinh t, \cosh t)\,dt$ $97, 114$ ページを見よ
$\displaystyle\int R\left(x, \sqrt{b^2 x^2 + a^2}\right) dx$	$x = \frac{a}{b}\sinh t, \quad \sqrt{\ } = a\cosh t$ $dx = \frac{a}{b}\cosh t\, dt$	$\displaystyle\int R^*(\sinh t, \cosh t)\,dt$ $97, 114$ ページを見よ
$\displaystyle\int R\left(x, \sqrt{ax^2 + bx + c}\right) dx$ $a \neq 0$ $\Delta = 4ac - b^2$	$\Delta > 0$ $x = \frac{\sqrt{\Delta}\, u - b}{2a}$ $dx = \frac{\sqrt{\Delta}}{2a} du$	$\displaystyle\int R^*(u, \sqrt{u^2 + 1})\,du$ これ以降は上を見よ
	$\Delta < 0$ $x = \frac{\sqrt{-\Delta}\, u - b}{2a}$ $dx = \frac{\sqrt{-\Delta}}{2a} du$	$a > 0: \displaystyle\int R^*(u, \sqrt{u^2 - 1})\,du$ $a < 0: \displaystyle\int R^*(u, \sqrt{1 - u^2})\,du$ これ以降は上を見よ
	$\Delta = 0$ (べき根はなくなり, 置換は不要!) $ax^2 + bx + c = \frac{1}{4a}(2ax + b)^2$	

8.1.5 三角関数の積分

三角関数の積分

(109–112 ページも見よ)

一般的な置換

$$\int R(\sin x, \cos x)\, dx$$

置換: $\boxed{\tan \dfrac{x}{2} = t}$

$$\sin x = \dfrac{2t}{1+t^2}$$
$$\cos x = \dfrac{1-t^2}{1+t^2}$$
$$dx = \dfrac{2\, dt}{1+t^2}$$

注意: $-\dfrac{\pi}{2} < x < \dfrac{\pi}{2}$ を用いれば t の有理数の積分に導くことができる. そのあと部分分数分解を行う.

置換 $\tan \dfrac{x}{2} = t$(一般的な置換!) を用いれば常に積分を行うことができるが, いくつかの特殊な場合では, 以下の置換の方がより簡単である.

特殊な場合

(1) $R(-\sin x, \cos x) = -R(\sin x, \cos x)$
 R は $\underline{\sin x}$ に対し奇関数となる.
 置換: $\boxed{\cos x = t}$ $-\sin x\, dx = dt$

(2) $R(\sin x, -\cos x) = -R(\sin x, \cos x)$
 R は $\underline{\cos x}$ に対し奇関数となる.
 置換: $\boxed{\sin x = t}$ $\cos x\, dx = dt$

(3) $R(-\sin x, -\cos x) = R(\sin x, \cos x)$
 置換: $\boxed{\tan x = t}$
 $$dx = \dfrac{dt}{1+t^2},\quad \sin^2 x = \dfrac{t^2}{1+t^2},\quad \cos^2 x = \dfrac{1}{1+t^2}$$

8.1.6 指数関数・双曲線関数の積分

指数関数・双曲線関数の積分

(113–114 ページも見よ)

$$\int R(\mathrm{e}^x)\, dx$$

$$\int R(\mathrm{e}^x, \sinh x, \cosh x)\, dx$$

置換: $\boxed{\mathrm{e}^x = t}$

$$\sinh x = \dfrac{t^2-1}{2t}$$
$$\cosh x = \dfrac{t^2+1}{2t}$$
$$dx = \dfrac{dt}{t}$$

を用いれば t の有理数の積分に導くことができる. その後部分分数分解を行う.

8.2 重積分

重積分は単積分の反復に帰着できる. $\iint$ もしくは $\iiint$ の代わりにしばしば $\int$ と書く.

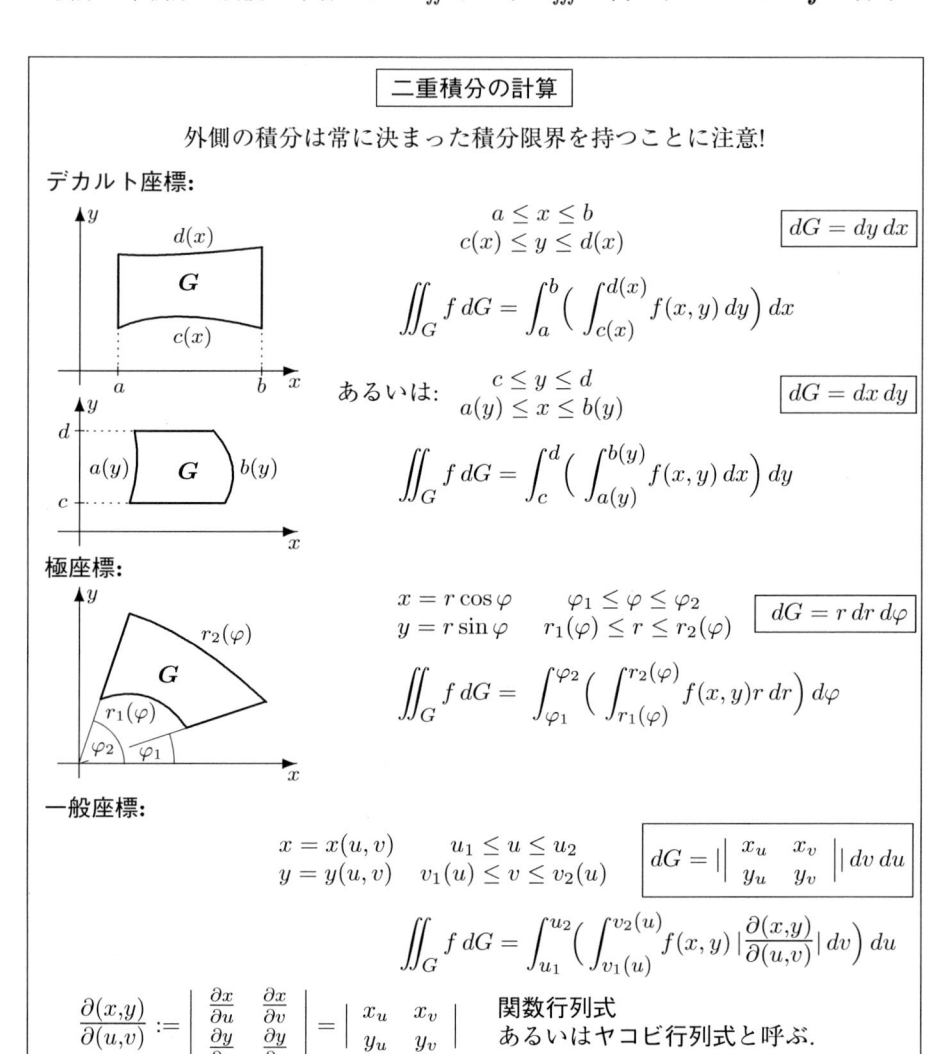

二重積分の計算

外側の積分は常に決まった積分限界を持つことに注意!

デカルト座標:

$$a \leq x \leq b$$
$$c(x) \leq y \leq d(x)$$

$$\boxed{dG = dy\,dx}$$

$$\iint_G f\,dG = \int_a^b \left(\int_{c(x)}^{d(x)} f(x,y)\,dy \right) dx$$

あるいは:
$$c \leq y \leq d$$
$$a(y) \leq x \leq b(y)$$

$$\boxed{dG = dx\,dy}$$

$$\iint_G f\,dG = \int_c^d \left(\int_{a(y)}^{b(y)} f(x,y)\,dx \right) dy$$

極座標:

$$x = r\cos\varphi \qquad \varphi_1 \leq \varphi \leq \varphi_2$$
$$y = r\sin\varphi \qquad r_1(\varphi) \leq r \leq r_2(\varphi)$$

$$\boxed{dG = r\,dr\,d\varphi}$$

$$\iint_G f\,dG = \int_{\varphi_1}^{\varphi_2} \left(\int_{r_1(\varphi)}^{r_2(\varphi)} f(x,y)\,r\,dr \right) d\varphi$$

一般座標:

$$x = x(u,v) \qquad u_1 \leq u \leq u_2$$
$$y = y(u,v) \qquad v_1(u) \leq v \leq v_2(u)$$

$$\boxed{dG = \left| \begin{array}{cc} x_u & x_v \\ y_u & y_v \end{array} \right| dv\,du}$$

$$\iint_G f\,dG = \int_{u_1}^{u_2} \left(\int_{v_1(u)}^{v_2(u)} f(x,y) \left| \frac{\partial(x,y)}{\partial(u,v)} \right| dv \right) du$$

$$\frac{\partial(x,y)}{\partial(u,v)} := \left| \begin{array}{cc} \frac{\partial x}{\partial u} & \frac{\partial x}{\partial v} \\ \frac{\partial y}{\partial u} & \frac{\partial y}{\partial v} \end{array} \right| = \left| \begin{array}{cc} x_u & x_v \\ y_u & y_v \end{array} \right| \qquad \text{関数行列式}$$
あるいはヤコビ行列式と呼ぶ.

例 $\iint_G f\,dG$ を計算せよ. ここで $f(x,y) = xy$ で, G は長径 $a = 3$, 短径 $b = 2$ の楕円の第1象限にある部分とする.

$$x = 3u\cos v \quad 0 \leq u \leq 1$$
$$y = 2u\sin v \quad 0 \leq v \leq \frac{\pi}{2}, \qquad \left| \begin{array}{cc} x_u & x_v \\ y_u & y_v \end{array} \right| = \left| \begin{array}{cc} 3\cos v & -3u\sin v \\ 2\sin v & 2u\cos v \end{array} \right| = 6u \implies dG = 6u\,dv\,du$$

$$\int_0^1 \int_0^{\frac{\pi}{2}} 6u^2 \cos v \sin v \cdot 6u\,dv\,du = 18 \int_0^1 u^3 \int_0^{\frac{\pi}{2}} 2\cos v \sin v\,dv\,du = 18 \int_0^1 u^3 \Big[\sin^2 v\Big]_0^{\frac{\pi}{2}} du = \underline{\underline{\frac{9}{2}}}$$

8.2 重積分

三重積分の計算

外側の積分は常に決まった積分限界を持つことに注意!

デカルト座標:
$$a \leq x \leq b$$
$$y_1(x) \leq y \leq y_2(x)$$
$$z_1(x,y) \leq z \leq z_2(x,y)$$

$$\boxed{dV = dz\, dy\, dx}$$

$$\iiint_V f\, dV = \int_a^b \left(\int_{y_1(x)}^{y_2(x)} \left(\int_{z_1(x,y)}^{z_2(x,y)} f(x,y,z)\, dz \right) dy \right) dx$$

あるいは:
$$c \leq y \leq d$$
$$z_1(y) \leq z \leq z_2(y)$$
$$x_1(y,z) \leq x \leq x_2(y,z)$$

$$\boxed{dV = dx\, dz\, dy}$$

$$\iiint_V f\, dV = \int_c^d \left(\int_{z_1(y)}^{z_2(y)} \left(\int_{x_1(y,z)}^{x_2(y,z)} f(x,y,z)\, dx \right) dz \right) dy \quad \text{など}$$

円柱座標:
$$x = r\cos\varphi, \quad 0 \leq r$$
$$y = r\sin\varphi, \quad 0 \leq \varphi < 2\pi$$
$$z = z,$$

$$\boxed{dV = r\, dr\, d\varphi\, dz}$$

球座標:
θ: 天頂角
$$x = \rho\sin\theta\cos\varphi, \quad 0 \leq \rho$$
$$y = \rho\sin\theta\sin\varphi, \quad 0 \leq \theta \leq \pi$$
$$z = \rho\cos\theta, \quad 0 \leq \varphi < 2\pi$$

$$\boxed{dV = \rho^2 \sin\theta\, d\rho\, d\theta\, d\varphi}$$

球座標:
θ: (地理的) 緯度
$$x = \rho\cos\theta\cos\varphi, \quad 0 \leq \rho$$
$$y = \rho\cos\theta\sin\varphi, \quad -\tfrac{\pi}{2} \leq \theta \leq \tfrac{\pi}{2}$$
$$z = \rho\sin\theta, \quad 0 \leq \varphi < 2\pi$$

$$\boxed{dV = \rho^2 \cos\theta\, d\rho\, d\theta\, d\varphi}$$

一般座標:
$$x = x(u,v,w)$$
$$y = y(u,v,w)$$
$$z = z(u,v,w)$$

$$\boxed{dV = \left| \frac{\partial(x,y,z)}{\partial(u,v,w)} \right| du\, dv\, dw}$$

ここで
$$\left| \frac{\partial(x,y,z)}{\partial(u,v,w)} \right| := \begin{vmatrix} \frac{\partial x}{\partial u} & \frac{\partial x}{\partial v} & \frac{\partial x}{\partial w} \\ \frac{\partial y}{\partial u} & \frac{\partial y}{\partial v} & \frac{\partial y}{\partial w} \\ \frac{\partial z}{\partial u} & \frac{\partial z}{\partial v} & \frac{\partial z}{\partial w} \end{vmatrix} = \begin{vmatrix} x_u & x_v & x_w \\ y_u & y_v & y_w \\ z_u & z_v & z_w \end{vmatrix} = \begin{cases} \text{特に:} & \\ r, & \text{円柱座標} \\ \left. \begin{array}{c} \rho^2 \sin\theta \\ \rho^2 \cos\theta \end{array} \right\}, & \text{球座標} \end{cases}$$

これらの定義は関数行列式あるいはヤコビ行列式と呼ばれる.

単積分の積としての三重積分

三重積分は*決まった*積分限界を持ち, 被積分関数は3つの関数の積として表される. その3つの関数はそれぞれ*1つ*の変数のみ依存するならば, 三重積分は3つの単積分の積として書かれる.

$$\int_{x_0}^{x_1} \int_{y_0}^{y_1} \int_{z_0}^{z_1} f(x) \cdot g(y) \cdot h(z)\, dz\, dy\, dx = \int_{x_0}^{x_1} f(x)\, dx \cdot \int_{y_0}^{y_1} g(y)\, dy \cdot \int_{z_0}^{z_1} h(z)\, dz$$

8.3 不定積分の表

積分定数は省略する．原始関数では，$\log f(x)$ は $\log |f(x)|$ に置き換えるべきである．

8.3.1 有理関数の積分

	記号
$ax+b$	$X = ax+b$

1. $\displaystyle\int x^n\,dx = \dfrac{x^{n+1}}{n+1}$ $[n \neq -1]$
2. $\displaystyle\int \dfrac{1}{x}\,dx = \log|x|$

3. $\displaystyle\int X^n\,dx = \dfrac{X^{n+1}}{a(n+1)}$ $[n \neq -1]$

4. $\displaystyle\int \dfrac{dx}{X} = \dfrac{1}{a}\log X$

5. $\displaystyle\int \dfrac{x\,dx}{X} = \dfrac{x}{a} - \dfrac{b}{a^2}\log X$

6. $\displaystyle\int \dfrac{x^2\,dx}{X} = \dfrac{1}{a^3}\left(\dfrac{1}{2}X^2 - 2bX + b^2\log X\right)$

7. $\displaystyle\int \dfrac{x^3\,dx}{X} = \dfrac{1}{a^4}\left(\dfrac{X^3}{3} - \dfrac{3bX^2}{2} + 3b^2 X - b^3\log X\right)$

8. $\displaystyle\int \dfrac{dx}{xX} = -\dfrac{1}{b}\log\dfrac{X}{x}$

9. $\displaystyle\int \dfrac{dx}{x^2 X} = -\dfrac{1}{bx} + \dfrac{a}{b^2}\log\dfrac{X}{x}$

10. $\displaystyle\int \dfrac{dx}{x^3 X} = -\dfrac{1}{b^3}\left(a^2\log\dfrac{X}{x} - \dfrac{2aX}{x} + \dfrac{X^2}{2x^2}\right)$

11. $\displaystyle\int \dfrac{x\,dx}{X^2} = \dfrac{b}{a^2 X} + \dfrac{1}{a^2}\log X$

12. $\displaystyle\int \dfrac{x^2\,dx}{X^2} = \dfrac{1}{a^2}\left(X - 2b\log X - \dfrac{b^2}{X}\right)$

13. $\displaystyle\int \dfrac{x^3\,dx}{X^2} = \dfrac{1}{a^4}\left(\dfrac{X^2}{2} - 3bX + 3b^2\log X + \dfrac{b^3}{X}\right)$

14. $\displaystyle\int \dfrac{x\,dx}{X^3} = \dfrac{1}{a^2}\left(-\dfrac{1}{X} + \dfrac{b}{2X^2}\right)$

15. $\displaystyle\int \dfrac{x^2\,dx}{X^3} = \dfrac{1}{a^3}\left(\log X + \dfrac{2b}{X} - \dfrac{b^2}{2X^2}\right)$

16. $\displaystyle\int \dfrac{x^3\,dx}{X^3} = \dfrac{1}{a^4}\left(X - 3b\log X - \dfrac{3b^2}{X} + \dfrac{b^3}{2X^2}\right)$

17. $\displaystyle\int \dfrac{dx}{xX^2} = -\dfrac{1}{b^2}\left(\log\dfrac{X}{x} + \dfrac{ax}{X}\right)$

18. $\displaystyle\int \dfrac{dx}{x^2 X^2} = -a\left(\dfrac{1}{b^2 X} + \dfrac{1}{ab^2 x} - \dfrac{2}{b^3}\log\dfrac{X}{x}\right)$

19. $\displaystyle\int \dfrac{dx}{x^3 X^2} = -\dfrac{1}{b^4}\left(3a^2\log\dfrac{X}{x} + \dfrac{a^3 x}{X} + \dfrac{X^2}{2x^2} - \dfrac{3aX}{x}\right)$

20. $\displaystyle\int \dfrac{dx}{xX^3} = -\dfrac{1}{b^3}\left(\log\dfrac{X}{x} + \dfrac{2ax}{X} - \dfrac{a^2 x^2}{2X^2}\right)$

21. $\displaystyle\int \dfrac{dx}{x^2 X^3} = -a\left(\dfrac{1}{2b^2 X^2} + \dfrac{2}{b^3 X} + \dfrac{1}{ab^3 x} - \dfrac{3}{b^4}\log\dfrac{X}{x}\right)$

22. $\displaystyle\int \dfrac{dx}{x^3 X^3} = -\dfrac{1}{b^5}\left(6a^2\log\dfrac{X}{x} + \dfrac{4a^3 x}{X} - \dfrac{a^4 x^2}{2X^2} + \dfrac{X^2}{2x^2} - \dfrac{4aX}{x}\right)$

23. $\displaystyle\int x X^n\,dx = \dfrac{1}{a^2}\left(\dfrac{X^{n+2}}{n+2} - \dfrac{bX^{n+1}}{n+1}\right)$, $n \neq -1, -2$

24. $\displaystyle\int \dfrac{x\,dx}{X^n} = \dfrac{1}{a^2}\left(\dfrac{-1}{(n-2)X^{n-2}} + \dfrac{b}{(n-1)X^{n-1}}\right)$, $n \neq 1, 2$

8.3 不定積分の表

$ax+b$ と $cx+d$	記号 $X=ax+b$ $Y=cx+d$ $\Delta=bc-ad$

25. $\displaystyle \int \frac{X}{Y}\,dx = \frac{a}{c}x + \frac{\Delta}{c^2}\log Y$

26. $\displaystyle \int \frac{dx}{XY} = \begin{cases} \frac{1}{\Delta}\log\frac{Y}{X}, & \Delta \neq 0 \\ \frac{-c}{a^2 X}, & \Delta = 0 \end{cases}$

27. $\displaystyle \int \frac{x\,dx}{XY} = \begin{cases} \frac{1}{\Delta}\big(\frac{b}{a}\log X - \frac{d}{c}\log Y\big), & \Delta \neq 0 \\ \frac{c}{a^4}\big(\frac{b}{X} + \log X\big), & \Delta = 0 \end{cases}$

28. $\displaystyle \int \frac{dx}{X^2 Y} = \begin{cases} \frac{1}{\Delta}\big(\frac{1}{X} + \frac{c}{\Delta}\log\frac{Y}{X}\big), & \Delta \neq 0 \\ \frac{-1}{2cX^2}, & \Delta = 0 \end{cases}$

$a^2 \pm x^2$	記号 $X = a^2 \pm x^2$ $Y = \begin{cases} \arctan\frac{x}{a}, & +\text{のとき} \\ \operatorname{artanh}\frac{x}{a} = \frac{1}{2}\log\frac{a+x}{a-x}, & -\text{かつ }|x|<a\text{ のとき} \\ \operatorname{arcoth}\frac{x}{a} = \frac{1}{2}\log\frac{x+a}{x-a}, & -\text{かつ }|x|>a\text{ のとき} \end{cases}$

29. $\displaystyle \int \frac{dx}{X} = \frac{1}{a}Y$

30. $\displaystyle \int \frac{dx}{X^2} = \frac{x}{2a^2 X} + \frac{1}{2a^3}Y$

31. $\displaystyle \int \frac{x\,dx}{X} = \pm\frac{1}{2}\log X$

32. $\displaystyle \int \frac{x\,dx}{X^2} = \mp\frac{1}{2X}$

33. $\displaystyle \int \frac{x^2\,dx}{X} = \pm x \mp aY$

34. $\displaystyle \int \frac{x^2\,dx}{X^2} = \mp\frac{x}{2X} \pm \frac{1}{2a}Y$

35. $\displaystyle \int \frac{dx}{xX} = \frac{1}{2a^2}\log\frac{x^2}{X}$

36. $\displaystyle \int \frac{dx}{xX^2} = \frac{1}{2a^2 X} + \frac{1}{2a^4}\log\frac{x^2}{X}$

37. $\displaystyle \int \frac{dx}{x^2 X} = -\frac{1}{a^2 x} \mp \frac{1}{a^3}Y$

38. $\displaystyle \int \frac{dx}{x^2 X^2} = -\frac{1}{a^4 x} \mp \frac{x}{2a^4 X} \mp \frac{3}{2a^5}Y$

39. $\displaystyle \int \frac{dx}{X^{n+1}} = \frac{x}{2na^2 X^n} + \frac{2n-1}{2na^2}\int \frac{dx}{X^n},\quad n\neq 0$

40. $\displaystyle \int \frac{x\,dx}{X^{n+1}} = \mp\frac{1}{2nX^n} \quad [n\neq 0]$

41. $\displaystyle \int \frac{x^2\,dx}{X^{n+1}} = \mp\frac{x}{2nX^n} \pm \frac{1}{2n}\int \frac{dx}{X^n},\quad n\neq 0$

$$\boxed{a^3 \pm x^3} \qquad \boxed{\begin{array}{c}\text{記号}\\ X = a^3 \pm x^3\end{array}}$$

42. $\displaystyle\int \frac{dx}{X} = \pm\frac{1}{6a^2}\log\frac{(a\pm x)^2}{a^2\mp ax+x^2} + \frac{1}{a^2\sqrt{3}}\arctan\frac{2x\mp a}{a\sqrt{3}}$

43. $\displaystyle\int \frac{dx}{X^2} = \frac{x}{3a^3 X} + \frac{2}{3a^3}\int \frac{dx}{X}$ [42 番を見よ]

44. $\displaystyle\int \frac{x\,dx}{X} = \frac{1}{6a}\log\frac{a^2\mp ax+x^2}{(a\pm x)^2} \pm \frac{1}{a\sqrt{3}}\arctan\frac{2x\mp a}{a\sqrt{3}}$

45. $\displaystyle\int \frac{x\,dx}{X^2} = \frac{x^2}{3a^3 X} + \frac{1}{3a^3}\int\frac{x\,dx}{X}$ [44 番を見よ]

46. $\displaystyle\int \frac{x^2\,dx}{X} = \pm\frac{1}{3}\log X$

47. $\displaystyle\int \frac{x^2\,dx}{X^2} = \mp\frac{1}{3X}$

48. $\displaystyle\int \frac{x^3\,dx}{X} = \pm x \mp a^3\int\frac{dx}{X}$ [42 番を見よ]

49. $\displaystyle\int \frac{x^3\,dx}{X^2} = \mp\frac{x}{3X} \pm \frac{1}{3}\int\frac{dx}{X}$ [42 番を見よ]

50. $\displaystyle\int \frac{dx}{xX} = \frac{1}{3a^3}\log\frac{x^3}{X}$

51. $\displaystyle\int \frac{dx}{xX^2} = \frac{1}{3a^3 X} + \frac{1}{3a^6}\log\frac{x^3}{X}$

52. $\displaystyle\int \frac{dx}{x^2 X} = -\frac{1}{a^3}\mp\frac{1}{a^3}\int\frac{x\,dx}{X}$ [44 番を見よ]

53. $\displaystyle\int \frac{dx}{x^2 X^2} = -\frac{1}{a^6 x}\mp\frac{x^2}{3a^6 X}\mp\frac{4}{3a^6}\int\frac{x\,dx}{X}$ [44 番を見よ]

54. $\displaystyle\int \frac{dx}{x^3 X} = -\frac{1}{2a^3 x^2}\mp\frac{1}{a^3}\int\frac{dx}{X}$ [42 番を見よ]

55. $\displaystyle\int \frac{dx}{x^3 X^2} = -\frac{1}{2a^6 x^2}\mp\frac{x}{3a^6 X}\mp\frac{5}{3a^6}\int\frac{dx}{X}$ [42 番を見よ]

$$\boxed{a^4 \pm x^4}$$

56. $\displaystyle\int \frac{dx}{a^4+x^4} = \frac{1}{4a^3\sqrt{2}}\log\frac{x^2+ax\sqrt{2}+a^2}{x^2-ax\sqrt{2}+a^2} + \frac{1}{2a^3\sqrt{2}}\left(\arctan\Big(\frac{\sqrt{2}}{a}x+1\Big) + \arctan\Big(\frac{\sqrt{2}}{a}x-1\Big)\right)$

57. $\displaystyle\int \frac{x\,dx}{a^4+x^4} = \frac{1}{2a^2}\arctan\frac{x^2}{a^2}$

58. $\displaystyle\int \frac{x^2\,dx}{a^4+x^4} = \frac{-1}{4a\sqrt{2}}\log\frac{x^2+ax\sqrt{2}+a^2}{x^2-ax\sqrt{2}+a^2} + \frac{1}{2a\sqrt{2}}\left(\arctan\Big(\frac{\sqrt{2}}{a}x+1\Big) + \arctan\Big(\frac{\sqrt{2}}{a}x-1\Big)\right)$

59. $\displaystyle\int \frac{x^3\,dx}{a^4\pm x^4} = \pm\frac{1}{4}\log|a^4\pm x^4|$

60. $\displaystyle\int \frac{dx}{a^4-x^4} = \frac{1}{4a^3}\log\frac{a+x}{a-x} + \frac{1}{2a^3}\arctan\frac{x}{a}$

61. $\displaystyle\int \frac{x\,dx}{a^4-x^4} = \frac{1}{4a^2}\log\frac{a^2+x^2}{a^2-x^2}$

62. $\displaystyle\int \frac{x^2\,dx}{a^4-x^4} = \frac{1}{4a}\log\frac{a+x}{a-x} - \frac{1}{2a}\arctan\frac{x}{a}$

8.3 不定積分の表

$ax^2 + bx + c$	記号
	$X = ax^2 + bx + c$
	$\Delta = 4ac - b^2$

$\Delta = 0$ の場合は $\quad ax^2 + bx + c = \frac{1}{4a}(2ax+b)^2$
$c = 0$ の場合は $\quad ax^2 + bx + c = x(ax+b)$
これらの積分は 100 ページにある.

63. $\left.\begin{array}{l}\displaystyle\int \frac{dx}{ax^2+bx+c} \\ \displaystyle\int \frac{dx}{X}\end{array}\right\} = \begin{cases} \dfrac{2}{\sqrt{\Delta}} \arctan \dfrac{2ax+b}{\sqrt{\Delta}}, & \Delta > 0 \\ \dfrac{-2}{\sqrt{-\Delta}} \operatorname{artanh} \dfrac{2ax+b}{\sqrt{-\Delta}} \\ \dfrac{1}{\sqrt{-\Delta}} \log \dfrac{2ax+b-\sqrt{-\Delta}}{2ax+b+\sqrt{-\Delta}}, & \Delta < 0 \\ \dfrac{-2}{2ax+b}, & \Delta = 0 \end{cases}$

64. $\displaystyle\int \frac{dx}{X^2} = \frac{2ax+b}{\Delta X} + \frac{2a}{\Delta} \int \frac{dx}{X}, \quad \Delta \neq 0 \quad$ [63 番を見よ]

65. $\displaystyle\int \frac{dx}{X^3} = \frac{2ax+b}{\Delta}\left(\frac{1}{2X^2} + \frac{3a}{\Delta X}\right) + \frac{6a^2}{\Delta^2} \int \frac{dx}{X}, \quad \Delta \neq 0 \quad$ [63 番を見よ]

66. $\displaystyle\int \frac{x\,dx}{X} = \frac{1}{2a} \log X - \frac{b}{2a} \int \frac{dx}{X} \quad$ [63 番を見よ]

67. $\displaystyle\int \frac{dx}{xX} = \frac{1}{2c} \log \frac{x^2}{X} - \frac{b}{2c} \int \frac{dx}{X}, \quad c \neq 0 \quad$ [63 番を見よ]

68. $\displaystyle\int \frac{dx}{x^2 X} = \frac{b}{2c^2} \log \frac{X}{x^2} - \frac{1}{cx} + \left(\frac{b^2}{2c^2} - \frac{a}{c}\right) \int \frac{dx}{X}, \; c \neq 0 \quad$ [63 番を見よ]

69. $\displaystyle\int \frac{x\,dx}{X^2} = -\frac{bx+2c}{\Delta X} - \frac{b}{\Delta} \int \frac{dx}{X}, \quad \Delta \neq 0 \quad$ [63 番を見よ]

70. $\displaystyle\int \frac{x^2\,dx}{X} = \frac{x}{a} - \frac{b}{2a^2} \log X + \frac{b^2-2ac}{2a^2} \int \frac{dx}{X} \quad$ [63 番を見よ]

71. $\displaystyle\int \frac{x^2\,dx}{X^2} = \frac{(b^2-2ac)x+bc}{a\Delta X} + \frac{2c}{\Delta} \int \frac{dx}{X}, \quad \Delta \neq 0 \quad$ [63 番を見よ]

72. $\displaystyle\int \frac{dx}{X^n} = \frac{2ax+b}{(n-1)\Delta X^{n-1}} + \frac{(2n-3)2a}{(n-1)\Delta} \int \frac{dx}{X^{n-1}}, \quad \Delta \neq 0$

73. $\displaystyle\int \frac{x\,dx}{X^n} = -\frac{bx+2c}{(n-1)\Delta X^{n-1}} - \frac{b(2n-3)}{(n-1)\Delta} \int \frac{dx}{X^{n-1}}, \quad \Delta \neq 0$

74. $\displaystyle\int \frac{x^2\,dx}{X^n} = \frac{-x}{(2n-3)aX^{n-1}} + \frac{c}{(2n-3)a} \int \frac{dx}{X^n} - \frac{(n-2)b}{(2n-3)a} \int \frac{x\,dx}{X^n} \quad$ [73 番]

75. $\displaystyle\int \frac{dx}{xX^n} = \frac{1}{2c(n-1)X^{n-1}} - \frac{b}{2c} \int \frac{dx}{X^n} + \frac{1}{c} \int \frac{dx}{xX^{n-1}} \quad$ [72, 75 番を見よ]

8.3.2 無理関数の積分 (べき根のある積分)

$$\boxed{\begin{array}{c}\sqrt{x}\\ と\\ a^2\pm b^2 x\end{array}} \quad \begin{array}{l}\text{記号}\\ X = a^2 \pm b^2 x\\ Y = \begin{cases}\arctan\dfrac{b\sqrt{x}}{a} & +\text{のとき}\\ \dfrac{1}{2}\log\dfrac{a+b\sqrt{x}}{a-b\sqrt{x}} & -\text{のとき}\end{cases}\end{array}}$$

76. $\displaystyle\int \frac{\sqrt{x}\,dx}{X} = \pm\frac{2\sqrt{x}}{b^2} \mp \frac{2a}{b^3}Y$

80. $\displaystyle\int \frac{\sqrt{x^3}\,dx}{X} = \pm\frac{2}{3}\frac{\sqrt{x^3}}{b^2} - \frac{2a^2\sqrt{x}}{b^4} + \frac{2a^3}{b^5}Y$

77. $\displaystyle\int \frac{\sqrt{x}\,dx}{X^2} = \mp\frac{\sqrt{x}}{b^2 X} \pm \frac{1}{ab^3}Y$

81. $\displaystyle\int \frac{\sqrt{x^3}\,dx}{X^2} = \pm\frac{2\sqrt{x^3}}{b^2 X} + \frac{3a^2\sqrt{x}}{b^4 X} - \frac{3a}{b^5}Y$

78. $\displaystyle\int \frac{dx}{X\sqrt{x}} = \frac{2}{ab}Y$

82. $\displaystyle\int \frac{dx}{X\sqrt{x^3}} = -\frac{2}{a^2\sqrt{x}} \mp \frac{2b}{a^3}Y$

79. $\displaystyle\int \frac{dx}{X^2\sqrt{x}} = \frac{\sqrt{x}}{a^2 X} + \frac{1}{a^3 b}Y$

83. $\displaystyle\int \frac{dx}{X^2\sqrt{x^3}} = -\frac{2}{a^2 X\sqrt{x}} \mp \frac{3b^2\sqrt{x}}{a^4 X} \mp \frac{3b}{a^5}Y$

$$\boxed{\sqrt{ax+b}} \quad \begin{array}{l}\text{記号}\\ X = ax+b\end{array}$$

84. $\displaystyle\int \sqrt{X}\,dx = \frac{2}{3a}\sqrt{X^3}$

86. $\displaystyle\int \frac{dx}{\sqrt{X}} = \frac{2}{a}\sqrt{X}$

85. $\displaystyle\int x\sqrt{X}\,dx = \frac{2(3ax-2b)}{15a^2}\sqrt{X^3}$

87. $\displaystyle\int \frac{x\,dx}{\sqrt{X}} = \frac{2(ax-2b)}{3a^2}\sqrt{X}$

88. $\displaystyle\int \frac{dx}{x\sqrt{X}} = \begin{cases}\dfrac{-2}{\sqrt{b}}\operatorname{artanh}\sqrt{\dfrac{X}{b}} = \dfrac{1}{\sqrt{b}}\log\dfrac{\sqrt{X}-\sqrt{b}}{\sqrt{X}+\sqrt{b}}, & b>0 \text{のとき}\\ \dfrac{2}{\sqrt{-b}}\arctan\sqrt{\dfrac{X}{-b}}, & b<0 \text{のとき}\end{cases}$

89. $\displaystyle\int \frac{\sqrt{X}\,dx}{x} = 2\sqrt{X} + b\int\frac{dx}{x\sqrt{X}}$ [88 番を見よ]

90. $\displaystyle\int x^2\sqrt{X}\,dx = \frac{2}{105a^3}(15a^2x^2 - 12abx + 8b^2)\sqrt{X^3}$

91. $\displaystyle\int \frac{x^2\,dx}{\sqrt{X}} = \frac{2}{15a^3}(3a^2x^2 - 4abx + 8b^2)\sqrt{X}$

92. $\displaystyle\int \frac{dx}{x^2\sqrt{X}} = -\frac{\sqrt{X}}{bx} - \frac{a}{2b}\int\frac{dx}{x\sqrt{X}}$ [88 番を見よ]

93. $\displaystyle\int \frac{\sqrt{X}\,dx}{x^2} = -\frac{\sqrt{X}}{x} + \frac{a}{2}\int\frac{dx}{x\sqrt{X}}$ [88 番を見よ]

94. $\displaystyle\int \sqrt{X^3}\,dx = \frac{2}{5a}\sqrt{X^5}$

95. $\displaystyle\int (\sqrt{X})^n\,dx = \frac{2}{a(2+n)}(\sqrt{X})^{2+n}$ $[n \neq -2]$

96. $\displaystyle\int x(\sqrt{X})^n\,dx = \frac{2}{a^2}\left(\frac{1}{4+n}(\sqrt{X})^{4+n} - \frac{b}{2+n}(\sqrt{X})^{2+n}\right), \quad n \neq -2, -4$

97. $\displaystyle\int x^2(\sqrt{X})^n\,dx = \frac{2}{a^3}\left(\frac{1}{6+n}(\sqrt{X})^{6+n} - \frac{2b}{4+n}(\sqrt{X})^{4+n} + \frac{b^2}{2+n}(\sqrt{X})^{2+n}\right),$
$\qquad n \neq -2, -4, -6$

> n が偶数ならば, べき根が消失する! その他の積分については 100 ページを見よ.

8.3 不定積分の表

$$\boxed{\begin{array}{c}\sqrt{ax+b}\\ \text{と}\\ \sqrt{cx+d}\end{array} \quad \bigg| \quad \begin{array}{l}\text{記号}\\ X = ax+b\\ Y = cx+d\\ \Delta = bc-ad\end{array}}$$

98. $\displaystyle\int \frac{dx}{\sqrt{XY}} = \begin{cases} \dfrac{2}{\sqrt{-ac}} \arctan\sqrt{-\dfrac{cX}{aY}}, & ac<0 \text{ のとき}\\[2mm] \dfrac{2}{\sqrt{ac}} \operatorname{artanh}\sqrt{\dfrac{cX}{aY}} = \dfrac{2}{\sqrt{ac}} \log(\sqrt{aY}+\sqrt{cX}), & ac>0 \text{ のとき}\end{cases}$

99. $\displaystyle\int \frac{x\,dx}{\sqrt{XY}} = \frac{\sqrt{XY}}{ac} - \frac{ad+bc}{2ac} \int \frac{dx}{\sqrt{XY}}$ 　　[98 番を見よ]

100. $\displaystyle\int \frac{dx}{\sqrt{X}\sqrt{Y^3}} = -\frac{2\sqrt{X}}{\Delta\sqrt{Y}}$

101. $\displaystyle\int \frac{dx}{\sqrt{X}\,Y} = \begin{cases} \dfrac{2}{\sqrt{-\Delta c}} \arctan \dfrac{c\sqrt{X}}{\sqrt{-\Delta c}}, & \Delta c<0 \text{ のとき}\\[2mm] \dfrac{1}{\sqrt{\Delta c}} \log \dfrac{c\sqrt{X}-\sqrt{\Delta c}}{c\sqrt{X}+\sqrt{\Delta c}}, & \Delta c>0 \text{ のとき}\end{cases}$

102. $\displaystyle\int \sqrt{XY}\,dx = \frac{\Delta+2aY}{4ac}\sqrt{XY} - \frac{\Delta^2}{8ac}\int \frac{dx}{\sqrt{XY}}$ 　　[98 番を見よ]

103. $\displaystyle\int \sqrt{\frac{Y}{X}}\,dx = \frac{1}{a}\sqrt{XY} - \frac{\Delta}{2a}\int \frac{dx}{\sqrt{XY}}$ 　　[98 番を見よ]

104. $\displaystyle\int \frac{\sqrt{X}}{Y}\,dx = \frac{2\sqrt{X}}{c} + \frac{\Delta}{c}\int \frac{dx}{\sqrt{X}\,Y}$ 　　[101 番を見よ]

$$\boxed{\sqrt{a^2-x^2} \quad \bigg| \quad \begin{array}{l}\text{記号 }(a>0)\\ X = a^2-x^2\end{array}}$$

105. $\displaystyle\int \sqrt{X}\,dx = \frac{1}{2}\left(x\sqrt{X} + a^2 \arcsin \frac{x}{a}\right)$

106. $\displaystyle\int x\sqrt{X}\,dx = -\frac{1}{3}\sqrt{X^3}$

107. $\displaystyle\int x^2\sqrt{X}\,dx = -\frac{x}{4}\sqrt{X^3} + \frac{a^2}{8}\left(x\sqrt{X} + a^2 \arcsin \frac{x}{a}\right)$

108. $\displaystyle\int \frac{\sqrt{X}\,dx}{x} = \sqrt{X} - a\log\frac{a+\sqrt{X}}{x}$

109. $\displaystyle\int \frac{\sqrt{X}\,dx}{x^2} = -\frac{\sqrt{X}}{x} - \arcsin\frac{x}{a}$

110. $\displaystyle\int \frac{dx}{\sqrt{X}} = \arcsin\frac{x}{a}$

111. $\displaystyle\int \frac{x\,dx}{\sqrt{X}} = -\sqrt{X}$

112. $\displaystyle\int \frac{dx}{x\sqrt{X}} = -\frac{1}{a}\log\frac{a+\sqrt{X}}{x}$

113. $\displaystyle\int \frac{x^2\,dx}{\sqrt{X}} = -\frac{x}{2}\sqrt{X} + \frac{a^2}{2}\arcsin\frac{x}{a}$

114. $\displaystyle\int \frac{dx}{x^2\sqrt{X}} = -\frac{\sqrt{X}}{a^2 x}$

$$\boxed{\sqrt{x^2+a^2} \quad \bigg| \begin{array}{l} 記号\ (a>0) \\ X = x^2+a^2 \end{array}}$$

115. $\displaystyle\int \sqrt{X}\,dx \;=\; \begin{cases} \dfrac{1}{2}\left(x\sqrt{X} + a^2\operatorname{arsinh}\dfrac{x}{a}\right) \\ \dfrac{1}{2}\left(x\sqrt{X} + a^2\log|x+\sqrt{X}|\right) \end{cases}$

116. $\displaystyle\int x\sqrt{X}\,dx \;=\; \dfrac{1}{3}\sqrt{X^3}$

117. $\displaystyle\int x^2\sqrt{X}\,dx \;=\; \begin{cases} \dfrac{x}{4}\sqrt{X^3} - \dfrac{a^2}{8}\left(x\sqrt{X} + a^2\operatorname{arsinh}\dfrac{x}{a}\right) \\ \dfrac{x}{4}\sqrt{X^3} - \dfrac{a^2}{8}\left(x\sqrt{X} + a^2\log|x+\sqrt{X}|\right) \end{cases}$

118. $\displaystyle\int x^3\sqrt{X}\,dx \;=\; \dfrac{\sqrt{X^5}}{5} - \dfrac{a^2\sqrt{X^3}}{3}$

119. $\displaystyle\int \dfrac{\sqrt{X}\,dx}{x} \;=\; \sqrt{X} - a\log\dfrac{a+\sqrt{X}}{x}$

120. $\displaystyle\int \dfrac{\sqrt{X}\,dx}{x^2} \;=\; \begin{cases} -\dfrac{\sqrt{X}}{x} + \operatorname{arsinh}\dfrac{x}{a} \\ -\dfrac{\sqrt{X}}{x} + \log|x+\sqrt{X}| \end{cases}$

121. $\displaystyle\int \dfrac{\sqrt{X}\,dx}{x^3} \;=\; -\dfrac{\sqrt{X}}{2x^2} - \dfrac{1}{2a}\log\dfrac{a+\sqrt{X}}{x}$

122. $\displaystyle\int \dfrac{dx}{\sqrt{X}} \;=\; \begin{cases} \operatorname{arsinh}\dfrac{x}{a} \\ \log|x+\sqrt{X}| \end{cases}$

123. $\displaystyle\int \dfrac{x\,dx}{\sqrt{X}} \;=\; \sqrt{X}$

124. $\displaystyle\int \dfrac{x^2\,dx}{\sqrt{X}} \;=\; \begin{cases} \dfrac{x}{2}\sqrt{X} - \dfrac{a^2}{2}\operatorname{arsinh}\dfrac{x}{a} \\ \dfrac{x}{2}\sqrt{X} - \dfrac{a^2}{2}\log|x+\sqrt{X}| \end{cases}$

125. $\displaystyle\int \dfrac{x^3\,dx}{\sqrt{X}} \;=\; \dfrac{\sqrt{X^3}}{3} - a^2\sqrt{X}$

126. $\displaystyle\int \dfrac{dx}{x\sqrt{X}} \;=\; -\dfrac{1}{a}\log\dfrac{a+\sqrt{X}}{x}$

127. $\displaystyle\int \dfrac{dx}{x^2\sqrt{X}} \;=\; -\dfrac{\sqrt{X}}{a^2 x}$

128. $\displaystyle\int \dfrac{dx}{x^3\sqrt{X}} \;=\; -\dfrac{\sqrt{X}}{2a^2 x^2} + \dfrac{1}{2a^3}\log\dfrac{a+\sqrt{X}}{x}$

8.3 不定積分の表

$$\sqrt{x^2 - a^2} \qquad \begin{array}{l} 記号\ (a > 0) \\ X = x^2 - a^2 \end{array}$$

逆余弦双曲線関数 arcosh を含む公式は $x \geq a$ のとき有効である. $x \leq -a$ の場合, $\operatorname{arcosh} \frac{x}{a}$ は $-\operatorname{arcosh} \frac{-x}{a}$ に置き換えよ！

129. $\displaystyle\int \sqrt{X}\, dx = \begin{cases} \frac{1}{2}\left(x\sqrt{X} - a^2 \operatorname{arcosh} \frac{x}{a}\right) \\ \frac{1}{2}\left(x\sqrt{X} - a^2 \log|x + \sqrt{X}|\right) \end{cases}$

130. $\displaystyle\int x\sqrt{X}\, dx = \frac{1}{3}\sqrt{X^3}$

131. $\displaystyle\int x^2 \sqrt{X}\, dx = \begin{cases} \frac{x}{4}\sqrt{X^3} + \frac{a^2}{8}\left(x\sqrt{X} - a^2 \operatorname{arcosh} \frac{x}{a}\right) \\ \frac{x}{4}\sqrt{X^3} + \frac{a^2}{8}\left(x\sqrt{X} - a^2 \log|x + \sqrt{X}|\right) \end{cases}$

132. $\displaystyle\int x^3 \sqrt{X}\, dx = \frac{\sqrt{X^5}}{5} + \frac{a^2 \sqrt{X^3}}{3}$

133. $\displaystyle\int \frac{\sqrt{X}\, dx}{x} = \sqrt{X} - a \arccos \frac{a}{x}$

134. $\displaystyle\int \frac{\sqrt{X}\, dx}{x^2} = \begin{cases} -\frac{\sqrt{X}}{x} + \operatorname{arcosh} \frac{x}{a} \\ -\frac{\sqrt{X}}{x} + \log|x + \sqrt{X}| \end{cases}$

135. $\displaystyle\int \frac{\sqrt{X}\, dx}{x^3} = -\frac{\sqrt{X}}{2x^2} + \frac{1}{2a} \arccos \frac{a}{x}$

136. $\displaystyle\int \frac{dx}{\sqrt{X}} = \begin{cases} \operatorname{arcosh} \frac{x}{a} \\ \log|x + \sqrt{X}| \end{cases}$

137. $\displaystyle\int \frac{x\, dx}{\sqrt{X}} = \sqrt{X}$

138. $\displaystyle\int \frac{x^2\, dx}{\sqrt{X}} = \begin{cases} \frac{x}{2}\sqrt{X} + \frac{a^2}{2} \operatorname{arcosh} \frac{x}{a} \\ \frac{x}{2}\sqrt{X} + \frac{a^2}{2} \log|x + \sqrt{X}| \end{cases}$

139. $\displaystyle\int \frac{x^3\, dx}{\sqrt{X}} = \frac{\sqrt{X^3}}{3} + a^2 \sqrt{X}$

140. $\displaystyle\int \frac{dx}{x\sqrt{X}} = \frac{1}{a} \arccos \frac{a}{x}$

141. $\displaystyle\int \frac{dx}{x^2 \sqrt{X}} = \frac{\sqrt{X}}{a^2 x}$

142. $\displaystyle\int \frac{dx}{x^3 \sqrt{X}} = \frac{\sqrt{X}}{2a^2 x^2} + \frac{1}{2a^3} \arccos \frac{a}{x}$

$$\boxed{\sqrt{ax^2+bx+c} \quad \bigg| \begin{array}{l} 記号 \\ X = ax^2+bx+c \\ \Delta = 4ac - b^2 \end{array}}$$

143. $\displaystyle\int \frac{dx}{\sqrt{X}} = \begin{cases} \frac{1}{\sqrt{a}} \log |2\sqrt{aX} + 2ax + b|, & a > 0 \text{ のとき} \\ \frac{1}{\sqrt{a}} \operatorname{arsinh} \frac{2ax+b}{\sqrt{\Delta}}, & a > 0, \Delta > 0 \text{ のとき} \\ \frac{1}{\sqrt{a}} \log |2ax + b|, & a > 0, \Delta = 0 \text{ のとき} \\ \frac{1}{\sqrt{a}} \operatorname{arcosh} \frac{|2ax+b|}{\sqrt{-\Delta}}, & a > 0, \Delta < 0 \text{ のとき} \\ \frac{-1}{\sqrt{-a}} \arcsin \frac{2ax+b}{\sqrt{-\Delta}}, & a < 0, \Delta < 0 \text{ のとき} \end{cases}$

144. $\displaystyle\int \frac{dx}{x\sqrt{X}} = \begin{cases} -\frac{1}{\sqrt{c}} \log \left|\frac{2\sqrt{cX}}{x} + \frac{2c}{x} + b\right|, & c > 0 \text{ のとき} \\ -\frac{1}{\sqrt{c}} \operatorname{arsinh} \frac{bx+2c}{x\sqrt{\Delta}}, & c > 0, \Delta > 0 \text{ のとき} \\ -\frac{1}{\sqrt{c}} \log \left|\frac{bx+2c}{x}\right|, & c > 0, \Delta = 0 \text{ のとき} \\ \frac{1}{\sqrt{-c}} \arcsin \frac{bx+2c}{x\sqrt{-\Delta}}, & c < 0, \Delta < 0 \text{ のとき} \\ -\frac{2}{bx}\sqrt{ax^2 + bx}, & c = 0 \text{ のとき} \end{cases}$

145. $\displaystyle\int \sqrt{X}\, dx = \frac{(2ax+b)\sqrt{X}}{4a} + \frac{\Delta}{8a}\int \frac{dx}{\sqrt{X}}$ 　[143 番を見よ]

146. $\displaystyle\int \frac{\sqrt{X}\, dx}{x} = \sqrt{X} + \frac{b}{2}\int \frac{dx}{\sqrt{X}} + c \int \frac{dx}{x\sqrt{X}}$ 　[143, 144 番を見よ]

147. $\displaystyle\int \frac{\sqrt{X}\, dx}{x^2} = -\frac{\sqrt{X}}{x} + a\int \frac{dx}{\sqrt{X}} + \frac{b}{2}\int \frac{dx}{x\sqrt{X}}$ 　[143, 144 番を見よ]

148. $\displaystyle\int \frac{x\, dx}{\sqrt{X}} = \frac{\sqrt{X}}{a} - \frac{b}{2a}\int \frac{dx}{\sqrt{X}}$ 　[143 番を見よ]

149. $\displaystyle\int \frac{x^2\, dx}{\sqrt{X}} = \left(\frac{x}{2a} - \frac{3b}{4a^2}\right)\sqrt{X} + \frac{3b^2-4ac}{8a^2}\int \frac{dx}{\sqrt{X}}$ 　[143 番を見よ]

150. $\displaystyle\int x\sqrt{X}\, dx = \frac{X\sqrt{X}}{3a} - \frac{b(2ax+b)\sqrt{X}}{8a^2} - \frac{b\Delta}{16a^2}\int \frac{dx}{\sqrt{X}}$ 　[143 番を見よ]

151. $\displaystyle\int x^2\sqrt{X}\, dx = \left(x - \frac{5b}{6a}\right)\frac{X\sqrt{X}}{4a} + \frac{5b^2-4ac}{16a^2}\int \sqrt{X}\, dx$ 　[145 番を見よ]

152. $\displaystyle\int \frac{dx}{X\sqrt{X}} = \frac{2(2ax+b)}{\Delta\sqrt{X}}$

153. $\displaystyle\int \frac{x\, dx}{X\sqrt{X}} = -\frac{2(bx+2c)}{\Delta\sqrt{X}}$

154. $\displaystyle\int \frac{x^2\, dx}{X\sqrt{X}} = \frac{(2b^2-4ac)x+2bc}{a\Delta\sqrt{X}} + \frac{1}{a}\int \frac{dx}{\sqrt{X}}$

$\Delta = 0$ のとき, 必然的に $a > 0$ になり, $\sqrt{X} = \frac{1}{2\sqrt{a}}|2ax+b|$, $X = \frac{1}{4a}(2ax+b)^2$ そのときの積分については 100 ページを見よ.

155. $\displaystyle\int X\sqrt{X}\, dx = \frac{(2ax+b)\sqrt{X}}{8a}\left(X + \frac{3\Delta}{8a}\right) + \frac{3\Delta^2}{128a^2}\int \frac{dx}{\sqrt{X}}$ 　[143 番を見よ]

156. $\displaystyle\int \frac{dx}{x^2\sqrt{X}} = \begin{cases} -\frac{\sqrt{X}}{cx} - \frac{b}{2c}\int \frac{dx}{x\sqrt{X}}, & c \neq 0 \quad [144 \text{ 番を見よ}] \\ \frac{2}{3}\left(-\frac{1}{bx^2} + \frac{2a}{b^2 x}\right)\sqrt{ax^2+bx}, & c = 0 \end{cases}$

8.3 不定積分の表

例:

157. $\int \frac{dx}{x\sqrt{ax^2+bx}} = -\frac{2}{bx}\sqrt{ax^2+bx}$

158. $\int \frac{dx}{\sqrt{2ax-x^2}} = \arcsin \frac{x-a}{a}$

159. $\int \frac{x\,dx}{\sqrt{2ax-x^2}} = -\sqrt{2ax-x^2} + a\arcsin \frac{x-a}{a}$

160. $\int \sqrt{2ax-x^2}\,dx = \frac{x-a}{2}\sqrt{2ax-x^2} + \frac{a^2}{2}\arcsin \frac{x-a}{a}$

その他の無理表現を含む積分:

161. $\int \sqrt[n]{ax+b}\,dx = \frac{n(ax+b)}{(n+1)a}\sqrt[n]{ax+b}$

162. $\int \frac{dx}{\sqrt[n]{ax+b}} = \frac{n(ax+b)}{(n-1)a}\frac{1}{\sqrt[n]{ax+b}}$

163. $\int \frac{dx}{x\sqrt{x^n+a^2}} = -\frac{2}{na}\log \frac{a+\sqrt{x^n+a^2}}{\sqrt{x^n}}$

164. $\int \frac{dx}{x\sqrt{x^n-a^2}} = \frac{2}{na}\arccos \frac{a}{\sqrt{x^n}}$

165. $\int \frac{\sqrt{x}\,dx}{\sqrt{a^3-x^3}} = \frac{2}{3}\arcsin \sqrt{\left(\frac{x}{a}\right)^3}$

8.3.3 三角関数を含む積分

$$\boxed{\tan ax} \quad \boxed{\cot ax}$$

166. $\int \tan ax\,dx = -\frac{1}{a}\log\cos ax$

167. $\int \tan^2 ax\,dx = \frac{\tan ax}{a} - x$

168. $\int \tan^3 ax\,dx = \frac{1}{2a}\tan^2 ax + \frac{1}{a}\log\cos ax$

169. $\int \tan^n ax\,dx = \frac{1}{a(n-1)}\tan^{n-1} ax - \int \tan^{n-2} ax\,dx, \quad n \neq 1$

170. $\int \cot ax\,dx = \frac{1}{a}\log\sin ax$

171. $\int \cot^2 ax\,dx = -\frac{\cot ax}{a} - x$

172. $\int \cot^3 ax\,dx = -\frac{1}{2a}\cot^2 ax - \frac{1}{a}\log\sin ax$

173. $\int \cot^n ax\,dx = \frac{-1}{a(n-1)}\cot^{n-1} ax - \int \cot^{n-2} ax\,dx, \quad n \neq 1$

174. $\int \frac{dx}{\tan ax \pm 1} = \pm\frac{x}{2} + \frac{1}{2a}\log|\sin ax \pm \cos ax|$

175. $\int \frac{\cot^n ax}{\sin^2 ax}\,dx = -\frac{1}{a(n+1)}\cot^{n+1} ax, \quad n \neq -1$

176. $\displaystyle\int \sin ax\, dx = -\frac{1}{a}\cos ax$

177. $\displaystyle\int \sin^2 ax\, dx = \frac{1}{2}x - \frac{1}{4a}\sin 2ax$ $\quad\boxed{\sin ax}$

178. $\displaystyle\int \sin^3 ax\, dx = -\frac{1}{a}\cos ax + \frac{1}{3a}\cos^3 ax$

179. $\displaystyle\int \sin^4 ax\, dx = \frac{3}{8}x - \frac{1}{4a}\sin 2ax + \frac{1}{32a}\sin 4ax$

180. $\displaystyle\int \sin^n ax\, dx = -\frac{\sin^{n-1} ax \cos ax}{na} + \frac{n-1}{n}\int \sin^{n-2} ax\, dx$

181. $\displaystyle\int x\sin ax\, dx = \frac{\sin ax}{a^2} - \frac{x\cos ax}{a}$

182. $\displaystyle\int x^2 \sin ax\, dx = \frac{2x}{a^2}\sin ax - \left(\frac{x^2}{a} - \frac{2}{a^3}\right)\cos ax$

183. $\displaystyle\int x^3 \sin ax\, dx = \left(\frac{3x^2}{a^2} - \frac{6}{a^4}\right)\sin ax - \left(\frac{x^3}{a} - \frac{6x}{a^3}\right)\cos ax$

184. $\displaystyle\int x^n \sin ax\, dx = -\frac{x^n}{a}\cos ax + \frac{n}{a}\int x^{n-1}\cos ax\, dx$

185. $\displaystyle\int \frac{dx}{\sin ax} = \frac{1}{a}\log\tan\frac{ax}{2}$

186. $\displaystyle\int \frac{dx}{\sin^2 ax} = -\frac{1}{a}\cot ax$

187. $\displaystyle\int \frac{dx}{\sin^3 ax} = -\frac{\cos ax}{2a\sin^2 ax} + \frac{1}{2a}\log\tan\frac{ax}{2}$

188. $\displaystyle\int \frac{x\, dx}{\sin^2 ax} = -\frac{x}{a}\cot ax + \frac{1}{a^2}\log\sin ax$

189. $\displaystyle\int \frac{dx}{1\pm\sin ax} = \mp\frac{1}{a}\tan\left(\frac{\pi}{4}\mp\frac{ax}{2}\right) = \frac{-2}{\tan(\frac{ax}{2})\pm 1}$

190. $\displaystyle\int \frac{x\, dx}{1+\sin ax} = -\frac{x}{a}\tan\left(\frac{\pi}{4}-\frac{ax}{2}\right) + \frac{2}{a^2}\log\cos\left(\frac{\pi}{4}-\frac{ax}{2}\right)$

$\displaystyle\int \frac{x\, dx}{1-\sin ax} = \frac{x}{a}\cot\left(\frac{\pi}{4}-\frac{ax}{2}\right) + \frac{2}{a^2}\log\sin\left(\frac{\pi}{4}-\frac{ax}{2}\right)$

191. $\displaystyle\int \frac{x\, dx}{1\pm\sin ax} = \frac{1}{a^2}\left(\log(1\pm\sin ax) \mp \frac{ax\cos ax}{1\pm\sin ax}\right)$

192. $\displaystyle\int \frac{\sin ax\, dx}{1\pm\sin ax} = \pm x + \frac{1}{a}\tan\left(\frac{\pi}{4}\mp\frac{ax}{2}\right) = \pm\frac{1}{a}\left(ax + \frac{2}{\tan(\frac{ax}{2})\pm 1}\right)$

193. $\displaystyle\int \frac{dx}{b+c\sin ax} =^{*)} \begin{cases} \dfrac{2}{a\sqrt{b^2-c^2}}\arctan\dfrac{c+b\tan ax/2}{\sqrt{b^2-c^2}}, & b^2 > c^2 \text{ のとき} \\ \dfrac{1}{a\sqrt{c^2-b^2}}\log\dfrac{c-\sqrt{c^2-b^2}+b\tan ax/2}{c+\sqrt{c^2-b^2}+b\tan ax/2}, & b^2 < c^2 \text{ のとき} \end{cases}$

194. $\displaystyle\int \frac{\sin ax\, dx}{b+c\sin ax} = \frac{x}{c} - \frac{b}{c}\int \frac{dx}{b+c\sin ax}$ [193 番を見よ]

195. $\displaystyle\int \sin ax\sin bx\, dx = \frac{\sin(a-b)x}{2(a-b)} - \frac{\sin(a+b)x}{2(a+b)}\quad \begin{bmatrix} |a|\neq |b| \\ |a|=|b|,\ 173\ \text{ページを見よ} \end{bmatrix}$

$\displaystyle\int \frac{\sin ax}{x}dx,\ \int \frac{x}{\sin ax}dx,\ \int \frac{\cos ax}{x}dx,\ \int \frac{x}{\cos ax}dx\quad$ 初等関数の範囲で微分可能でない. 304-307 番を見よ.

${}^{*)}-\frac{\pi}{2}\leq x\leq \frac{\pi}{2}$ に対しては正しい. そうでない場合は $+C$ (区間に依存する).

8.3 不定積分の表

196. $\displaystyle\int \cos ax\, dx = \dfrac{1}{a}\sin ax$

197. $\displaystyle\int \cos^2 ax\, dx = \dfrac{1}{2}x + \dfrac{1}{4a}\sin 2ax$ $\boxed{\cos ax}$

198. $\displaystyle\int \cos^3 ax\, dx = \dfrac{1}{a}\sin ax - \dfrac{1}{3a}\sin^3 ax$

199. $\displaystyle\int \cos^4 ax\, dx = \dfrac{3}{8}x + \dfrac{1}{4a}\sin 2ax + \dfrac{1}{32a}\sin 4ax$

200. $\displaystyle\int \cos^n ax\, dx = \dfrac{\cos^{n-1} ax \sin ax}{na} + \dfrac{n-1}{n}\int \cos^{n-2} ax\, dx$

201. $\displaystyle\int x\cos ax\, dx = \dfrac{\cos ax}{a^2} + \dfrac{x\sin ax}{a}$

202. $\displaystyle\int x^2\cos ax\, dx = \dfrac{2x}{a^2}\cos ax + \left(\dfrac{x^2}{a} - \dfrac{2}{a^3}\right)\sin ax$

203. $\displaystyle\int x^3\cos ax\, dx = \left(\dfrac{3x^2}{a^2} - \dfrac{6}{a^4}\right)\cos ax + \left(\dfrac{x^3}{a} - \dfrac{6x}{a^3}\right)\sin ax$

204. $\displaystyle\int x^n\cos ax\, dx = \dfrac{x^n}{a}\sin ax - \dfrac{n}{a}\int x^{n-1}\sin ax\, dx$

205. $\displaystyle\int \dfrac{dx}{\cos ax} = \dfrac{1}{a}\log\tan\left(\dfrac{ax}{2} + \dfrac{\pi}{4}\right)$

206. $\displaystyle\int \dfrac{dx}{\cos^2 ax} = \dfrac{1}{a}\tan ax$

207. $\displaystyle\int \dfrac{dx}{\cos^3 ax} = \dfrac{\sin ax}{2a\cos^2 ax} + \dfrac{1}{2a}\log\tan\left(\dfrac{ax}{2} + \dfrac{\pi}{4}\right)$

208. $\displaystyle\int \dfrac{x\, dx}{\cos^2 ax} = \dfrac{x}{a}\tan ax + \dfrac{1}{a^2}\log\cos ax$

209. $\displaystyle\int \dfrac{dx}{1+\cos ax} = \dfrac{1}{a}\tan\dfrac{ax}{2}$ $\displaystyle\int\sqrt{1-\cos x}\,dx = \sqrt{2}\int\left|\sin\dfrac{x}{2}\right|dx$

210. $\displaystyle\int \dfrac{dx}{1-\cos ax} = -\dfrac{1}{a}\cot\dfrac{ax}{2}$ $\displaystyle\int\sqrt{1+\cos x}\,dx = \sqrt{2}\int\left|\cos\dfrac{x}{2}\right|dx$

211. $\displaystyle\int \dfrac{x\, dx}{1+\cos ax} = \dfrac{x}{a}\tan\dfrac{ax}{2} + \dfrac{2}{a^2}\log\cos\dfrac{ax}{2}$

212. $\displaystyle\int \dfrac{x\, dx}{1-\cos ax} = -\dfrac{x}{a}\cot\dfrac{ax}{2} + \dfrac{2}{a^2}\log\sin\dfrac{ax}{2}$

213. $\displaystyle\int \dfrac{\cos ax\, dx}{1+\cos ax} = x - \dfrac{1}{a}\tan\dfrac{ax}{2}$

214. $\displaystyle\int \dfrac{\cos ax\, dx}{1-\cos ax} = -x - \dfrac{1}{a}\cot\dfrac{ax}{2}$

215. $\displaystyle\int \dfrac{dx}{b+c\cos ax} =^{*)} \begin{cases} \dfrac{2}{a\sqrt{b^2-c^2}}\arctan\dfrac{(b-c)\tan ax/2}{\sqrt{b^2-c^2}}, & b^2 > c^2 \text{ のとき} \\ \dfrac{1}{a\sqrt{c^2-b^2}}\log\dfrac{(c-b)\tan ax/2 + \sqrt{c^2-b^2}}{(c-b)\tan ax/2 - \sqrt{c^2-b^2}}, & b^2 < c^2 \text{ のとき} \end{cases}$

216. $\displaystyle\int \dfrac{\cos ax\, dx}{b+c\cos ax} = \dfrac{x}{c} - \dfrac{b}{c}\int \dfrac{dx}{b+c\cos ax}$ [215 番を見よ]

217. $\displaystyle\int \cos ax \cos bx\, dx = \dfrac{\sin(a-b)x}{2(a-b)} + \dfrac{\sin(a+b)x}{2(a+b)},\quad \begin{array}{l}|a|\neq |b| \\ |a|=|b|\end{array}$ [193 ページを見よ]

$$\int \dfrac{\cos ax}{x}dx,\quad \int \dfrac{x}{\cos ax}dx,\quad \int \dfrac{\sin ax}{x}dx,\quad \int \dfrac{x}{\sin ax}dx \quad \begin{array}{l}\text{初等関数の範囲で}\\ \text{積分可能でない.}\\ \text{304-307 番を見よ.}\end{array}$$

*)$-\dfrac{\pi}{2} \leq x \leq \dfrac{\pi}{2}$ に対しては正しい. そうでない場合は $+C$ (区間に依存する).

$\boxed{\sin ax}$ $\boxed{\cos ax}$

218. $\displaystyle\int \sin ax \cos ax\, dx = \dfrac{1}{2a}\sin^2 ax$

219. $\displaystyle\int \sin^2 ax \cos^2 ax\, dx = \dfrac{x}{8} - \dfrac{\sin 4ax}{32a}$

220. $\displaystyle\int \sin^n ax \cos ax\, dx = \dfrac{1}{a(n+1)}\sin^{n+1} ax,\quad n \neq -1$

221. $\displaystyle\int \sin ax \cos^n ax\, dx = \dfrac{-1}{a(n+1)}\cos^{n+1} ax,\quad n \neq -1$

222. $\displaystyle\int \dfrac{dx}{\sin ax \cos ax} = \dfrac{1}{a}\log|\tan ax|$

223. $\displaystyle\int \dfrac{dx}{\sin^2 ax \cos ax} = \dfrac{1}{a}\left(\log\left|\tan\left(\dfrac{\pi}{4}+\dfrac{ax}{2}\right)\right| - \dfrac{1}{\sin ax}\right)$

    $\qquad\qquad\qquad\quad = \dfrac{1}{a}\left(\log\left|\dfrac{1}{\cos ax}+\tan ax\right| - \dfrac{1}{\sin ax}\right)$

224. $\displaystyle\int \dfrac{dx}{\sin ax \cos^2 ax} = \dfrac{1}{a}\left(\log\left|\tan\dfrac{ax}{2}\right| + \dfrac{1}{\cos ax}\right)$

    $\qquad\qquad\qquad\quad = -\dfrac{1}{a}\left(\log\left|\dfrac{1}{\sin ax}+\cot ax\right| - \dfrac{1}{\cos ax}\right)$

225. $\displaystyle\int \dfrac{dx}{\sin^2 ax \cos^2 ax} = -\dfrac{2}{a}\cot 2ax$

226. $\displaystyle\int \dfrac{\sin ax\, dx}{\cos^2 ax} = \dfrac{1}{a\cos ax}$

227. $\displaystyle\int \dfrac{\sin ax\, dx}{\cos^3 ax} = \dfrac{1}{2a\cos^2 ax} = \dfrac{1}{2a}\tan^2 ax + \dfrac{1}{2a}$

228. $\displaystyle\int \dfrac{\sin^2 ax\, dx}{\cos ax} = -\dfrac{1}{a}\sin ax + \dfrac{1}{a}\log\tan\left(\dfrac{ax}{2}+\dfrac{\pi}{4}\right)$

229. $\displaystyle\int \dfrac{\cos ax\, dx}{\sin^2 ax} = -\dfrac{1}{a\sin ax}$

230. $\displaystyle\int \dfrac{\cos ax\, dx}{\sin^3 ax} = -\dfrac{1}{2a\sin^2 ax} = -\dfrac{1}{2a}\cot^2 ax - \dfrac{1}{2a}$

231. $\displaystyle\int \dfrac{\cos^2 ax\, dx}{\sin ax} = \dfrac{1}{a}\left(\cos ax + \log\tan\dfrac{ax}{2}\right)$

232. $\displaystyle\int \dfrac{\sin ax\, dx}{b+c\cos ax} = -\dfrac{1}{ac}\log|b+c\cos ax|$

233. $\displaystyle\int \dfrac{\cos ax\, dx}{b+c\sin ax} = \dfrac{1}{ac}\log|b+c\sin ax|$

234. $\displaystyle\int \dfrac{\sin ax\, dx}{\sin ax \pm \cos ax} = \dfrac{x}{2} \mp \dfrac{1}{2a}\log|\sin ax \pm \cos ax|$

235. $\displaystyle\int \dfrac{\cos ax\, dx}{\sin ax \pm \cos ax} = \pm\dfrac{x}{2} + \dfrac{1}{2a}\log|\sin ax \pm \cos ax|$

236. $\displaystyle\int \dfrac{dx}{\sin ax \pm \cos ax} = \dfrac{1}{a\sqrt{2}}\log\left|\tan\left(\dfrac{ax}{2} \pm \dfrac{\pi}{8}\right)\right|$

237. $\displaystyle\int \dfrac{dx}{1+\cos ax \pm \sin ax} = \pm\dfrac{1}{a}\log\left|1\pm\tan\dfrac{ax}{2}\right|$

238. $\displaystyle\int \dfrac{dx}{b\sin ax + c\cos ax} = \dfrac{1}{a\sqrt{b^2+c^2}}\log\tan\dfrac{ax+\varphi}{2}$ ここで $\sin\varphi = \dfrac{c}{\sqrt{b^2+c^2}}$, $\tan\varphi = \dfrac{c}{b}$

239. $\displaystyle\int \sin ax \cos bx\, dx = -\dfrac{\cos(a+b)x}{2(a+b)} - \dfrac{\cos(a-b)x}{2(a-b)},\quad \begin{array}{l}|a|\neq|b|\\ |a|=|b|\ [218\,\text{番}]\end{array}$

8.3.4 指数関数と対数関数の微分

$$\boxed{e^{ax}}$$

240. $\displaystyle\int e^{ax}\,dx = \frac{1}{a}\,e^{ax}$ $\qquad\displaystyle\int a^x\,dx = \frac{a^x}{\log a},\ \ 0 < a \neq 1$

241. $\displaystyle\int x\,e^{ax}\,dx\quad = \frac{e^{ax}}{a^2}(ax-1)$

242. $\displaystyle\int x^2\,e^{ax}\,dx\quad = \frac{e^{ax}}{a^3}(a^2x^2 - 2ax + 2)$

243. $\displaystyle\int x^n\,e^{ax}\,dx\quad = \frac{1}{a}x^n\,e^{ax} - \frac{n}{a}\int x^{n-1}\,e^{ax}\,dx$

244. $\displaystyle\int \frac{dx}{1+e^{ax}}\quad = \frac{1}{a}\log\frac{e^{ax}}{1+e^{ax}}$

245. $\displaystyle\int \frac{dx}{b+c\,e^{ax}}\quad = \frac{x}{b} - \frac{1}{ab}\log|b + c\,e^{ax}|$

246. $\displaystyle\int \frac{e^{ax}\,dx}{b+c\,e^{ax}}\quad = \frac{1}{ac}\log|b + c\,e^{ax}|$

247. $\displaystyle\int e^{ax}\sin bx\,dx\ = \frac{e^{ax}}{a^2+b^2}(a\sin bx - b\cos bx)$

248. $\displaystyle\int e^{ax}\cos bx\,dx\ = \frac{e^{ax}}{a^2+b^2}(a\cos bx + b\sin bx)$

249. $\displaystyle\int x\,e^{ax}\sin bx\,dx\ = \frac{x\,e^{ax}}{a^2+b^2}(a\sin bx - b\cos bx) - \frac{e^{ax}}{(a^2+b^2)^2}\big((a^2-b^2)\sin bx - 2ab\cos bx\big)$

250. $\displaystyle\int x\,e^{ax}\cos bx\,dx\ = \frac{x\,e^{ax}}{a^2+b^2}(a\cos bx + b\sin bx) - \frac{e^{ax}}{(a^2+b^2)^2}\big((a^2-b^2)\cos bx + 2ab\sin bx\big)$

$$\boxed{\log x}$$

251. $\displaystyle\int \log x\,dx = x\log x - x$ $\qquad\displaystyle\int \log_a x\,dx = \frac{1}{\log a}(x\log x - x),\ \ 0 < a \neq 1$

252. $\displaystyle\int \log^2 x\,dx\ = x\log^2 x - 2x\log x + 2x$

253. $\displaystyle\int \log^3 x\,dx\ = x\log^3 x - 3x\log^2 x + 6x\log x - 6x$

254. $\displaystyle\int \log^n x\,dx\ = x\log^n x - n\int \log^{n-1} x\,dx$

255. $\displaystyle\int \frac{dx}{\log^n x}\quad = \frac{-x}{(n-1)\log^{n-1} x} + \frac{1}{n-1}\int \frac{dx}{\log^{n-1} x},\ \ n\neq 1,\ n=1\ [309\ 番]$

256. $\displaystyle\int x^n \log x\,dx = x^{n+1}\left(\frac{\log x}{n+1} - \frac{1}{(n+1)^2}\right),\ \ n\neq -1$

257. $\displaystyle\int \frac{\log^n x}{x}\,dx\ = \frac{\log^{n+1} x}{n+1}\ \ [n\neq -1]$

258. $\displaystyle\int \frac{\log x}{x^n}\,dx\ = \frac{-\log x}{(n-1)x^{n-1}} - \frac{1}{(n-1)^2 x^{n-1}},\ \ n\neq 1$

259. $\displaystyle\int \frac{dx}{x\log x}\,dx\ = \log\log x$

$$\boxed{\int \frac{e^x}{x}\,dx\ ,\ \int \frac{1}{\log x}\,dx\ ,\ \int \frac{x}{\log x}\,dx \quad \text{初等的に積分可能でない。304-306 ページを見よ。}}$$

8.3.5 双曲線関数の微分

| $\sinh ax$ | $\cosh ax$ | $\tanh ax$ | $\coth ax$ |

260. $\displaystyle\int \sinh ax\, dx = \frac{1}{a}\cosh ax$

261. $\displaystyle\int \cosh ax\, dx = \frac{1}{a}\sinh ax$

262. $\displaystyle\int \tanh ax\, dx = \frac{1}{a}\log\cosh ax$

263. $\displaystyle\int \coth ax\, dx = \frac{1}{a}\log\sinh ax$

264. $\displaystyle\int \sinh^2 ax\, dx = \frac{1}{2a}\sinh ax\cosh ax - \frac{1}{2}x$

265. $\displaystyle\int \cosh^2 ax\, dx = \frac{1}{2a}\sinh ax\cosh ax + \frac{1}{2}x$

266. $\displaystyle\int \tanh^2 ax\, dx = x - \frac{\tanh ax}{a}$

267. $\displaystyle\int \coth^2 ax\, dx = x - \frac{\coth ax}{a}$

268. $\displaystyle\int \sinh^n ax\, dx = \begin{cases} \dfrac{1}{an}\sinh^{n-1} ax\cosh ax - \dfrac{n-1}{n}\displaystyle\int \sinh^{n-2} ax\, dx, & n > 0 \\ \dfrac{1}{a(n+1)}\sinh^{n+1} ax\cosh ax - \dfrac{n+2}{n+1}\displaystyle\int \sinh^{n+2} ax\, dx, & n < 0 \\ & n \neq -1 \end{cases}$

269. $\displaystyle\int \cosh^n ax\, dx = \begin{cases} \dfrac{1}{an}\sinh ax\cosh^{n-1} ax + \dfrac{n-1}{n}\displaystyle\int \cosh^{n-2} ax\, dx, & n > 0 \\ \dfrac{-1}{a(n+1)}\sinh ax\cosh^{n+1} ax + \dfrac{n+2}{n+1}\displaystyle\int \cosh^{n+2} ax\, dx, & n < 0 \\ & n \neq -1 \end{cases}$

270. $\displaystyle\int \frac{dx}{\sinh ax} = \frac{1}{a}\log\tanh\frac{ax}{2}$

271. $\displaystyle\int \frac{dx}{\cosh ax} = \frac{2}{a}\arctan e^{ax}$

272. $\displaystyle\int \frac{dx}{\sinh ax\cosh ax} = \frac{1}{a}\log\tanh ax$

273. $\displaystyle\int x\sinh ax\, dx = \frac{1}{a}x\cosh ax - \frac{1}{a^2}\sinh ax$

274. $\displaystyle\int x\cosh ax\, dx = \frac{1}{a}x\sinh ax - \frac{1}{a^2}\cosh ax$

275. $\displaystyle\int \sinh ax\sinh bx\, dx = \frac{1}{a^2-b^2}(a\sinh bx\cosh ax - b\cosh bx\sinh ax),\quad a^2 \neq b^2$

276. $\displaystyle\int \cosh ax\cosh bx\, dx = \frac{1}{a^2-b^2}(a\sinh ax\cosh bx - b\sinh bx\cosh ax),\quad a^2 \neq b^2$

277. $\displaystyle\int \cosh ax\sinh bx\, dx = \frac{1}{a^2-b^2}(a\sinh bx\sinh ax - b\cosh bx\cosh ax),\quad a^2 \neq b^2$

278. $\displaystyle\int \sinh ax\cosh^n ax\, dx = \frac{\cosh^{n+1} ax}{a(n+1)},\quad n \neq -1$

279. $\displaystyle\int \cosh ax\sinh^n ax\, dx = \frac{\sinh^{n+1} ax}{a(n+1)},\quad n \neq -1$

280. $\displaystyle\int \sinh ax\sin ax\, dx = \frac{1}{2a}(\cosh ax\sin ax - \sinh ax\cos ax)$

281. $\displaystyle\int \cosh ax\cos ax\, dx = \frac{1}{2a}(\sinh ax\cos ax + \cosh ax\sin ax)$

282. $\displaystyle\int \sinh ax\cos ax\, dx = \frac{1}{2a}(\cosh ax\cos ax + \sinh ax\sin ax)$

283. $\displaystyle\int \cosh ax\sin ax\, dx = \frac{1}{2a}(\sinh ax\sin ax - \cosh ax\cos ax)$

8.3.6 逆三角関数の積分

$$\boxed{\arcsin x} \quad \boxed{\arccos x} \quad \boxed{\arctan x} \quad \boxed{\text{arccot } x}$$

284. $\displaystyle\int \arcsin\frac{x}{a}\,dx = x\arcsin\frac{x}{a} + \sqrt{a^2 - x^2}$

285. $\displaystyle\int x\arcsin\frac{x}{a}\,dx = \left(\frac{x^2}{2} - \frac{a^2}{4}\right)\arcsin\frac{x}{a} + \frac{x}{4}\sqrt{a^2 - x^2}$

286. $\displaystyle\int x^2 \arcsin\frac{x}{a}\,dx = \frac{x^3}{3}\arcsin\frac{x}{a} + \frac{1}{9}(x^2 + 2a^2)\sqrt{a^2 - x^2}$

287. $\displaystyle\int \frac{\arcsin\frac{x}{a}\,dx}{x^2} = -\frac{1}{x}\arcsin\frac{x}{a} - \frac{1}{a}\ln\frac{a+\sqrt{a^2-x^2}}{x}$

288. $\displaystyle\int \arccos\frac{x}{a}\,dx = x\arccos\frac{x}{a} - \sqrt{a^2 - x^2}$

289. $\displaystyle\int x\arccos\frac{x}{a}\,dx = \left(\frac{x^2}{2} - \frac{a^2}{4}\right)\arccos\frac{x}{a} - \frac{x}{4}\sqrt{a^2 - x^2}$

290. $\displaystyle\int x^2 \arccos\frac{x}{a}\,dx = \frac{x^3}{3}\arccos\frac{x}{a} - \frac{1}{9}(x^2 + 2a^2)\sqrt{a^2 - x^2}$

291. $\displaystyle\int \frac{\arccos\frac{x}{a}\,dx}{x^2} = -\frac{1}{x}\arccos\frac{x}{a} + \frac{1}{a}\ln\frac{a+\sqrt{a^2-x^2}}{x}$

292. $\displaystyle\int \arctan\frac{x}{a}\,dx = x\arctan\frac{x}{a} - \frac{a}{2}\ln(a^2 + x^2)$

293. $\displaystyle\int x\arctan\frac{x}{a}\,dx = \frac{1}{2}(x^2 + a^2)\arctan\frac{x}{a} - \frac{ax}{2}$

294. $\displaystyle\int x^2 \arctan\frac{x}{a}\,dx = \frac{x^3}{3}\arctan\frac{x}{a} - \frac{ax^2}{6} + \frac{a^3}{6}\ln(a^2 + x^2)$

295. $\displaystyle\int \frac{\arctan\frac{x}{a}\,dx}{x^2} = -\frac{1}{x}\arctan\frac{x}{a} - \frac{1}{2a}\ln\frac{a^2+x^2}{x^2}$

296. $\displaystyle\int \text{arccot}\frac{x}{a}\,dx = x\,\text{arccot}\frac{x}{a} + \frac{a}{2}\ln(a^2 + x^2)$

297. $\displaystyle\int x\,\text{arccot}\frac{x}{a}\,dx = \frac{1}{2}(x^2 + a^2)\text{arccot}\frac{x}{a} + \frac{ax}{2}$

298. $\displaystyle\int x^2 \,\text{arccot}\frac{x}{a}\,dx = \frac{x^3}{3}\text{arccot}\frac{x}{a} + \frac{ax^2}{6} - \frac{a^3}{6}\ln(a^2 + x^2)$

299. $\displaystyle\int \frac{\text{arccot}\frac{x}{a}\,dx}{x^2} = -\frac{1}{x}\text{arccot}\frac{x}{a} + \frac{1}{2a}\ln\frac{a^2+x^2}{x^2}$

$\left.\begin{array}{l}\displaystyle\int \frac{\arcsin ax}{x}\,dx \quad \displaystyle\int \frac{x}{\arccos ax}\,dx \\[8pt] \displaystyle\int \frac{\arctan ax}{x}\,dx \quad \displaystyle\int \frac{x}{\text{arccot } ax}\,dx\end{array}\right\}$ 初等的に積分可能でない．ヒント：べき級数 (79 ページ) により被積分関数を展開し，項別積分せよ！べき級数の商の積分については 75 ページあるいは **HM** の 348 ページ以下を見よ．[訳注 1)][伊藤]142-143 ページ

8.3.7 逆双曲線関数の積分

$$\boxed{\text{arsinh } x} \quad \boxed{\text{arcosh } x} \quad \boxed{\text{artanh } x} \quad \boxed{\text{arcoth } x}$$

300. $\displaystyle\int \text{arsinh } \frac{x}{a}\, dx = x \,\text{arsinh}\, \frac{x}{a} - \sqrt{x^2 + a^2}$

301. $\displaystyle\int \text{arcosh } \frac{x}{a}\, dx = x \,\text{arcosh}\, \frac{x}{a} - \sqrt{x^2 - a^2}$

302. $\displaystyle\int \text{artanh } \frac{x}{a}\, dx = x \,\text{artanh}\, \frac{x}{a} + \frac{a}{2}\log(a^2 - x^2)$

303. $\displaystyle\int \text{arcoth } \frac{x}{a}\, dx = x \,\text{arcoth}\, \frac{x}{a} + \frac{a}{2}\log(a^2 - x^2)$

8.3.8 初等的に積分可能でない関数

積分はべき級数によって示される.
76 ページのベルヌーイ数 B_n とオイラー数 E_n について見よ.

304. $\displaystyle\int \frac{\sin ax}{x}\, dx = ax - \frac{(ax)^3}{3\cdot 3!} + \frac{(ax)^5}{5\cdot 5!} \mp \cdots$ 関数 $\text{Si}(x) = \int_0^x \frac{\sin t}{t}\, dt$ を積分正弦と呼ぶ.

305. $\displaystyle\int \frac{x}{\sin ax}\, dx = \frac{1}{a^2}\Big(ax + \frac{(ax)^3}{3\cdot 3!} + \frac{7(ax)^5}{3\cdot 5\cdot 5!} + \cdots + \frac{2(2^{2n-1}-1)(-1)^{n-1} B_{2n} (ax)^{2n+1}}{(2n+1)!} + \cdots\Big)$

306. $\displaystyle\int \frac{\cos ax}{x}\, dx = \log|ax| - \frac{(ax)^2}{2\cdot 2!} + \frac{(ax)^4}{4\cdot 4!} - \frac{(ax)^6}{6\cdot 6!} \pm \cdots$

307. $\displaystyle\int \frac{x}{\cos ax}\, dx = \frac{1}{a^2}\Big(\frac{(ax)^2}{2\cdot 0!} + \frac{(ax)^4}{4\cdot 2!} + \frac{5(ax)^6}{6\cdot 4!} + \cdots + \frac{(-1)^n E_{2n} (ax)^{2n+2}}{(2n+2)(2n)!} + \cdots\Big)$

308. $\displaystyle\int \frac{e^{ax}}{x}\, dx = \log|x| + \frac{ax}{1\cdot 1!} + \frac{(ax)^2}{2\cdot 2!} + \frac{(ax)^3}{3\cdot 3!} + \frac{(ax)^4}{4\cdot 4!} + \cdots$

309. $\displaystyle\int \frac{1}{\log x}\, dx = \log|\log x| + \frac{\log x}{1\cdot 1!} + \frac{\log^2 x}{2\cdot 2!} + \frac{\log^3 x}{3\cdot 3!} + \cdots$ 置換 $z = \log x$ により $\displaystyle\int \frac{e^z}{z}\, dz$ となる.

310. $\displaystyle\int \frac{x}{\log x}\, dx \quad \begin{cases} z = \log x \\ e^z dz = dx \end{cases}$ という置換をすると $\displaystyle\int \frac{e^{2z}}{z}\, dz$ となる. 308 番を見よ.

311. $\displaystyle\int x \tan ax\, dx$
$= \dfrac{ax^3}{3} + \dfrac{a^3 x^5}{15} + \dfrac{2a^5 x^7}{105} + \dfrac{17 a^7 x^9}{2835} + \cdots + \dfrac{2^{2n}(2^{2n}-1)(-1)^{n-1} B_{2n} a^{2n-1} x^{2n+1}}{(2n+1)!} + \cdots$

312. $\displaystyle\int \frac{\tan ax\, dx}{x}$
$= ax + \dfrac{(ax)^3}{9} + \dfrac{2(ax)^5}{75} + \dfrac{17(ax)^7}{2205} + \cdots + \dfrac{2^{2n}(2^{2n}-1)(-1)^{n-1} B_{2n} (ax)^{2n-1}}{(2n-1)(2n)!} + \cdots$

313. $\displaystyle\int x \cot ax\, dx = \dfrac{x}{a} - \dfrac{ax^3}{9} - \dfrac{a^3 x^5}{225} - \cdots - \dfrac{2^{2n}(-1)^{n-1} B_{2n} a^{2n-1} x^{2n+1}}{(2n+1)!} + \cdots$

314. $\displaystyle\int \frac{\cot ax\, dx}{x} = -\dfrac{1}{ax} - \dfrac{ax}{3} - \dfrac{(ax)^3}{135} - \dfrac{2(ax)^5}{4725} - \cdots - \dfrac{2^{2n}(-1)^{n-1} B_{2n} (ax)^{2n-1}}{(2n-1)(2n)!} + \cdots$

8.4 定積分 (広義積分) の表

> 記号: $m, n \in \mathbb{N} = \{1, 2, 3, \cdots\}$
> $k, a, b \in \mathbb{R}$
> Γ : ガンマ関数, 5 ページを見よ

312. $\displaystyle\int_a^\infty \frac{dx}{x^k} = \begin{cases} \dfrac{1}{(k-1)a^{k-1}}, & k > 1 \text{ のとき} \\ \infty, & k \leq 1 \text{ のとき} \end{cases}, \quad a > 0$

313. $\displaystyle\int_0^a \frac{dx}{x^k} = \begin{cases} \infty, & k \geq 1 \text{ のとき} \\ \dfrac{-1}{(k-1)a^{k-1}}, & k < 1 \text{ のとき} \end{cases}, \quad a > 0$

314. $\displaystyle\int_0^\infty \frac{dx}{a+bx^2} = \frac{\pi}{2\sqrt{ab}}, \quad a, b > 0$

315. $\displaystyle\int_0^1 \frac{x\,dx}{\sqrt{1-x^2}} = 1$

316. $\displaystyle\int_0^1 \frac{dx}{\sqrt{1-x^2}} = \frac{\pi}{2}$

317. $\displaystyle\int_0^1 \frac{x^{2n}\,dx}{\sqrt{1-x^2}} = \frac{1\cdot 3\cdot 5\cdots (2n-1)}{2\cdot 4\cdot 6\cdots 2n}\cdot \frac{\pi}{2}$ [343 番と比較せよ, 置換: $x = \sin z$]

318. $\displaystyle\int_0^1 x^a(1-x)^b\,dx = 2\int_0^1 x^{2a+1}(1-x^2)^b\,dx = \frac{\Gamma(a+1)\Gamma(b+1)}{\Gamma(a+b+2)}$

319. $\displaystyle\int_0^\infty \frac{dx}{(1+x)x^a} = \frac{\pi}{\sin a\pi}, \quad a < 1$

320. $\displaystyle\int_0^\infty \frac{dx}{(1-x)x^a} = -\pi\cot a\pi, \quad a < 1$

321. $\displaystyle\int_0^\infty \frac{x\,dx}{e^x-1} = \frac{\pi^2}{6}$ [331 番と比較せよ, 置換: $e^x = \dfrac{1}{z}$]

322. $\displaystyle\int_0^\infty \frac{dx}{e^{ax}} = \frac{1}{a}, \quad a > 0$

323. $\displaystyle\int_0^\infty \frac{x\,dx}{e^x+1} = \frac{\pi^2}{12}$

324. $\displaystyle\int_0^\infty \frac{dx}{e^{ax^2}} = \int_{-\infty}^0 \frac{dx}{e^{ax^2}} = \frac{\sqrt{\pi}}{2\sqrt{a}}, \quad a > 0$

325. $\displaystyle\int_0^\infty \frac{x^2\,dx}{e^{ax^2}} = \frac{\sqrt{\pi}}{4a\sqrt{a}}, \quad a > 0$

326. $\displaystyle\int_0^\infty \frac{x^k}{e^{ax}}\,dx = \begin{cases} \dfrac{\Gamma(k+1)}{a^{k+1}}, & a > 0, \; k > -1 \\ \dfrac{k!}{a^{k+1}}, & a > 0, \; k \in \mathbb{N} \end{cases}$

327. $\displaystyle\int_0^\infty \frac{\sin ax}{e^{bx}}\,dx = \int_0^\infty \frac{\cos bx}{e^{ax}}\,dx = \frac{a}{a^2+b^2}, \quad a,b > 0$

328. $\displaystyle\int_0^\infty \frac{\sin x}{x\,e^{ax}}\,dx = \operatorname{arccot} a = \arctan\frac{1}{a}, \quad a > 0$

329. $\displaystyle\int_0^\infty \frac{\cos bx}{e^{ax^2}}\,dx = \frac{\sqrt{\pi}}{2\sqrt{a}\,e^{b^2/4a}}, \quad a > 0$

330. $\displaystyle\int_0^\infty \frac{\log x}{e^x}\,dx = \int_0^1 \log|\log x|\,dx = -C_E \approx -0.5772 \quad \begin{pmatrix} C_E : \text{オイラー定数} \\ C_E = \lim_{n\to\infty}\left(\sum_{k=1}^n \frac{1}{k} - \log n\right) \end{pmatrix}$

$\qquad\qquad\qquad = -\lim_{n\to\infty}\left((1 + \tfrac{1}{2} + \tfrac{1}{3} + \cdots + \tfrac{1}{n}) - \log n\right) = -C_E$

331. $\displaystyle\int_0^1 \frac{\log x}{x-1}\,dx \quad = \frac{\pi^2}{6} \quad$ [321 番と比較せよ. 置換: $\log x = -z$]

332. $\displaystyle\int_0^1 \frac{\log x}{x^2-1}\,dx \quad = \frac{\pi^2}{8}$

333. $\displaystyle\int_0^1 \sqrt{1-x^2}\,\log x\,dx = -\frac{\pi}{8} + \frac{\pi}{4}\log 2$

334. $\displaystyle\int_0^1 (\log x)^n\,dx \quad = (-1)^n\, n!$

335. $\displaystyle\int_0^1 \frac{\log x}{x+1}\,dx \quad = -\frac{\pi^2}{12}$

336. $\displaystyle\int_0^1 \frac{\log(1+x)}{x^2+1}\,dx \quad = \frac{\pi}{8}\log 2$

337. $\displaystyle\int_0^1 x\log(1+x)\,dx \quad = \frac{1}{4}$

338. $\displaystyle\int_0^1 \left(\log\frac{1}{x}\right)^k dx \quad = \begin{cases} \Gamma(k+1), \ (-1 < k < \infty)\ \text{の場合} \\ k!, \qquad k \in \mathbb{N}\ \text{の場合} \end{cases}$

339. $\displaystyle\int_0^{\pi/2} \sin x\,dx \quad = \int_0^{\pi/2} \cos x\,dx = 1$

340. $\displaystyle\int_0^\pi \sin x\,dx \quad = 2 \qquad\qquad\text{および}\qquad\qquad \int_0^\pi \cos x\,dx \ = \ 0$

341. $\displaystyle\int_0^{\pi/2} \sin^2 x\,dx \quad = \int_0^{\pi/2} \cos^2 x\,dx = \frac{\pi}{4}$

342. $\displaystyle\int_0^{\frac{\pi}{2}\cdot n} \sin^2(ax)\,dx = \int_0^{\frac{\pi}{2}\cdot n} \cos^2(ax)\,dx = \frac{\pi}{4}\cdot n, \ a \in \mathbb{Z}, \ n \in \mathbb{N}\ \text{に対して}$

343. $\displaystyle\int_0^{\pi/2} \sin^{2n} x\,dx \quad = \int_0^{\pi/2} \cos^{2n} x\,dx = \frac{1\cdot 3\cdot 5\cdots(2n-1)}{2\cdot 4\cdot 6\cdots 2n}\cdot\frac{\pi}{2} \quad \begin{bmatrix}\text{317 番と比較せよ} \\ \text{置換}: \sin x = z\end{bmatrix}$

344. $\displaystyle\int_0^{\pi/2} \sin^{2n+1} x\,dx \quad = \int_0^{\pi/2} \cos^{2n+1} x\,dx = \frac{2\cdot 4\cdot 6\cdots 2n}{3\cdot 5\cdot 7\cdots(2n+1)} = \frac{2^{2n}(n!)^2}{(2n+1)!}$

345. $\displaystyle\int_{-\infty}^\infty \sin x^2\,dx \quad = \int_{-\infty}^\infty \cos x^2\,dx = \sqrt{\frac{\pi}{2}}$

8.4 定積分 (広義積分) の表

346. $\displaystyle\int_0^{2\pi} \sin mx \sin nx\, dx = \left\{\begin{array}{ll} \pi, & m=n \text{ のとき} \\ 0, & m\neq n \text{ のとき} \end{array}\right\}$

347. $\displaystyle\int_0^{2\pi} \cos mx \cos nx\, dx = \left\{\begin{array}{ll} \pi, & m=n \text{ のとき} \\ 0, & m\neq n \text{ のとき} \end{array}\right\}$ 直交関係

348. $\displaystyle\int_0^{2\pi} \sin mx \cos nx\, dx = \quad 0$

$m, n \in \mathbb{Z}$

349. $\displaystyle\int_0^{\infty} \frac{\sin ax}{x}\, dx = \left\{\begin{array}{ll} \frac{\pi}{2}, & a>0 \text{ のとき} \\ -\frac{\pi}{2}, & a<0 \text{ のとき} \end{array}\right.$

350. $\displaystyle\int_0^{\alpha} \frac{\cos ax}{x}\, dx = \infty \quad [\alpha \text{ は任意}]$

351. $\displaystyle\int_0^{\infty} \frac{\tan ax}{x}\, dx = \left\{\begin{array}{ll} \frac{\pi}{2}, & a>0 \text{ のとき} \\ -\frac{\pi}{2}, & a<0 \text{ のとき} \end{array}\right.$

352. $\displaystyle\int_0^{\infty} \frac{\cos ax - \cos bx}{x}\, dx = \log\frac{b}{a}$

353. $\displaystyle\int_0^{\infty} \frac{\sin x \cos ax}{x}\, dx = \left\{\begin{array}{ll} \frac{\pi}{2}, & |a|<1 \text{ のとき} \\ \frac{\pi}{4}, & |a|=1 \text{ のとき} \\ 0, & |a|>1 \text{ のとき} \end{array}\right.$

354. $\displaystyle\int_0^{\infty} \frac{\sin x}{\sqrt{x}}\, dx = \int_0^{\infty} \frac{\cos x}{\sqrt{x}}\, dx = \sqrt{\frac{\pi}{2}}$

355. $\displaystyle\int_0^{\infty} \frac{\cos ax}{1+x^2}\, dx = \frac{\pi}{2\,\mathrm{e}^{|a|}}$

356. $\displaystyle\int_0^{\infty} \frac{\sin^2 ax}{x^2}\, dx = \frac{\pi}{2}|a|$

357. $\displaystyle\int_0^{\frac{\pi}{2}} \log\sin x\, dx = \int_0^{\frac{\pi}{2}} \log\cos x\, dx = -\frac{\pi}{2}\log 2$

358. $\displaystyle\int_0^{\pi} x\log\sin x\, dx = -\frac{\pi^2 \log 2}{2}$

359. $\displaystyle\int_0^{\frac{\pi}{2}} \log\tan x\, dx = 0$

360. $\displaystyle\int_0^{\frac{\pi}{4}} \log(1+\tan x)\, dx = \int_0^1 \frac{\log(1+x)}{x^2+1}\, dx = \frac{\pi}{8}\log 2$

361. $\displaystyle\int_0^{\frac{\pi}{2}} \sin x \log\sin x\, dx = \log 2 - 1$

362. $\displaystyle\int_{-\infty}^{\infty} \mathrm{e}^{-ax^2}\, dx = \sqrt{\frac{\pi}{a}}$
363. $\displaystyle\int_{-\infty}^{\infty} \mathrm{e}^{-\frac{1}{2}\frac{(x-a)^2}{\sigma^2}}\, dx = \sqrt{2\pi}\,\sigma$

8.5 楕円積分

$\int R(x, \sqrt{ax^3+bx^2+cx+d}\,)\,dx$
$\int R(x, \sqrt{ax^4+bx^3+cx^2+dx+e}\,)\,dx$ 楕円積分は一般的に初等関数によって表せない.
変形によってルジャンドルの正規形を得る.
対応する定積分 (下端 $= 0$) は次のようになる.

$$F(k,\varphi) = \int_0^\varphi \frac{d\psi}{\sqrt{1-k^2\sin^2\psi}} = \int_0^{\sin\varphi} \frac{dt}{\sqrt{1-t^2}\sqrt{1-k^2t^2}} \quad \text{楕円積分第 1 種}$$

$$E(k,\varphi) = \int_0^\varphi \sqrt{1-k^2\sin^2\psi}\,d\psi = \int_0^{\sin\varphi} \sqrt{\frac{1-k^2t^2}{1-t^2}}\,dt \quad \text{楕円積分第 2 種}$$

$$\Pi(h,k,\varphi) = \int_0^\varphi \frac{d\psi}{(1+h\sin^2\psi)\sqrt{1-k^2\sin^2\psi}} \quad \text{楕円積分第 3 種}$$

楕円積分第 1 種 $F(k,\varphi)$, $k=\sin\alpha$:

α φ $\;\;k$	0° sin 0°	10° sin 10°	20° sin 20°	30° sin 30°	40° sin 40°	50° sin 50°	60° sin 60°	70° sin 70°	80° sin 80°	90° sin 90°
0°	0.0000	0.0000	0.0000	0.0000	0.0000	0.0000	0.0000	0.0000	0.0000	0.0000
10°	0.1745	0.1746	0.1746	0.1748	0.1749	0.1751	0.1752	0.1753	0.1754	0.1754
20°	0.3491	0.3493	0.3499	0.3508	0.3520	0.3533	0.3545	0.3555	0.3561	0.3564
30°	0.5236	0.5243	0.5263	0.5294	0.5334	0.5379	0.5422	0.5459	0.5484	0.5493
40°	0.6981	0.6997	0.7043	0.7116	0.7213	0.7323	0.7436	0.7535	0.7604	0.7629
50°	0.8727	0.8756	0.8842	0.8982	0.9173	0.9401	0.9647	0.9876	1.0044	1.0107
60°	1.0472	1.0519	1.0660	1.0896	1.1226	1.1643	1.2126	1.2619	1.3014	1.3170
70°	1.2217	1.2286	1.2495	1.2853	1.3372	1.4068	1.4944	1.5959	1.6918	1.7354
80°	1.3963	1.4056	1.4344	1.4846	1.5597	1.6660	1.8125	1.0119	1.2653	2.4362
90°	1.5708	1.5828	1.6200	1.6858	1.7868	1.9356	2.1565	2.5046	3.1534	∞

楕円積分第 2 種 $E(k,\varphi)$, $k=\sin\alpha$:

α φ $\;\;k$	0° sin 0°	10° sin 10°	20° sin 20°	30° sin 30°	40° sin 40°	50° sin 50°	60° sin 60°	70° sin 70°	80° sin 80°	90° sin 90°
0°	0.0000	0.0000	0.0000	0.0000	0.0000	0.0000	0.0000	0.0000	0.0000	0.0000
10°	0.1745	0.1745	0.1744	0.1743	0.1742	0.1740	0.1739	0.1738	0.1737	0.1736
20°	0.3491	0.3489	0.3483	0.3473	0.3462	0.3450	0.3438	0.3429	0.3422	0.3420
30°	0.5236	0.5229	0.5209	0.5179	0.5141	0.5100	0.5061	0.5029	0.5007	0.5000
40°	0.6981	0.3966	0.6921	0.6851	0.6763	0.6667	0.6575	0.6497	0.6446	0.6428
50°	0.8727	0.8698	0.8614	0.8483	0.8317	0.8134	0.7954	0.7801	0.7697	0.7660
60°	1.0472	1.0426	1.0290	1.0076	0.9801	0.9493	0.9184	0.8914	0.8728	0.8660
70°	1.2217	1.2149	1.1949	1.1632	1.1221	1.0750	1.0266	0.9830	0.9514	0.9397
80°	1.3963	1.3870	1.3597	1.3161	1.2590	1.1926	1.1225	1.0565	1.0054	0.9848
90°	1.5708	1.5589	1.5283	1.4675	1.3931	1.3055	1.2111	1.1184	1.0401	1.0000

例: 楕円周 ($k = $ 楕円の離心率のときの楕円積分第 2 種):
離心率 $k = \sin\alpha = \frac{\sqrt{a^2-b^2}}{a}$ ($=\varepsilon$, 24 ページを見よ) のときの楕円 $\frac{x^2}{a^2} + \frac{y^2}{b^2} = 1$

は周長 $\boxed{U = 4a\int_0^{\frac{\pi}{2}} \sqrt{1-k^2\sin^2\psi}\,d\psi = 4aE\left(k,\frac{\pi}{2}\right)}$ を持つ.

楕円 $\frac{x^2}{4} + y^2 = 1$ に対して特に ($a=2, b=1 \Rightarrow k = \sin\alpha = \frac{1}{2}\sqrt{3}, \alpha = 60°$)

$U = 8\int_0^{\frac{\pi}{2}} \sqrt{1-\frac{3}{4}\sin^2\psi}\,d\psi = 8E\left(\frac{1}{2}\sqrt{3}, \frac{\pi}{2}\right) = 8E(\sin 60°, 90°) = 8 \cdot 1.2111 = \underline{\underline{9.6888}}.$

28 ページの近似式を用いて, $U \approx \pi\left(3\frac{a+b}{2} - \sqrt{ab}\right) = \pi\left(3\frac{2+1}{2} - \sqrt{2}\right) = \underline{\underline{9.6943}}$

8.6 ラプラス変換

$$\boxed{\begin{array}{c}\text{ラプラス変換}\\ f(t) \;\circ\!\!-\!\!\bullet\; F(s) \quad\Longleftrightarrow\quad F(s)=\int_0^\infty \mathrm{e}^{-st}f(t)\,dt\end{array}}$$

線型性	$\alpha f(t)+\beta g(t)$	$\circ\!\!-\!\!\bullet$	$\alpha F(s)+\beta G(s)$
畳み込み	$(f*g)(t)$	$\circ\!\!-\!\!\bullet$	$F(s)\cdot G(s),\ \text{ここで}\ (f*g)(t):=\int_0^t f(t-\tau)g(\tau)\,d\tau$
積分	$\int_0^t f(\tau)\,d\tau$	$\circ\!\!-\!\!\bullet$	$\frac{1}{s}F(s)$
微分	$f'(t)$	$\circ\!\!-\!\!\bullet$	$sF(s)-f(0^+)$
	$f''(t)$	$\circ\!\!-\!\!\bullet$	$s^2F(s)-\bigl(sf(0^+)+f'(0^+)\bigr)$
	$f^{(n)}(t)$	$\circ\!\!-\!\!\bullet$	$s^nF(s)-\displaystyle\sum_{k=1}^{n}s^{n-k}f^{(k-1)}(0^+)$
平行移動	$f(t-a)$	$\circ\!\!-\!\!\bullet$	$\mathrm{e}^{-as}F(s),\ a>0$
	$f(t+a)$	$\circ\!\!-\!\!\bullet$	$\mathrm{e}^{as}\bigl(F(s)-\int_0^a \mathrm{e}^{-st}f(t)\,dt\bigr),\ a>0$
相似性	$f(at)$	$\circ\!\!-\!\!\bullet$	$\frac{1}{a}F(\frac{s}{a}),\ a>0$
減衰	$\mathrm{e}^{-at}f(t)$	$\circ\!\!-\!\!\bullet$	$F(s+a)$
乗法	$t^n f(t)$	$\circ\!\!-\!\!\bullet$	$(-1)^n F^{(n)}(s)$
除法	$\frac{1}{t}f(t)$	$\circ\!\!-\!\!\bullet$	$\int_s^\infty F(u)\,du$

$f(t)$	$\circ\!\!-\!\!\bullet\ F(s)$	$f(t)$	$\circ\!\!-\!\!\bullet\ F(s)$
1	$\frac{1}{s}$	$\frac{1}{a}\sin at$	$\frac{1}{s^2+a^2}$
e^{-at}	$\frac{1}{s+a}$	$\cos at$	$\frac{s}{s^2+a^2}$
t	$\frac{1}{s^2}$	$\frac{1}{a}\mathrm{e}^{-bt}\sin at$	$\frac{1}{(s+b)^2+a^2}$
$\frac{1}{a}(1-\mathrm{e}^{-at})$	$\frac{1}{s(s+a)}$	$\mathrm{e}^{-bt}\bigl(\cos at-\frac{b}{a}\sin at\bigr)$	$\frac{s}{(s+b)^2+a^2}$
$\frac{1}{b-a}(\mathrm{e}^{-at}-\mathrm{e}^{-bt})$	$\frac{1}{(s+a)(s+b)}$	$\frac{1}{2}t^2$	$\frac{1}{s^3}$
$\frac{1}{a-b}(a\,\mathrm{e}^{-at}-b\,\mathrm{e}^{-bt})$	$\frac{s}{(s+a)(s+b)}$	$\frac{1}{a^2}(\mathrm{e}^{-at}+at-1)$	$\frac{1}{s^2(s+a)}$
$t\,\mathrm{e}^{-at}$	$\frac{1}{(s+a)^2}$	$\frac{1}{ab(a-b)}\bigl((a-b)+b\,\mathrm{e}^{-at}-a\,\mathrm{e}^{-bt}\bigr)$	$\frac{1}{s(s+a)(s+b)}$
$\mathrm{e}^{-at}(1-at)$	$\frac{s}{(s+a)^2}$	$\frac{1}{a^2}(1-\mathrm{e}^{-at}-at\,\mathrm{e}^{-at})$	$\frac{1}{s(s+a)^2}$
$\frac{1}{a}\sinh(at)$	$\frac{1}{s^2-a^2}$	$\frac{t^2}{2}\mathrm{e}^{-at}$	$\frac{1}{(s+a)^3}$
$\cosh(at)$	$\frac{s}{s^2-a^2}$	$\mathrm{e}^{-at}t\bigl(1-\frac{a}{2}t\bigr)$	$\frac{s}{(s+a)^3}$

8.7 超関数

超関数とは，一般化された関数である．重要な例としては*デルタ関数* $\delta(x)$ があり，*ディラック測度*とも呼ばれる．

8.7.1 デルタ測度 (デルタ関数)

デルタ測度とは，例えば次のような関数列の (超関数の意味での) 極限である：

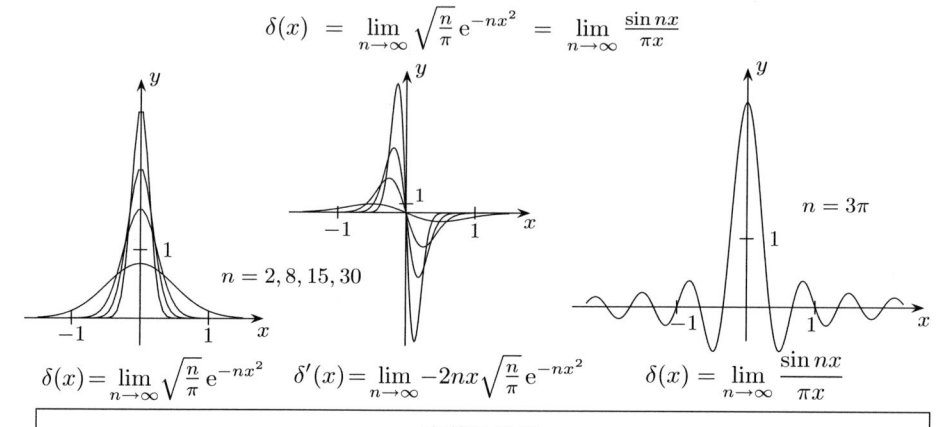

$$\delta(x) = \lim_{n\to\infty} \sqrt{\frac{n}{\pi}}\, e^{-nx^2} = \lim_{n\to\infty} \frac{\sin nx}{\pi x}$$

$\delta(x) = \lim_{n\to\infty} \sqrt{\frac{n}{\pi}}\, e^{-nx^2}$ $\delta'(x) = \lim_{n\to\infty} -2nx\sqrt{\frac{n}{\pi}}\, e^{-nx^2}$ $\delta(x) = \lim_{n\to\infty} \frac{\sin nx}{\pi x}$

定義の性質
$\delta(x) = \begin{cases} 0 & x \neq 0 \\ \infty & x = 0 \end{cases}$; $\int_{-\infty}^{\infty} \delta(x)\, dx = 1$; $\int_{-\infty}^{\infty} f(x)\, \delta(x)\, dx = f(0)$.

計算法則
$\delta(-x) = \delta(x)$, $f(x)\, \delta(x - x_0) = f(x_0)\, \delta(x - x_0)$, $\delta(g(x)) = \sum_{g(x_n)=0} \frac{\delta(x - x_n)}{|g'(x_n)|}$.

超関数の意味で次が成り立つ．

デルタ測度は

　ヘヴィサイド関数 $H(x) := \chi_{[0,\infty)} = \begin{cases} 0, & x < 0 \\ 1, & x \geq 0 \end{cases}$ の導関数．

デルタ測度の導関数 δ' は双極子とも呼ばれる．
　略図は上を見よ．

ラプラス変換: $\delta(t - t_0) \;\circ\!\!-\!\!\bullet\; F(s) = \int_0^\infty \delta(t - t_0)\, e^{-st}\, dt = \begin{cases} e^{-st_0}, & t_0 \geq 0 \text{ の場合} \\ 0, & \text{それ以外} \end{cases}$

フーリエ変換:
$$FT\big(\delta(t - t_0)\big)(s) = \frac{1}{\sqrt{2\pi}} \int_{-\infty}^{\infty} \delta(t - t_0)\, e^{-ist}\, dt = \frac{1}{\sqrt{2\pi}}\, e^{-ist_0}$$
$$FT\big(e^{is_0 t}\big)(s) = \frac{1}{\sqrt{2\pi}} \int_{-\infty}^{\infty} e^{i(s-s_0)t}\, dt = \sqrt{2\pi}\, \delta(s - s_0)$$

フーリエ展開: $\delta(t - t_0) = \frac{1}{2\pi} \sum_{n=-\infty}^{\infty} e^{in(t - t_0)} = \frac{1}{2\pi} + \frac{1}{\pi} \sum_{n=-\infty}^{\infty} \cos n(t - t_0)$

8.7.2 一般の超関数

一般の超関数を導入するには (少なくとも) 2 つの可能性がある:

- 1 つ目は一般の超関数はある決まった同値関係に関するある**関数列** (g_n) の同値類として定義される.

この意味において, 連続関数 f は定数列 $g_n = f$ によって, デルタ関数は 8.7.1 項の関数級数によって表現される.

局所的可積分関数で代表される超関数は**正則**と呼ばれる. デルタ関数は正則ではない.

- 超関数は試験関数 (何回でもコンパクト台を持つ微分可能な関数) の空間 $\mathcal{D}$ 上における**連続線型汎関数**として定義されることも多い.

デルタ関数はこのとき次のような汎関数である.
$$\langle \delta, \psi \rangle := \int_{-\infty}^{\infty} \delta \cdot \psi = \psi(0), \quad \text{すべての } \psi \in \mathcal{D} \text{ に対して}$$
特に $\langle \delta(t), \psi(x+t) \rangle := \int_{-\infty}^{\infty} \delta \cdot \psi \, dt = \psi(x), \quad \text{すべての } x \in \mathbb{R} \text{ に対して}$
連続関数 g は汎関数 $g(\psi) := \int_{-\infty}^{\infty} g \cdot \psi$ を同一視して, それにより超関数の例となる.

8.7.3 超関数の微分

超関数は何回でも微分可能である.
ある超関数 f の導関数 f' は, 次 (部分積分!) によって定義される.
$$\langle f', \psi \rangle := \int_{-\infty}^{\infty} f' \cdot \psi := -\int_{-\infty}^{\infty} f \cdot \psi' = -\langle f, \psi' \rangle, \quad \text{すべての試験関数 } \psi \text{ に対して.}$$
n 次導関数に対して同様に: $\langle f^{(n)}, \psi \rangle := (-1)^n \langle f, \psi^{(n)} \rangle$
超関数に対して極限移行と微分は交換可能である. すなわち $f = \lim f_n$ に対して $f' = \lim f_n'$ となる.
デルタ関数の導関数は例えば $\langle \delta', \psi \rangle = -\psi'(0)$ あるいは $\delta' = \lim_n -2nx\sqrt{n/\pi}\, e^{-nx^2}$ となる.
ヘヴィサイド関数 $H(x) := \chi_{[0,\infty)}$ の導関数はデルタ関数である:
$$\langle H', \psi \rangle = -\langle H, \psi' \rangle = -\int_0^{\infty} \psi' = -\psi\Big|_0^{\infty} = \psi(0) = \langle \delta, \psi \rangle$$
L を線型微分演算子, かつ f_{t_0} を $Lf_{t_0} = \delta(t - t_0)$ となる超関数, f_{t_0} を L の t_0 における**基本解**と呼ぶ.
例えば, ニュートンポテンシャルはラプラス演算子 Δ に対する基本解である.

8.7.4 超関数の畳み込み

超関数 f と g に対する $f*g$ は少しの仮定が必要な補足条件の下で次のように定義される.
$$\langle f*g, \psi \rangle := \langle f, \varphi \rangle = \langle f(x), \langle g(t), \psi(x+t) \rangle \rangle$$
例: デルタ関数は畳み込みに関する単位元である. すなわち, 超関数 f はデルタ関数に畳み込まれると再び f を生じる:
$$\langle f*\delta, \psi \rangle = \langle f(x), \langle \delta(t), \psi(x+t) \rangle \rangle = \langle f, \psi \rangle$$
超関数の積は一般には定義されない. C^{∞} 関数 a と超関数 f の積は再び超関数となる.
$$\langle af, \psi \rangle := \langle f, a\psi \rangle$$

9 微分幾何学
9.1 座標系

平面上の点の表示

x,y はデカルト座標と呼ばれる.
r,φ は極座標と呼ばれる.
($r \geq 0$, $0 \leq \varphi < 2\pi$)

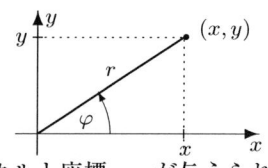

座標変換

極座標 r,φ が与えられたとき

$x = r\cos\varphi$
$y = r\sin\varphi$

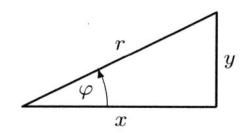

デカルト座標 x,y が与えられたとき

$r = \sqrt{x^2 + y^2}$
$\tan\varphi = \frac{y}{x}$ ($x \neq 0$)　象限に注意！

あるいは (すべての $(x,y) \neq (0,0)$ に対して):
$\cos\varphi = \frac{x}{r}$ そして $\sin\varphi = \frac{y}{r}$

空間上の点の表示

x,y,z はデカルト座標と呼ばれる.

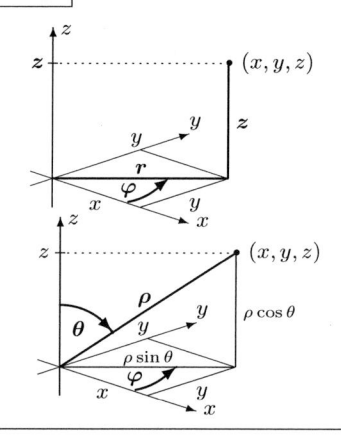

r,φ,z は円柱座標と呼ばれる.
$x = r\cos\varphi$　　$0 \leq r$
$y = r\sin\varphi$　　$0 \leq \varphi < 2\pi$
$z = z$

ρ,θ,φ は極座標と呼ばれる.
θ は天頂角である. M2 を見よ.
$x = \rho\sin\theta\cos\varphi$　　$0 \leq \rho$
$y = \rho\sin\theta\sin\varphi$　　$0 \leq \theta \leq \pi$
$z = \rho\cos\theta$　　$0 \leq \varphi < 2\pi$

9.2 平面曲線

平面曲線の表示

$\boxed{1}$	陽関数 (デカルト) 表示	$y = f(x)$,	$a \leq x \leq b$
$\boxed{2}$	陰関数 (デカルト) 表示	$F(x,y) = 0$	
$\boxed{3}$	極座標表示	$r = r(\varphi)$,	$\varphi_0 \leq \varphi \leq \varphi_1$
$\boxed{4}$	パラメータ表示	$\vec{x} = \vec{x}(t) = \begin{pmatrix} x(t) \\ y(t) \end{pmatrix}$,	$t_0 \leq t \leq t_1$

9.2 平面曲線

平面曲線
接線ベクトル，法線ベクトル，弧長と曲率

	陽関数表示	極座標	パラメータ
曲線	$y = f(x)$ $a \leq x \leq b$	$r = r(\varphi)$ $\varphi_0 \leq \varphi \leq \varphi_1$	$\vec{x} = \vec{x}(t) = \begin{pmatrix} x(t) \\ y(t) \end{pmatrix}$ $t_0 \leq t \leq t_1$
曲線の点 $\vec{x}$	$\begin{pmatrix} x \\ f(x) \end{pmatrix}$	$\begin{pmatrix} r(\varphi)\cos\varphi \\ r(\varphi)\sin\varphi \end{pmatrix}$	$\begin{pmatrix} x(t) \\ y(t) \end{pmatrix}$
接線ベクトル $\vec{t}$	$\begin{pmatrix} 1 \\ f'(x) \end{pmatrix}$	$\begin{pmatrix} \dot{r}(\varphi)\cos\varphi - r(\varphi)\sin\varphi \\ \dot{r}(\varphi)\sin\varphi + r(\varphi)\cos\varphi \end{pmatrix}$	$\begin{pmatrix} \dot{x}(t) \\ \dot{y}(t) \end{pmatrix}$
法線ベクトル $\vec{n}$	$\begin{pmatrix} -f'(x) \\ 1 \end{pmatrix}$	$\begin{pmatrix} -r\cos\varphi - \dot{r}\sin\varphi \\ -r\sin\varphi + \dot{r}\cos\varphi \end{pmatrix}$	$\begin{pmatrix} -\dot{y}(t) \\ \dot{x}(t) \end{pmatrix}$
長さ L	$\int_a^b \sqrt{1 + (f'(x))^2}\,dx$	$\int_{\varphi_0}^{\varphi_1} \sqrt{r(\varphi)^2 + \dot{r}(\varphi)^2}\,d\varphi$	$\int_{t_0}^{t_1} \sqrt{\dot{x}(t)^2 + \dot{y}(t)^2}\,dt$
曲率 κ	$\dfrac{f''(x)}{(1+(f'(x))^2)^{3/2}}$	$\dfrac{r^2 + 2\dot{r}^2 - r\ddot{r}}{(r^2+\dot{r}^2)^{3/2}}$	$\dfrac{\dot{x}\ddot{y} - \ddot{x}\dot{y}}{(\dot{x}^2+\dot{y}^2)^{3/2}}$

曲線の点 $\vec{x}_0$ における接線: $\vec{x} = \vec{x}_0 + s\vec{t}_0$, $s \in \mathbb{R}$

曲率半径 ρ: $\quad \rho = \dfrac{1}{|\kappa|}$

曲率円の中心 $\vec{x}_M$: $\quad \vec{x}_M = \vec{x}_0 + \dfrac{1}{\kappa} \dfrac{\vec{n}}{|\vec{n}|}$

与えられた曲線 (伸開線) のすべての
　　曲率中心点が作る曲線をその縮閉線と呼ぶ.

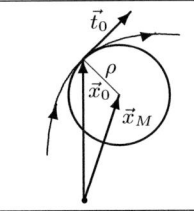

例: 放物線 $y = x^2$ の縮閉線

$\kappa = \dfrac{2}{(1+4x^2)^{3/2}}$, $\vec{n} = \begin{pmatrix} -2x \\ 1 \end{pmatrix}$, $|\vec{n}| = \sqrt{1+4x^2}$

$\vec{x}_M = \begin{pmatrix} x \\ x^2 \end{pmatrix} + \dfrac{(1+4x^2)^{3/2}}{2(1+4x^2)^{1/2}} \begin{pmatrix} -2x \\ 1 \end{pmatrix} = \begin{pmatrix} -4x^3 \\ \frac{1}{2} + 3x^2 \end{pmatrix}$

$\implies$ 縮閉線: $y = \dfrac{1}{2} + 3\left(\dfrac{x}{4}\right)^{2/3}$，ネイルの放物線

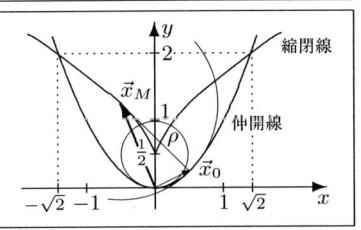

パラメータとしての弧の長さ

$\vec{x} = \vec{x}(s)$ を，弧長 s を持つ平面曲線のパラメータ表示とする. s に関する導関数を $()'$ と表すならば, 特に以下となる.

$\vec{x}'(s) \quad$ 曲線の点 $\vec{x}(s)$ における単位接線ベクトル

$\vec{x}''(s) \quad$ 長さ $|\vec{x}''(s)| = |\kappa| = \dfrac{1}{\rho}$ の $\vec{x}(s)$ における法線ベクトルであり, 曲線の点から曲率円の中心 $\vec{x}_M(s)$ の方向へ向いている.

$\vec{x}_M \quad$ 曲率円の中心: $\vec{x}_M(s) = \vec{x}(s) + \rho^2 \vec{x}''(s)$

次のページに出てくる曲面積については **145** ページを見よ.

9.3 平面曲線

名称	軌跡の説明	略図
サイクロイド	ある直線にそって半径 r の円が転がるときの円周上の円が描く曲線.	
エピサイクロイド	半径 R の外側を半径 r の円が転がるとき，転がる円の円周上の点が描く曲線. 曲線の外観は半径の比 $m=R:r$ に依存する.	
カージオイド	$m=1$ すなわち，$r=R=\frac{a}{2}$ のときの特別なエピサイクロイド. ただし固定円の中心は $(\frac{a}{2},0)$.	
ハイポサイクロイド	半径 R の内側を半径 r の円が転がるときの転がる円の円周上の点が描く曲線. 曲線の外観は半径の比 $m=R:r$ に依存する.	
アステロイド	$m=4$ すなわち $R=4r$ のときのハイポサイクロイド. 曲線の各接線に対して線分 $\overline{AB}$ の長さは R に等しい.	

方程式	諸公式	
$x = r(t - \sin t)$ $y = r(1 - \cos t)$ (t は回転角である)	弧長 面積 サイクロイドより下のもの 曲率半径	$L = 8r$ $F = 3\pi r^2$ $\rho = 4r \sin \frac{t}{2}$
$x = (R+r)\cos\varphi - r\cos(\frac{R+r}{r}\varphi)$ $y = (R+r)\sin\varphi - r\sin(\frac{R+r}{r}\varphi)$ 曲線のパラメータとして用いられている φ は極座標で用いられている回転角と同じものである. 回転角 t をパラメータとしてとれば, $\varphi = \frac{r}{R}t$ となる.	弧長 (m が有理数のとき) 面積 円とエピサイクロイドの間のもの (整数 m に対して) 曲率半径	$L = 8(R+r)$ $F = \pi r^2 \frac{3R+2r}{R} m$ $\rho = \frac{4r(R+r)}{2r+R} \sin \frac{R\varphi}{2r}$
$x = a\cos\varphi(1+\cos\varphi)$ $y = a\sin\varphi(1+\cos\varphi)$ 極座標では: $r = a(1+\cos\varphi)$ デカルト座標では: ($a > 0$) $(x^2+y^2)(x^2+y^2-2ax) - a^2 y^2 = 0$	弧長 面積 曲率半径 ($\varphi \neq \pi$ のとき φ に依存する) $A = (\frac{3}{4}a, \sqrt{3} \cdot \frac{3}{4}a)$ $\varphi = \frac{\pi}{3}$ のとき	$L = 8a$ $F = \frac{3}{2}\pi a^2$ $\rho = \frac{4}{3} a \cos \frac{\varphi}{2}$ $B = (\frac{3}{4}a, -\sqrt{3} \cdot \frac{3}{4}a)$ $\varphi = \frac{5}{3}\pi$ のとき
$x = (R-r)\cos\varphi + r\cos(\frac{R-r}{r}\varphi)$ $y = (R-r)\sin\varphi - r\sin(\frac{R-r}{r}\varphi)$ (回転角 t に対してエピサイクロイドと同様の関係が成り立つ.)	弧長 (m が有理数のとき) 面積 整数 m に対する円と曲線の間のもの	$L = 8(R-r)$ $F = r^2 \pi (\frac{3R-2r}{R}) m$
	$m = 3$ のとき (略図を見よ) 曲線で囲まれた面積	$L = 16r$, $F = 7\pi r^2$ $F_e = 2\pi r^2$
$x^{2/3} + y^{2/3} = R^{2/3}$ パラメータ表示: $x = R\cos^3\varphi$, $y = R\sin^3\varphi$	弧長 曲線で囲まれた面積	$L = 6R$ $F = \frac{3}{8}\pi R^2$

名称	軌跡の説明	略図
レムニスケート	2定点 $(-c,0)$ と $(c,0)$ からの距離 r_1 と r_2 の積が $r_1 r_2 = c^2$ で一定となるすべての点の軌跡.	
アルキメデスのらせん	原点(極)からの距離が回転角に比例するすべての点の軌跡.	
双曲らせん	原点(極)からの距離が回転角に反比例するすべての点の軌跡.	
対数らせん	原点から出ているすべての線との角が α に等しくなる曲線.	
カテナリー (懸垂線)	曲げやすいが伸縮性のない綱が2点でつるされるとき,カテナリーの形状をとる.	

9.3 平面曲線

方程式	諸公式
$(x^2+y^2)^2 - 2c^2(x^2-y^2) = 0$ 極座標では $(c>0)$: $r = c\sqrt{2\cos 2\varphi}$, $\quad -\frac{\pi}{4} \leq \varphi \leq \frac{\pi}{4}$ $\phantom{r = c\sqrt{2\cos 2\varphi},}\quad \frac{3\pi}{4} \leq \varphi \leq \frac{5\pi}{4}$	**面積** 各閉曲線で囲まれたもの $\quad F = c^2$ **曲率半径** ρ 半径 $r \neq 0$ の曲線の点 $\quad \rho = \frac{2c^2}{3r}$ におけるもの 極大 A,B: $\quad (\pm\frac{c}{2}\cdot\sqrt{3}, \frac{c}{2}), \varphi = \frac{\pi}{6}, \frac{5}{6}\pi$ 極小 A,B: $\quad (\pm\frac{c}{2}\cdot\sqrt{3}, -\frac{c}{2}), \varphi = \frac{7}{6}\pi, -\frac{\pi}{6}$
$\left.\begin{array}{l} x = a\varphi\cos\varphi \\ y = a\varphi\sin\varphi \end{array}\right\} a > 0$ 極座標では: $r = a\varphi$	**弧長** $\quad L = \frac{a}{2} \cdot \left[\varphi\sqrt{1+\varphi^2} + \mathrm{arsinh}\,\varphi\right]_{\varphi_1}^{\varphi_2}$ φ_1 と φ_2 の間のもの **面積** φ_1 と φ_2 の間の扇形の $\quad F = \frac{a^2}{6}(\varphi_2^3 - \varphi_1^3)$ もの **曲率半径** $\quad \rho = a\frac{(1+\varphi^2)^{3/2}}{2+\varphi^2}$
$\left.\begin{array}{l} x = \frac{a}{\varphi}\cos\varphi \\ y = \frac{a}{\varphi}\sin\varphi \end{array}\right\} a > 0$ 極座標では: $r = \frac{a}{\varphi}$ 漸近線: $\quad y = a$	**弧長** $\quad L = a \cdot \left[\mathrm{arsinh}\,\varphi - \frac{\sqrt{1+\varphi^2}}{\varphi}\right]_{\varphi_1}^{\varphi_2}$ φ_1 と φ_2 の間のもの **面積** φ_1 と φ_2 の間の扇形の $\quad F = \frac{a^2}{2}\left(\frac{1}{\varphi_1} - \frac{1}{\varphi_2}\right)$ もの **曲率半径** $\quad \rho = \frac{a}{\varphi^4}(1+\varphi^2)^{3/2}$
$\left.\begin{array}{l} x = \mathrm{e}^{a\varphi}\cos\varphi \\ y = \mathrm{e}^{a\varphi}\sin\varphi \end{array}\right\} a > 0$ 極座標では: $r = \mathrm{e}^{a\varphi}$ $\alpha = \mathrm{arccot}\,a,$ $\tan\alpha = \frac{1}{a}.$	**弧長** φ_1 と φ_2 との間のもの $\quad L = \left[\frac{\sqrt{1+a^2}}{a}\mathrm{e}^{a\varphi}\right]_{\varphi_1}^{\varphi_2}$ $-\infty$ と 0 の間のもの $\quad L_\infty = \frac{\sqrt{1+a^2}}{a}$ (有限!) **面積** φ_1 と φ_2 の間のもの $\quad F = \frac{1}{4a}\left(\mathrm{e}^{2a\varphi_2} - \mathrm{e}^{2a\varphi_1}\right)$ **曲率半径** $\quad \rho = \mathrm{e}^{a\varphi}\sqrt{1+a^2}$
$\left.\begin{array}{l} y = a\cosh\frac{x}{a} \\ = a\frac{\mathrm{e}^{x/a}+\mathrm{e}^{-x/a}}{2} \end{array}\right\} a > 0$	**弧長** $\quad L = a\sinh\frac{x}{a}$ $(0,a)$ から (x,y) までのもの **面積** 区間 $[0,x]$ における曲 $\quad F = a^2\sinh\frac{x}{a}$ 線の下のもの **曲率半径** $\quad \rho = a\cosh^2\frac{x}{a}$

9.4 空間曲線

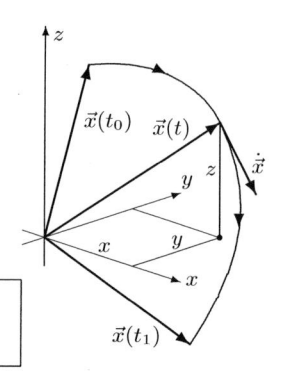

パラメータ表示: $\vec{x} = \vec{x}(t) = \begin{pmatrix} x(t) \\ y(t) \\ z(t) \end{pmatrix}$, $t_0 \leq t \leq t_1$

接線ベクトル: $\dot{\vec{x}} = \dot{\vec{x}}(t) = \begin{pmatrix} \dot{x}(t) \\ \dot{y}(t) \\ \dot{z}(t) \end{pmatrix}$

弧長: $L = \int_{t_0}^{t_1} |\dot{\vec{x}}(t)| \, dt = \int_{t_0}^{t_1} \sqrt{\dot{x}^2 + \dot{y}^2 + \dot{z}^2} \, dt$

例: $\vec{x} = (R\cos t, R\sin t, at)$ は半径 R の円柱の側面上にあり,一定の上昇高度 $2\pi a$ を持つらせんである.
空間曲線 (らせん) の弧長 L:

$$L = \int_0^{2\pi} \sqrt{R^2 \sin^2 t + R^2 \cos^2 t + a^2} \, dt = \underline{\underline{2\pi \sqrt{R^2 + a^2}}}$$

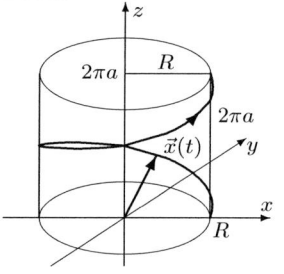

接線, 主法線, 従法線, 曲率, 捩率

接線ベクトル 単位ベクトル $\quad \vec{t} = \dfrac{\dot{\vec{x}}}{|\dot{\vec{x}}|} = \vec{n} \times \vec{b}$

主法線 単位ベクトル $\quad \vec{n} = \dfrac{(\dot{\vec{x}} \times \ddot{\vec{x}}) \times \dot{\vec{x}}}{|(\dot{\vec{x}} \times \ddot{\vec{x}}) \times \dot{\vec{x}}|} = \vec{b} \times \vec{t}$

従法線ベクトル 単位ベクトル $\quad \vec{b} = \dfrac{\dot{\vec{x}} \times \ddot{\vec{x}}}{|\dot{\vec{x}} \times \ddot{\vec{x}}|} = \vec{t} \times \vec{n}$

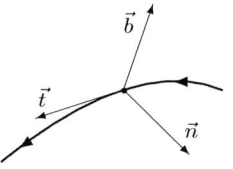

接線, 主法線, 従法線 $(\vec{t}, \vec{n}, \vec{b})$ は右手直交座標系である.

曲率 $\quad \kappa = \dfrac{|\dot{\vec{x}} \times \ddot{\vec{x}}|}{|\dot{\vec{x}}|^3} \quad$ ($\kappa = 0 \iff$ 曲線は直線である)

捩率 $\quad \tau = \dfrac{\langle \dot{\vec{x}}, \ddot{\vec{x}}, \dddot{\vec{x}} \rangle}{|\dot{\vec{x}} \times \ddot{\vec{x}}|^2} \quad$ ($\tau = 0 \iff$ 曲線は一平面上にある)

$\langle \cdots \rangle$ は三重積を示す. 49 ページを見よ.

フレネ・セレの公式:

$\vec{t}\,' = \kappa \cdot \vec{n}$
$\vec{n}\,' = -\kappa \cdot \vec{t} + \tau \cdot \vec{b}$
$\vec{b}\,' = -\tau \cdot \vec{n}$

$\kappa = \vec{t}\,' \cdot \vec{n}$
$\tau = -\vec{b}\,' \cdot \vec{n}$

9.5 空間曲面

$\vec{x} = \vec{x}(s)$ が弧長 s をパラメータとして持つ空間曲線のパラメータ表示ならば, ベクトル $\vec{t}, \vec{n}, \vec{b}$ ならびに曲率, 捩率は特に簡単に計算される.

弧長をパラメータとしたとき

$\vec{t}(s) = \vec{x}\,'(s)$　　単位接線ベクトル

$\vec{x}\,''(s)$　　曲率の中心に向かう法線ベクトル

$\kappa(s) = |\vec{x}\,''(s)|$　　曲率

$\rho(s) = \dfrac{1}{\kappa(s)}$　　曲率半径

$\tau(s) = \rho^2 \langle x', x'', x''' \rangle$　　捩率

$\vec{n}(s) = \dfrac{\vec{x}\,''(s)}{|\vec{x}\,''(s)|}$　　主法線ベクトル

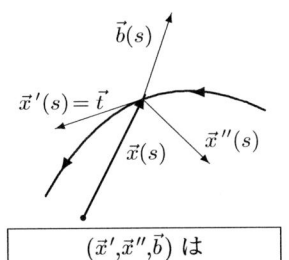

$\vec{b}(s) = \dfrac{\vec{x}\,'(s) \times \vec{x}\,''(s)}{|\vec{x}\,'(s) \times \vec{x}\,''(s)|}$　　従法線ベクトル

$(\vec{x}\,', \vec{x}\,'', \vec{b})$ は右手直交系を形成する.

曲線の質量, 重心, 慣性モーメント

曲線弧 $\vec{x}(t) = (x_1(t), x_2(t), x_3(t))$, $a \le t \le b$ に質量があるとし, 密度は $\delta = \delta(t)$ とせよ.

曲線の質量:
$$M = \int_a^b \delta(t)\, |\dot{\vec{x}}(t)|\, dt$$

曲線の重心:
$S = (s_1, s_2, s_3)$, ここで
$$s_i = \frac{1}{M} \int_a^b x_i(t)\, \delta(t)\, |\dot{\vec{x}}(t)|\, dt$$

慣性モーメント:
$$T_A = \int_a^b u^2(t)\, \delta(t)\, |\dot{\vec{x}}(t)|\, dt$$

ここで, $a = a(t)$ は軸 A からの曲線上の点 $\vec{x}(t)$ の距離である.

9.5 空間曲面

空間曲面

1 パラメータ表示:
　u, v はパラメータであり, B はパラメータ領域である.
$$\vec{x}(u,v) = \begin{pmatrix} x(u,v) \\ y(u,v) \\ z(u,v) \end{pmatrix}, \ (u,v) \in B \subseteq \mathbb{R}^2$$

2 陽関数表示
　関数のグラフのもの:
$$z = f(x,y),\ (x,y) \in B \subseteq \mathbb{R}^2$$

3 陰関数表示
　関数の等値面のもの:
$$F(x,y,z) = 0$$

曲面の接平面 (点 $\vec{x}_0$ における)		
	接平面の方程式	
曲線	直交座標表示 $\vec{n} \cdot \vec{x} = \vec{n} \cdot \vec{x}_0$	パラメータ表示
$\boxed{1}$ $\vec{x} = \vec{x}(u,v)$	$\vec{n} = \vec{x}_u(u_0, v_0) \times \vec{x}_v(u_0, v_0)$	$\vec{x} = \vec{x}_0 + s\vec{x}_u + t\vec{x}_v$
$\boxed{2}$ $z = f(x,y)$	$\vec{n} = (f_x(x_0, y_0), f_y(x_0, y_0), -1)$	$\vec{x} = \vec{x}_0 + s \begin{pmatrix} 1 \\ 0 \\ f_x \end{pmatrix} + t \begin{pmatrix} 0 \\ 1 \\ f_y \end{pmatrix}$
$\boxed{3}$ $F(x,y,z) = 0$	$\vec{n} = (F_x(\vec{x}_0), F_y(\vec{x}_0), F_z(\vec{x}_0))$	$\vec{x} = \vec{x}_0 + s \begin{pmatrix} F_z \\ 0 \\ -F_x \end{pmatrix} + t \begin{pmatrix} 0 \\ F_z \\ -F_y \end{pmatrix}$ $(F_z \neq 0)$

9.6 空間曲面の例

体積: V　総表面積: F　側面積: F_M

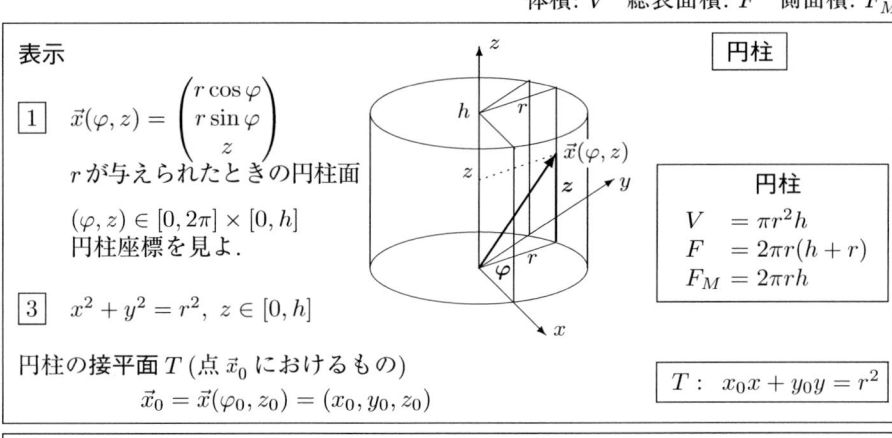

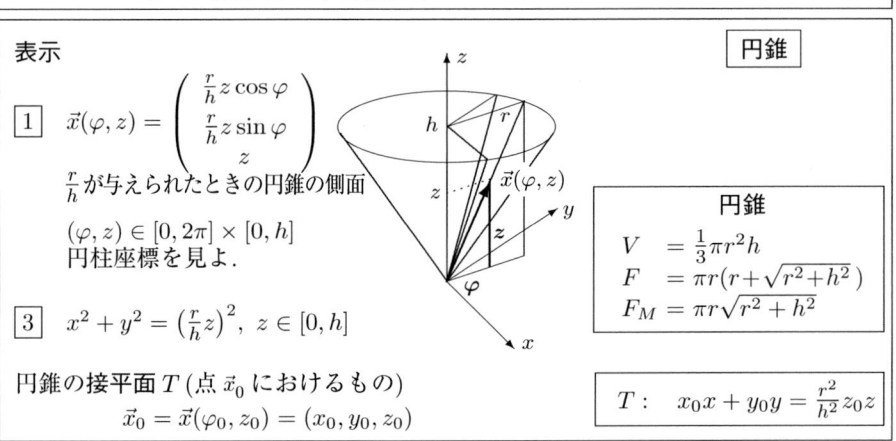

円柱

表示

$\boxed{1}$ $\vec{x}(\varphi, z) = \begin{pmatrix} r\cos\varphi \\ r\sin\varphi \\ z \end{pmatrix}$

r が与えられたときの円柱面

$(\varphi, z) \in [0, 2\pi] \times [0, h]$
円柱座標を見よ.

$\boxed{3}$ $x^2 + y^2 = r^2$, $z \in [0, h]$

円柱の接平面 T (点 $\vec{x}_0$ におけるもの)
$\vec{x}_0 = \vec{x}(\varphi_0, z_0) = (x_0, y_0, z_0)$

円柱
$V = \pi r^2 h$
$F = 2\pi r(h+r)$
$F_M = 2\pi r h$

$T: \quad x_0 x + y_0 y = r^2$

円錐

表示

$\boxed{1}$ $\vec{x}(\varphi, z) = \begin{pmatrix} \frac{r}{h}z\cos\varphi \\ \frac{r}{h}z\sin\varphi \\ z \end{pmatrix}$

$\frac{r}{h}$ が与えられたときの円錐の側面

$(\varphi, z) \in [0, 2\pi] \times [0, h]$
円柱座標を見よ.

$\boxed{3}$ $x^2 + y^2 = \left(\frac{r}{h}z\right)^2$, $z \in [0, h]$

円錐の接平面 T (点 $\vec{x}_0$ におけるもの)
$\vec{x}_0 = \vec{x}(\varphi_0, z_0) = (x_0, y_0, z_0)$

円錐
$V = \frac{1}{3}\pi r^2 h$
$F = \pi r(r + \sqrt{r^2 + h^2})$
$F_M = \pi r \sqrt{r^2 + h^2}$

$T: \quad x_0 x + y_0 y = \frac{r^2}{h^2} z_0 z$

9.6 空間曲面の例

$\boxed{球}$

球の扇形, 球台, 球層については 29 ページを見よ.

半径 r の球の表示

$\boxed{1}$ $\vec{x}(\theta, \varphi) = \begin{pmatrix} r\sin\theta\cos\varphi \\ r\sin\theta\sin\varphi \\ r\cos\theta \end{pmatrix}$ $\quad (\theta, \varphi) \in [0, \pi] \times [0, 2\pi]$
球座標を見よ.

$\boxed{1}$ $\vec{x}(x, y) = \begin{pmatrix} x \\ y \\ \pm\sqrt{r^2 - x^2 - y^2} \end{pmatrix}$ $\quad (x, y) \in \{(x, y) \mid x^2 + y^2 \leq r^2\}$
±:上または下の半球面

$\boxed{2}$ $z = \pm\sqrt{r^2 - x^2 - y^2}$ $\quad (x, y) \in \{(x, y) \mid x^2 + y^2 \leq r^2\}$
±:上または下の半球面

$\boxed{3}$ $x^2 + y^2 + z^2 = r^2$

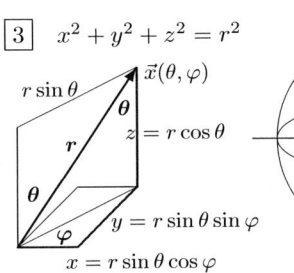

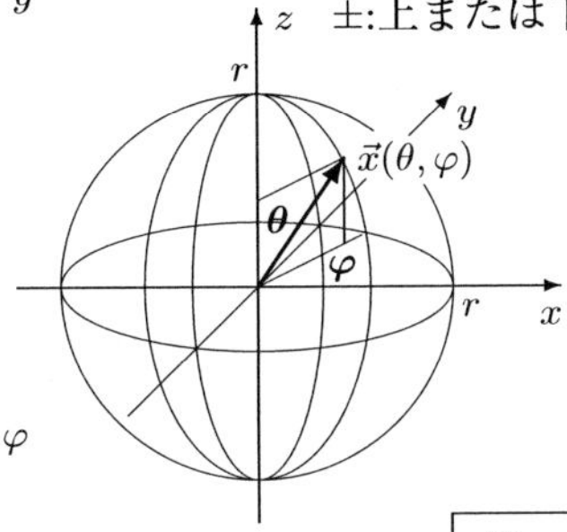

球	$V = \frac{4}{3}\pi r^3$
	$F = 4\pi r^2$

球の接平面 T (点 $\vec{x}_0$ におけるもの)
$\vec{x}_0 = \vec{x}(\theta_0, \varphi_0) = (x_0, y_0, z_0)$
$\vec{n} = $ 法線ベクトル

$T: \quad x_0 x + y_0 y + z_0 z = r^2$
$\vec{n}\vec{x} = r^2, \quad \vec{n} = \vec{x}_0 = \begin{pmatrix} x_0 \\ y_0 \\ z_0 \end{pmatrix}$

$\boxed{トーラス}$

半径 r と R におけるトーラスの表示

$\boxed{1}$ $\vec{x}(\varphi, \theta) = \begin{pmatrix} (R + r\cos\theta)\cos\varphi \\ (R + r\cos\theta)\sin\varphi \\ r\sin\theta \end{pmatrix}$

$(\varphi, \theta) \in [0, 2\pi] \times [0, 2\pi]$
球座標ではない！

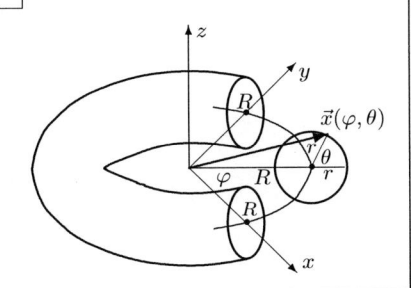

$\boxed{3}$ $(\sqrt{x^2 + y^2} - R)^2 + z^2 = r^2$

トーラス	$V = 2\pi^2 R r^2$
	$F = 4\pi^2 R r$

トーラスの接平面 T (点 $\vec{x}_0$ におけるもの)
$\vec{x}_0 = \vec{x}(\varphi_0, \theta_0) = (x_0, y_0, z_0)$
$\vec{n} = $ 法線ベクトル

$T: \vec{n}\vec{x} = \vec{n}\vec{x}_0, \quad \vec{n} = \begin{pmatrix} \cos\theta_0 \cos\varphi_0 \\ \cos\theta_0 \sin\varphi_0 \\ \sin\theta_0 \end{pmatrix}$

10 多変数の関数
10.1 $z = f(x,y)$

極限値, 連続性 ((x_0,y_0) の $z = f(x,y)$ における)

関数 $f: \mathbb{R}^2 \to \mathbb{R}$, $z = f(x,y)$

- が $\vec{x}_0 = (\vec{x}_0, \vec{y}_0)$ で極限値 a を持つ.
$$\lim_{(x,y) \to (x_0,y_0)} f(x,y) = a \text{ とは,} \quad \text{各 } \varepsilon > 0 \text{ に対してある } \delta > 0 \text{ が存在して, } 0 < |(x,y) - (x_0,y_0)| < \delta \Longrightarrow |f(x,y) - a| < \varepsilon \text{ が成り立つことである.}$$

- が (x_0,y_0) で連続とは $\displaystyle\lim_{(x,y) \to (x_0,y_0)} f(x,y) = f(x_0,y_0)$ となることである.

f は次のとき $\vec{x}_0$ で**極限値を持たない**. 異なった曲線 (例えば直線) に沿って $\vec{x}_0$ の近くで異なった極限値を持つ!

f は次のとき $\vec{x}_0$ で**連続でない** (厳密には: 連続に延長できない). 異なった曲線 (例えば直線) に沿って $\vec{x}_0$ の近くで, 極限値が異なるか極限値が存在しない!

例　極限値 $\displaystyle\lim_{(x,y) \to (0,0)} \frac{xy}{x^2+y^2}$ は存在しない.

(a) 直線 $y = 0$ 上の $(0,0)$ における近似　$\displaystyle\lim_{x \to 0} f(x,0) = 0$

A 直線 $y = x$ 上の $(0,0)$ における近似　$\displaystyle\lim_{x \to 0} f(x,x) = \frac{1}{2}$

(b) 極座標: $x = r\cos\varphi$, $y = r\sin\varphi$:

$$\lim_{(x,y) \to (0,0)} \frac{xy}{x^2+y^2} = \lim_{r \to 0} \frac{r^2 \cos\varphi \sin\varphi}{r^2} = \lim_{r \to 0} \cos\varphi \sin\varphi \quad \varphi \text{ に依存するため存在しない!}$$

関数 $f(x,y) = \frac{xy}{x^2+y^2}$, $(x,y) \neq 0$ は $(0,0)$ で連続に延長できない.

極限順序の交換

注意: 次の極限値は注意深く区別しなければならない:
$$A = \lim_{(x,y) \to (x_0,y_0)} f(x,y), \quad B = \lim_{x \to x_0}\Big(\lim_{y \to y_0} f(x,y)\Big), \quad C = \lim_{y \to y_0}\Big(\lim_{x \to x_0} f(x,y)\Big)$$

A が存在すれば, $A = B = C$ が成り立つ. $B = C$ ならば, A は存在するとは限らない!

偏微分, 勾配

$\dfrac{\partial f}{\partial x} = f_x = \displaystyle\lim_{h \to 0} \frac{f(x+h,y) - f(x,y)}{h}$, $\dfrac{\partial f}{\partial y} = f_y = \displaystyle\lim_{h \to 0} \frac{f(x,y+h) - f(x,y)}{h}$

f_x, f_y は関数 f の**偏微分**と呼ばれる.

勾配ベクトル $f = \left(\dfrac{\partial f}{\partial x}, \dfrac{\partial f}{\partial y}\right) = (f_x, f_y)$ は f の**勾配**と呼ばれる.

grad $f(x_0,y_0)$ は等値線 $f(x,y) = f(x_0,y_0)$ に**垂直**である.

高次の偏微分の順序交換

$f, f_x, f_y, f_{xy}, f_{yx}$ が連続ならば, $f_{xy} = f_{yx}$

10.1 $z = f(x,y)$

微分可能性

$D \subseteq \mathbb{R}^2$ を開集合とし, $(x_0, y_0) \in D$ とせよ. 関数 $f: D \to \mathbb{R}$ は点 (x_0, y_0) において (全) 微分可能とは, f が (x_0, y_0) で偏微分可能のとき, つまり $f_x(x_0, y_0)$ と $f_y(x_0, y_0)$ が存在し, かつ次が成り立つことをいう.

微分可能条件

$$\lim_{(x,y) \to (x_0, y_0)} \frac{f(x,y) - \big(f(x_0, y_0) + f_x(x_0, y_0)(x - x_0) + f_y(x_0, y_0)(y - y_0)\big)}{|(x - x_0, y - y_0)|} = 0$$

このとき $z = f(x_0, y_0) + f_x(x_0, y_0)(x - x_0) + f_y(x_0, y_0)(y - y_0)$ は点 $(x_0, y_0, f(x_0, y_0))$ において $z = f$ の接平面 (次のページ) である.

f は $\vec{x}_0$ で微分可能ならば, 本章では $f'(\vec{x}_0) = \mathrm{grad}\, f(\vec{x}_0)$ とも書く.

f が $\vec{x}_0$ で微分可能 $\implies$ (1) f は $\vec{x}_0$ で偏微分可能となる.
(2) f は $\vec{x}_0$ で連続となる.

逆は一般に偽である. 例を見よ.

f_x, f_y は $\vec{x}_0$ で連続ならば, f は $\vec{x}_0$ で微分可能である.

f が 1 変数微分可能関数によって定義されているならば, f が定義されているすべての点において一般的に微分可能である.

例 $f(x,y) = \begin{cases} \frac{xy}{x^2+y^2}, & \vec{x} \neq \vec{0} \\ 0, & \vec{x} = \vec{0} \end{cases}$ $\vec{0}$ で偏微分可能で $\mathrm{grad}\, f(\vec{0}) = \vec{0}$ となるが, $\vec{0}$ で (全) 微分可能でない.

$f_x(\vec{0}) = \lim_{h \to 0} \frac{f(h,0) - f(0,0)}{h} = 0, \quad f_y(\vec{0}) = \lim_{h \to 0} \frac{f(0,h) - f(0,0)}{h} = 0 \implies \mathrm{grad}\, f(\vec{0}) = \vec{0}$

f は $(0,0)$ で微分可能でない. なぜなら $\lim_{\vec{x} \to \vec{0}} \frac{f(x,y)}{|(x,y)|} = \lim_{\vec{x} \to \vec{0}} \frac{xy}{(x^2+y^2)^{3/2}} = \lim_{r \to 0} \frac{r^2 \cos\varphi \sin\varphi}{r^3} \neq 0$.
あるいは: f は $(0,0)$ で微分可能でない. なぜなら f はそこで連続でない (前のページの例).

微分可能性の判定

関数 $f: D \to \mathbb{R}$ が微分可能かどうかは, $\vec{x}_0 = (x_0, y_0) \in D \subset \mathbb{R}^2$ において次のように判定する.

f は $\vec{x}_0$ で連続か? $\xrightarrow{\mathrm{NO}}$ f は微分可能でない.

↓ YES

f は $\vec{x}_0$ で偏微分可能か? $\xrightarrow{\mathrm{NO}}$ f は微分可能でない.

↓ YES

f の偏微分が $\vec{x}_0$ のまわりで存在して, それは $\vec{x}_0$ で連続か? $\xrightarrow{\mathrm{YES}}$ f は微分可能である.

↓ NO

$\lim_{(x,y) \to (x_0, y_0)} \dfrac{f(x,y) - f(x_0, y_0) - f_x(x_0, y_0)(x - x_0) - f_y(x_0, y_0)(y - y_0)}{|(x - x_0, y - y_0)|} = 0$ となるか?

↓ YES   ↓ NO
f は微分可能である. f は微分可能でない.

$z = f(x,y)$ のグラフの接平面

f_x と f_y が $\vec{x}_0 = (x_0, y_0)$ において連続ならば、f は $\vec{x}_0 = (x_0, y_0)$ で全微分可能, すなわちそのグラフは点 $(x_0, y_0, f(x_0, y_0))$ で接平面 E を持つ.

接平面の法線ベクトル
$$\vec{n}_E = (f_x(x_0, y_0), f_y(x_0, y_0), -1) = (\operatorname{grad} f(x_0, y_0), -1)$$

接平面の方程式

$E:\quad z = f(x_0, y_0) + f_x(x_0, y_0)(x - x_0) + f_y(x_0, y_0)(y - y_0)$ （直角座標）

$E:\quad \vec{x} = \begin{pmatrix} x_0 \\ y_0 \\ f(x_0, y_0) \end{pmatrix} + r \begin{pmatrix} 1 \\ 0 \\ f_x(x_0, y_0) \end{pmatrix} + s \begin{pmatrix} 0 \\ 1 \\ f_y(x_0, y_0) \end{pmatrix}$ （パラメータ表示）

例 $\vec{x}_0 = (1,2)$ における $z = f(x,y) = x^2 y - 3y$ の接平面を決定せよ.

$f_x = 2xy,\ f_y = x^2 - 3 \implies f_x(1,2) = 4,\ f_y(1,2) = -2,\ \operatorname{grad} f(1,2) = (4,-2)$

$E:\ z = -4 + 4(x-1) + (-2)(y-2)$, したがって $E: 4x - 2y - z = 4$ （直角座標）

$E:\ \vec{x} = (1, 2, -4) + r\,(1, 0, 4) + s\,(0, 1, -2)$ （パラメータ表示）

方向微分

$\dfrac{\partial f}{\partial \vec{a}}(\vec{x}_0)$ は点 $\vec{x}_0$ におけるベクトル $\vec{a}_0 \neq \vec{0}$ への f の方向微分を示す.

定義

$\dfrac{\partial f}{\partial \vec{a}}(\vec{x}_0) = \lim\limits_{t \to 0} \dfrac{f(\vec{x}_0 + t \frac{\vec{a}}{|\vec{a}|}) - f(\vec{x}_0)}{t}$

$\qquad\qquad = \lim\limits_{t \to 0} \dfrac{f(\vec{x}_0 + t\vec{a}) - f(\vec{x}_0)}{t \cdot |\vec{a}|}$

計算 (微分可能関数 f について)

$\dfrac{\partial f}{\partial \vec{a}}(\vec{x}_0) = \operatorname{grad} f(\vec{x}_0) \cdot \dfrac{\vec{a}}{|\vec{a}|}$

$\vec{x}_0$ での f の勾配と $\vec{a}$ の方向での単位ベクトルのスカラー積 (f が $\vec{x}_0$ で微分可能なとき).

性質

$\dfrac{\partial f}{\partial \vec{a}}(\vec{x}_0) = |\operatorname{grad} f(\vec{x}_0)| \cdot \cos \varphi \qquad$ ここで $\varphi = \sphericalangle(\operatorname{grad} f(\vec{x}_0), \vec{a})$

$\dfrac{\partial f}{\partial \vec{a}}(\vec{x}_0)$ は極大である $(= |\operatorname{grad} f(\vec{x}_0)|) \qquad \vec{a} \mathbin{/\mkern-5mu/} \operatorname{grad} f(\vec{x}_0)$ のとき

$\dfrac{\partial f}{\partial \vec{a}}(\vec{x}_0) = 0 \qquad\qquad \vec{a} \perp \operatorname{grad} f(\vec{x}_0)$ のとき

例 $f(x,y) = x^2 y - 3y$ の $\vec{x}_0 = (1,2)$ における方向 $\vec{a} = (1,1)$ への方向微分 $\dfrac{\partial f}{\partial \vec{a}}(\vec{x}_0)$ を決定せよ.

$\operatorname{grad} f(1,2) = (4,-2)$ (直前の例を見よ.) $\implies \dfrac{\partial f}{\partial \vec{a}}(\vec{x}_0) = (4,-2) \cdot \dfrac{1}{\sqrt{2}}(1,1) = \dfrac{2}{\sqrt{2}} = \underline{\underline{\sqrt{2}}}$

10.1　$z = f(x,y)$

連鎖律

$f = f(x,y)$　$\begin{cases} x = x(t) \\ y = y(t) \end{cases}$　$\implies$　$f' = \dfrac{df}{dt} = f_x x' + f_y y' = \dfrac{\partial f}{\partial x}\dfrac{dx}{dt} + \dfrac{\partial f}{\partial y}\dfrac{dy}{dt}$

$f = f(x,y)$　$\begin{cases} x = x(u,v) \\ y = y(u,v) \end{cases}$　$\implies$　$f_u = \dfrac{\partial f}{\partial u} = f_x x_u + f_y y_u = \dfrac{\partial f}{\partial x}\dfrac{\partial x}{\partial u} + \dfrac{\partial f}{\partial y}\dfrac{\partial y}{\partial u}$

　　　　　　　　　　　　　　　　　$f_v = \dfrac{\partial f}{\partial v} = f_x x_v + f_y y_v = \dfrac{\partial f}{\partial x}\dfrac{\partial x}{\partial v} + \dfrac{\partial f}{\partial y}\dfrac{\partial y}{\partial v}$

次のようにすれば簡単になることが多い：最初に代入してから微分する！

例　$f(x,y) = \dfrac{1}{x^2+y^2}$　$\begin{cases} x = r\cos\varphi \\ y = r\sin\varphi \end{cases}$ を r と φ について微分せよ.

$f_r = f_x x_r + f_y y_r = \dfrac{-2x}{(x^2+y^2)^2}\cos\varphi + \dfrac{-2y}{(x^2+y^2)^2}\sin\varphi = \dfrac{-2r\cos^2\varphi - 2r\sin^2\varphi}{r^4} = \underline{\underline{-\dfrac{2}{r^3}}}$, $f_\varphi = \cdots = \underline{\underline{0}}$

ここで最初に微分するとより簡単: $f(x(r,\varphi), y(r,\varphi)) = \dfrac{1}{r^2}$ $\implies$ $f_r = -\dfrac{2}{r^3}$ かつ $f_\varphi = 0$

陰関数微分

$f(x_0, y_0) = 0$ かつ $f_y(x_0, y_0) \neq 0$ となる $f(x,y) = 0$ によって, 関数 $y = h(x)$ が陰に与えられるとき, 連鎖律を用いて次を得る.

$f(x,y) = 0$　$\begin{cases} x = x \\ y = y(x) \end{cases}$　$\implies$　$\dfrac{\partial f}{\partial x}\dfrac{\partial x}{\partial x} + \dfrac{\partial f}{\partial y}\dfrac{\partial y}{\partial x} = 0$　$\implies$　$f_x + f_y y' = 0$　$\implies$

$$\boxed{\; y' = -\dfrac{f_x}{f_y} \quad \Big| \quad y'' = -\dfrac{f_y^2 f_{xx} - 2f_x f_y f_{xy} + f_x^2 f_{yy}}{f_y^3} \;}$$

例　$y + xe^y - 2 = 0$ によって $(0,2)$ において関数 $y = h(x)$ が陰に与えられている.
　　　 $y'(0)$ と $y''(0)$ を計算せよ.

$f(x,y) = y + xe^y - 2$ に対して $f_y(0,2) = 1 \neq 0$ である. したがって $f(x,y) = 0$ は $(0,2)$ で局所的に y について解くことができる.

解関数 $y = h(x)$ は一般的に陽に与えられない. しかし微分係数 $y'(0)$ と $y''(0)$ は計算できる: $f(x,y) = y + xe^y - 2$ に対して次が成り立つ.

$f_x = e^y$, $f_y = 1 + xe^y$, $f_{xx} = 0$, $f_{xy} = f_{yx} = e^y$, $f_{yy} = xe^y$ $\implies$
$f_x(0,2) = e^2$, $f_y(0,2) = 1$, $f_{xy}(0,2) = e^2$, $f_{yy}(0,2) = 0$ $\implies$ $y'(0) = \underline{\underline{-e^2}}$, $y''(0) = \underline{\underline{e^4}}$

陰関数の極値

$f(x_0, y_0) = 0$ かつ $f_y(x_0, y_0) \neq 0$ なる $f(x,y) = 0$ によって, 微分可能関数 $y = h(x)$ が陰に与えられるとき, かつそのとき x_0 で $y = h(x)$ は極値を持つならば,

　　　　　　必要条件:　　$f_x(x_0, y_0) = 0$

　　　　　　十分条件:　　$\dfrac{f_{xx}(x_0, y_0)}{f_y(x_0, y_0)} \lessgtr 0$　$\begin{matrix}\text{極大,} \\ \text{極小}\end{matrix}$

例　$-x^2 + y + 2xe^y - 1 = 0$ によって $(1,0)$ で関数 $y = h(x)$ が陰に与えられる.
　　　$x_0 = 1$ での h は極小値を持つことを示せ.

$f_x = -2x + 2e^y$ $\implies$ $f_x(1,0) = 0$

$f_{xx} = -2$　　$\implies$　$f_{xx}(1,0) = -2$　$\implies$　$\dfrac{f_{xx}(1,0)}{f_y(1,0)} = \dfrac{-2}{3} < 0$, したがって極小値である.
$f_y = 1 + 2xe^y$　　　　$f_y(1,0) = 3$

$$\boxed{z = f(x,y) \text{ の極値}}$$

$z = f(x,y)$ は点 (x_0, y_0) のみで極値を持つ. そのような点では

$\boxed{A}$ 偏微分は 0 になる.
　　したがって $f_x = f_y = 0$ (停留点) $\iff$ grad $f(x_0, y_0) = (0,0)$

あるいは

$\boxed{B}$ 偏微分は存在しない.
　　境界点も含まれる.

実用的な方法:

$\boxed{A}$ 1) 停留点 (x_0, y_0) を計算する $\iff$ grad $f(x_0, y_0) = (0,0)$

2) 停留点に対して行列式を計算する.

$$D = \begin{vmatrix} f_{xx} & f_{xy} \\ f_{xy} & f_{yy} \end{vmatrix} = f_{xx} f_{yy} - f_{xy}^2$$

3) $D > 0$ かつ $f_{xx} < 0$ (もしくは $f_{yy} < 0$) $\implies$ 極大値
　　$D > 0$ かつ $f_{xx} > 0$ (もしくは $f_{yy} > 0$) $\implies$ 極小値
　　$D < 0$　　　　　　極値はない (鞍点)
　　$D = 0$　　　　　　別途考察が必要

$\boxed{B}$ 1) 境界に沿った極値を計算する
2) 偏微分が存在しない残りの点を探す

別途考察が必要とは, 以下を意味する. 次の方法を停留点でも用いて上述の D の判定よりはやく目的に到達できる.

(a) 等高線 $f(x,y) = f(x_0, y_0)$ の描写
(b) 連続関数はコンパクト集合で極大および極小をとる
(c) $f(x,y) - f(x_0, y_0)$, 場合によっては極座標を用いた直接計算
(d) 一定の曲面との交わり

最大値, 最小値が求められている場合は, 極大値の中で最大のものと極小値の中で最小のものを決定する!

例　$f(x,y) = x^2 - 6xy - y^3$ の極値を求めよ.

$\begin{aligned} f_x(x,y) &= 2x - 6y = 0 \\ f_y(x,y) &= -6x - 3y^2 = 0 \end{aligned} \implies$ 停留点:
$P_0 = (0,0)$ と $P_1 = (-18, -6)$

$D = \begin{vmatrix} 2 & -6 \\ -6 & -6y \end{vmatrix} = -12(y+3) \implies \begin{array}{l} D(P_0) = -36 < 0, \quad P_0 \text{ は鞍点である.} \\ D(P_1) = 36 > 0 \text{ かつ } f_{xx}(P_1) = 2 > 0, P_1 \text{ は極小値である.} \end{array}$

10.1 $z = f(x,y)$

条件付き極値

求めるもの：各 $(x,y) \in \mathbb{R}^2$, $G(x,y)=0$ となるような $z = f(x,y)$ の極値を求める．

第1の方法： 代入
f に付加条件 $G(x,y) = 0$ を代入することによって，1つの変数を消去できれば（例えば，$G(x,y) = 0$ を x あるいは y について解けるとき），$\underline{1}$ 変数関数を得る．そして 90 ページの方法で極値が求められる．

第2の方法： ラグランジュの方法
ラグランジュの補助関数 $L(x,y,\lambda) = f(x,y) + \lambda G(x,y)$, を考察して以下が成り立つような (x,y) を定める．

$$\boxed{L_x = L_y = L_\lambda = 0} \qquad \text{(必要条件)}$$

このようにして得た点 (x,y) の中で極値が決定される．

剰余項つきの (x_0,y_0) での $z = f(x,y)$ のテーラー展開

(x_0,y_0) における f のテーラー級数は次のようなべき級数である：

$$T(x,y) = \sum_{k=0}^{\infty} \frac{1}{k!} \left(\frac{\partial}{\partial x}\Delta x + \frac{\partial}{\partial y}\Delta y \right)^k (f)(x_0, y_0)$$

(x_0,y_0) における f の **n 次テーラー多項式**には以下の多項式を使う．

$$T_n(x,y) = \sum_{k=0}^{n} \frac{1}{k!} \left(\frac{\partial}{\partial x}\Delta x + \frac{\partial}{\partial y}\Delta y \right)^k (f)(x_0, y_0)$$

ここで $\Delta x, \Delta y$ は定数として計算した後，$\Delta x = x - x_0$ かつ $\Delta y = y - y_0$ とおく．
特に $n = 0, 1, 2$ に対して：

$T_0(x,y) = \quad f(x_0, y_0)$

$T_1(x,y) = \quad f(x_0, y_0) + f_x(x_0,y_0)(x-x_0) + f_y(x_0,y_0)(y-y_0) \quad$ (x_0,y_0) での f の接平面

$T_2(x,y) = \quad f(x_0, y_0) + f_x(x_0,y_0)(x-x_0) + f_y(x_0,y_0)(y-y_0)$
$\qquad\qquad + \frac{1}{2}\left(f_{xx}(x_0,y_0)\Delta^2 x + 2f_{xy}(x_0,y_0)\Delta x \Delta y + f_{yy}(x_0,y_0)\Delta^2 y \right)$

剰余項 $\quad R_n(x,y) := f(x,y) - T_n(x,y)$ は関数 $f(x,y)$ とその n 次テーラー多項式 $T_n(x,y)$ の差である．

$0 < p < 1$ となる p で次が成り立つようなものが存在する：

$$R_n(x,y) = \frac{1}{(n+1)!} \left(\frac{\partial}{\partial x}\Delta x + \frac{\partial}{\partial y}\Delta y \right)^{n+1} (f)(x_0 + p\Delta x, y_0 + p\Delta y)$$

(x_0,y_0) のある近傍で $n \to \infty$ に対して剰余項 R_n が 0 に近づくような f は，(x_0,y_0) でテーラー級数によって表現される．
詳しい解説は **HM** の 396-399 ページに載っている． 訳注1)[伊藤]199-203 ページ

10.2 関数 $z = f(x_1, \ldots, x_n)$

極限値, 連続性, 微分可能性, およびそれに関する概念, 法則そして方法は 2 変数関数 $z = f(x,y)$ から (134,135 ページ) から n 変数関数 $z = f(x_1, \ldots, x_n)$ に拡張できる.

$$z = f(x_1, \ldots, x_n)$$

偏微分　$\dfrac{\partial f}{\partial x_1}, \dfrac{\partial f}{\partial x_2}, \ldots, \dfrac{\partial f}{\partial x_n}$　あるいは　$f_{x_1}, f_{x_2}, \ldots, f_{x_n}$

勾配　$\operatorname{grad} f = \left(\dfrac{\partial f}{\partial x_1}, \dfrac{\partial f}{\partial x_2}, \ldots, \dfrac{\partial f}{\partial x_n}\right) = (f_{x_1}, f_{x_2}, \ldots, f_{x_n})$

方向微分　方向 $\vec{a}$ で $\vec{a}_0$ において: 　$\operatorname{grad} f(\vec{x}_0) \cdot \dfrac{\vec{a}}{|\vec{a}|}$

連鎖律
$$\left.\begin{aligned} f &= f(x_1, \ldots, x_n) \\ x_1 &= x_1(u_1, \ldots, u_m) \\ &\vdots \\ x_n &= x_n(u_1, \ldots, u_m) \end{aligned}\right\} \Longrightarrow f_{u_j} = \dfrac{\partial f}{\partial u_j} = \sum_{i=1}^{n} \dfrac{\partial f}{\partial x_i} \cdot \dfrac{\partial x_i}{\partial u_j}$$
$$(j = 1, \ldots, m)$$

連鎖律　行列表示でのもの (ヤコビ行列 $\mathcal{J}_x$ について 143 ページを見よ):
$f = f(\vec{x}), \vec{x} = x(\vec{u}) \Longrightarrow g(\vec{u}) = f(\vec{x}(\vec{u}))$ に対して次が成り立つ. $\boxed{\operatorname{grad} g = \operatorname{grad} f \cdot \mathcal{J}_x}$

$f(\vec{x},y) = 0$ によって関数 $y = y(\vec{x})$ が陰に与えられる. したがって以下が成り立つ.
$$y' = \operatorname{grad} y = (y_{x_1}, \ldots, y_{x_n}) = -\dfrac{1}{f_y}(f_{x_1}, \ldots, f_{x_n})$$

極値 $z = f(x_1, \ldots, x_n)$ の
　　付加条件 $G_i(x_1, \ldots, x_n) = 0, i = 1, \ldots, m$ の下でのもの:
　　ラグランジュの補助関数を作る.
$$L(x_1, \ldots, x_n, \lambda_1, \ldots, \lambda_m) = f(x_1, \ldots, x_n) + \sum_{i=1}^{m} \lambda_i G_i(x_1, \ldots, x_n)$$

それに対して以下を満たす $(x_1, \ldots, x_n)$ を定める.

$$\boxed{\begin{aligned} \dfrac{\partial L}{\partial x_k} &= L_{x_k} = 0, \quad (k = 1, \ldots, n) \\ \dfrac{\partial L}{\partial \lambda_k} &= L_{\lambda_k} = 0, \quad (k = 1, \ldots, m) \end{aligned}}$$ 　　(必要条件)

$z = f(x_1, \ldots, x_n)$ に必要条件を代入することで, m 個の変数はなくなる!
得られた点 $(x_1, \ldots, x_n)$ で極値を定められる.

例　$f(x,y,z,w) = w^3 - xy^2 + w\,\mathrm{e}^z = 0$ によって, 関数 $w = w(x,y,z)$ が陰に与えられる. $\operatorname{grad} w$ を計算せよ.
$f_x = -y^2,\ f_y = -2xy,\ f_z = w\,\mathrm{e}^z,\ f_w = 3w^2 + \mathrm{e}^z$
$\Longrightarrow \operatorname{grad} w(x,y,z) = (w_x, w_y, w_z) = -\dfrac{1}{3w^2 + \mathrm{e}^z}(-y^2, -2xy, w\,\mathrm{e}^z)$

10.2 関数 $z = f(x_1, \ldots, x_n)$

必要条件と十分条件
$z = f(x_1, \ldots, x_n)$ の極値に対するもの

- **必要条件:**
  f が $\vec{x}_0$ で極値を持つならば，$\vec{x}_0$ は停留点である．すなわち，f のすべての 1 階偏微分は $\vec{x}_0$ で 0 となる： $\boxed{\operatorname{grad} f(\vec{x}_0) = \vec{0}}$

- **十分条件:**
  $\vec{x}_0$ は停留点とし，かつ f がある近傍 $U(\vec{x}_0)$ ですべての変数について連続 2 階偏微分を持つ．行列
  $$H = \left(\frac{\partial^2 f}{\partial x_i \partial x_j}\right) = \begin{pmatrix} f_{x_1 x_1} & f_{x_1 x_2} & \cdots & f_{x_1 x_n} \\ f_{x_2 x_1} & f_{x_2 x_2} & \cdots & f_{x_2 x_n} \\ \vdots & & & \vdots \\ f_{x_n x_1} & f_{x_n x_2} & \cdots & f_{x_n x_n} \end{pmatrix}$$
  は f のヘッセ行列と呼ばれる．

$\left.\begin{array}{l} \text{すべての } \vec{0} \neq \vec{x} \in \mathbb{R}^n \text{ に対して次が成り立つ} \\ \qquad \vec{x}^{\mathrm{T}} \cdot H(\vec{x}_0) \cdot \vec{x} > 0 \end{array}\right\} \Longleftrightarrow H(\vec{x}_0)$ は**正定値** $\Longleftrightarrow \vec{x}_0$ は**極小値**

$\left.\begin{array}{l} \text{すべての } \vec{0} \neq \vec{x} \in \mathbb{R}^n \text{ に対して次が成り立つ} \\ \qquad \vec{x}^{\mathrm{T}} \cdot H(\vec{x}_0) \cdot \vec{x} < 0 \end{array}\right\} \Longleftrightarrow H(\vec{x}_0)$ は**負定値** $\Longleftrightarrow \vec{x}_0$ は**極大値**

$\left.\begin{array}{l} \vec{x}, \vec{y} \in \mathbb{R}^n \text{ に対して以下が成り立つ} \\ \qquad \vec{x}^{\mathrm{T}} \cdot H(\vec{x}_0) \cdot \vec{x} < 0 \\ \qquad \vec{y}^{\mathrm{T}} \cdot H(\vec{x}_0) \cdot \vec{y} > 0 \end{array}\right\} \Longleftrightarrow H(\vec{x}_0)$ は**不定値** $\Longleftrightarrow \vec{x}_0$ は**鞍点**

特に 2 変数関数 $z = f(x,y)$ に対して
十分条件は 138 ページに簡単に書かれている！

対称行列に対して次が成り立つ： $A = (a_{ij})$ は正定値である
$\Longleftrightarrow$ すべての右下主行列式は正である
$\Longleftrightarrow$ すべての固有値は正である

例 $f(x,y,z) = x^2 - 2xz + 2z^2 + y^2 - 2y + 2z + 2$ の極値を求めよ！

- **必要条件:** $\operatorname{grad} f(x,y,z) = (2x - 2z, 2y - 2, -2x + 4z + 2) = (0,0,0)$
  $\Longrightarrow (-1,1,-1)$ は唯一の停留点である (確かめよ！)．

- **十分条件:** $(-1,1,-1)$ のヘッセ行列: $H(-1,1,-1) = \begin{pmatrix} 2 & 0 & -2 \\ 0 & 2 & 0 \\ -2 & 0 & 4 \end{pmatrix}$

  (a) 3 つの右下主行列式は
  $\begin{vmatrix} 2 & 0 & -2 \\ 0 & 2 & 0 \\ -2 & 0 & 4 \end{vmatrix} = 8, \quad \begin{vmatrix} 2 & 0 \\ 0 & 2 \end{vmatrix} = 4, \quad |2| = 2$ ，したがってすべて正である．

  (b) 固有値は $2, 3 + \sqrt{5}, 3 - \sqrt{5}$ (確かめよ), したがってすべて正である．

  $\Longrightarrow H(-1,1,-1)$ は正定値であり，$(-1,1,-1)$ で極小値が存在する．

10.3 $\vec{z} = f(x)$

一般的な連鎖律　次のページのヤコビ行列について見よ！

$$\left.\begin{array}{c} \mathrm{IR}^n \\ g \nearrow \quad \searrow f \\ \mathrm{IR}^m \xrightarrow{h=f\circ g} \mathrm{IR}^k \end{array} \begin{array}{c} \vec{x}=g(\vec{t}) \\ \vec{y}=f(\vec{x}) \end{array}\right\} h(\vec{t})=f(g(\vec{t})) \implies \boxed{\begin{array}{c} h'(\vec{t}) = f'(g(\vec{t})) \cdot g'(\vec{t}) \\ \mathcal{J}_h(\vec{t}) = \mathcal{J}_f(g(\vec{t})) \cdot \mathcal{J}_g(\vec{t}) \end{array}}$$

行列の積として線型写像の合成行列が生じるのと同様に (56,65 ページ), 微分可能関数の合成微分は対応するヤコビ行列の積である.

はじめに代入しそれから微分すると簡単になることが多い！

例

$$\begin{array}{c} \mathrm{IR}^1 \\ g \nearrow \quad \searrow f \\ \mathrm{IR}^3 \xrightarrow{h=f\circ g} \mathrm{IR}^2 \end{array} \quad \begin{array}{l} \vec{t}=(r,s,t)\in\mathrm{IR}^3 \\ x=g(\vec{t})=2r-3s+r\log t\in\mathrm{IR} \\ f(x)=\begin{pmatrix}\cos x\\ \sin x\end{pmatrix}\in\mathrm{IR}^2,\ \vec{t}_0=(\tfrac{\pi}{6},0,1),\ x_0=\tfrac{\pi}{3} \end{array}$$

$h(\vec{t})=f(g(\vec{t}))$ に対して $h'(\vec{t}_0)$ を次の方法で計算せよ. (a) 一般的な連鎖律
　(b) 代入

(a) $g'(\vec{t}) = \operatorname{grad} g(r,s,t) = (2+\log t, -3, \tfrac{r}{t})$　　$f'(x)=\mathcal{J}_f(x)=\begin{pmatrix}-\sin x\\ \cos x\end{pmatrix}$

$\quad g'(\vec{t}_0) = \operatorname{grad} g(\tfrac{\pi}{6},0,1) = (2,-3,\tfrac{\pi}{6})$　かつ　$f'(\tfrac{\pi}{3})=\mathcal{J}_f(\tfrac{\pi}{3})=\tfrac{1}{2}\begin{pmatrix}-\sqrt{3}\\ 1\end{pmatrix}$

$\quad h'(\tfrac{\pi}{6},0,1) = f'(\tfrac{\pi}{3})\cdot g'(\tfrac{\pi}{6},0,1) = \mathcal{J}_f(\tfrac{\pi}{3})\cdot \operatorname{grad} g(\tfrac{\pi}{6},0,1)$

$$= \tfrac{1}{2}\begin{pmatrix}-\sqrt{3}\\ 1\end{pmatrix}\cdot(2,-3,\tfrac{\pi}{6}) = \tfrac{1}{2}\begin{pmatrix}-2\sqrt{3} & 3\sqrt{3} & -\sqrt{3}\tfrac{\pi}{6}\\ 2 & -3 & \tfrac{\pi}{6}\end{pmatrix}$$

(b) はじめに代入し, それから微分することも当然できる.

$$h(\vec{t}) = \begin{pmatrix}\cos(2r-3s+r\log t)\\ \sin(2r-3s+r\log t)\end{pmatrix} = \begin{pmatrix}h_1(\vec{t})\\ h_2(\vec{t})\end{pmatrix} \implies h'(\tfrac{\pi}{6},0,1) = \begin{pmatrix}\operatorname{grad} h_1(\vec{t}_0)\\ \operatorname{grad} h_2(\vec{t}_0)\end{pmatrix} = \cdots$$

(ヤコビ行列の) 陰関数微分

$$f = (f_1,\ldots,f_m): \mathrm{IR}^{n+m} \to \mathrm{IR}^m,\quad f(\vec{x},\vec{y}) = \vec{0}$$

(m,m) 行列　　$f_{\vec{y}} = \dfrac{\partial(f_1\ldots f_m)}{\partial(y_1\ldots y_m)} = \begin{pmatrix} f_{1y_1} & \cdots & f_{1y_m} \\ \vdots & & \vdots \\ f_{my_1} & \cdots & f_{my_m} \end{pmatrix}$

が可逆かつ $h:\mathrm{IR}^n \to \mathrm{IR}^m,\ \vec{y}=h(\vec{x})$ が $f(\vec{x},\vec{y})=\vec{0}$ に陰に与えられた関数 $\vec{y}$ の局所解ならば, 次が成り立つ.

$$h' = \mathcal{J}_h = \dfrac{\partial(h_1\ldots h_m)}{\partial(x_1\ldots x_n)} = -(f_{\vec{y}})^{-1} f_{\vec{x}} \qquad \text{(詳しい例は \textbf{HM} の 391-395 ページを見よ. 訳注 1)[伊藤]203-207 ページ)}$$

10.3　$\vec{z} = f(x)$

ヤコビ行列の$\mathcal{J}_f(\vec{x}_0)$

$f: \mathbb{R}^n \to \mathbb{R}^m$ で定義された関数 $f(\vec{x}) = f(x_1, \ldots, x_n) = \begin{pmatrix} f_1(x_1, \ldots, x_n) \\ \vdots \\ f_m(x_1, \ldots, x_n) \end{pmatrix}$ が点

$\vec{x}_0 \in \mathbb{R}^n$ で連続あるいは微分可能とは, 成分関数 $f_1, \ldots, f_m$ が $\vec{x}_0 \in \mathbb{R}^n$ で連続あるいは微分可能 (134,135,140 ページ) であることをいう.

微分係数 $f'(\vec{x}_0)$ は $\mathbb{R}^n$ から $\mathbb{R}^m$ への線型写像であり, ヤコビ行列 $\mathcal{J}_f(\vec{x}_0)$ により次のように表される.

$$\mathcal{J}_f(\vec{x}_0) = \begin{pmatrix} f_{1x_1} \cdots f_{1x_n} \\ \vdots \qquad \vdots \\ f_{mx_1} \cdots f_{mx_n} \end{pmatrix}(\vec{x}_0) = \begin{pmatrix} \operatorname{grad} f_1(\vec{x}_0) \\ \vdots \\ \operatorname{grad} f_m(\vec{x}_0) \end{pmatrix} = (f_{x_1}(\vec{x}_0), \ldots, f_{x_n}(\vec{x}_0))$$

ヤコビ行列 $\mathcal{J}_f(\vec{x}_0)$ は (m,n) 行列である:
- その行は m 個の成分関数の勾配である.
- その列は n 本の曲線の n 個の接線ベクトルである.
  それは1つを除いてすべての変数を定数とおくとき成り立つ.

特殊例

$\underline{f: \mathbb{R}^1 \to \mathbb{R}^3}$　$\vec{x} = f(t) = \begin{pmatrix} x(t) \\ y(t) \\ z(t) \end{pmatrix}$　$\mathbb{R}^3$ 上の曲線,　$\mathcal{J}_f = \dot{\vec{x}} = \begin{pmatrix} \dot{x} \\ \dot{y} \\ \dot{z} \end{pmatrix}$

$\dot{\vec{x}}(t_0) = \begin{pmatrix} \dot{x}(t_0) \\ \dot{y}(t_0) \\ \dot{z}(t_0) \end{pmatrix}$ は曲線の点 $\vec{x}(t_0)$ の接線ベクトルである.

$\underline{f: \mathbb{R}^2 \to \mathbb{R}^3}$　$\vec{x} = f(u,v) = \begin{pmatrix} x(u,v) \\ y(u,v) \\ z(u,v) \end{pmatrix}$　$\mathbb{R}^3$ 上の平面,　$\mathcal{J}_f = \begin{pmatrix} x_u & x_v \\ y_u & y_v \\ z_u & z_v \end{pmatrix} = (\vec{x}_u, \vec{x}_v)$

$\begin{pmatrix} x_u(u_0,v_0) \\ y_u(u_0,v_0) \\ z_u(u_0,v_0) \end{pmatrix}, \begin{pmatrix} x_v(u_0,v_0) \\ y_v(u_0,v_0) \\ z_v(u_0,v_0) \end{pmatrix}$ は点 $\vec{x}(u_0,v_0)$ で接平面を張る.

$\underline{f: \mathbb{R}^3 \to \mathbb{R}^1}$　$w = f(x,y,z)$ はスカラー場である,　$\mathcal{J}_f = \operatorname{grad} w = (w_x, w_y, w_z)$

$\operatorname{grad} w(\vec{x}_0) = (w_x(\vec{x}_0), w_y(\vec{x}_0), w_z(\vec{x}_0))$ は点 $\vec{x}_0$ における水平面 $w(\vec{x}) = w(\vec{x}_0)$ の法線ベクトルである.

$\underline{f: \mathbb{R}^3 \to \mathbb{R}^3}$　$\vec{x} = f(u,v,w) = \begin{pmatrix} x(\vec{u}) \\ y(\vec{u}) \\ z(\vec{u}) \end{pmatrix}$ はベクトル場である,　$\mathcal{J}_f = \begin{pmatrix} x_u & x_v & x_w \\ y_u & y_v & y_w \\ z_u & z_v & z_w \end{pmatrix} = (\vec{x}_u, \vec{x}_v, \vec{x}_w)$

$\vec{x}_u(u_0,v_0,w_0)$ は曲線 $\vec{x}(t) = f(t,v_0,w_0)$ の接平面ベクトルである.
$\vec{x}_v(u_0,v_0,w_0)$ は曲線 $\vec{x}(t) = f(u_0,t,w_0)$ の接平面ベクトルである.
$\vec{x}_w(u_0,v_0,w_0)$ は曲線 $\vec{x}(t) = f(u_0,v_0,t)$ の接平面ベクトルである.

例　$\vec{x} = f(u,v) = \begin{pmatrix} 3\sin u \cos v \\ 2\sin u \sin v \\ \sqrt{2}\cos u \end{pmatrix}$　は半軸 $a=3, b=2, c=\sqrt{2}$ となる楕円面
$\dfrac{x^2}{9} + \dfrac{x^2}{9} + \dfrac{x^2}{9} = 1$ のパラメータ表示である.

$f' = \mathcal{J}_f = \begin{pmatrix} 3\cos u \cos v & -3\sin u \sin v \\ 2\cos u \sin v & 2\sin u \cos v \\ -\sqrt{2}\sin u & 0 \end{pmatrix} \implies f'(\tfrac{\pi}{6}, \tfrac{\pi}{3}) = \dfrac{1}{4}\begin{pmatrix} 3\sqrt{3} & -3\sqrt{3} \\ 6 & 2 \\ -2\sqrt{2} & 0 \end{pmatrix}$

ベクトル $4\vec{x}_u(\tfrac{\pi}{6},\tfrac{\pi}{3}) = (3\sqrt{3}, 6, -2\sqrt{2})$ と $4\vec{x}_v(\tfrac{\pi}{6},\tfrac{\pi}{3}) = (-3\sqrt{3}, 2, 0)$ は
点 $\vec{x}(\tfrac{\pi}{6},\tfrac{\pi}{3}) = \tfrac{1}{4}(3, 2\sqrt{3}, 2\sqrt{6})$ で楕円面の接平面を張る.

11 応用

11.1 曲線, 曲面, 立体

平面曲線		
	表示	長さ
デカルト表示	$y = f(x), \quad a \leq x \leq b$	$L = \int_a^b \sqrt{1 + \bigl(f'(x)\bigr)^2}\, dx$
極座標表示	$r = r(\varphi), \quad \alpha \leq \varphi \leq \beta$	$L = \int_\alpha^\beta \sqrt{r(\varphi)^2 + \dot{r}(\varphi)^2}\, d\varphi$
パラメータ表示	$\vec{x} = \begin{pmatrix} x(t) \\ y(t) \end{pmatrix}, \quad a \leq t \leq b$	$L = \int_a^b |\dot{\vec{x}}(t)|\, dt = \int_a^b \sqrt{\dot{x}(t)^2 + \dot{y}(t)^2}\, dt$
質量, 重心, 慣性モーメントについては空間曲線を見よ: $z(t) = 0$ を定める.		

空間曲線

曲線 K: $\quad \vec{x}(t) = \begin{pmatrix} x(t) \\ y(t) \\ z(t) \end{pmatrix}, \ a \leq t \leq b\,;\qquad$ 接線ベクトル: $\quad \dot{\vec{x}}(t) = \begin{pmatrix} \dot{x}(t) \\ \dot{y}(t) \\ \dot{z}(t) \end{pmatrix}$

線素 $\qquad ds = |\dot{\vec{x}}(t)|\, dt = \sqrt{\dot{x}^2 + \dot{y}^2 + \dot{z}^2}\, dt$

長さ $\qquad L = \int_K ds = \int_a^b |\dot{\vec{x}}(t)|\, dt = \int_a^b \sqrt{\dot{x}^2 + \dot{y}^2 + \dot{z}^2}\, dt$

曲線弧 $\vec{x}(t) = (x(t), y(t), z(t))$ において, $a \leq t \leq b$ に質量を持たせ, 質量の密度 $\delta = \delta(t)$ とする. したがって, 次が成り立つ.

質量[1] $\qquad M = \int_a^b \delta(t)\, |\dot{\vec{x}}(t)|\, dt = \int_a^b \delta(t)\, \sqrt{\dot{x}^2 + \dot{y}^2 + \dot{z}^2}\, dt$

重心[1]
$S = (s_x, s_y, s_z) \qquad s_x = \dfrac{1}{M} \int_a^b x(t)\, \delta(t)\, |\dot{\vec{x}}(t)|\, dt, \quad s_y$ と s_z も同様!

慣性モーメント $\qquad T_A = \int_a^b d^2(t)\, \delta(t)\, |\dot{\vec{x}}(t)|\, dt \qquad \begin{array}{l} d = d(t): \text{軸 } A \text{ から曲線の点} \\ \vec{x}(t) \text{ までの距離 (147ページ)} \end{array}$

[1] $\delta \equiv 1$ ならば, M は曲線の長さとなり, S は曲線の幾何学的重心となる!

11.1 曲線, 曲面, 立体

平面図形の面積

$$F = \int_a^b \bigl(f(x) - g(x)\bigr) dx \qquad F = \int_a^b -y(t) \cdot \dot{x}(t) \, dt \qquad F = \int_a^b x(t) \cdot \dot{y}(t) \, dt$$

重心[1] $S = (s_x, s_y)$

$$s_x = \frac{1}{F} \int_a^b x\bigl(f(x) - g(x)\bigr) dx, \qquad s_y = \frac{1}{2F} \int_a^b \bigl(f^2(x) - g^2(x)\bigr) dx$$

扇形の公式

パラメータ表示
$$\vec{x} = \vec{x}(t) = \begin{pmatrix} x(t) \\ y(t) \end{pmatrix}$$
$a \leq t \leq b$

$$F = \frac{1}{2} \int_a^b (x\dot{y} - \dot{x}y) \, dt$$

極座標表示
$r = r(\varphi)$
$\alpha \leq \varphi \leq \beta$

$$F = \frac{1}{2} \int_\alpha^\beta r^2(\varphi) \, d\varphi$$

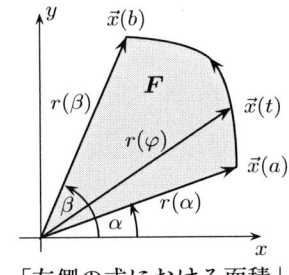

「左側の式における面積」

平面図形の面積, 一般例

面積 $\qquad F = \int_F dF = \int_F d(x, y)$

面積の部分が密度 $\delta(x, y)$ の質量を持つならば, 次が成り立つ.

質量[1] $\qquad M = \int_F \delta(x, y) \, d(x, y)$

重心[1]
$S = (s_x, s_y)$
$$s_x = \frac{1}{M} \int_F x \, \delta(x, y) \, d(x, y)$$
$$s_y = \frac{1}{M} \int_F y \, \delta(x, y) \, d(x, y)$$

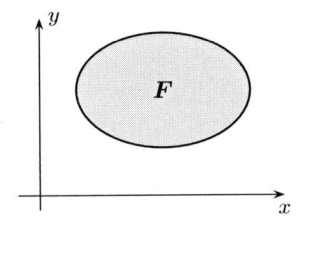

慣性モーメント $\quad T_A = \int_F a^2(x, y) \, \delta(x, y) \, d(x, y)$

$a = a(x, y)$: 軸 A から点 (x, y) までの距離 (147 ページ)

[1] $\delta \equiv 1$ ならば, M は平面となり, S は平面の幾何学的重心となる!

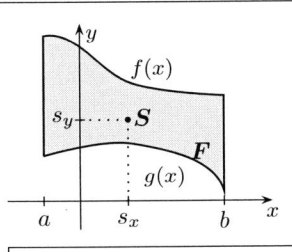

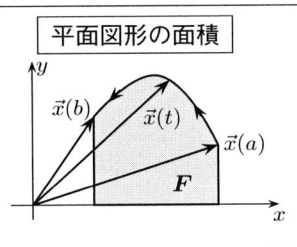

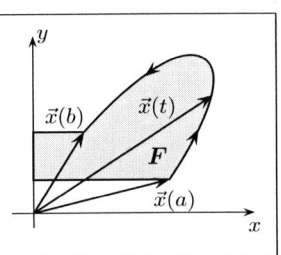

空間曲面

曲面 F: 関数 $z = f(x,y)$, $(x,y) \in B$ のグラフとして F が陽に与えられるとき

法線ベクトル: $\quad \vec{n} = (-f_x(x,y), -f_y(x,y), 1)$

面素: $\quad dF = \sqrt{1 + f_x^2(x,y) + f_y^2(x,y)}\, d(x,y)$

表面積 $\quad F = \int_F dF = \int_B \sqrt{1 + f_x^2(x,y) + f_y^2(x,y)}\, d(x,y)$

面素が密度 $\delta = \delta(x,y)$ の質量を持つとき, 次が成り立つ.

質量[1] $\quad M = \int_B \delta(x,y)\sqrt{1 + f_x^2(x,y) + f_y^2(x,y)}\, d(x,y)$

重心[1] $\quad s_x = \dfrac{1}{M}\int_B x\delta(x,y)\sqrt{1 + f_x^2(x,y) + f_y^2(x,y)}\, d(x,y),$
$S = (s_x, s_y, s_z)$ $\qquad\qquad\qquad\qquad\qquad\qquad\qquad\qquad\qquad s_y, s_z$ も同様

慣性モーメント $\quad T_A = \int_B a^2(x,y)\delta(x,y)\sqrt{1 + f_x^2(x,y) + f_y^2(x,y)}\, d(x,y)$

$a = a(x,y)$: 軸 A から曲面上の点 $(x,y,f(x,y))$ までの距離 (147 ページ)

空間曲面, 一般の場合

パラメータ表示 $\vec{x}(u,v) = \begin{pmatrix} x(u,v) \\ y(u,v) \\ z(u,v) \end{pmatrix}$, $(u,v) \in B$ によって与えられたもの

曲面 F について;
$\qquad\qquad$ ヤコビ行列: $\mathcal{J} = \begin{pmatrix} x_u & x_v \\ y_u & y_v \\ z_u & z_v \end{pmatrix} = (\vec{x}_u, \vec{x}_v)$

$\qquad\qquad$ 法線ベクトル: $\vec{n} = \vec{x}_u \times \vec{x}_v$

スカラー面素 $dF = |\vec{x}_u \times \vec{x}_v| d(u,v) = |(y_u z_v - y_v z_u, x_v z_u - x_u z_v, x_u y_v - x_v y_u)| d(u,v)$

曲面 F の基本量 (パラメータ表示に依存する):

$\mathcal{E} = \vec{x}_u^2 = |\vec{x}_u|^2,\ \mathcal{F} = \vec{x}_u \cdot \vec{x}_v,\ \mathcal{G} = \vec{x}_v^2 = |\vec{x}_v|^2,\ g = \mathcal{E}\mathcal{G} - \mathcal{F}^2 = (\vec{x}_u \times \vec{x}_v)^2 = \vec{n}^2 = |\vec{n}|^2$

F のパラメータ表示は $\quad$ 等角 $\iff \mathcal{E} = \mathcal{G}, \mathcal{F} = 0$
$\qquad\qquad\qquad\qquad\quad$ 等面積 $\iff g \equiv 1$

面積 $\quad \int_F dF = \int_B |\vec{n}|\, d(u,v) = \int_B |\vec{x}_u \times \vec{x}_v|\, d(u,v)$

平面領域 $\vec{x}(u,v) = (x(u,v), y(u,v), z(u,v))$, $(u,v) \in B$
が質量を持ち密度 $\delta = \delta(u,v)$ ならば, 次が成り立つ.

質量[1] $\quad M = \int_B \delta(u,v)\, |\vec{x}_u \times \vec{x}_v|\, d(u,v)$

重心[1] $\quad s_x = \dfrac{1}{M}\int_B x(u,v)\, \delta(u,v)\, |\vec{x}_u \times \vec{x}_v|\, d(u,v),\quad s_y, s_z$ も同様!
$S = (s_x, s_y, s_z)$

慣性モーメント $\quad T_A = \int_B a^2(u,v)\, \delta(u,v)\, |\vec{x}_u \times \vec{x}_v|\, d(u,v)$

点 $\vec{x}(u,v)$ における接平面

$a = a(u,v)$: 軸 A から曲面上の点 $\vec{x}(u,v)$ への距離 (147 ページ).

[1] $\delta \equiv 1$ ならば, M は面積で S は平面の幾何的重心である!

11.1 曲線, 曲面, 立体

空間立体

立体 K: $\quad \vec{x} = \begin{pmatrix} x(u,v,w) \\ y(u,v,w) \\ z(u,v,w) \end{pmatrix}, \quad (u,v,w) \in B$

ヤコビ行列: $\quad \mathcal{J}_x = \begin{pmatrix} x_u\ x_v\ x_w \\ y_u\ y_v\ y_w \\ z_u\ z_v\ z_w \end{pmatrix} = (\vec{x}_u, \vec{x}_v, \vec{x}_w), \qquad dB = d(u,v,w)$

体積要素: $\quad dV = \left| \begin{matrix} x_u\ x_v\ x_w \\ y_u\ y_v\ y_w \\ z_u\ z_v\ z_w \end{matrix} \right| dB = \left\| \vec{x}_u, \vec{x}_v, \vec{x}_w \right\| dB,\quad$ ヤコビ行列式の絶対値 143 ページを見よ

体積 $\quad V = \int_K dV = \int_B \left\| \vec{x}_u, \vec{x}_v, \vec{x}_w \right\| dB = \int_B \left\| \vec{x}_u, \vec{x}_v, \vec{x}_w \right\| d(u,v,w)$

立体 $\vec{x}(u,v,w) = (x(u,v,w), y(u,v,w), z(u,v,w))$, $(u,v,w) \in B$ は質量を持ち密度 $\delta = \delta(u,v,w)$ ならば, 次が成り立つ:

質量[1] $\quad M = \int_K \delta\, dV = \int_B \delta \left\| \vec{x}_u, \vec{x}_v, \vec{x}_w \right\| dB, \qquad dB = d(u,v,w)$

重心[1]
$S = (s_x, s_y, s_z)$ $\quad s_x = \dfrac{1}{M}\int_K x\delta\, dV = \dfrac{1}{M}\int_B x\,\delta \left\| \vec{x}_u, \vec{x}_v, \vec{x}_w \right\| dB, \quad s_y, s_z$ も同様!

慣性モーメント $\quad T_A = \int_K a^2 \delta\, dV = \int_B a^2\, \delta \left\| \vec{x}_u, \vec{x}_v, \vec{x}_w \right\| dB \qquad a = a(u,v,w)$: 軸 A から立体点 $\vec{x}(u,v,w)$ までの距離(下を見よ)

[1] $\delta \equiv 1$ ならば, M は体積で S は立体の幾何学的重心である!

a^2 の計算	平面曲線/平面領域	空間曲線/空間曲面/空間立体
x 軸	$a^2 = y^2$	$a^2 = y^2 + z^2$
y 軸	$a^2 = x^2$	$a^2 = x^2 + z^2$
z 軸		$a^2 = x^2 + y^2$
原点	$a^2 = x^2 + y^2$	$a^2 = x^2 + y^2 + z^2$

カヴァリエリの原理

M は体積 $V(M)$ を持つ空間領域とし, z_0 あるいは z_1 は M における z 座標値の最小あるいは最大とし, c は z_0 と z_1 の間の定数であり, $F(c)$ は平面 $z = c$ で切ったときの M の断面積とすると, 右が成り立つ.

$$V(M) = \int_{z_0}^{z_1} F(z)\, dz$$

例 回転放物面型帽子の体積
$M = \{(x,y,z) \mid x^2 + y^2 \leq z \leq h\}$
$F(z) = \pi z, \ z_0 = 0, \ z_1 = h$
$V(M) = \int_0^h \pi z\, dz = \pi \left[\dfrac{1}{2}z^2\right]_0^h = \underline{\underline{\dfrac{\pi}{2}h^2}}$

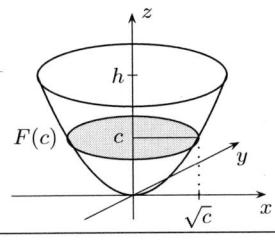

回転体の表面積

xy 平面で曲線弧が与えられているとせよ．その曲線を x 軸あるいは y 軸のまわりに回転させて生じる回転面 (底面と上面の円は除く) は次のような面積 F を持つ．

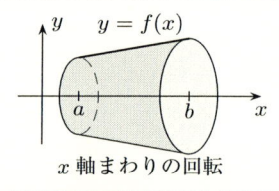

x 軸まわりの回転

曲線	回転軸	側面積
$y = f(x) \geq 0$ $a \leq x \leq b$	x 軸	$F = 2\pi \int_a^b f(x)\sqrt{1 + f'^2(x)}\, dx$
$\vec{x} = \begin{pmatrix} x(t) \\ y(t) \end{pmatrix}$ $\quad y(t) \geq 0$ $a \leq t \leq b \quad x(t) \geq 0$	x 軸	$F = 2\pi \int_a^b y(t)\sqrt{\dot{x}^2(t) + \dot{y}^2(t)}\, dt$
	y 軸	$F = 2\pi \int_a^b x(t)\sqrt{\dot{x}^2(t) + \dot{y}^2(t)}\, dt$

第1パップス・ギュルダンの定理

長さ L の平面の曲線弧は，この平面内にある曲線弧と交わらない軸のまわりで回転するとする．
d を回転軸から曲線弧の重心 S までの距離とすれば，回転面の**面積 F** に対して以下が成り立つ．

(底面と上面は除く) $\boxed{F = 2\pi d \cdot L}$

回転面の表面積 ＝ 重心の軌跡の長さ × 元の弧の長さ

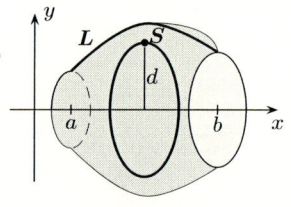

回転体の体積

xy 平面で曲線弧が与えられているとせよ．曲線と x 軸で囲まれた面領域 F が x 軸あるいは y 軸のまわりで回転することによって生じる立体は，次の体積 V を持つ．

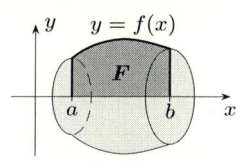

曲線	体積 y 軸まわりの回転	体積 x 軸まわりの回転
$y = f(x) \geq 0$ $a \leq x \leq b$	$V = 2\pi \int_a^b x f(x)\, dx$	$V = \pi \int_a^b f^2(x)\, dx$

第2パップス・ギュルダンの定理

面積 F の平面領域がこの平面内にある平面領域と交わらない軸のまわりで回転するとする．d は回転軸から平面領域の重心 S までの距離とすれば，
回転体の**体積 V** に対して次が成り立つ．

$\boxed{V = 2\pi d \cdot F}$

回転体の体積 ＝ 重心の軌跡の長さ × 元の領域の面積

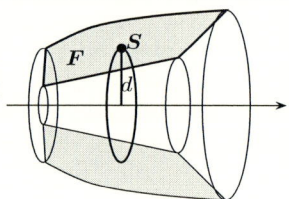

12 ベクトル解析と積分定理
12.1 ベクトル解析

座標系

平面極座標

$$x = r\cos\varphi$$
$$y = r\sin\varphi$$

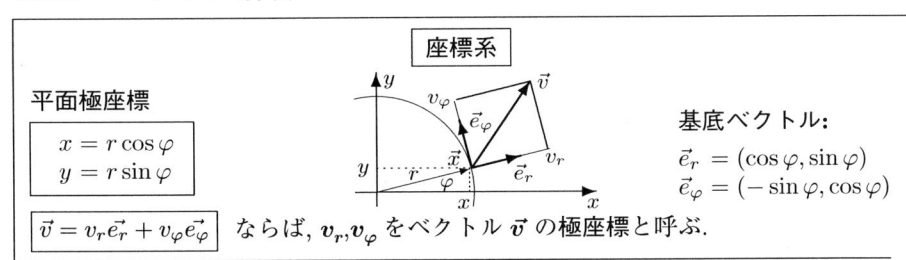

基底ベクトル:
$$\vec{e}_r = (\cos\varphi, \sin\varphi)$$
$$\vec{e}_\varphi = (-\sin\varphi, \cos\varphi)$$

$\boxed{\vec{v} = v_r \vec{e}_r + v_\varphi \vec{e}_\varphi}$ ならば, v_r, v_φ をベクトル $\vec{v}$ の極座標と呼ぶ.

<u>変換</u>: デカルト座標 $v_x, v_y \longleftrightarrow$ 極座標 v_r, v_φ

$$\begin{pmatrix} v_x \\ v_y \end{pmatrix} = \begin{pmatrix} \cos\varphi & -\sin\varphi \\ \sin\varphi & \cos\varphi \end{pmatrix} \begin{pmatrix} v_r \\ v_\varphi \end{pmatrix} \quad , \quad \begin{pmatrix} v_r \\ v_\varphi \end{pmatrix} = \begin{pmatrix} \cos\varphi & \sin\varphi \\ -\sin\varphi & \cos\varphi \end{pmatrix} \begin{pmatrix} v_x \\ v_y \end{pmatrix}$$

円柱座標

$$x = r\cos\varphi$$
$$y = r\sin\varphi$$
$$z = z$$

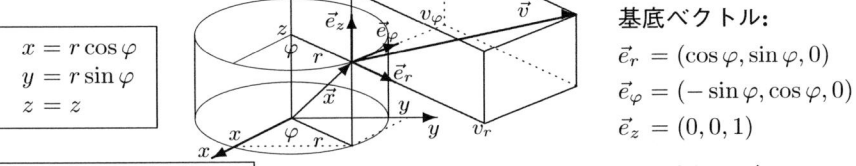

基底ベクトル:
$$\vec{e}_r = (\cos\varphi, \sin\varphi, 0)$$
$$\vec{e}_\varphi = (-\sin\varphi, \cos\varphi, 0)$$
$$\vec{e}_z = (0, 0, 1)$$

$\boxed{\vec{v} = v_r \vec{e}_r + v_\varphi \vec{e}_\varphi + v_z \vec{e}_z}$ ならば, v_r, v_φ, v_z をベクトル $\vec{v}$ の**円柱座標**と呼ぶ.

<u>変換</u>: デカルト座標 $v_x, v_y, v_z \longleftrightarrow$ 円柱座標 v_r, v_φ, z

$$\begin{pmatrix} v_x \\ v_y \\ v_z \end{pmatrix} = \begin{pmatrix} \cos\varphi & -\sin\varphi & 0 \\ \sin\varphi & \cos\varphi & 0 \\ 0 & 0 & 1 \end{pmatrix} \begin{pmatrix} v_r \\ v_\varphi \\ v_z \end{pmatrix} \quad , \quad \begin{pmatrix} v_r \\ v_\varphi \\ v_z \end{pmatrix} = \begin{pmatrix} \cos\varphi & \sin\varphi & 0 \\ -\sin\varphi & \cos\varphi & 0 \\ 0 & 0 & 1 \end{pmatrix} \begin{pmatrix} v_x \\ v_y \\ v_z \end{pmatrix}$$

球座標 (空間極座標)

θ 天頂角, M2 を見よ

$$x = \rho\sin\theta\cos\varphi$$
$$y = \rho\sin\theta\sin\varphi$$
$$z = \rho\cos\theta$$

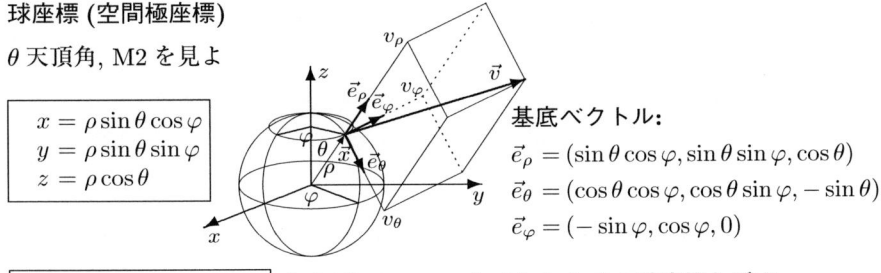

基底ベクトル:
$$\vec{e}_\rho = (\sin\theta\cos\varphi, \sin\theta\sin\varphi, \cos\theta)$$
$$\vec{e}_\theta = (\cos\theta\cos\varphi, \cos\theta\sin\varphi, -\sin\theta)$$
$$\vec{e}_\varphi = (-\sin\varphi, \cos\varphi, 0)$$

$\boxed{\vec{v} = v_\rho \vec{e}_\rho + v_\theta \vec{e}_\theta + v_\varphi \vec{e}_\varphi}$ ならば, $v_\rho, v_\theta, v_\varphi$ をベクトル $\vec{v}$ の**球座標**と呼ぶ.

<u>変換</u>: デカルト座標 $v_x, v_y, v_z \longleftrightarrow$ 球座標 $v_\rho, v_\theta, v_\varphi$

$$\begin{pmatrix} v_x \\ v_y \\ v_z \end{pmatrix} = \begin{pmatrix} \sin\theta\cos\varphi & \cos\theta\cos\varphi & -\sin\varphi \\ \sin\theta\sin\varphi & \cos\theta\sin\varphi & \cos\varphi \\ \cos\theta & -\sin\theta & 0 \end{pmatrix} \begin{pmatrix} v_\rho \\ v_\theta \\ v_\varphi \end{pmatrix} \quad , \quad \begin{pmatrix} v_\rho \\ v_\theta \\ v_\varphi \end{pmatrix} = \begin{pmatrix} \sin\theta\cos\varphi & \sin\theta\sin\varphi & \cos\theta \\ \cos\theta\cos\varphi & \cos\theta\sin\varphi & -\sin\theta \\ -\sin\varphi & \cos\varphi & 0 \end{pmatrix} \begin{pmatrix} v_x \\ v_y \\ v_z \end{pmatrix}$$

スカラー場の勾配, 方向微分

$f: \mathbb{R}^3 \to \mathbb{R}$ がスカラー場ならば, $\mathrm{grad}\, f: \mathbb{R}^3 \to \mathbb{R}^3$ はベクトル場となる.

$$\mathrm{grad}\, f = \left(\frac{\partial f}{\partial x}, \frac{\partial f}{\partial y}, \frac{\partial f}{\partial z}\right) = \nabla f \quad \bigg| \quad f \text{ の勾配}$$

勾配の表示

デカルト座標: $\mathrm{grad}\, f = \frac{\partial f}{\partial x}\vec{e_x} + \frac{\partial f}{\partial y}\vec{e_y} + \frac{\partial f}{\partial z}\vec{e_z}$

円柱座標: $\mathrm{grad}\, f = \frac{\partial f}{\partial r}\vec{e_r} + \frac{1}{r}\frac{\partial f}{\partial \varphi}\vec{e_\varphi} + \frac{\partial f}{\partial z}\vec{e_z}$

球座標: $\mathrm{grad}\, f = \frac{\partial f}{\partial \rho}\vec{e_\rho} + \frac{1}{\rho}\frac{\partial f}{\partial \theta}\vec{e_\theta} + \frac{1}{\rho \sin\theta}\frac{\partial f}{\partial \varphi}\vec{e_\varphi}$

$$\frac{\partial f}{\partial \vec{a}}(\vec{x}) = \lim_{h \to 0} \frac{f(\vec{x}+h\frac{\vec{a}}{|\vec{a}|})-f(\vec{x})}{h} \quad \bigg| \quad \begin{array}{l} f \text{ の点 } \vec{x} \text{ におけるベクトル } \vec{a} \neq \vec{0} \text{ の方向} \\ \text{への方向微分}. \end{array}$$

f が $\vec{x}$ で微分可能ならば, 方向微分に対して次が成り立つ.

$$\frac{\partial f}{\partial \vec{a}}(\vec{x}) = \mathrm{grad}\, f(\vec{x}) \cdot \frac{\vec{a}}{|\vec{a}|} = |\mathrm{grad}\, f(\vec{x})| \cdot \cos\varphi \text{ ここで } \varphi = \sphericalangle(\mathrm{grad}\, f(\vec{x}), \vec{a})$$

方向微分 = 勾配と単位ベクトルの内積

勾配と方向微分の幾何的性質:

$\varphi = \sphericalangle(\mathrm{grad}\, f(\vec{x}), \vec{a})$ を $\mathrm{grad}\, f(\vec{x})$ と $\vec{a}$ のなす角とすれば, 次が成り立つ.

- 方向微分は $\varphi = 0°$ のとき最大となる:
  勾配は最大増加方向を示す!
- 方向微分は $\varphi = 90°$ のとき 0 である:
  勾配は等値線/等値面に接する $\vec{x}$ に垂直である.

ベクトル場のヤコビ行列, ベクトル勾配

$\vec{v}: \mathbb{R}^3 \to \mathbb{R}^3$ ただし $\vec{v}(\vec{x}) = (v_x(\vec{x}), v_y(\vec{x}), v_z(\vec{x}))$ がベクトル場ならば, 次のように呼ばれる.

$$\mathcal{J}_{\vec{v}} = \begin{pmatrix} \frac{\partial v_x}{\partial x} & \frac{\partial v_x}{\partial y} & \frac{\partial v_x}{\partial z} \\ \frac{\partial v_y}{\partial x} & \frac{\partial v_y}{\partial y} & \frac{\partial v_y}{\partial z} \\ \frac{\partial v_z}{\partial x} & \frac{\partial v_z}{\partial y} & \frac{\partial v_z}{\partial z} \end{pmatrix} \quad \bigg| \quad \vec{v} \text{ のヤコビ行列}$$

$$(\vec{a}\,\mathrm{grad})\,\vec{v} = \lim_{h \to 0} \frac{\vec{v}(\vec{x}+h\vec{a})-\vec{v}(\vec{x})}{h} \quad \bigg| \quad \begin{array}{l} \vec{v} \text{ の点 } \vec{x} \text{ における} \\ \text{ベクトル } \vec{a} \text{ 方向へのベクトル勾配} \end{array}$$

$\vec{v}$ が $\vec{x}$ で微分可能ならば, すなわち, v_x, v_y, v_z が $\vec{x}$ で微分可能ならば, 次が成り立つ:
$(\vec{a}\,\mathrm{grad})\,\vec{v}(\vec{x}) = \mathcal{J}_{\vec{v}}(\vec{x}) \cdot \vec{a} = (\mathrm{grad}\, v_x(\vec{x}) \cdot \vec{a}\,,\,\mathrm{grad}\, v_y(\vec{x}) \cdot \vec{a}\,,\,\mathrm{grad}\, v_z(\vec{x}) \cdot \vec{a})$

ベクトル勾配 = ヤコビ行列とベクトルの積

$(\vec{a}\,\mathrm{grad})\,\vec{v} = \frac{1}{2}\left[\mathrm{rot}(\vec{v}\times\vec{a}) + \mathrm{grad}(\vec{v}\cdot\vec{a}) + \vec{a}\,\mathrm{div}\,\vec{v} - \vec{v}\,\mathrm{div}\,\vec{a} - \vec{a}\times\mathrm{rot}\,\vec{v} - \vec{v}\times\mathrm{rot}\,\vec{a}\right]$

12.1 ベクトル解析

ベクトル場の発散

$\vec{v}: \mathbb{R}^3 \to \mathbb{R}^3$ ここで $\vec{v} = (v_x(\vec{x}), v_y(\vec{x}), v_z(\vec{x}))$ がベクトル場ならば, $\operatorname{div}\vec{v}: \mathbb{R}^3 \to \mathbb{R}$ はスカラー場となる.

$$\operatorname{div}\vec{v} = \frac{\partial v_x}{\partial x} + \frac{\partial v_y}{\partial y} + \frac{\partial v_z}{\partial z} = \nabla \cdot \vec{v} \quad \bigg| \quad \vec{v} \text{ の回転}$$

点 $\vec{x}$ は $\begin{array}{l}\operatorname{div}\vec{v} > 0 \\ \operatorname{div}\vec{v} < 0\end{array}$ のとき $\left\{\begin{array}{l}\text{湧点} \\ \text{吸点}\end{array}\right.$ と呼ばれる.

$\vec{v}$ はすべての $\vec{x} \in G$ に対して, $\operatorname{div}\vec{v}(\vec{x}) = 0$ のとき G で**無発散**と呼ばれる.

発散の表現

デカルト座標: $\operatorname{div}\vec{v} = \frac{\partial v_x}{\partial x} + \frac{\partial v_y}{\partial y} + \frac{\partial v_z}{\partial z}$

円柱座標: $\operatorname{div}\vec{v} = \frac{1}{r}\frac{\partial(rv_r)}{\partial r} + \frac{1}{r}\frac{\partial v_\varphi}{\partial \varphi} + \frac{\partial v_z}{\partial z}$

球座標: $\operatorname{div}\vec{v} = \frac{1}{\rho^2}\frac{\partial(\rho^2 v_\rho)}{\partial \rho} + \frac{1}{\rho\sin\theta}\frac{\partial(\sin\theta\, v_\theta)}{\partial \theta} + \frac{1}{\rho\sin\theta}\frac{\partial v_\varphi}{\partial \varphi}$

ベクトル場の回転

$\vec{v}: \mathbb{R}^3 \to \mathbb{R}^3$ ここで $\vec{v} = (v_x(\vec{x}), v_y(\vec{x}), v_z(\vec{x}))$ がベクトル場ならば, $\operatorname{rot}\vec{v}: \mathbb{R}^3 \to \mathbb{R}^3$ はベクトル場となる.

$$\operatorname{rot}\vec{v} = \left(\frac{\partial v_z}{\partial y} - \frac{\partial v_y}{\partial z},\, \frac{\partial v_x}{\partial z} - \frac{\partial v_z}{\partial x},\, \frac{\partial v_y}{\partial x} - \frac{\partial v_x}{\partial y}\right) = \nabla \times \vec{v} \quad \bigg| \quad \vec{v} \text{ の回転}$$

ベクトルの外積に従って, $\operatorname{rot}\vec{v}$ を次のように記憶せよ:

$$\operatorname{rot}\vec{v} = \begin{vmatrix} \vec{e_x} & \vec{e_y} & \vec{e_z} \\ \frac{\partial}{\partial x} & \frac{\partial}{\partial y} & \frac{\partial}{\partial z} \\ v_x & v_y & v_z \end{vmatrix} = \left(\frac{\partial v_z}{\partial y} - \frac{\partial v_y}{\partial z},\, \frac{\partial v_x}{\partial z} - \frac{\partial v_z}{\partial x},\, \frac{\partial v_y}{\partial x} - \frac{\partial v_x}{\partial y}\right)$$

$\vec{v}$ はすべての $\vec{x} \in G$ に対して $\operatorname{rot}\vec{v} = \vec{0}$ のとき G で**渦なし**と呼ばれる.

$\operatorname{rot}\vec{v} = \vec{0}$ は可積分条件 (154 ページ) のベクトル表現である.

単連結領域 G において渦なし場はそこで必ず保存場 (154 ページを見よ) となる!

発散の表現

デカルト座標: $\operatorname{rot}\vec{v} = \left(\frac{\partial v_z}{\partial y} - \frac{\partial v_y}{\partial z}\right)\vec{e_x} + \left(\frac{\partial v_x}{\partial z} - \frac{\partial v_z}{\partial x}\right)\vec{e_y} + \left(\frac{\partial v_y}{\partial x} - \frac{\partial v_x}{\partial y}\right)\vec{e_z}$

円柱座標: $\operatorname{rot}\vec{v} = \left(\frac{1}{r}\frac{\partial v_z}{\partial \varphi} - \frac{\partial v_\varphi}{\partial z}\right)\vec{e_r} + \left(\frac{\partial v_r}{\partial z} - \frac{\partial v_z}{\partial r}\right)\vec{e_\varphi} + \left(\frac{1}{r}\frac{\partial(rv_\varphi)}{\partial r} - \frac{1}{r}\frac{\partial v_r}{\partial \varphi}\right)\vec{e_z}$

球座標:
$\operatorname{rot}\vec{v} = \frac{1}{\rho\sin\theta}\left(\frac{\partial(v_\varphi \sin\theta)}{\partial \theta} - \frac{\partial v_\theta}{\partial \varphi}\right)\vec{e_\rho} + \left(\frac{1}{\rho\sin\theta}\frac{\partial v_\rho}{\partial \varphi} - \frac{1}{\rho}\frac{\partial(\rho \cdot v_\varphi)}{\partial \rho}\right)\vec{e_\theta} + \left(\frac{1}{\rho}\frac{\partial(\rho v_\theta)}{\partial \rho} - \frac{1}{\rho}\frac{\partial v_\rho}{\partial \theta}\right)\vec{e_\varphi}$

ナブラ演算子 ∇

ナブラ演算子 ∇ は形式的な (微分) 演算子であり，それを用いると演算 grad, div, rot は統一した形で書ける．

$$\nabla = \left(\frac{\partial}{\partial x}, \frac{\partial}{\partial y}, \frac{\partial}{\partial z}\right) \quad \text{ナブラ}$$

$f = f(x,y,z)$ はスカラー場とし，$\vec{v} = \vec{v}(x,y,z) = (v_x, v_y, v_z)$ はベクトル場とする．

$\nabla f = \left(\frac{\partial f}{\partial x}, \frac{\partial f}{\partial y}, \frac{\partial f}{\partial z}\right) = \operatorname{grad} f \quad$ ∇ と f の積

$\nabla \cdot \vec{v} = \frac{\partial v_x}{\partial x} + \frac{\partial v_y}{\partial y} + \frac{\partial v_z}{\partial z} = \operatorname{div} \vec{v} \quad$ ∇ と $\vec{v}$ のスカラー積

$\nabla \times \vec{v} = \begin{vmatrix} \vec{e_x} & \vec{e_y} & \vec{e_z} \\ \frac{\partial}{\partial x} & \frac{\partial}{\partial y} & \frac{\partial}{\partial z} \\ v_x & v_y & v_z \end{vmatrix} = \operatorname{rot} \vec{v} \quad$ ∇ と $\vec{v}$ のベクトル積

演算子 ∇ はベクトルとして理解される．したがって次の法則が成り立つ．法則 $(\lambda, \mu \in \mathbb{R})$:

$\operatorname{grad}(\lambda f + \mu g) = \nabla(\lambda f + \mu g) = \lambda \nabla f + \mu \nabla g = \lambda \operatorname{grad} f + \mu \operatorname{grad} g$

$\operatorname{div}(\lambda \vec{u} + \mu \vec{v}) = \nabla \cdot (\lambda \vec{u} + \mu \vec{v}) = \lambda \nabla \cdot \vec{u} + \mu \nabla \cdot \vec{v} = \lambda \operatorname{div} \vec{u} + \mu \operatorname{div} \vec{v}$

$\operatorname{rot}(\lambda \vec{u} + \mu \vec{v}) = \nabla \times (\lambda \vec{u} + \mu \vec{v}) = \lambda \nabla \times \vec{u} + \mu \nabla \times \vec{v} = \lambda \operatorname{rot} \vec{u} + \mu \operatorname{rot} \vec{v}$

ラプラス演算子 Δ

$f: \mathbb{R}^3 \to \mathbb{R}$ をスカラー場とすれば，$\operatorname{div}(\operatorname{grad} f)$ が作れる．

$$\Delta f = \operatorname{div}(\operatorname{grad} f) = \frac{\partial^2 f}{\partial x^2} + \frac{\partial^2 f}{\partial y^2} + \frac{\partial^2 f}{\partial z^2} \quad \text{ラプラス演算子}$$

ラプラス演算子 $\Delta f = 0$ の解を調和関数と呼ぶ．

ラプラス方程式 $\Delta f = 0$ を満たすスカラー場 $f(x,y,z)$ は，次の理由で興味深い．勾配場 $\vec{F} = \operatorname{grad} f$ で

(1) $\quad \operatorname{div} \vec{F} = \operatorname{div}(\operatorname{grad} f) = \Delta f = 0 \quad$:湧き出しなし

(2) $\quad \operatorname{rot} \vec{F} = \operatorname{rot}(\operatorname{grad} f) = \vec{0} \quad$:渦なし

ラプラス方程式の表現

デカルト座標: $\quad \Delta f = \frac{\partial^2 f}{\partial x^2} + \frac{\partial^2 f}{\partial y^2} + \frac{\partial^2 f}{\partial z^2}$

極座標: $\quad \Delta f = \frac{1}{r}\frac{\partial f}{\partial r} + \frac{\partial^2 f}{\partial r^2} + \frac{1}{r^2}\frac{\partial^2 f}{\partial \varphi^2}$

円柱座標: $\quad \Delta f = \frac{1}{r}\frac{\partial f}{\partial r} + \frac{\partial^2 f}{\partial r^2} + \frac{1}{r^2}\frac{\partial^2 f}{\partial \varphi^2} + \frac{\partial^2 f}{\partial z^2}$

球座標: $\quad \Delta f = \frac{2}{\rho}\frac{\partial f}{\partial \rho} + \frac{\partial^2 f}{\partial \rho^2} + \frac{1}{\rho^2}\frac{\partial^2 f}{\partial \theta^2} + \frac{1}{\rho^2 \tan\theta}\frac{\partial f}{\partial \theta} + \frac{1}{\rho^2 \sin^2\theta}\frac{\partial^2 f}{\partial \varphi^2}$

grad, div, rot の計算法則

f, g　スカラー場
$\vec{u}, \vec{v}$　ベクトル場

次の演算子は線型である．
$\operatorname{grad}(f + g) = \operatorname{grad} f + \operatorname{grad} g$　かつ　$\operatorname{grad}(\lambda f) = \lambda \operatorname{grad} f$　ここで $\lambda \in \mathbb{R}$
$\operatorname{div}(\vec{u} + \vec{v}) = \operatorname{div} \vec{u} + \operatorname{div} \vec{v}$　かつ　$\operatorname{div}(\lambda \vec{v}) = \lambda \operatorname{div} \vec{v}$　ここで $\lambda \in \mathbb{R}$
$\operatorname{rot}(\vec{u} + \vec{v}) = \operatorname{rot} \vec{u} + \operatorname{rot} \vec{v}$　かつ　$\operatorname{rot}(\lambda \vec{v}) = \lambda \operatorname{rot} \vec{v}$　ここで $\lambda \in \mathbb{R}$

積の法則:
$$\operatorname{grad}(fg) = f \operatorname{grad} g + g \operatorname{grad} f$$
$$\operatorname{grad}(\vec{u} \cdot \vec{v}) = (\vec{u}\,\operatorname{grad})\vec{v} + (\vec{v}\,\operatorname{grad})\vec{u} + \vec{u} \times \operatorname{rot} \vec{v} + \vec{v} \times \operatorname{rot} \vec{u}$$
$$= \mathcal{J}_{\vec{u}}\vec{v} + \mathcal{J}_{\vec{v}}\vec{u} + \vec{u} \times \operatorname{rot} \vec{v} + \vec{v} \times \operatorname{rot} \vec{u}$$
$$\operatorname{div}(f\vec{v}) = f \operatorname{div} \vec{v} + (\operatorname{grad} f) \cdot \vec{v}$$
$$\operatorname{rot}(f\vec{v}) = f \operatorname{rot} \vec{v} + (\operatorname{grad} f) \times \vec{v}$$
$$\operatorname{div}(\vec{u} \times \vec{v}) = -\vec{u} \cdot \operatorname{rot} \vec{v} + \vec{v} \cdot \operatorname{rot} \vec{u}$$
$$\operatorname{rot}(\vec{u} \times \vec{v}) = (\vec{v}\,\operatorname{grad})\vec{u} - (\vec{u}\,\operatorname{grad})\vec{v} + \vec{u} \operatorname{div} \vec{v} - \vec{v} \operatorname{div} \vec{u}$$
$$= \mathcal{J}_{\vec{u}}\vec{v} - \mathcal{J}_{\vec{v}}\vec{u} + \vec{u} \operatorname{div} \vec{v} - \vec{v} \operatorname{div} \vec{u}$$

ベクトル勾配 $(\vec{a}\,\operatorname{grad}), \vec{v}$ は 150 ページを見よ．

重複適用:
$\operatorname{div}(\operatorname{grad} f) = \Delta f$　（ラプラス演算子）
$\operatorname{rot}(\operatorname{grad} f) = \vec{0}$　（ポテンシャル場は渦なしである）
$\operatorname{div}(\operatorname{rot} \vec{v}) = 0$　（渦場は湧き出しなしである）
$\operatorname{rot}(\operatorname{rot} \vec{v}) = \operatorname{grad}(\operatorname{div} \vec{v}) - (\Delta v_x, \Delta v_y, \Delta v_z)$

マクスウェルの方程式

ρ　電荷密度
$\vec{B}$　磁束密度
$\vec{H}$　磁場
$\vec{J}$　流密度
$\vec{D}$　電束密度
$\vec{E}$　電場

$\vec{J} = \sigma \vec{E}$, $\vec{D} = \varepsilon \vec{E}$, $\vec{B} = \mu \vec{H}$, σ, ε, μ 物質定数:
σ　導電率
ε　誘電率
μ　透磁率
V　境界面 A を持つ空間領域
F　境界線 C を持つ空間内の曲面

	積分形	微分形
1 アンペールの法則	$\int_C \vec{H}\,d\vec{x} = \int_F (\vec{J} + \dot{\vec{D}})\,d\vec{F}$	$\operatorname{rot} \vec{H} = \vec{J} + \dot{\vec{D}}$
2 ファラデーの電磁誘導の法則	$\int_C \vec{E}\,d\vec{x} = -\int_F \dot{\vec{B}}\,d\vec{F}$	$\operatorname{rot} \vec{E} = -\dot{\vec{B}}$
3 $\vec{D}$ 場の湧き出しとしての電荷	$\int_A \vec{D}\,d\vec{A} = \int_V \rho\,dV\ (= Q)$	$\operatorname{div} \vec{D} = \rho$
4 電荷の欠損	$\int_A \vec{B}\,d\vec{A} = 0$	$\operatorname{div} \vec{B} = 0$

微分形は次によって積分形から得られる．
- 上記の積分形の法則 1 と 2 でストークスの定理の利用
- 上記の積分形の法則 3 と 4 でガウスの定理の利用

> **ポテンシャル場, ポテンシャル関数**

ベクトル場 $\vec{v}: \mathbb{R}^3 \to \mathbb{R}^3$ ただし $\vec{v}(\vec{x}) = (v_x(\vec{x}), v_y(\vec{x}), v_z(\vec{x}))$ に対し, $f: \mathbb{R}^3 \to \mathbb{R}$ で $\vec{v}(\vec{x}) = \mathrm{grad}\, f(\vec{x})$ を満たすものが存在するとき

> ポテンシャル場あるいは勾配場あるいは保存場と呼ぶ.
> f を $\vec{v}$ のポテンシャル関数あるいは原始関数と呼ぶ.

$\vec{v}$ がベクトル場ならば, 次のことは同値である:
- $\vec{v}$ はポテンシャル場である
- 線積分 $\int_K \vec{v} d\vec{x}$ は途中の経路によらない
- 閉路上の線積分 $\oint \vec{v} d\vec{x}$ は 0 となる

$$\boxed{\frac{\partial v_y}{\partial z} = \frac{\partial v_z}{\partial y},\ \frac{\partial v_x}{\partial y} = \frac{\partial v_y}{\partial x},\ \frac{\partial v_x}{\partial z} = \frac{\partial v_z}{\partial x}} \quad \vec{v}\text{の可積分条件}$$

$\vec{v}$ は可積分条件を満たす
$\iff \mathrm{rot}\,\vec{v} = \vec{0}$ ($\vec{v}$ は渦なしである)
$\iff \mathcal{J}_{\vec{v}} = \mathcal{J}_{\vec{v}}^{\mathrm{T}}$ ($\vec{v}$ のヤコビ行列は対称である)

G が $\mathbb{R}^3$ の領域 (連結開集合) ならば, 次が成り立つ.
  $\vec{v}$ が G でポテンシャル場である $\Longrightarrow \vec{v}$ は G で可積分条件を満たす
G が単連結領域ならば, 次が成り立つ.
  $\vec{v}$ は G でポテンシャル場である $\iff \vec{v}$ は G で可積分条件を満たす

$\vec{v}$ はポテンシャル関数 f を持つポテンシャル場で, それゆえ $\vec{v} = \mathrm{grad}\, f$ であり, K が点 P,Q を結ぶ曲線ならば, 次が成り立つ (92 ページの基本定理を参照せよ).

$$\int_K \vec{v}\, d\vec{x} = f(Q) - f(P) \quad (\text{ポテンシャルの差})$$

$\vec{v} = (v_x, v_y, v_z)$ がポテンシャル場で, K が任意の曲線で, 固定された始点 $\vec{x}_0 = (x_0, y_0, z_0)$ と動点 $\vec{x} = (x, y, z)$ をつなぐものであれば, 次が成り立つ.

$$f(\vec{x}) = \int_{\vec{x}_0}^{\vec{x}} \vec{v}(\vec{x})\, d\vec{x} = \int_{x_0}^{x} v_x(t, y_0, z_0)\, dt + \int_{y_0}^{y} v_y(x, t, z_0)\, dt + \int_{z_0}^{z} v_z(x, y, t)\, dt$$

f は $\vec{v}$ のポテンシャル関数である. ただし, 積分路が領域 G に含まれている場合に上記の式は使用できる.

例: 磁場 $\vec{v}(x,y) = \left(\frac{-y}{x^2+y^2}, \frac{x}{x^2+y^2}\right)$ は穴あき 平面 $\mathbb{R}^2 \setminus \{(0,0)\}$ (単連結で<u>ない</u>!) で可積分条件を満たす. しかしポテンシャル場ではない.
平面に対して可積分条件は $\frac{\partial v_x}{\partial y} = \frac{\partial v_y}{\partial x}$ である. 計算すると $\frac{\partial v_x}{\partial y} = \frac{y^2 - x^2}{(x^2+y^2)^2} = \frac{\partial v_y}{\partial x}$
閉じた単位円 EK に沿った $\vec{v}$ の積分: $\vec{x}(\varphi) = \begin{pmatrix} \cos\varphi \\ \sin\varphi \end{pmatrix}$, $0 \leq \varphi \leq 2\pi$:
$\int_{EK} \vec{v}\, d\vec{x} = \int_0^{2\pi} \vec{v}(\vec{x}(\varphi)) \cdot \dot{\vec{x}}(\varphi)\, d\varphi = \int_0^{2\pi} \begin{pmatrix} -\sin\varphi \\ \cos\varphi \end{pmatrix} \cdot \begin{pmatrix} -\sin\varphi \\ \cos\varphi \end{pmatrix} d\varphi = \int_0^{2\pi} d\varphi = 2\pi \neq 0$

例: 重力場 $\vec{v}(x,y,z) = \frac{(x,y,z)}{(x^2+y^2+z^2)^{3/2}}$ は穴あき 空間 $\mathbb{R}^3 \setminus \{(0,0,0)\}$ (単連結!) で可積分条件を満たす. ポテンシャル関数を計算せよ.
球座標: $\mathrm{grad}\, f = \frac{\partial f}{\partial \rho}\vec{e_\rho} + \frac{1}{\rho}\frac{\partial f}{\partial \theta}\vec{e_\theta} + \frac{1}{\rho \sin\theta}\frac{\partial f}{\partial \varphi}\vec{e_\varphi} = \vec{v} = \frac{1}{\rho^2}\vec{e_\rho} + 0\vec{e_\theta} + 0\vec{e_\varphi}$
座標比較: $\frac{\partial f}{\partial \rho} = \frac{1}{\rho^2}, \frac{\partial f}{\partial \theta} = \frac{\partial f}{\partial \varphi} = 0 \Longrightarrow f = -\frac{1}{\rho} = \frac{-1}{\sqrt{x^2+y^2+z^2}}$ はポテンシャル関数である.

12.1 ベクトル解析

> 線積分

線積分 $\int_K f\,ds$

$f:\mathbb{R}^3 \to \mathbb{R}$ でスカラー場かつ $\vec{x}=(x,y,z)$, $\mathbb{R}^3$ における曲線 $K=\{\vec{x}(t) \mid a \leq t \leq b\}$ に対して, 次が成り立つ.

$$\int_K f\,ds \;=\; \int_a^b f(\vec{x}(t))\cdot|\dot{\vec{x}}(t)|\,dt \;=\; \int_a^b f(\vec{x}(t))\sqrt{\dot{x}^2(t)+\dot{y}^2(t)+\dot{z}^2(t)}\,dt.$$

$\boxed{ds = |\dot{\vec{x}}(t)|\,dt = \sqrt{\dot{x}^2(t)+\dot{y}^2(t)+\dot{z}^2(t)}\,dt}$ はスカラー線素と呼ばれる.

$f \equiv 1$ に対して曲線弧の K の弧長 L が得られる: $\quad L = \int_a^b |\dot{\vec{x}}(t)|\,dt$

線積分 $\int_K \vec{v}\,d\vec{x}$ (仕事)

$\vec{v}=(v_x,v_y,v_z):\mathbb{R}^3 \to \mathbb{R}^3$ がベクトル場かつ $\vec{x}=(x,y,z)$, $\mathbb{R}^3$ における曲線 $K=\{\vec{x}(t) \mid a \leq t \leq b\}$ に対して, 次が成り立つ.

$$\int_K \vec{v}\,d\vec{x} \;=\; \int_a^b \vec{v}(\vec{x}(t))\cdot\dot{\vec{x}}(t)\,dt \;=\; \int_a^b \begin{pmatrix} v_x(\vec{x}(t)) \\ v_y(\vec{x}(t)) \\ v_z(\vec{x}(t)) \end{pmatrix} \cdot \begin{pmatrix} \dot{x}(t) \\ \dot{y}(t) \\ \dot{z}(t) \end{pmatrix} dt$$

$\boxed{d\vec{x} = \dot{\vec{x}}(t)\,dt}$ はベクトルの弧の成分と呼ばれる.

K が閉曲線ならば, $\oint_K \vec{v}\,d\vec{x}$ は K に沿ったベクトル場 $\vec{v}$ の循環である.

デカルト座標で $\vec{v}=(v_x,v_y,v_z)$ と $\vec{x}=(x,y,z)$ が与えられていれば, $dx=\dot{x}\,dt$, $dy=\dot{y}\,dt$, $dz=\dot{z}\,dt$ が成り立ち, 線積分はパラメータを使わずに書ける.

$$\int_K \vec{v}\,d\vec{x} \;=\; \int_K v_x\,dx + v_y\,dy + v_z\,dz.$$

$\vec{t}$ が K の単位接線ベクトルの場を表すならば, 上記2種の線積分の間で次の関係が存在する.

$$\int_K \vec{v}\,d\vec{x} \;=\; \int_K (\vec{v}\cdot\vec{t}\,)\,ds$$

平面曲線に対する線積分を計算する場合は, $z(t) \equiv 0$ とおく.

例 単位円 K に沿った場 $\vec{v}(x,y)=\left(\dfrac{-y}{x^2+y^2},\dfrac{x}{x^2+y^2}\right)$ の循環を計算せよ.

$$\oint_K \vec{v}\,d\vec{x} = \oint_K \left(\dfrac{-y\,dx}{x^2+y^2}+\dfrac{x\,dy}{x^2+y^2}\right) \text{かつ 単位円 } K=\left\{\vec{x}\in\mathbb{R}^2 \,\middle|\, \vec{x}=\begin{pmatrix}\cos t\\ \sin t\end{pmatrix},\ t\in[0,2\pi]\right\}$$

ここで $\vec{x}(t)=\begin{pmatrix}\cos t\\ \sin t\end{pmatrix}$ かつ $\dot{\vec{x}}(t)=\begin{pmatrix}-\sin t\\ \cos t\end{pmatrix}$ は $x^2+y^2=1$ となり, 次が得られる.

$$= \int_0^{2\pi} ((-\sin t)(-\sin t)+\cos t\cdot\cos t)\,dt \;=\; \int_0^{2\pi} dt \;=\; \underline{\underline{2\pi}}$$

$$\boxed{\text{面積分}}$$

$$\text{面積分} \quad \int_F f\, dF$$

$f: \mathrm{I\!R}^3 \to \mathrm{I\!R}$ でスカラー場かつ $\mathrm{I\!R}^3$ における面積 $F = \{\vec{x}(u,v) \mid (u,v) \in \mathrm{B}\}$ ならば，次が成り立つ．

$$\int_F f\, dF = \int_B f\big(\vec{x}(u,v)\big)\, |\vec{x}_u(u,v) \times \vec{x}_v(u,v)|\, d(u,v)$$

$$\vec{x}_u = \begin{pmatrix} x_u \\ y_u \\ z_u \end{pmatrix} = \begin{pmatrix} \frac{\partial x}{\partial u} \\ \frac{\partial y}{\partial u} \\ \frac{\partial z}{\partial u} \end{pmatrix}, \quad \vec{x}_v = \begin{pmatrix} x_v \\ y_v \\ z_v \end{pmatrix} = \begin{pmatrix} \frac{\partial x}{\partial v} \\ \frac{\partial y}{\partial v} \\ \frac{\partial z}{\partial v} \end{pmatrix} \quad \text{は } F \text{ の座標線に対する接線ベクトル}$$

$$\vec{n} = \vec{x}_u \times \vec{x}_v \quad \text{は } F \text{ の法線ベクトル}$$

$\boxed{dF = |\vec{x}_u \times \vec{x}_v|\, d(u,v)}$ **をスカラーの面素と呼ぶ．**

$f \equiv 1$ に対して**面積**が得られる：$A = \displaystyle\int_B |\vec{x}_u(u,v) \times \vec{x}_v(u,v)|\, d(u,v)$

$$\text{面積分} \int_F \vec{v}\, d\vec{F} \; \text{(流量積分)}$$

$\vec{v}: \mathrm{I\!R}^3 \to \mathrm{I\!R}^3$ がベクトル場かつ $\mathrm{I\!R}^3$ における面積 $F = \{\vec{x}(u,v) \mid (u,v) \in \mathrm{B}\}$ ならば，次が成り立つ．

$$\int_F \vec{v}\, d\vec{F} = \int_B \vec{v}\big(\vec{x}(u,v)\big) \cdot \big(\vec{x}_u(u,v) \times \vec{x}_v(u,v)\big)\, d(u,v)$$

$\boxed{d\vec{F} = (\vec{x}_u \times \vec{x}_v)\, d(u,v)}$ **をベクトルの面素と呼ぶ．**

uv 座標が曲線の向きと対応していない場合は符号を変えなければならない！

$\vec{n}$ が F の外側の単位法線ベクトルの場を表すならば，2種の面積分の間に次の関係が存在する．

$$\int_F \vec{v}\, d\vec{F} = \int_F (\vec{v} \cdot \vec{n})\, dF$$

例 放物面帽子 $F = \{(x,y,z) \mid z = x^2 + y^2,\; x^2 + y^2 \leq 1\}$ を通して，場 $\vec{v}(x,y,z) = \left(\frac{-x}{2}, -y, -z\right)$ の流れを計算せよ．

$$\vec{x} = \begin{pmatrix} x \\ y \\ x^2 + y^2 \end{pmatrix} \implies \vec{x}_x \times \vec{x}_y = \begin{pmatrix} 1 \\ 0 \\ 2x \end{pmatrix} \times \begin{pmatrix} 0 \\ 1 \\ 2y \end{pmatrix} = \begin{pmatrix} -2x \\ -2y \\ 1 \end{pmatrix}$$

$$\vec{v}(\vec{x}) \cdot (\vec{x}_x \times \vec{x}_y) = \begin{pmatrix} -x/2 \\ -y \\ -x^2 - y^2 \end{pmatrix} \cdot \begin{pmatrix} -2x \\ -2y \\ 1 \end{pmatrix} = y^2 \implies \vec{v} \cdot d\vec{F} = y^2\, d(x,y)$$

$$\int_F \vec{v}\, d\vec{F} = \int_{x^2 + y^2 \leq 1} y^2\, d(x,y) = \int_0^{2\pi} \left(\int_0^1 r^2 \cdot \sin^2 \varphi \cdot r\, dr \right) d\varphi = \underline{\underline{\tfrac{1}{4}\pi}}$$

12.2 代表的な場の例

球座標の場 $\rho=\sqrt{x^2+y^2+z^2}$				クーロン場 重力場
$\vec{v}(x,y,z)$	(x,y,z)	$\dfrac{(x,y,z)}{\sqrt{x^2+y^2+z^2}}$	$\dfrac{(x,y,z)}{x^2+y^2+z^2}$	$\dfrac{(x,y,z)}{(x^2+y^2+z^2)^{3/2}}$
$\vec{v}(\vec{x})$	$\vec{x}$	$\dfrac{\vec{x}}{\|\vec{x}\|}$	$\dfrac{1}{\|\vec{x}\|}\cdot\dfrac{\vec{x}}{\|\vec{x}\|}$	$\dfrac{1}{\|\vec{x}\|^2}\cdot\dfrac{\vec{x}}{\|\vec{x}\|}$
球座標 $\vec{v}(\rho,\theta,\varphi)$	$(\rho,0,0)$	$(1,0,0)$	$(\dfrac{1}{\rho},0,0)$	$(\dfrac{1}{\rho^2},0,0)$
領域の定義 単連結性	$\mathbb{R}^3$ YES	$\mathbb{R}^3\setminus\{\vec{0}\}$ YES	$\mathbb{R}^3\setminus\{\vec{0}\}$ YES	$\mathbb{R}^3\setminus\{\vec{0}\}$ YES
ポテンシャル $\Phi(x,y,z)$	$\dfrac{1}{2}(x^2+y^2+z^2)$ $=\dfrac{1}{2}\|\vec{x}\|^2=\dfrac{1}{2}\rho^2$	$\sqrt{x^2+y^2+z^2}$ $=\|\vec{x}\|=\rho$	$\log\sqrt{x^2+y^2+z^2}$ $=\log\|\vec{x}\|=\log\rho$	(ニュートンポテンシャル) $\dfrac{-1}{\sqrt{x^2+y^2+z^2}}$ $=\dfrac{-1}{\|\vec{x}\|}=\dfrac{-1}{\rho}$
線積分の 経路独立性	YES	YES	YES	YES
$\operatorname{div}\vec{v}$	3	$\dfrac{2}{\sqrt{x^2+y^2+z^2}}$ $=\dfrac{2}{\|\vec{x}\|}=\dfrac{2}{\rho}$	$\dfrac{1}{x^2+y^2+z^2}$ $=\dfrac{1}{\|\vec{x}\|^2}=\dfrac{1}{\rho^2}$	0
$\operatorname{rot}\vec{v}$	$\vec{0}$	$\vec{0}$	$\vec{0}$	$\vec{0}$

軸対称の場 $r=\sqrt{x^2+y^2}$			電場 帯電線	磁場 定常電流導体
$\vec{v}(x,y,z)$	$(x,y,0)$	$\dfrac{(x,y,0)}{\sqrt{x^2+y^2}}$	$\dfrac{(x,y,0)}{x^2+y^2}$	$\dfrac{(-y,x,0)}{x^2+y^2}$
円柱座標 $\vec{v}(r,\varphi,z)$	$(r,0,0)$	$(1,0,0)$	$(\dfrac{1}{r},0,0)$	$(0,\dfrac{1}{r},0)$
領域の定義 単連結性	$\mathbb{R}^3$ YES	$\mathbb{R}^3\setminus\{(0,0,z)\}$ NO	$\mathbb{R}^3\setminus\{(0,0,z)\}$ NO	$\mathbb{R}^3\setminus\{(0,0,z)\}$ NO
ポテンシャル $\Phi(x,y,z)$	$\dfrac{1}{2}(x^2+y^2)$ $=\dfrac{1}{2}r^2$	$\sqrt{x^2+y^2}$ $=r$	対数ポテンシャル $\log\sqrt{x^2+y^2}$ $=\log r$	局所的: $\arctan\dfrac{y}{x},\ x\neq 0$ $-\arctan\dfrac{x}{y},\ y\neq 0$
線積分の 経路独立性	YES	YES	YES	NO
$\operatorname{div}\vec{v}$	2	$\dfrac{1}{r}$	0	0
$\operatorname{rot}\vec{v}$	$\vec{0}$	$\vec{0}$	$\vec{0}$	$\vec{0}$

12.3 積分定理

$\mathbb{R}^2$ におけるガウスの積分定理

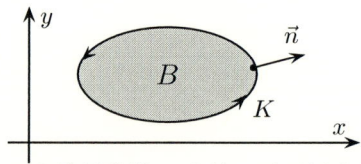

$B \subseteq \mathbb{R}^2$ を区分的になめらかな境界曲線 K を持つ平面領域とせよ. K は B が常に左に存在するようにたどられるものとする.

ベクトル場 $\vec{v}: \mathbb{R}^2 \to \mathbb{R}^2$ ここで $\vec{v}(x,y) = (P(x,y), Q(x,y))$ が連続的微分可能ならば, 次が成り立つ.

第1の表現
$$\int_B \left(\frac{\partial Q}{\partial x} - \frac{\partial P}{\partial y}\right) dB = \oint_K (P\,dx + Q\,dy) = \oint_K \vec{v}\,d\vec{x}$$

渦密度の積分は境界に沿った循環に等しい.

第2の表現
$$\int_B \operatorname{div} \vec{v}\, dB = \oint_K (\vec{v} \cdot \vec{n})\, ds$$

$\vec{n} = \frac{(\dot{y}, -\dot{x})}{|(\dot{x}, \dot{y})|}$ は K の外向き単位法線ベクトル

湧き出し密度の積分は境界を通る流出量に等しい.

$\mathbb{R}^3$ におけるガウスの積分定理

$B \subseteq \mathbb{R}^3$ を区分的になめらかな境界曲面 F を持つ平面領域とせよ.
ベクトル場 $\vec{v}: \mathbb{R}^3 \to \mathbb{R}^3$ が連続的微分可能ならば, 次が成り立つ.

$$\int_B \operatorname{div} \vec{v}\, dB = \int_F \vec{v}\, d\vec{F} = \int_F (\vec{v} \cdot \vec{n})\, dF$$

$\vec{n} = \frac{\pm(\vec{x}_u \times \vec{x}_v)}{|\vec{x}_u \times \vec{x}_v|}$ は F の外向き単位法線ベクトル

湧き出し密度の積分は境界を通る流出量に等しい.

物理的説明

$\vec{v}$ は固定した流体の流れの速度場とせよ.
$\operatorname{div}\vec{v}(\vec{x}_0)$ は点 $\vec{x}_0$ での生じる流体の量に対する質量である.
$\qquad$ ($\operatorname{div}\vec{v}(\vec{x}_0) > 0$: 湧き出し そして $\operatorname{div}\vec{v}(\vec{x}_0) < 0$: 吸い込み)
流量積分 $\int_F \vec{v}\,d\vec{F}$ は曲面 F を通して単位時間あたりに通過する流体の差を示す.

B の内部のすべての湧き出しと吸い込みを通して生じる流体の収支 (*領域積分*) は, 内側へもしくは外側へ流れる量の収支 (*面積分*) F に等しい.

12.3 積分定理

ストークスの積分定理

F を区分的になめらかで方向付けられた面積とし，境界 K は区分的になめらかで F に関して正の方向を向いた曲線とする．
$\vec{v}: \mathbb{R}^2 \to \mathbb{R}^2$ が連続的微分可能なベクトル場ならば，次が成り立つ．

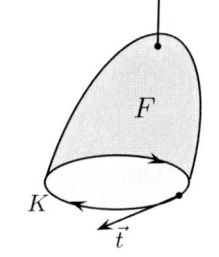

$$\int_F \operatorname{rot} \vec{v}\, d\vec{F} = \oint_K \vec{v}\, d\vec{x}$$

このとき　$d\vec{F}$　ベクトルの面素については 156 ページ
　　　　　$d\vec{x}$　ベクトルの線素については 155 ページ

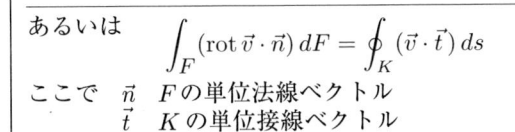

あるいは
$$\int_F (\operatorname{rot} \vec{v} \cdot \vec{n})\, dF = \oint_K (\vec{v} \cdot \vec{t})\, ds$$

ここで　$\vec{n}$　F の単位法線ベクトル
　　　　$\vec{t}$　K の単位接線ベクトル

> 曲面を通る回転子の流れは境界に沿った循環に等しい．

グリーンの公式

$V \subseteq \mathbb{R}^3$ を区分的になめらかで外向きに方向付けられた曲面 F を持つ空間領域とせよ．
実関数 $f, g : \mathbb{R}^3 \to \mathbb{R}$ が必要なだけ微分可能ならば，次が成り立つ．

$$\boxed{1} \quad \int_F (f \operatorname{grad} g)\, d\vec{F} = \int_V (\operatorname{grad} f \cdot \operatorname{grad} g + f \operatorname{div} \operatorname{grad} g)\, dV$$

ナブラ演算子 ∇ とラプラス演算子 Δ を用いると，この公式は次のようになる．

$$\boxed{1^*} \quad \int_F f \nabla g\, d\vec{F} = \int_V (\nabla f \nabla g + f \Delta g)\, dV$$

f と g を交換し，差をとれば

$$\boxed{2} \quad \int_F (f \nabla g - g \nabla f)\, d\vec{F} = \int_V (f \Delta g - g \Delta f)\, dV$$

$\vec{n}$ が単位法線を表すならば，$d\vec{F} = \vec{n}\, dF$ であり，
$\nabla f\, \vec{n} = \dfrac{\partial f}{\partial \vec{n}} = \operatorname{grad} f \cdot \vec{n}$, $\nabla g\, \vec{n} = \dfrac{\partial g}{\partial \vec{n}} = \operatorname{grad} g \cdot \vec{n}$　（方向微分），したがって

$$\boxed{2^*} \quad \int_F \left(f \frac{\partial g}{\partial \vec{n}} - g \frac{\partial f}{\partial \vec{n}}\right) dF = \int_V (f \Delta g - g \Delta f)\, dV$$

$f = 1$ に対して $\boxed{2}$ から次が得られる．

$$\boxed{3} \quad \int_F \operatorname{grad} g \cdot d\vec{F} = \int_V \Delta g\, dV$$

13 微分方程式

13.1 曲線族，存在と一意性の定理

微分方程式と曲線族

微分方程式の一般解は一般に曲線族である．
逆に，与えられた曲線族に対して，一般解がその族を与えるような微分方程式を定めることができるであろう．

曲線族の微分方程式
- **(1)** 曲線族は族パラメータ c を用いて，例えば次のような形で書かれる：$F(x,y,c) = 0$
- **(2)** x について微分して第2番目の方程式を作る
- **(3)** c を消去すれば曲線族に対する微分方程式が得られる
  (微分方程式の一般解は一般に与えられた曲線族より広くなる)

いくつかのパラメータに依存するならば，それに対応した回数だけ微分しなければならない．

曲線族の直交軌道 $F(x,y,c) = 0$
- **(1)** 曲線族の微分方程式を定める
- **(2)** y' を $-\dfrac{1}{y'}$ に変換する
- **(3)** 新しい微分方程式の解は直交軌道となる

$F(x,y,c) = 0$ **に対する交角** α **の等角軌道:**
- **(1)** 曲線族の微分方程式を定める
- **(2)** y' を $\dfrac{y' - \tan\alpha}{1 + y'\tan\alpha}$ に交換する
- **(3)** 新しい微分方程式の解は等角軌道となる

例 • *原点を通る直線族の微分方程式を求めよ．*
- **(1)** 曲線族の方程式 (原点を通る直線): $y = cx,\ c \in \mathbb{R}$
- **(2)** 微分すると $y' = c$ を得る
- **(3)** c を消去すると，曲線族の微分方程式は: $\boxed{y = y'x}$ (1階線型斉次微分方程式)

• *原点を通る直線族の等角軌道 $(\alpha = \frac{\pi}{4})$ を定めよ．*
- **(1)** 曲線族の微分方程式: $y = y'x$
- **(2)** y' を $\dfrac{y'-1}{1+y'}$ に交換する: $y = \dfrac{y'-1}{1+y'}x$, 軌道の微分方程式: $\boxed{y' = \dfrac{x+y}{x-y}}$
- **(3)** 微分方程式 $y' = \dfrac{x+y}{x-y}$ を解く (同次微分方程式 $y' = \dfrac{1+y/x}{1-y/x}$ については，例えば162ページを見よ)
  ここで極座標を用いると都合が良い (86, 124ページを見よ)
  $x = r\cos\varphi$
  $y = r\sin\varphi$ かつ $y' = \dfrac{\dot{y}}{\dot{x}} = \dfrac{\dot{r}\sin\varphi + r\cos\varphi}{\dot{r}\cos\varphi - r\sin\varphi}$
  代入すると1階線型斉次微分方程式 $\boxed{\dot{r} = r}$ となり解 $r = ce^{\varphi},\ c \in \mathbb{R}$ を持つ (128ページの対数らせんを見よ)．

13.2　1 階微分方程式の特殊な型

> **初期値問題**
> $$y' = f(x,y), \quad y(x_0) = y_0$$

$f(x,y)$ は長方形で領域 $R = \{(x,y) | |x - x_0| \leq a, |y - y_0| \leq b\}$ において連続とせよ.
$M := \max\{|f(x,y)| | (x,y) \in R\}$ (R 上の $|f|$ の最大値) とせよ.

ペアノの存在定理:
ここで初期値問題の解は少なくとも区間
$$I = [x_0 - \alpha, x_0 + \alpha] \text{で,} \quad \alpha := \min\{a, \tfrac{b}{M}\} \text{ のとき存在する.}$$

一意性定理:
f が R で以下のリプシッツ条件を満たすとする.
$$|f(x,y_1) - f(x,y_2)| \leq L|y_1 - y_2| \qquad (x,y_1),(x,y_2) \in R$$
このとき初期値問題の解 $y(x)$ は一意的に定められ, 次を反復法で得られる.

ピカール・リンデレフの反復法

$y = u_0(x)$ は R (例えば $u_0(x) = y_0$) にあり, 次のように定められる.
$$u_{n+1}(x) := y_0 + \int_{x_0}^{x} f(t, u_n(t)) \, dt, \qquad n \in \mathbb{N} \text{ に対して}$$

誤差評価: $|y(x) - u_n(x)| \leq \frac{(\alpha L)^n}{n!} e^{\alpha L} \cdot \max_{x \in I} |u_1(x) - u_0(x)|$

13.2　1 階微分方程式の特殊な型

> $p(x,y) + q(x,y) \cdot y' = 0$ あるいは $p(x,y)\,dx + q(x,y)\,dy = 0$ ｜ **完全微分方程式**
>
> 連続的微分可能関数 $F(x,y)$ が次を満たすとき, 上の微分方程式を完全と呼ぶ.
> $$F_x(x,y) = p(x,y) \quad \text{かつ} \quad F_y(x,y) = q(x,y)$$
> F を原始関数と呼ぶ.
> 微分方程式の解はこのとき $F(x,y) = c$, $c \in \mathbb{R}$ によって陰関数として得られる (F の等値線).
>
> $p = p(x,y)$ かつ $q = q(x,y)$ が単連結領域 G で連続的微分可能関数ならば, 次が成り立つ.
> $$p(x,y)\,dx + q(x,y)\,dy = 0 \text{ は完全である} \iff p_y = q_x$$
> 原始関数 F は例えば $\begin{array}{l} F_x = p \\ F_y = q \end{array}$ を積分して得られる.
>
> 点 (x_0, y_0) を通る求める解は次の式によって与えられる.
> $$F(x,y) = \int_{x_0}^{x} p(t,y)\,dt + \int_{y_0}^{y} q(x_0, t)\,dt = 0$$

積分因子 (オイラーの乗数)

$\mu = \mu(x,y)$ は $(p \cdot \mu)dx + (q \cdot \mu)dy = 0$ が完全微分方程式のとき,微分方程式 $\boxed{p(x,y)\,dx + q(x,y)\,dy = 0}$ の積分因子と呼ばれる.

μ に対する条件: $\quad p_y \cdot \mu + p \cdot \mu_y = q_x \cdot \mu + q \cdot \mu_x$

因子	μ に対する条件	
$\mu = \mu(x)$	$\dfrac{\mu'}{\mu} = \dfrac{p_y - q_x}{q}$	x のみ依存する!
$\mu = \mu(y)$	$\dfrac{\mu'}{\mu} = \dfrac{q_x - p_y}{p}$	y のみ依存する!
$\mu = \mu(x \cdot y)$	$\dfrac{\mu'}{\mu} = \dfrac{q_x - p_y}{xp - yq}$	xy のみ依存する!
$\mu = \mu(x + y)$	$\dfrac{\mu'}{\mu} = \dfrac{q_x - p_y}{p - q}$	$x + y$ のみ依存する!

$\boxed{y' = f(x)g(y)}$ $\quad$ 変数分離法

解は以下のすべてから得られる.

(1) y_0 が関数 $g(y)$ の零点ならば, 直線 $y = y_0$
(2) 陰関数表示の形で $\displaystyle\int \frac{dy}{g(y)} = \int f(x)\,dx,\ g(y) \neq 0$ から得られる関数 $y = y(x)$

点 (x_0, y_0) を通る解は次の式によって得られる: $\quad \displaystyle\int_{y_0}^{y} \frac{dt}{g(t)} = \int_{x_0}^{x} f(t)\,dt$

(変数分離) 型 $y' = f(x)g(y)$ の微分方程式に帰着するものに以下がある.

$\boxed{y' = f\left(\dfrac{y}{x}\right)}$ $\quad$ 同次微分方程式あるいは斉次微分方程式
$\qquad z(x) = \dfrac{y(x)}{x}$ とおく.このとき $y = zx$ かつ $y' = z'x + z$.

$\boxed{y' = f(ax + by + c)}$ $\quad z(x) = ax + by(x) + c,\ z' = a + by'$ とおく.

$\boxed{y' = f\left(\dfrac{ax+by+c}{dx+ey+f}\right)}$ $\quad$ 直線 $G_1: ax + by + c = 0$ かつ $G_2: a'x + b'y + c' = 0$ を考慮する.

場合 1: G_1 と G_2 は交点 (x_0, y_0) を持つ.
変換 $\xi = x - x_0,\ \eta = y - y_0,\ y' = \dfrac{d\eta}{d\xi}$ によって,同次微分方程式 $\dfrac{d\eta}{d\xi} = \tilde{f}\left(\dfrac{\eta}{\xi}\right)$ を得る.
場合 2: G_1 と G_2 は平行である.割ると $y' = \tilde{f}(ax + by + c)$ の型になる.[訳注5]

極座標 (86, 124 ページ) を用いると都合が良いことがある.
$\begin{array}{l} x = r\cos\varphi \\ y = r\sin\varphi \end{array} \qquad y' = \dfrac{\dot{y}}{\dot{x}} = \dfrac{\dot{r}\sin\varphi + r\cos\varphi}{\dot{r}\cos\varphi - r\sin\varphi} \qquad$ 例は 160 ページを見よ.

13.3　1階線型微分方程式

$$\boxed{y' + a(x)y = r(x)} \quad \text{1 階線型微分方程式}$$

一般解は $\boxed{y = y_S + y_H}$ である．このとき

y_H　　斉次微分方程式　　$\boxed{y' + a(x)y = 0}$ の一般解

y_S　　非斉次微分方程式　　$\boxed{y' + a(x)y = r(x)}$ の (特殊) 解

$\boxed{\text{H}}$　y_H の計算:
(1)　解 $y_1 \not\equiv 0$ の推測，あるいは
(2)　公式: $y_H = c\mathrm{e}^{-A(x)}$, ここに $A(x) = \int a(x)\,dx$, あるいは
(3)　変数分離法を用いた解 y_1 の計算
y_H は常に $y_H = c \cdot y_1, c \in \mathbb{R}$ の形を持つ．

$\boxed{\text{I}}$　y_S の計算:
(1)　解を推測する．
(2)　公式: $y_S = \mathrm{e}^{-A(x)} \cdot \int r(x) \mathrm{e}^{A(x)} dx$, ここに $A(x) = \int a(x)\,dx$
(3)　「定数変化法」を用いた計算:
　　式 $y(x) = c(x) \cdot y_1$ は $c'(x) = r(x)\mathrm{e}^{A(x)}$ となる．
　　　ここで y_1 は斉次微分方程式の 1 つの解である．
　　$c(x)$ はこのとき積分によって得られる．

初期値問題 $\boxed{y' + a(x)y = r(x), y(x_0) = y_0}$ を解くために，
積分定数 c は初期条件を代入して調整するか，あるいは次の公式を利用する．

$$y(x) = \mathrm{e}^{-A(x)} \int_{x_0}^{x} r(t)\, \mathrm{e}^{A(t)}\, dt + y_0 \mathrm{e}^{-A(x)} \quad \text{ここで } A(x) = \int_{x_0}^{x} a(t)\,dt$$

13.4　特殊型

以下のものは 1 階線型微分方程式に帰着させる:

$$\boxed{y' + f(x)y = r(x) \cdot y^a,\ (a \neq 0, 1)} \quad \text{ベルヌーイの微分方程式}$$

$\begin{array}{l} u = y^{1-a} \\ u' = (1-a)y^{-a}y' \end{array}$ を代入すると線型微分方程式 $\boxed{u' + (1-a)f(x)u = (1-a)r(x)}$ を得る．

$$\boxed{y' + f(x)y = r(x) + g(x)y^2} \quad \text{リッカチの微分方程式}$$

1 つの解 $v(x)$ は既知と仮定!

$\begin{array}{l} y = v + \dfrac{1}{u} \\ y' = v' - \dfrac{u'}{u^2} \end{array}$ を代入すると線型微分方程式 $\boxed{u' + (2vg - f)u = -g}$ を得る．

| $y = xy' + g(y')$ | クレローの微分方程式 |

解: (a) $y = cx + g(c)$ 直線族

         (b) $\begin{pmatrix} x \\ y \end{pmatrix} = \begin{pmatrix} -g'(t) \\ -tg'(t) + g(t) \end{pmatrix}$ 直線族の包絡線

| $y = xf(y') + g(y')$ | ダランベールの微分方程式 |

解: (a) $f(c) = c$ に対して直線 $y = f(c)x + g(c)$ を得る.

         (b)   微分して $y' = t$, $y'' = \dfrac{dt}{dx}$ から次を得る.

            $x(t)$ に対する1階線型斉次微分方程式 $\dfrac{dx}{dt} + \dfrac{f'(t)}{f(t)-t}x = -\dfrac{g'(t)}{f(t)-t}$,

            このとき $y(t) = f(t)x(t) + g(t)$

特殊型

$x = g(y')$ y が「ない」型	代入: $y' = t \implies$ パラメータ形の解: $x = g(t)$ かつ $y = \int t g'(t)\,dt$
$y = g(y')$ x が「ない」型	代入: $y' = t \implies$ パラメータ形の解: $x = \int \dfrac{g'(t)}{t}\,dt$ かつ $y = g(t)$ この場合 $y = g(0)$ は特殊解である.
$y'' = f(x, y')$ y が「ない」型	$z = y'$, $z' = y''$ を代入する.
$y'' = f(y, y')$ x が「ない」型	$y' = t$ を代入してパラメータ表示の解を得る. $\begin{matrix} x = \varphi(t) \\ y = \psi(t) \end{matrix}$, このとき (1) $\dot\psi(t) = \dfrac{t}{f(\psi(t),t)}$ $\psi(t)$ に対する微分方程式 (2) $\varphi(t) = \displaystyle\int \dfrac{dt}{f(\psi(t),t)}$
$y'' = f(y)$ x, y' が「ない」型	$2y'$ を掛けて積分する. $(y')^2 = 2F(y)$, ここで $F' = f$

13.5 n 階線型微分方程式

関数の線型独立性
次のとき, 関数 $f_1, \ldots, f_n$ を I 上の*線型独立*と呼ぶ. すなわち零関数が「自明な」線型結合としてのみ表記されるとき, 言い換えれば I 上で $c_1 f_1(x) + \cdots + c_n f_n(x) \equiv 0 \implies c_1 = \cdots = c_n = 0$ のとき

n 階線型微分方程式
$$y^{(n)} + a_{n-1}(x)y^{(n-1)} + \cdots + a_1(x)y' + a_0(x)y = r(x)$$

一般解は $\boxed{y = y_S + y_H}$ である．このとき

y_H 斉次微分方程式
$$\boxed{y^{(n)} + a_{n-1}(x)y^{(n-1)} + \cdots + a_1(x)y' + a_0(x)y = 0}$$ の一般解

y_S 非斉次微分方程式
$$\boxed{y^{(n)} + a_{n-1}(x)y^{(n-1)} + \cdots + a_1(x)y' + a_0(x)y = r(x)}$$ の (特殊) 解

$\boxed{\text{H}}$ y_H の計算は特殊な場合において可能である：
  (1) $n = 1$ (163 ページ) あるいは
  (2) 定係数 $a_k(x) = a_k \in \mathbb{R}$ (167 ページ) あるいは
  (3) オイラーの微分方程式: $a_k(x) = a_k x^k$ ここで $a_k \in \mathbb{R}$
  (4) 別の場合: 特殊な数式 (例えばべき級数 (170 ページ)) あるいは
  (5) ダランベールの階数低下法 (166 ページ)

y_H は常に $y_H = c_1 y_1 + c_2 y_2 + \cdots + c_n y_n$, $c_k \in \mathbb{R}$ の形を持つ，その際 $\{y_1, y_2, \ldots, y_n\}$ は斉次微分方程式の基本系とする．
斉次微分方程式の一般解は n 次ベクトル空間である．

$\boxed{\text{I}}$ y_S の計算:
  (1) 定数変化法 (常に行う！)
  (2) 場合によっては定係数の場合の特殊な数式 (168 ページ)

非斉次微分方程式: 定数変化法

$y_H = c_1 y_1 + \cdots + c_n y_n$ は斉次微分方程式の一般解とする．このとき非斉次微分方程式は次の形の特殊解を持つ． $\boxed{y_S = c_1(x)\,y_1 + \cdots + c_n(x)\,y_n}$

	c_1'	c_2'	$\cdots$	c_n'	右辺
係数関数の微分	y_1	y_2	$\cdots$	y_n	0
$c'_1(x), \ldots, c'_n(x)$	$\vdots$	$\vdots$		$\vdots$	$\vdots$
を微分方程式から決定する．	$y_1^{(n-1)}$	$y_2^{(n-1)}$	$\cdots$	$y_n^{(n-1)}$	$r(x)$

以後，積分によって $c_1, \ldots, c_n$ を得る．公式の表記：
$$y_S(x) = \sum_{k=1}^{n} \Big(\int_{x_0}^{x} \frac{W_k(t)}{W(t)}\, dt \Big)\, y_k(x)$$

このとき $W(t)$ は $y_1, \ldots, y_n$ のロンスキー行列式であり，$W_k(t)$ は $W(t)$ の第 k 列に $(0, 0, \ldots, 0, r(t))^{\mathrm{T}}$ を置き換える．

特に $n = 2$ のとき，$W(t) = y_1 \cdot y_2' - y_2 \cdot y_1'$ を用いて次を得る．
$$y_S(x) = -\int_{x_0}^{x} \frac{r(t) y_2(t)}{W(t)}\, dt \cdot y_1(x) + \int_{x_0}^{x} \frac{r(t) y_1(t)}{W(t)}\, dt \cdot y_2(x)$$

ダランベールの階数低下法

y_1 を次の n 階線型斉次微分方程式の解とせよ.
$$y^{(n)} + a_{n-1}(x)y^{(n-1)} + \cdots + a_1(x)y' + a_0(x)y = 0$$

積の公式 $\boxed{y(x) = y_1(x) \cdot u(x)}$ を上式に代入することにより, $z = u'$ に対して階数が $(n-1)$ に低下した線型斉次微分方程式が得られる.

z を階数が低下した微分方程式の解とすれば, $y_2(x) = y_1(x) \int z(x)\, dx$ となる. したがって $y_2 = y_1 u$ は元の微分方程式の y_1 と線型独立の解となる.

特に $n=2$ のとき: y_1 が $y'' + a_1(x)y' + a_1(x)y = 0$ の解ならば,
$$y_2(x) = y_1(x)\int \frac{1}{y_1^2(x)}\, \mathrm{e}^{-\int a_1(x)\, dx}\, dx$$
かつ, もとの微分方程式の一般解 $y = c_1 y_1 + c_2 y_2$ となる.

ロンスキー行列式

$f_1, \ldots, f_n$ が区間 I で $(n-1)$ 回微分可能ならば, 次のことがいえる.

$$W(x) := \begin{vmatrix} f_1(x) & \cdots & f_n(x) \\ f_1'(x) & \cdots & f_n'(x) \\ \vdots & & \vdots \\ f_1^{(n-1)}(x) & \cdots & f_n^{(n-1)}(x) \end{vmatrix} \quad f_1, \ldots, f_n \text{ のロンスキー行列式}$$

$\boxed{\text{ある点 } x_1 \in I \text{ に対して } W(x_1) \neq 0 \text{ ならば, } f_1, \ldots, f_n \text{ は } I \text{ 上で線型独立である.}}$

逆は一般的成り立たない！ ただし, 逆は n 個の関数が n 階線型斉次方程式の解であるときには逆が成り立つ.

線型斉次微分方程式の解のロンスキー行列式

$y_1, \ldots, y_n$ は I 上での線型斉次微分方程式

(H) $y^{(n)} + a_{n-1}(x)y^{(n-1)} + \cdots + a_1(x)y' + a_0(x)y = 0$ の解である.

次の主張は同値である：
(1) $y_1, \ldots, y_n$ は I 上で線型独立である, すなわちそれらは I 上で (H) の基本系 (解の基底) をなす.
(2) ある点 (それゆえすべての点) $x \in I$ に対して $W(x) \neq 0$ である.

ロンスキー行列式 $W(x)$ は微分方程式 $W'(x) = -a_{n-1} \cdot W(x)$ を満たす. したがって, $x_0 \in I$ に対して $W(x) = W(x_0) \cdot \exp\left(\int_{x_0}^{x} -a_{n-1}(t)\, dt\right)$ (リウヴィルの方程式) となる.

13.6 定数係数線型微分方程式

> **定数係数 n 階線型斉次微分方程式**
> $$y^{(n)} + a_{n-1}y^{(n-1)} + \cdots + a_1 y' + a_0 y = 0, \quad a_k \in \mathbb{R}$$

$\boxed{\text{H}}$ 一般解: $\boxed{y_H = c_1 y_1 + \cdots + c_n y_n, \quad c_k \in \mathbb{R}}$

このとき $y_1, \ldots, y_n$ は n 個の線型独立関数であり,それを**基本系**あるいは**基本解**と呼ぶ.

式 $y = e^{\lambda x}$ は次の**固有方程式**を満たす.
$$\lambda^n + a_{n-1}\lambda^{n-1} + \cdots + a_1 \lambda + a_0 = 0$$
各固有方程式の k 個の解から微分方程式の k 個の線型独立解を得る.

固有方程式の解	微分方程式の基本解
λ 　　実単根	$e^{\lambda x}$
λ 　　実 k 重根	$e^{\lambda x},\ x e^{\lambda x}, \ldots, x^{k-1} e^{\lambda x}$
$\lambda = a \pm bi$ 　複素単根	$e^{ax} \cos bx$ $e^{ax} \sin bx$
$\lambda = a \pm bi$ 　複素 k 重根	$e^{ax} \cos bx,\ x e^{ax} \cos bx, \ldots\ x^{k-1} e^{ax} \cos bx$ $e^{ax} \sin bx,\ x e^{ax} \sin bx, \ldots\ x^{k-1} e^{ax} \sin bx$

例 固有方程式の解と基本解:

固有方程式の解	斉次微分方程式の基本解
$1,\ -2,\ 3$	$e^x,\ e^{-2x},\ e^{3x}$
$0,\ \sqrt{3},\ 1+\sqrt{2}$	$1,\ e^{\sqrt{3}x},\ e^{(1+\sqrt{2})x}$
$0,\ 0,\ 2,\ 2,\ 2,$	$1,\ x,\ e^{2x},\ x e^{2x},\ x^2 e^{2x}$
$1,\ 2 \pm 3i$	$e^x,\ e^{2x} \cos 3x,\ e^{2x} \sin 3x$
$1 \pm 2i,\ 1 \pm 2i$	$e^x \cos 2x,\ e^x \sin 2x,\ x e^x \cos 2x,\ x e^x \sin 2x$
$0,0,0,\pm i, \pm i, \pm i$	$1, x, x^2,\ \cos x, \sin x, x \cos x, x \sin x, x^2 \cos x, x^2 \sin x$

> **斉次ユークリッド微分方程式**
> $$x^n y^{(n)} + a_{n-1} x^{n-1} y^{(n-1)} + \cdots + a_1 x y' + a_0 y = 0 \text{ ここで } x > 0,\ a_k \in \mathbb{R}$$

$x = e^t,\ u(t) = y(e^t)$ を代入することによって,微分方程式は定数係数斉次線型微分方程式に変換できる.例えば,連鎖律を用いて次を計算する.
$$x \cdot y' = \dot{u} \qquad\qquad x^3 \cdot y''' = \dddot{u} - 3\ddot{u} + 2\dot{u}$$
$$x^2 \cdot y'' = \ddot{u} - \dot{u} \qquad\qquad x^4 \cdot y'''' = \ddddot{u} - 6\dddot{u} + 11\ddot{u} - 6\dot{u}$$
さらに発展させた解を求める方法は **HM** の 457 ページに書かれている.

$$\boxed{\begin{array}{c}\text{定数係数 } n \text{ 階線型非斉次微分方程式}\\ y^{(n)} + a_{n-1} y^{(n-1)} + \cdots + a_1 y' + a_0 y = r(x),\ a_k \in \mathbb{R}\end{array}}$$

一般解: $\boxed{y = y_S + y_H}$

$\boxed{\text{H}}$ 斉次微分方程式の一般解 y_H は前ページを見よ.

$\boxed{\text{I}}$ 非斉次微分方程式の特殊解 y_S の計算:
(1) 定数変化法 (165 ページ)
(2) 特定の $r(x)$ は場合によっては (より簡単な) 特殊な数式の重ね合わせとなる.

特殊な数式

非斉次項 $\boxed{r(x) = P(x)\mathrm{e}^{ax}\cos bx + Q(x)\mathrm{e}^{ax}\sin bx}$ の形からなる.
その際 a, b は実数かつ P, Q は多項式とする. 次の数式を作る.

(a) 通常の場合 (共役でない: $a \pm bi$ は固有方程式の解でない):

$$\boxed{y_S = P_1(x)\,\mathrm{e}^{ax}\cos bx + Q_1(x)\,\mathrm{e}^{ax}\sin bx} \quad \text{通常の数式}$$

そのとき $P_1(x), Q_1(x)$ は不定係数多項式であり
$\operatorname{Grad} P_1 = \operatorname{Grad} Q_1 = \max\{\operatorname{Grad} P, \operatorname{Grad} Q\};\quad P, Q$ は $r(x)$ の多項式である!

(b) 共役の場合 ($a \pm bi$ は固有方程式の k 個の解である):
通常式 x_k を掛ける.

重ね合わせ

$r(x)$ が特殊解を持つ関数の和であれば, 特殊な式の和になる (場合によっては共役に注意!).

例 *特殊な* $r(x)$ *と数式*, 通常の場合:

$r(x)$	$a + bi$	通常の数式 y_S (共役が存在しないとき)
$x^2 + 1$	0	$Ax^2 + Bx + C$
$3x\,\mathrm{e}^{2x}$	2	$(Ax + B)\,\mathrm{e}^{2x}$
$4\sin 2x$	$2i$	$A\sin 2x + B\cos 2x$
$x\,\mathrm{e}^{2x}\sin 3x$	$2 + 3i$	$(Ax + B)\,\mathrm{e}^{2x}\cos 3x + (Cx + D)\,\mathrm{e}^{2x}\sin 3x$

例 *特殊な* $r(x)$ *と数式*, 共役の場合:

$r(x)$	$a + bi$	固有方程式の解	数式 y_S (通常の数式 $\times x_k$)
$x^2 + 1$	0	$0, 0, 1$	$x^2(Ax^2 + Bx + C)$
$3x\,\mathrm{e}^{2x}$	2	$0, 1, 2$	$x(Ax + B)\,\mathrm{e}^{2x}$
$4\sin 2x$	$2i$	$\pm 2i$	$x(A\sin 2x + B\cos 2x)$
$x\,\mathrm{e}^{2x}\sin 3x$	$2 + 3i$	$0, 3, 2 \pm 3i$	$x(Ax + B)\,\mathrm{e}^{2x}\cos 3x + x(Cx + D)\,\mathrm{e}^{2x}\sin 3x$

例 *重ね合わせ*:

$r(x)$ $r(x) = r_1(x) + r_2(x)$	$a_1 + b_1 i$ $a_2 + b_2 i$	固有方程式の解	数式 $y_S = y_1 + y_2$
$x + \sin x$	$\begin{cases} 0 \\ i \end{cases}$	$0, 0, 1$	$x^2(Ax + B) + D\sin x + E\cos x$
$\cosh x = \frac{1}{2}(\mathrm{e}^x + \mathrm{e}^{-x})$	± 1	$1, 2, 3$	$Ax\,\mathrm{e}^x + B\,\mathrm{e}^{-x}$

13.6 定数係数線型微分方程式

> **振動微分方程式 (定数係数 2 階線型微分方程式)**
> $y'' + 2ky' + \omega_0^2 y = r(x)$ ここで $k \geq 0,\ \omega_0 > 0$

一般解は $\boxed{y = y_S + y_H}$. ここで

y_H　斉次微分方程式 $\boxed{y'' + 2ky' + \omega_0^2 y = 0}$ の一般解

y_S　非斉次微分方程式 $\boxed{y'' + 2ky' + \omega_0^2 y = r(x)}$ の (特殊) 解

固有方程式: $\lambda^2 + 2k\lambda + \omega_0^2 = 0 \implies$ 解 $\underline{\lambda_{1,2} = -k \pm \sqrt{k^2 - \omega_0^2}}$

H 　y_H 　斉次微分方程式 $\boxed{y'' + 2ky' + \omega_0^2 y = 0}$ の (特殊) 解

$k > \omega_0$ 　強減衰　$\lambda_{1,2}$ は実数で, 異なる.
$$\underline{y_H = c_1 e^{\lambda_1 x} + c_2 e^{\lambda_2 x}} \quad \text{ここで } c_{1,2} \in \mathbb{R}$$

$k = \omega_0$ 　非周期極限の場合　$\lambda_1 = \lambda_2 = -k$
$$\underline{y_H = (c_1 + c_2 x) e^{-kx}} \quad \text{ここで } c_{1,2} \in \mathbb{R}$$

$k < \omega_0$ 　弱減衰　$\lambda_{1,2}$ 共役複素数解:
$$\lambda_{1,2} = -k \pm i\sqrt{\omega_0^2 - k^2}, \quad \omega_1 := \sqrt{\omega_0^2 - k^2} \text{ とおくと}$$
$$\underline{y_H = (c_1 \cos \omega_1 x + c_2 \sin \omega_1 x) e^{-kx}} \quad \text{ここで } c_{1,2} \in \mathbb{R}$$
$$= A e^{-kx} \sin(\omega_1 x + \varphi) \quad \text{ここで } A = \sqrt{c_1^2 + c_2^2},\ \tan \varphi = \tfrac{c_1}{c_2}$$

I 　y_S 　非斉次微分方程式 $\boxed{y'' + 2ky' + \omega_0^2 y = r(x)}$ の (特殊) 解

$k > \omega_0$ 　強減衰　$a := \sqrt{k^2 - \omega_0^2}$ とおくと
$$\underline{y_S = \frac{1}{a} \int_{x_0}^{x} e^{-k(x-t)} \sinh a(x-t) r(t)\, dt}$$

$k = \omega_0$ 　非周期極限の場合
$$\underline{y_S = \int_{x_0}^{x} (x-t) e^{-k(x-t)} r(t)\, dt}$$

$k < \omega_0$ 　弱減衰　$\omega_1 := \sqrt{\omega_0^2 - k^2}$ とおくと
$$\underline{y_S = \frac{1}{\omega_1} \int_{x_0}^{x} e^{-k(x-t)} \sinh \omega_1 (x-t) r(t)\, dt}$$

余弦励起振動 $y'' + 2ky' + \omega_0^2 y = F \cos \omega x,\ F \in \mathbb{R}$

$k = 0$ 　非減衰調和振動子

　　$\omega \neq \omega_0$ 　共役でない　　$y = c_1 \cos \omega_0 x + c_2 \sin \omega_0 x + \dfrac{F}{\omega_0^2 - \omega^2} \cos \omega x$

　　$\omega = \omega_0$ 　共役の場合　　$y = c_1 \cos \omega_0 x + c_2 \sin \omega_0 x + \dfrac{F}{2\omega_0} x \sin \omega_0 x$

$k > 0$ 　減衰調和振動子
$$y = e^{-kt}(c_1 \cos \omega_1 x + c_2 \sin \omega_1 x) + \dfrac{F}{\sqrt{(\omega_0^2 - \omega^2)^2 + 4k^2 \omega^2}} \sin(\omega x + \varphi)$$

べき級数の解法

微分方程式の解 (初期値問題) がべき級数に展開可能ならば, 次の 2 つの方法に基づいて係数を得る (説明の例は **HM** の 458 ページ以下.[訳注1) [斎藤]100-172 ページ]):

(1) $y = \sum_{k=0}^{\infty} a_k(x-x_0)^k$, $y' = \sum_{k=1}^{\infty} ka_k(x-x_0)^{k-1}$ などを微分方程式に代入して, 同類項をまとめ, 係数を比較し, 係数の関係を求める.[訳注6)]

(2) 微分方程式を繰り返し微分し, $y^{(k)}(x_0)$ を求めて, $a_k = \dfrac{1}{k!} y^{(k)}(x_0)$ を得る.[訳注6)]

著名な 2 階微分方程式

(1) べき級数の解法 $\sum_{k=0}^{\infty} c_k x^k$ により, 例えば次の微分方程式が扱える.

$y'' - xy = 0$	エアリーの微分方程式
$y'' - 2xy' + \lambda y = 0$	エルミートの微分方程式
$(1-x^2)y'' - 2xy' + \lambda(\lambda+1)y = 0$	ルジャンドルの微分方程式
$(1-x^2)y'' - xy' + \lambda^2 y = 0$	チェビシェフの微分方程式
$xy'' + (1-x)y' + \lambda y = 0$	ラゲールの微分方程式

(2) **フロベニウスの方法:**

$\sum_{k=0}^{\infty} c_k x^{r+k} = x^r \sum_{k=0}^{\infty} c_k x^k$ の形の級数の解法を用いて微分方程式が扱える.

$$\boxed{x^2 y'' + xa(x)y' + b(x)y = 0}$$ ここで $a(x) = \sum_{k=0}^{\infty} a_k x^k$, $b(x) = \sum_{k=0}^{\infty} b_k x^k$

[例: $x^2 y'' + xy' + (x^2 - n^2)y = 0$ ベッセルの n 次微分方程式]
r は決定方程式 $r(r-1) + a_0 r + b_0 = 0$ で, 解が r_1, r_2 になるようなものから得られる.

係数 c_n に対する漸化式:
$$[(r+n)(r+n-1) + a_0(r+n) + b_0]c_n = -\sum_{k=0}^{n-1}[a_{n-k}(r+k) + b_{n-k}]c_k$$

$r_1 - r_2$ 整数でない	基本解:	$y_1 = x^{r_1} \sum_{k=0}^{\infty} c_k x^k$ と $y_2 = x^{r_2} \sum_{k=0}^{\infty} d_k x^k$.
$r_1 - r_2$ 整数 $\neq 0$	基本解:	$\begin{cases} y_1 = x^{r_1} \sum_{k=0}^{\infty} c_k x^k, & c_0 \neq 0 \\ y_2 = ay_1(x)\log x + x^{r_2} \sum_{k=0}^{\infty} d_k x^k, & d_0 \neq 0, a \in \mathbb{R} \end{cases}$
$r_1 = r_2$	基本解:	$\begin{cases} y_1 = x^{r_1} \sum_{k=0}^{\infty} c_k x^k, & c_0 \neq 0 \\ y_2 = y_1(x)\log x + x^{r_1} \sum_{k=0}^{\infty} d_k x^k \end{cases}$

13.7 連立微分方程式

連立微分方程式

単独 n 階微分方程式と 1 階微分方程式の同値性

n 階微分方程式

$$\boxed{y^{(n)} = f(x, y', \ldots, y^{(n-1)})} \quad y(x_0) = \eta_0, \ y'(x_0) = \eta_1, \ldots, y^{(n-1)}(x_0) = \eta_{n-1}$$

は n 個の連立 1 階微分方程式と同値である.

$\boxed{\vec{y}' = \vec{f}(x, \vec{y})}$ で, 初期条件は $\vec{y}(x_0) = \vec{y}_0$. このとき

$$\vec{y} = \begin{pmatrix} y_1 \\ y_2 \\ \vdots \\ y_n \end{pmatrix} = \begin{pmatrix} y \\ y' \\ \vdots \\ y^{(n-1)} \end{pmatrix}, \ \vec{f}(x, \vec{y}) = \begin{pmatrix} y_2 \\ y_3 \\ \vdots \\ f(x, y_1, \ldots, y_n) \end{pmatrix}, \ \vec{y}_0 = \begin{pmatrix} \eta_0 \\ \eta_1 \\ \vdots \\ \eta_{n-1} \end{pmatrix}$$

ピカール・リンデレフの反復法

系 $\vec{y} = \vec{f}(x, \vec{y})$ で初期条件が $\vec{y}(x_0) = \vec{y}_0$ となるものに対して次が成り立つ.

$$\boxed{\vec{y}_{n+1}(x) = \vec{y}_0 + \int_{x_0}^{x} \vec{f}(t, \vec{y}_n(t))\, dt}$$

例 *初期値問題 $y''' = y'' \cdot y' - (y-x)^2$ において初期条件が $y(0)=1$, $y'(0)=2$, $y''(0)=1$ となるものに対して同値の 3 元連立 1 階微分方程式を書き, 反復法を最初の 3 ステップまで実行する.*

$$\begin{array}{l} y_1 = y \\ y_2 = y' \\ y_3 = y'' \end{array} \implies \begin{array}{l} y_1' = y_2 \\ y_2' = y_3 \\ y_3' = y_3 \cdot y_2 - (y_1 - x)^2 \end{array} \implies \vec{f}(x, y_1, y_2, y_3) = \begin{pmatrix} y_2 \\ y_3 \\ y_3 y_2 - (y_1 - x)^2 \end{pmatrix}$$

したがって連立方程式は $\vec{y} = \vec{f}(x, \vec{y})$ となり, $\vec{y}(0) = \begin{pmatrix} 1 \\ 2 \\ 1 \end{pmatrix}$ より,

ピカール・リンデレフの反復法から

$$\vec{y}_0 = \begin{pmatrix} 1 \\ 2 \\ 1 \end{pmatrix}, \quad \vec{y}_1 = \begin{pmatrix} 1 \\ 2 \\ 1 \end{pmatrix} + \int_0^x \begin{pmatrix} 2 \\ 1 \\ 2 - (1-t)^2 \end{pmatrix} dt = \begin{pmatrix} 1 + 2x \\ 2 + x \\ 1 + x + x^2 - \frac{1}{3}x^3 \end{pmatrix},$$

$$\vec{y}_2 = \begin{pmatrix} 1 \\ 2 \\ 1 \end{pmatrix} + \int_0^x \begin{pmatrix} 2 + t \\ 1 + t + t^2 - \frac{1}{3}t^3 \\ 1 + t + 2t^2 + \frac{1}{3}t^3 - \frac{1}{3}t^4 \end{pmatrix} dt = \begin{pmatrix} 1 + 2x + \frac{1}{2}x^2 \\ 2 + x + \frac{1}{2}x^2 + \frac{1}{3}x^3 - \frac{1}{12}x^4 \\ 1 + x + \frac{1}{2}x^2 + \frac{2}{3}x^3 + \frac{1}{12}x^4 - \frac{1}{15}x^5 \end{pmatrix}$$

$\varphi_i(x)$ が $\vec{y}_i$ の第 1 座標を表せば, 数列 (φ_i) は与えられた初期値問題の解に収束する. ここで $\varphi_2(x) = 1 + 2x + \frac{1}{2}x^2$ を近似解として得る.
(解のべき級数の展開が上のように始まるということは, 初期条件より分かる！) ここで解は $y = x + \mathrm{e} - x$

$$\boxed{\vec{y}\,' + A(x)\vec{y} = \vec{r}(x)} \quad \text{1 階線型微分方程式}$$

一般解は $\boxed{\vec{y} = \vec{y}_S + \vec{y}_H}$. ここで

$\vec{y}_H$　　斉次微分方程式 $\boxed{\vec{y}\,' + A(x)\vec{y} = \vec{o}}$ の一般解

$\vec{y}_S$　　非斉次微分方程式 $\boxed{\vec{y}\,' + A(x)\vec{y} = \vec{r}(x)}$ の (特殊) 解

$\boxed{\text{H}}$　可能な特殊例での $\vec{y}_H$ の計算:
  (1)　定数係数行列 $A(x) = A$ (174 ページ)
  (2)　特殊な数式
  (3)　行列指数関数を用いた公式の表記:
  $$\vec{y}_H = \mathrm{e}^{-B(x)}\vec{c} \quad \text{ここで } B(x) = \int A(x)\,dx \,,\, A \cdot A' = A' \cdot A \text{ の場合}$$
  (4)　ダランベールの階数低下法 (173 ページ)

$\vec{y}_H$ は常に $\vec{y}_H = c_1\vec{y}_1 + c_2\vec{y}_2 + \cdots + c_n\vec{y}_n,\ c_k \in \mathbb{R}$ の形を持つ. そのとき $\{\vec{y}_1, \vec{y}_2, \ldots, \vec{y}_n\}$ は斉次微分方程式の基本系である.
斉次微分方程式の一般解は n 次元ベクトル空間である.

行列の記法 :
行列 $Y = (\vec{y}_1, \ldots, \vec{y}_n)$ に n 個の解をまとめる.

このとき $\vec{c} = \begin{pmatrix} c_1 \\ \vdots \\ c_n \end{pmatrix}$ を用いて次が成り立つ: $\vec{y}_H = (\vec{y}_1, \ldots, \vec{y}_n) \cdot \begin{pmatrix} c_1 \\ \vdots \\ c_n \end{pmatrix} = Y \cdot \vec{c}$

Y は次を満たす. $\boxed{Y' + AY = O}$

$\boxed{\text{I}}$　$\vec{y}_S$ の計算:
  (1)　定数変化法 (173 ページ)
  (2)　場合によっては定数係数の場合の特殊な数式 (174 ページ)
  (3)　行列指数関数を用いた公式の表記:
  $$\vec{y}_S = \mathrm{e}^{-B(x)} \cdot \int_{x_0}^{x} \mathrm{e}^{B(t)} \cdot \vec{r}(t)\,dt \quad \text{ここで } B(x) = \int_{x_0}^{x} A(t)\,dt$$

$$\text{連立線型斉次微分方程式の解のロンスキー行列式}$$

$\vec{y}_1, \ldots, \vec{y}_n$ が連立斉次微分方程式: $\boxed{\vec{y} + y(x)\vec{y} = \vec{0}}$ の解ならば, 解 $Y = (\vec{y}_1, \ldots, \vec{y}_n)$ の行列式は次のように呼ばれる.

$$\text{ロンスキー行列式:} \quad W(x) = \det Y(x)$$

次の 2 つの主張は同値である:
  (1)　$\vec{y}_1, \ldots, \vec{y}_n$ が線型独立である. したがって斉次微分方程式の基本解である
  (2)　ある (それゆえすべての) $x \in I$ に対して $W(x) \neq 0$

ロンスキー行列式 $W(x)$ は次の微分方程式を満たす.

$$W'(x) = \mathrm{tr}\,\big(A(x)\big) \cdot W(x) \,, \quad \text{したがって, ある } x_0 \in I \text{ に対して}$$

$$W(x) = W(x_0) \cdot \exp\left(\int_{x_0}^{x} \mathrm{tr}\,\big(A(t)\big)\,dt\right) \text{(リウヴィルの方程式)}$$

13.7 連立微分方程式

連立 1 階線型斉次微分方程式

$$\vec{y}' = A(x)\vec{y} \quad | \quad \text{に対するダランベールの階数低下法}$$

(1) $\vec{y}_1$ をひとつの解とせよ．

(2) 式 $\vec{y}(x) = s(x)\vec{y}_1(x) + \vec{z}(x)$ ここで

$s(x)$：実関数，
$\vec{z}(x) := (z_1(x), z_2(x), \ldots, z_n(x))$

$\vec{z}$ は，対応する $\vec{y}_1$ が消えないような座標を選び，0 とせよ．したがって，例えば $y_{11}(x) \not\equiv 0$ ならば，$\vec{z} = (0, z_2, \ldots, z_n)$ となる．

(3) 微分方程式に $\vec{y}$ を代入すると $s'\vec{y}_1 + \vec{z}' = A\vec{z}$ を得る．
第 1 座標を用いて残りの方程式に含まれる s' は消去される．
それは $(z_2, \ldots, z_n)$ に対する連立 1 階微分方程式となる．
$s(x)$ を積分により決定し[訳注7]，最後に $\vec{y}_1$ と線型独立な解 $\vec{y}_2 = s\vec{y}_1 + \vec{z}$ を得る．

線型非斉次微分方程式系：定数変化法

$$\vec{y}' = A(x)\vec{y} + \vec{r}(x)$$

連立斉次方程式の一般解が

$$\vec{y}_H = c_1\vec{y}_1 + \cdots + c_n\vec{y}_n = Y \cdot \begin{pmatrix} c_1 \\ \vdots \\ c_n \end{pmatrix}, \qquad \text{ここで解行列} \quad Y = (\vec{y}_1, \ldots, \vec{y}_n)$$

によって得られるならば，次の形の連立非斉次微分方程式の特殊解を得る．

$$\vec{y}_S = c_1(x)\vec{y}_1 + \cdots + c_n(x)\vec{y}_n = Y \cdot \begin{pmatrix} c_1(x) \\ \vdots \\ c_n(x) \end{pmatrix}$$

したがって関数 $c_1(x), \ldots, c_n(x)$ を通して $\vec{y}_H$ の定数 $c_1, \ldots, c_n$ が定められる．

係数関数の微分
$c_1'(x), \ldots, c_n'(x)$
は連立線型方程式から決める．

$$Y \cdot \begin{pmatrix} c_1' \\ \vdots \\ c_n' \end{pmatrix} = \vec{r}(x).$$

$c_1(x), \ldots, c_n(x)$ は積分することで求まる．

公式： $\vec{y}_S = Y(x) \cdot \int_{x_0}^{x} Y^{-1}(t) \cdot \vec{r}(t)\, dt$ ここで成分ごとに積分を行う．

クラメルの公式より次の公式が得られる． $\qquad \vec{y}_S = \sum_{k=1}^{n} \left(\int_{x_0}^{x} \frac{W_k(t)}{W(t)}\, dt \right) \vec{y}_k$

このとき $W(x)$ はロンスキー行列式であり，ロンスキー行列式の第 k 列を列ベクトル $\vec{r}(x)$ によって定めることにより $W(x)$ から $W_k(x)$ を作る．

> **定数係数の線型微分方程式**
> $\vec{y}' = A \cdot \vec{y} + \vec{r}(x)$, $A = (a_{ij})$ は定数で (n,n) 行列

一般解は $\boxed{\vec{y} = \vec{y}_S + \vec{y}_H}$. ここで

$\vec{y}_H$ 　斉次微分方程式 $\boxed{\vec{y}' = A\vec{y}}$ の一般解

$\vec{y}_S$ 　非斉次微分方程式 $\boxed{\vec{y}' = A\vec{y} + \vec{r}(x)}$ の (特殊) 解

H 　$y_H = c_1\vec{y}_1 + \cdots + c_n\vec{y}_n$ の計算:

式 $\vec{y} = \vec{c}e^{\lambda x}$ から $(A - \lambda E)\vec{c} = \vec{0}$ を得る. 固有方程式 $|A - \lambda E| = 0$
λ が A の k 個の固有値ならば, それに属する k 個の基本解を得る.

場合 1: λ に属する固有空間は次の基底ベクトルを持つ k 次元空間である.
$\vec{c}_1, \ldots, \vec{c}_k$
斉次微分方程式の基本解は $\vec{c}_1 e^{\lambda x}, \ldots, \vec{c}_k e^{\lambda x}$

場合 2: λ に属する固有空間は次の基底ベクトルを持つ $\ell (\ell < k)$ 次元空間のみである.
$\vec{c}_1, \ldots, \vec{c}_\ell$
不足している $k - \ell$ 個の基本解は次式によって得られる.

$$\vec{y} = \begin{pmatrix} p_1(x) \\ \vdots \\ p_n(x) \end{pmatrix} e^{\lambda x}, \text{ ここで } p_1, \ldots, p_n \text{ は } k - \ell \text{ 次多項式である.}$$

複素固有値 $\lambda = a + bi$ の場合は複素数の計算を行い, 複素基本解の実数部分と虚数部分を決定する.

I 　$\vec{y}_S$ の計算:
(1) **定数変化法:** 式 $\vec{y}_S = \vec{c}_1(x)\vec{y}_1 + c_2(x)\vec{y}_2 + \cdots + c_n(x)\vec{y}_n$
(2) 次の形の $\vec{r}(x)$ の特殊な式
$$\vec{r}(x) = \vec{P}(x)e^{ax}\cos bx + \vec{Q}(x)e^{ax}\sin bx$$

> **連立線型微分方程式に対する消去法**

微分演算子 $Df = f'$ を用いて, 微分方程式系 $\boxed{\vec{y}' = A \cdot \vec{y} + \vec{r}(x)}$ (A は定数行列) が連立微分方程式 $\boxed{(D \cdot E - A)\vec{y} + \vec{r}(x)}$ (E は単位行列) として書かれる.

これらの線型方程式を解くためにガウスのアルゴリズムが用いられる. このとき D は一定のパラメータとして扱う. 行列の終わりの行は次の形の方程式である.

$$P(D)y_k = F(x), \quad P \text{ は } D \text{ の多項式である.}$$

これは y_k に対する定数係数を持つ n 階線型微分方程式である.

例: $(2D^2 - 3D + 5)y_1 = x\cos x$ は $2y_1'' - 3y_1' + 5y_1 = x\cos x$ を意味する.

これらの微分方程式の解によって他の座標関数 y_i が次々と計算される. ただし, 積分定数はたった n 個であることに注意する.

消去法は小さな連立方程式 ($n = 2, 3$) では固有値法よりも速い. それは一般の線型連立方程式でも使うことができる!

14 複素数と複素関数
14.1 複素数

複素数表示

i とは虚数単位である. $\boxed{i^2 = -1}$ が成り立つ.

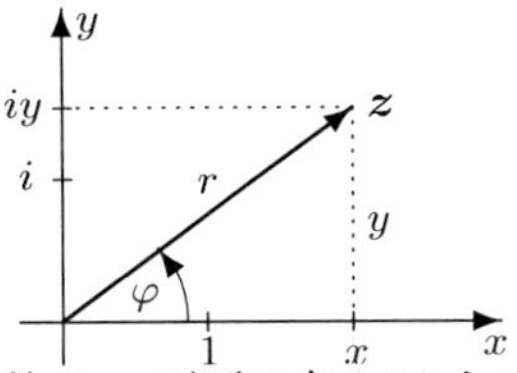

$z = x + iy$ 　　　　デカルト表示
$z = r(\cos\varphi + i\sin\varphi)$ 　極表示
$z = re^{i\varphi}$ 　　　　オイラー表示

実数が直線上の点によってどのように表記できるかは, 複素数が xy 平面の点 (ベクトル) によってどのように表記されるかということに似ている.
複素数 $x + iy$ はこのときベクトル (x,y) に対応する.
複素数の足し算はベクトルの足し算に対応する.
ある複素数との掛け算は回転と拡大に対応する.

$\left.\begin{array}{l} x \text{ 実数部分} \\ y \text{ 虚数部分} \end{array}\right\}$ x, y を z のデカルト座標と呼ぶ.

$\left.\begin{array}{l} r \text{ 動径} \\ \varphi \text{ 偏角} \end{array}\right\}$ r, φ を z の極座標と呼ぶ.

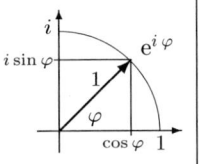

オイラーの公式　　$e^{i\varphi} = \cos\varphi + i\sin\varphi$

$e^{i\cdot 0} = e^{i\cdot 2\pi} = 1, \quad e^{i\cdot\pi/2} = i, \quad e^{i\cdot\pi} = -1, \quad e^{i\cdot 3\pi/2} = -i \quad | \quad e^{i\varphi} = e^{i(\varphi + 2\pi)}$

変換

デカルト座標 x, y 　$\longleftrightarrow$　 極座標 r, φ

$x = r\cos\varphi$
$y = r\sin\varphi$

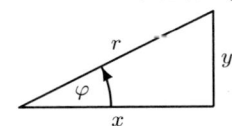

$r = |z| = \sqrt{x^2 + y^2}$
$\tan\varphi = \dfrac{y}{x}$ 　象限に注意!

$z = x + iy = r(\cos\varphi + i\sin\varphi) = re^{i\varphi}$

共役複素数 $\bar{z}$

$z = x + iy \quad \Longleftrightarrow \quad \bar{z} = x - iy$
$z = re^{i\varphi} \quad \Longleftrightarrow \quad \bar{z} = re^{-i\varphi}$

$\bar{z}$ は x 軸に対して対称の位置にある.

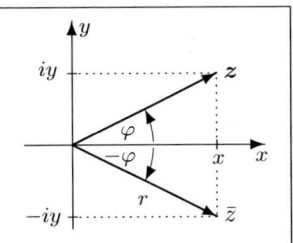

計算法則

$\overline{z + w} = \bar{z} + \bar{w}$
$\overline{z \cdot w} = \bar{z} \cdot \bar{w}$
$\overline{\left(\dfrac{z}{w}\right)} = \dfrac{\bar{z}}{\bar{w}}$

$z + \bar{z} = 2x$
$z - \bar{z} = 2iy$

$z \cdot \bar{z} = r^2 = x^2 + y^2 = |z|^2$
$\sqrt{z \cdot \bar{z}} = r = \sqrt{x^2 + y^2} = |z|$

複素数の計算

掛け算 (デカルト座標)
$$z \cdot w = (x+iy)(u+iv) = (xu - yv) + i(xv + yu)$$

> 括弧をはずすときに, $i^2 = -1$ に注意せよ！

割り算 (デカルト座標)
$$\frac{z}{w} = \frac{x+iy}{u+iv} = \frac{z \cdot \overline{w}}{w \cdot \overline{w}} = \frac{(x+iy)(u-iv)}{|w|^2} = \frac{xu+yv+i(yu-xv)}{u^2+v^2}$$

> 分母と分子にそれぞれ分母の共役複素数を掛ける！

掛け算 (極座標)
$$z \cdot w = re^{i\varphi} \cdot se^{i\psi} = rse^{i(\varphi+\psi)}$$
$$= r(\cos\varphi + i\sin\varphi) \cdot s(\cos\psi + i\sin\psi)$$
$$= rs\bigl(\cos(\varphi+\psi) + i\sin(\varphi+\psi)\bigr)$$

> 動径は掛け算し, 偏角は足し算する！

割り算 (極座標)
$$\frac{z}{w} = \frac{re^{i\varphi}}{se^{i\psi}} = \frac{r}{s}e^{i(\varphi+\psi)}$$
$$= \frac{r(\cos\varphi + i\sin\varphi)}{s(\cos\psi + i\sin\psi)} = \frac{r}{s}\bigl(\cos(\varphi-\psi) + i\sin(\varphi-\psi)\bigr)$$

> 動径は割り算し, 偏角は引き算する！

べき乗 (極座標), $(n \in \mathbb{R})$
$$z^n = \bigl(re^{i\varphi}\bigr)^n = r^n e^{in\varphi}$$
$$= \bigl(r(\cos\varphi + i\sin\varphi)\bigr)^n = r^n(\cos n\varphi + i\sin n\varphi)$$

> 動径は n 乗し, 偏角は n 倍したものである！

べき根 (極座標), $(n = 2, 3, \cdots)$
$$\sqrt[n]{z} = \sqrt[n]{re^{i\varphi}} = \sqrt[n]{r}\, e^{i\frac{\varphi+k\cdot 2\pi}{n}} \quad (k = 0, 1, 2, \ldots, n-1)$$
$$= \sqrt[n]{r}(\cos\varphi + i\sin\varphi) = \sqrt[n]{r}\left(\cos\frac{\varphi+k\cdot 2\pi}{n} + i\sin\frac{\varphi+k\cdot 2\pi}{n}\right)$$

> ド・モアブルの公式

特に $n = 2$ のとき
$$\sqrt{z} = \sqrt{re^{i\varphi}} = \pm\sqrt{r}\, e^{i\frac{\varphi}{2}} = \pm\sqrt{r}\left(\cos\frac{\varphi}{2} + i\sin\frac{\varphi}{2}\right)$$

> 動径の平方根と半角！

単位 n 乗根

単位 n 乗根とは $z^n = 1$ の n 個の解のことである．それはガウス平面上の単位円において正 n 角形になる．

$$\sqrt[n]{1} = e^{i\frac{k\cdot 2\pi}{n}}, \quad k = 0, \ldots, n-1$$
$$= \cos\frac{k\cdot 2\pi}{n} + i\sin\frac{k\cdot 2\pi}{n}$$

($k = 0, \ldots, n-1$ に対して n 乗根を得る)

$\boxed{n=6}$

$z_0 = 1$
$z_1 = \frac{1}{2}(1 + \sqrt{3}\,i)$
$z_2 = \frac{1}{2}(-1 + \sqrt{3}\,i)$
$z_3 = -1$
$z_4 = \frac{1}{2}(-1 - \sqrt{3}\,i)$
$z_5 = \frac{1}{2}(1 - \sqrt{3}\,i)$

単位 6 乗根
$z^6 - 1 = 0$ の解

14.1 複素数

複素数係数 2 次方程式

$$az^2 + bz + c = 0$$
$$z_{1,2} = \frac{-b \pm \sqrt{b^2 - 4ac}}{2a}$$

$$z^2 + pz + q = 0$$
$$z_{1,2} = -\frac{p}{2} \pm \sqrt{\frac{p^2}{4} - q}$$

このとき $\sqrt{\cdots}$ は
複素数の判別式 $D = b^2 - 4ac$ もしくは $D = \dfrac{p^2}{4} - q$ の <u>1 つのべき根である</u>.

極座標:偏角 φ の計算

$z = x + iy \neq 0$ に対して,次の可能性がある.
φ は 0 から 2π まで一意的に定める.

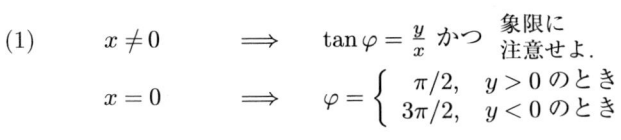

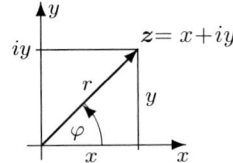

(1) $\quad x \neq 0 \quad \Longrightarrow \quad \tan\varphi = \dfrac{y}{x}$ かつ 象限に注意せよ.

$\quad x = 0 \quad \Longrightarrow \quad \varphi = \begin{cases} \pi/2, & y > 0 \text{ のとき} \\ 3\pi/2, & y < 0 \text{ のとき} \end{cases}$

(2) $\quad x \neq 0 \quad \Longrightarrow \quad \varphi = \begin{cases} \arctan y/x, & x > 0 \text{ かつ } y > 0 \text{ のとき} \\ 2\pi + \arctan y/x, & x > 0 \text{ かつ } y < 0 \text{ のとき} \\ \pi + \arctan y/x, & x < 0 \text{ のとき} \end{cases}$

$\quad x = 0 \quad \Longrightarrow \quad \varphi = \begin{cases} \pi/2, & y > 0 \text{ のとき} \\ 3\pi/2, & y < 0 \text{ のとき} \end{cases}$

(3) すべての x に対して $\Longrightarrow \quad \cos\varphi = x/r$ かつ $\sin\varphi = y/r$

例 2次方程式 $\quad iz^2 + (4-i)z - 5 - 5i = 0$ を解け.

$z_{1,2} = \dfrac{-4 + i \pm \sqrt{(4-i)^2 - 4i(-5-5i)}}{2i} = \dfrac{-4+i \pm \sqrt{-5+12i}}{2i} \stackrel{*)}{=} \dfrac{-4 + i \pm (2+3i)}{2i} \Rightarrow \begin{array}{l} z_1 = \underline{\underline{2 + i}} \\ z_2 = \underline{\underline{-1 + 3i}} \end{array}$

*) ド・モアブルの公式から $\pm\sqrt{-5 + 12i}$ を計算:$-5 + 12i = 13\left(-\dfrac{5}{13} + \dfrac{12}{13}i\right)$ となる.

$\pm\sqrt{-5+12i} = \pm\sqrt{|-5+12i|}\left(\cos\dfrac{\varphi}{2} + i\sin\dfrac{\varphi}{2}\right) = \pm\sqrt{13}\left(\cos\dfrac{\varphi}{2} + i\sin\dfrac{\varphi}{2}\right)$

(i) 電卓を使う:$\tan\varphi = \dfrac{12}{-5}$ から φ の計算,このとき $\cos\dfrac{\varphi}{2}$ かつ $\sin\dfrac{\varphi}{2}$:

$\tan\varphi = \dfrac{12}{-5} \implies \varphi = -67.38° + 180° = 112.62°$ (第 2 象限!)
$\implies \pm\sqrt{-5+12i} = \pm\sqrt{13}\left(\cos\dfrac{112.62°}{2} + i\sin\dfrac{112.62°}{2}\right) = \underline{\underline{\pm(2+3i)}}$

(ii) $\boxed{\cos\dfrac{\varphi}{2} = \pm\sqrt{\dfrac{1}{2}(1+\cos\varphi)} \quad \text{と} \quad \sin\dfrac{\varphi}{2} = \pm\sqrt{\dfrac{1}{2}(1-\cos\varphi)}}$ から計算

$-5+12i = 13\left(-\dfrac{5}{13} + \dfrac{12}{13}i\right) \Rightarrow \cos\varphi = -\dfrac{5}{13},\ \sin\varphi = \dfrac{12}{13} \Rightarrow \cos\dfrac{\varphi}{2} = +\sqrt{\dfrac{1}{2}\left(1 - \dfrac{5}{13}\right)} = \dfrac{2}{\sqrt{13}}$

$\sin\dfrac{\varphi}{2} = +\sqrt{\dfrac{1}{2}\left(1 + \dfrac{5}{13}\right)} = \dfrac{3}{\sqrt{13}} \implies \pm\sqrt{-5+12i} = \pm\sqrt{13}\left(\dfrac{2}{\sqrt{13}} + \dfrac{3}{\sqrt{13}}i\right) = \underline{\underline{\pm(2+3i)}}$

14.2 複素関数

複素初等関数

実数の場合に知られたべき級数の表示が適用される．

$$e^z = \sum_{n=0}^{\infty} \frac{1}{n!} z^n = 1 + \frac{1}{1!}z + \frac{1}{2!}z^2 + \frac{1}{3!}z^3 + \cdots \qquad z \in \mathbb{C}$$

$$\sin z = \sum_{n=0}^{\infty} \frac{(-1)^n}{(2n+1)!} z^{2n+1} = z - \frac{1}{3!}z^3 + \frac{1}{5!}z^5 - \frac{1}{7!}z^7 \pm \cdots \qquad z \in \mathbb{C}$$

$$\cos z = \sum_{n=0}^{\infty} \frac{(-1)^n}{(2n)!} z^{2n} = 1 - \frac{1}{2!}z^2 + \frac{1}{4!}z^4 - \frac{1}{6!}z^6 \pm \cdots \qquad z \in \mathbb{C}$$

$$\sinh z = \sum_{n=0}^{\infty} \frac{1}{(2n+1)!} z^{2n+1} = z + \frac{1}{3!}z^3 + \frac{1}{5!}z^5 + \frac{1}{7!}z^7 \cdots \qquad z \in \mathbb{C}$$

$$\cosh z = \sum_{n=0}^{\infty} \frac{1}{(2n)!} z^{2n} = 1 + \frac{1}{2!}z^2 + \frac{1}{4!}z^4 + \frac{1}{6!}z^6 \cdots \qquad z \in \mathbb{C}$$

三角関数　　　　　　　　　　　　　　**双曲線関数**

$\tan z = \dfrac{\sin z}{\cos z}$ ｜ $\cot z = \dfrac{1}{\tan z}$　　　$\tanh z = \dfrac{\sinh z}{\cosh z}$ ｜ $\coth z = \dfrac{1}{\tanh z}$

$\boxed{\cos^2 z + \sin^2 z = 1}$　　　　　　$\boxed{\cosh^2 z - \sinh^2 z = 1}$

$\sin z = -i \sinh iz$ ｜ $\sin iz = i \sinh z$　　$\sinh z = -i \sin iz$ ｜ $\sinh iz = i \sin z$

$\cos z = \cosh iz$ ｜ $\cos iz = \cosh z$　　$\cosh z = \cos iz$ ｜ $\cosh iz = \cos z$

加法定理

$\sin(z+w) = \sin z \cos w + \cos z \sin w$　｜　$\sinh(z+w) = \sinh z \cosh w + \cosh z \sinh w$
$\cos(z+w) = \cos z \cos w - \sin z \sin w$　｜　$\cosh(z+w) = \cosh z \cosh w + \sinh z \sinh w$

指数関数の表記

$$\sin z = \frac{e^{iz} - e^{-iz}}{2i} \qquad\qquad \sinh z = \frac{e^z - e^{-z}}{2}$$

$$\cos z = \frac{e^{iz} + e^{-iz}}{2} \qquad\qquad \cosh z = \frac{e^z + e^{-z}}{2}$$

$$\tan z = -i \frac{e^{iz} - e^{-iz}}{e^{iz} + e^{-iz}} \qquad\qquad \tanh z = \frac{e^z - e^{-z}}{e^z + e^{-z}}$$

実数・虚数部分の分解

$$\boxed{e^{x+iy} = e^x(\cos y + i \sin y)}$$

$\sin(x+iy) = \sin x \cosh y + i \cos x \sinh y$　｜　$\sinh(x+iy) = \sinh x \cos y + i \cosh x \sin y$
$\cos(x+iy) = \cos x \cosh y - i \sin x \sinh y$　｜　$\cosh(x+iy) = \cosh x \cos y + i \sinh x \sin y$
$\tan(x+iy) = \dfrac{\sin 2x + i \sinh 2y}{\cos 2x + \cosh 2y}$　｜　$\tanh(x+iy) = \dfrac{\sinh 2x + i \sin 2y}{\cosh 2x + \cos 2y}$

14.2 複素関数

対数関数，逆三角関数，逆双曲線関数

複素指数関数は周期 $2\pi i$ を持つ．

その逆関数 log の定義に対して，周期の帯のひとつ $-\pi \leq \text{Im}(z) < \pi$ 上に偏角を制限する (**HM** の 112, 113 も見よ$^{\text{訳注 1)[小松]91-99,165-168 ページ}}$)．

$$z = re^{i\varphi} \text{ ここで } -\pi \leq \text{Im}(z) < \pi \text{ ならば, } \log z := \log r + \varphi i$$

log の定義域は「穴の空いた」平面 $\mathbb{C} \setminus \{0\}$ となる．
log の値域は帯数域 $-\pi \leq \text{Im}(z) < \pi$ となる．

$\arcsin z = -i\log(iz + \sqrt{1-z^2})$	$\text{arsinh } z = \log(z + \sqrt{z^2+1})$
$\arccos z = -i\log(z + \sqrt{z^2-1})$	$\text{arcosh } z = \log(z + \sqrt{z^2-1})$
$\arctan z = \dfrac{1}{2i}\log\dfrac{1+iz}{1-iz}$	$\text{artanh } z = \dfrac{1}{2}\log\dfrac{1+z}{1-z}$
$\text{arccot } z = -\dfrac{1}{2i}\log\dfrac{iz+1}{iz-1}$	$\text{arcoth } z = \dfrac{1}{2}\log\dfrac{z+1}{z-1}$

複素数の微分可能性

f は a で**微分可能**である，$\lim_{z \to a} \dfrac{f(z)-f(a)}{z-a} = f'(a)$ が存在するとき．

f は a で**正則**，f が a の近傍で微分可能であるとき．

f は a で**解析的**，f が a のまわりでべき級数 $\sum\limits_{n=0}^{\infty} a_n(z-a)^n$ に展開可能であるとき，ここで収束半径は正．このとき

$$a_n = \frac{f^{(n)}(a)}{n!}$$

$$\boxed{f \text{ は } a \text{ で 正則} \iff f \text{ が } a \text{ で 解析的}}$$

$z = x + iy$ かつ $f(z) = u(x,y) + iv(x,y)$ とせよ．

f が微分可能であるのはコーシー・リーマンの微分方程式を満たす連続的に偏微分できる u と v が定まるとき，かつそのときに限る．

$$\boxed{\text{コーシー・リーマンの微分方程式} \quad \frac{\partial u}{\partial x} = \frac{\partial v}{\partial y}, \quad \frac{\partial u}{\partial y} = -\frac{\partial v}{\partial x}}$$

例 $\quad f : \begin{cases} \mathbb{R}^2 \longrightarrow \mathbb{R}^2 \\ (x,y) \longrightarrow (x,-y) \end{cases}$ はいたるところで微分可能である！

複素関数としての説明は $\quad f : \begin{cases} \mathbb{C} \longrightarrow \mathbb{C} \\ z \longrightarrow \bar{z} \end{cases}$, したがって $f(z) = \bar{z}$

$u(x,y) = x$ かつ $v(x,y) = -y$ したがって $\dfrac{\partial u}{\partial x} = 1 \neq -1 = \dfrac{\partial v}{\partial y}, \dfrac{\partial u}{\partial y} = 0 = -\dfrac{\partial v}{\partial x}$

コーシー・リーマンの微分方程式はいたるところで満たされない．したがって，f はいたるところで微分可能でない．

線積分

$z = x + iy$ かつ $f(z) = u(x,y) + iv(x,y)$ とせよ.
$C:\ \gamma(t) = a(t) + ib(t),\ t \in [t_0, t_1]$ は $\mathbb{C}$ における区分的になめらかな曲線とせよ. そのとき次が成り立つ.

$$\begin{aligned}
\int_C f(z)\,dz &= \int_C (u(x,y) + iv(x,y))(dx + idy) \\
&= \int_C (u(x,y)\,dx - v(x,y)\,dy) + i\int_C (v(x,y)\,dx + u(x,y)\,dy) \\
&= \int_{t_0}^{t_1} \left[u(a(t),b(t))a'(t) - v(a(t),b(t))b'(t) \right] dt \\
&\quad + i\int_{t_0}^{t_1} \left[v(a(t),b(t))a'(t) + u(a(t),b(t))b'(t) \right] dt
\end{aligned}$$

例: $\int_C \bar{z}\,dz$ を曲線 $C_1:\ \gamma(t) = t + it^2,\ 0 \le t \le 1$, $C_2:\ \gamma(t) = t + it,\ 0 \le t \le 1$ に対して計算せよ.

$$\begin{aligned}
\int_{C_1} f(z)\,dz &= \int_{C_1} (x - iy)(dx + idy) = \int_{C_1} (x\,dx + y\,dy) + i\int_{C_1} (-y\,dx + x\,dy) \\
&= \int_0^1 (t + 2t^3)\,dt + i\int_0^1 (-t^2 + 2t^2)\,dt = \tfrac{1}{2} + \tfrac{1}{2} + i\tfrac{1}{3} = \underline{1 + \tfrac{1}{3}i}
\end{aligned}$$

$$\begin{aligned}
\int_{C_2} f(z)\,dz &= \int_{C_2} (x - iy)(dx + idy) = \int_{C_2} (x\,dx + y\,dy) + i\int_{C_2} (-y\,dx + x\,dy) \\
&= \int_0^1 (t + t)\,dt + i\int_0^1 (-t + t)\,dt = 1 + i0 = \underline{1}
\end{aligned}$$

コーシーの積分定理とモレラの定理

G が単連結有界領域で, C が G において区分的になめらかな閉曲線, かつ f が G で正則ならば, 次が成り立つ.

$$\oint_C f(z)\,dz = 0.$$

モレラの定理はその逆を意味する: f が単連結有界領域 G で連続かつ G においてどのような区分的になめらかな閉曲線 C に対しても, $\oint_C f(z)\,dz = 0$ が成り立つならば, f は G において解析的である.

コーシーの積分公式

G が単連結有界領域で, C が G において区分的になめらかな閉じた交差点を持たない曲線, そして f が G で解析的ならば,

C 内のどのような点 z に対しても次が成り立つ. $\quad f(z) = \dfrac{1}{2\pi i}\oint_C \dfrac{f(w)}{w-z}\,dw$

f が z で何回でも微分可能であり次が成り立つ. $\quad f^{(n)}(z) = \dfrac{n!}{2\pi i}\oint_C \dfrac{f(w)}{(w-z)^{n+1}}\,dw$

ローラン級数と特異性

関数 f を円環 $0 \leq r_1 < |z-a| < r_2$ の中で解析的とせよ.
そのとき f は a のまわりでローラン級数に展開できる.

$$f(z) = \sum_{k=-\infty}^{\infty} a_k(z-a)^k = \underbrace{\sum_{k=1}^{\infty} \frac{a_{-k}}{(z-a)^k}}_{\text{主要部分}} + \underbrace{\sum_{k=0}^{\infty} a_k(z-a)^k}_{\text{正規部分 (べき級数)}}$$

ローラン級数の係数に対して次が成り立つ. $\quad a_k = \dfrac{1}{2\pi i} \oint \dfrac{f(z)}{(z-a)^{k+1}} dz.$

f がある領域 $0 < |z-a| < \epsilon$ で微分可能ならば a は f の**孤立特異点**と呼ばれる.
関数 f の孤立特異点 a には次のようなものがある:

- **除去可能特異点**, 主要部分がない場合 ($a_k = 0$ すべての $k < 0$ に対して)
- **n 位の極**, 主要部分が有限の場合, したがってすべての $k < -n$ に対して $a_k = 0$
- **真性特異点**, 主要部分が無限の場合, したがって無限多数の $k < 0$ に対して $a_k \neq 0$

留数

a を f の孤立特異点かつ $f(z) = \displaystyle\sum_{k=-\infty}^{\infty} a_k(z-a)^k$ とせよ.

点 a における f の**留数**は
f の a のまわりの
ローラン展開の係数 a_{-1} となる.
$$\boxed{\operatorname{Res}(f, a) = a_{-1} = \frac{1}{2\pi i} \oint_{|z-a|=\varepsilon} f(z)\, dz}$$

留数定理

K は $\mathbb{C}$ で区分的になめらかな閉曲線とする. かつ f は孤立特異点 $a_1, a_2, \ldots, a_n$ を消去することにより K の内側で解析的とせよ. このとき次が成り立つ.

$$\oint_K f(z)\, dz = 2\pi i \sum_{k=1}^{n} \operatorname{Res}(f, a_k)$$

特殊例での留数の計算

(1) 1 位の極 a を持つ $\implies \operatorname{Res}(f, a) = \displaystyle\lim_{z \to a}(z-a)f(z)$

(2) $f(z) = \dfrac{g(z)}{h(z)}$ ここで $g(a) \neq 0,\ h(a) = 0,\ h'(a) \neq 0 \implies \operatorname{Res}(f, a) = \dfrac{g(a)}{h'(a)}$

(3) n 位の極 a を持つ $\implies \operatorname{Res}(f, a) = \dfrac{1}{(n-1)!} \displaystyle\lim_{z \to a} \dfrac{d^{n-1}}{dz^{n-1}}\bigl[(z-a)^n f(z)\bigr]$

例 $\quad a = \dfrac{\pi}{2}$ での $f(z) = \tan z$ の留数と
$\quad b = 0$ における $g(z) = \dfrac{1}{z^2(z+1)}$ の留数を計算せよ.

$\operatorname{Res}(f, a) = \operatorname{Res}\left(\tan z, \dfrac{\pi}{2}\right) = \operatorname{Res}\left(\dfrac{\sin z}{\cos z}, \dfrac{\pi}{2}\right) \stackrel{(2)}{=} \left(\dfrac{\sin z}{(\cos z)'}\right)_{z=\pi/2} = \dfrac{\sin \pi/2}{-\sin \pi/2} = \underline{\underline{-1}},$ (2) を見よ.

$\operatorname{Res}(g, b) = \operatorname{Res}\left(\dfrac{1}{z^2(z+1)}, 0\right) \stackrel{(3)}{=} \dfrac{1}{1!} \displaystyle\lim_{z \to 0}\left(\dfrac{1}{1+z}\right)' = \displaystyle\lim_{z \to 0} \dfrac{-1}{(1+z)^2} = \underline{\underline{-1}},$ (3) を見よ.

15 数値解析
15.1 正規空間

正規空間

実ベクトル空間 V のどんなベクトル $\vec{x}$ に対しても実数 $\|\vec{x}\|$ が対応し,すべての $\vec{x}, \vec{y} \in V$ かつすべての $\alpha \in \mathbb{R}$ に対して次が成り立つ場合

(1) $\|\vec{x}\| \geq 0$ かつ $(\|\vec{x}\| = 0 \iff \vec{x} = \vec{o})$ 定値性
(2) $\|\alpha \cdot \vec{x}\| = |\alpha| \cdot \|\vec{x}\|$ 同次性
(3) $\|\vec{x} + \vec{y}\| \leq \|\vec{x}\| + \|\vec{y}\|$ 三角方程式

$\|\cdot\|$ を V 上のノルム, $(V, \|\cdot\|)$ を正規空間と呼ぶ.
ノルムにより,2つのベクトル $\vec{x}, \vec{y}$ の距離は次のように定義される.

$$d(\vec{x}, \vec{y}) := \|\vec{x} - \vec{y}\|$$

前ヒルベルト空間

実ベクトル空間 V の2つのベクトル $\vec{x}, \vec{y}$ ごとに実数 $\langle \vec{x}, \vec{y} \rangle$ が対応し,すべての $\vec{x}, \vec{y}, \vec{z} \in V$ かつすべての $\alpha \in \mathbb{R}$ に対して次が成り立つ場合

(1) $\langle \vec{x}, \vec{x} \rangle \geq 0$ かつ $(\langle \vec{x}, \vec{x} \rangle = 0 \iff \vec{x} = \vec{o})$ 定値性
(2) $\langle \vec{x}, \vec{y} \rangle = \langle \vec{y}, \vec{x} \rangle$ 同次性
(3) $\langle \vec{x} + \alpha \cdot \vec{z}, \vec{y} \rangle = \langle \vec{x}, \vec{y} \rangle + \alpha \cdot \langle \vec{z}, \vec{y} \rangle$ 三角方程式

$\langle \cdot, \cdot \rangle$ を V 上のスカラー積, $(V, \langle \cdot, \cdot \rangle)$ を前ヒルベルト空間と呼ぶ.
スカラー積はノルムに従って次のように定義する.

$$\|\vec{x}\| := \sqrt{\langle \vec{x}, \vec{x} \rangle}$$

2つのベクトル $\vec{x}, \vec{y}$ は直交と呼ばれる $\iff \langle \vec{x}, \vec{y} \rangle = 0$

収束

正規空間 $(\vec{x}^{(k)})$ の成分の列 $(V, \|\cdot\|)$ は,定数 $(\|\vec{x}^{(k)} - \vec{x}\|)$ の列が 0 に収束すれば,成分 $\vec{x} \in V$ に収束する.

$$\lim_{k \to \infty} \vec{x}^{(k)} = \vec{x} \iff \lim_{k \to \infty} \|\vec{x}^{(k)} - \vec{x}\| = 0$$

15.1 正規空間

$V = \mathbb{R}^n$ 上のベクトルノルムの例

$\|\vec{x}\|_p = \sqrt[p]{|x_1|^p + \cdots + |x_n|^p}$ ℓ^p ノルム, $p \geq 1$

$\|\vec{x}\|_2 = \sqrt{|x_1|^2 + \cdots + |x_n|^2}$ ユークリッドノルム (和)

$\|\vec{x}\|_1 = |x_1| + \cdots + |x_n|$ ℓ^1 ノルムあるいは和ノルム

$\|\vec{x}\|_\infty = \max_{1 \leq i \leq n} |x_i| = \lim_{p \to \infty} \|\vec{x}\|_p$ ℓ^∞ ノルムあるいは最大ノルム

例

$\vec{x} = (1, -2, 2)^{\mathrm{T}}$

$\|\vec{x}\|_2 = \sqrt{1+4+4} = 3$

$\|\vec{x}\|_1 = 5$

$\|\vec{x}\|_\infty = 2$

$V = L^p(a,b) := \{f : (a,b) \to \mathbb{R} \mid \int_a^b |f(x)|^p\, dx < \infty\}$ 上の積分ノルムの例

$\|f\|_p = \left(\int_a^b |f(x)|^p\, dx\right)^{1/p}$ L^p–Norm $(1 \leq p < \infty)$

例

$[a,b] = [-1,1], \ f(x) = x$

$\|f\|_2 = \sqrt{\int_{-1}^1 x^2\, dx} = \sqrt{\frac{2}{3}}$

スカラー積の例

(a) $V = \mathbb{R}^n$ 上: $\langle \vec{x}, \vec{y} \rangle = x_1 y_1 + \cdots + x_n y_n$
ユークリッドのスカラー積,
ユークリッドノルムをなす.

(b) $L^2(a,b)$ 上: $\langle f, g \rangle = \int_a^b f(x) g(x)\, dx$
L^2 スカラー積, L^2 ノルム

$\mathbb{R}^{m \times n}$ 上の行列ノルムの例

$\|A\|_2 = \max_{\vec{x} \neq 0} \sqrt{\dfrac{\vec{x}^{\mathrm{T}} A^{\mathrm{T}} A \vec{x}}{\vec{x}^{\mathrm{T}} \cdot \vec{x}}} = \sqrt{\lambda_{\max}(A^{\mathrm{T}} A)}$ スペクトルノルム

$\|A\|_1 = \max_{1 \leq j \leq n} \sum_{i=1}^{m} |a_{ij}|$ 列和ノルム

$\|A\|_\infty = \max_{1 \leq i \leq m} \sum_{j=1}^{n} |a_{ij}|$ 行和ノルム

例

$A = \begin{pmatrix} 1 & 0 \\ -2 & 2 \end{pmatrix}$

$\|A\|_2 = 2.92$

$\|A\|_1 = 3$

$\|A\|_\infty = 4$

$\rho(A) = A$ の固有値の絶対値の最大のもの   スペクトル半径 $\rho(A) = 2$

コメント: A が対称ならば, $\rho(A) = \|A\|_2$

どのような行列ノルムに対しても次が成り立つ.

$\|A \cdot B\| \leq \|A\| \cdot \|B\|$ 劣乗法性

$\|A \cdot \vec{x}\| \leq \|A\| \cdot \|\vec{x}\|$ 随伴する等しい符号のベクトルノルムとの互換性

$\|\cdot\|$ が $\mathbb{R}^n$ 上のベクトルノルムならば, 次のように**作用素ノルム**となる.

$$\|A\| := \max_{\vec{x} \neq 0} \frac{\|A\vec{x}\|}{\|\vec{x}\|} = \max_{\|\vec{x}\|=1} \|A\vec{x}\|$$

作用素ノルムは通常の方法で説明される.

15.2 補間

前提: 数値表
$$\begin{array}{c|cccc} x_i & x_0 & x_1 & \cdots & x_n \\ \hline y_i & y_0 & y_1 & \cdots & y_n \end{array}$$
ここで $(x_i, y_i) \in \mathrm{I\!R}^2$ かつ x_i は互いに異なる.

求めるもの: 多項式 p は高々 n 次であり, その補間条件

$$\boxed{p(x_i) = y_i \ (i = 0, \ldots, n)}$$ を満たす.

すなわち与えられた点 (x_i, y_i) を通る.

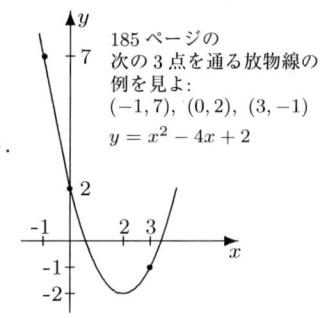

185 ページの次の 3 点を通る放物線の例を見よ:
$(-1, 7)$, $(0, 2)$, $(3, -1)$
$y = x^2 - 4x + 2$

ラグランジェの補間公式	ニュートンの補間公式
$p(x) = \sum_{i=0}^{n} y_i \cdot \ell_i(x), \quad \ell_i(x) = \prod_{\substack{j=0 \\ j \ne i}}^{n} \dfrac{x - x_j}{x_i - x_j}$	$p(x) = \sum_{i=0}^{n} [x_0, \ldots, x_i] p \cdot (x - x_0) \cdots (x - x_{i-1})$

ニュートン係数 $[x_0, \ldots, x_i] p$ (商の微分) は再帰的に計算される:

$$[x_i]\, p := p(x_i) = y_i, \quad [x_i, \ldots, x_{i+k}]\, p = \frac{[x_{i+1}, \ldots, x_{i+k}]\, p - [x_i, \ldots, x_{i+k-1}]\, p}{x_{i+k} - x_i}$$

商の微分の表:

x_i	$[x_i]\, p = y_i$	$[x_i, x_{i+1}]\, p$	$[x_i, x_{i+1}, x_{i+2}]\, p$	$\cdots$
x_0	$[x_0]\, p = y_0$			
		$[x_0, x_1]\, p = \dfrac{[x_1]\, p - [x_0]\, p}{x_1 - x_0}$		
x_1	$[x_1]\, p = y_1$		$[x_0, x_1, x_2]\, p = \dfrac{[x_1, x_2]\, p - [x_0, x_1]\, p}{x_2 - x_0}$	$\cdots$
		$[x_1, x_2]\, p = \dfrac{[x_2]\, p - [x_1]\, p}{x_2 - x_1}$		
x_2	$[x_2]\, p = y_2$			
$\vdots$	$\vdots$	$\vdots$	$\vdots$	

コーシーの剰余公式
$f(x) - p(x) = \dfrac{f^{(n+1)}(\xi)}{(n+1)!}(x - x_0) \ldots (x - x_n)$

ある $\xi \in [a, b]$ に対して, $f \in \mathcal{C}^{n+1}[a, b]$ のとき, $y_i = f(x_i)$, $x, x_i \in [a, b]$, $i = 0, \ldots, n$

ニュートンの補間公式の利点:

1) 補間条件 $p(x_{n+1}) = y_{n+1}, \ldots$ の追加が容易:
   a) 商の微分の表の次の列から, $[x_0, \ldots, x_{n+1}] p$ を計算する
   b) そして $p_{n+1}(x) = p(x) + [x_0, \ldots, x_{n+1}] p \cdot (x - x_0) \ldots (x - x_n)$
2) エルミート補間で不変となる
3) 数値的に簡単に計算される

15.3 初期値問題の数値的取扱

例　高々2次の多項式 p で点 $(-1,7), (0,2), (3,-1)$ を通るものを定める (略図は前のページを見よ).
　　　追加課題: 高々3次の多項式 q で, 点 $(2,-14)$ を通るものを定める.

- **ラグランジュの補間公式:**
$$p(x) = 7\frac{(x-0)(x-3)}{(-1-0)(-1-3)} + 2\frac{(x-(-1))(x-3)}{(0-(-1))(0-3)} - 1\frac{(x-(-1))(x-0)}{(3-(-1))(3-0)} = \cdots = \underline{x^2 - 4x + 2}$$

- **ニュートンの補間公式:**

x_i	$[x_i]p = y_i$	$[x_i, x_{i+1}]p$	$[x_i, x_{i+1}, x_{i+2}]p$	$[x_0, x_1, x_2, x_3]p$
-1	$\boxed{7}$			
		$\frac{2-7}{0-(-1)} = \boxed{-5}$		
0	2		$\frac{-1-(-5)}{3-(-1)} = \boxed{1}$	
		$\frac{-1-2}{3-0} = -1$		$\frac{7-1}{2-(-1)} = \boxed{2}$
3	-1		$\frac{13-(-1)}{2-0} = 7$	
		$\frac{-14-(-1)}{2-3} = 13$		
2	-14			

$$\implies \quad p(x) = \boxed{7} + \boxed{-5}\cdot(x-(-1)) + \boxed{1}\cdot(x-(-1))(x-0) = \underline{x^2 - 4x + 2}$$

ニュートンの補間公式を用いて, 追加課題を解く (ラグランジュの補間公式を用いると, q を完全に新しく計算しなければならない !): p について作成した表に補うだけであり, 次を得る.

$$\implies \quad q(x) = p(x) + \boxed{2}\cdot(x-(-1))(x-0)(x-3) = \underline{2x^3 - 3x^2 - 10x + 2}$$

15.3　初期値問題の数値的取扱

初期値問題

求めるものは $\boxed{y' = f(x,y)}$ の解であり, ここで初期条件が $\boxed{y(x_0) = y_0}$ となるものである.

x は実変数, $y = y(x)$ は実あるいはベクトル値の関数. 後者の場合では連立1階微分方程式になる.

微分方程式　$\begin{array}{c} y'_1 = f_1(x, y_1, \ldots, y_n) \\ \vdots \\ y'_n = f_n(x, y_1, \ldots, y_n) \end{array}$　初期条件　$\begin{array}{c} y_1(x_0) = y_{01} \\ \vdots \\ y_n(x_0) = y_{0n} \end{array}$

次が成り立つとき, 存在, 一意性, そして数値計算可能性 (十分に小さい幅で) が保証される.
(1) f は (x,y) 空間のある領域 G における連続関数である
(2) y に関して G でリプシッツ条件を満たす:
 $|f(x,y_1) - f(x,y_2)| \leq L|y_1 - y_2|$, 定数 L かつすべての $(x,y_1),(x,y_2) \in G$ に対して
(3) $(x_0, y_0) \in G$

初期値問題の数値解は**離散法**を用いて得られる．
$x_n = x$ となるある領域 $\{x_0, x_1, \ldots, x_n\}$ まで近似値 $y_i \approx y(x_i)$ $(i = 1, \ldots, n)$ を更新する．$h \to 0$ $(h := \max_i h_i)$ に対して収束次数が p のときは次のように収束する．

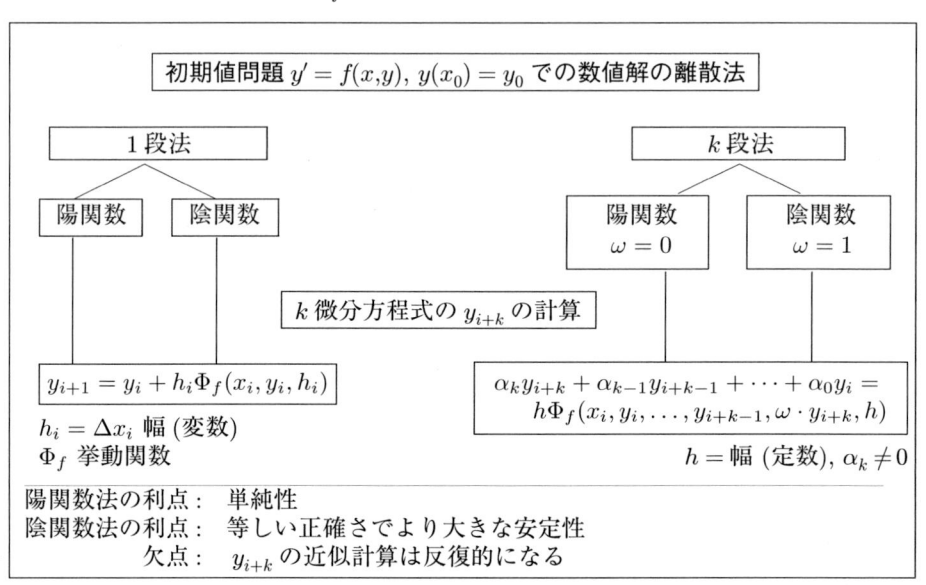

$$\max_i |y_i - y(x_i)| \leq \text{const}\, h^p$$

初期値問題 $y' = f(x,y),\ y(x_0) = y_0$ での数値解の離散法

```
            1 段法                              k 段法
         /        \                          /         \
      陽関数    陰関数                    陽関数        陰関数
                                         ω = 0        ω = 1
```

k 微分方程式の y_{i+k} の計算

$$y_{i+1} = y_i + h_i \Phi_f(x_i, y_i, h_i)$$

$h_i = \Delta x_i$ 幅 (変数)
Φ_f 挙動関数

$$\alpha_k y_{i+k} + \alpha_{k-1} y_{i+k-1} + \cdots + \alpha_0 y_i = h \Phi_f(x_i, y_i, \ldots, y_{i+k-1}, \omega \cdot y_{i+k}, h)$$

$h =$ 幅 (定数), $\alpha_k \neq 0$

陽関数法の利点： 単純性
陰関数法の利点： 等しい正確さでより大きな安定性
　　　　欠点： y_{i+k} の近似計算は反復的になる

いくつかの収束次数 p の 1 段法

陽関数	陰関数
オイラー法 $(p=1)$	オイラー法 $(p=1)$
$\Phi_f(x,y,h) = f(x,y)$	$\Phi_f(x,y,h) = k_1$ ， $k_1 = f(x+h, y+hk_1)$
オイラー・コーシー法 $(p=2)$	ブッヒャー法 $(p=2)$
$\Phi_f(x,y,h) = \frac{1}{2}k_1 + \frac{1}{2}k_2$ $k_1 = f(x,y),\ k_2 = f(x+h, y+hk_1)$	$\Phi_f(x,y,h) = k_1$ $k_1 = f(x+\frac{1}{2}h,\ y+\frac{1}{2}hk_1)$
4 次ルンゲ・クッタ法 $(p=4)$	ブッヒャー法 $(p=4)$
$\Phi_f(x,y,h) = \frac{1}{6}k_1 + \frac{1}{3}k_2 + \frac{1}{3}k_3 + \frac{1}{6}k_4$ $k_1 = f(x,y)$ $k_2 = f(x+\frac{1}{2}h,\ y+\frac{1}{2}hk_1)$ $k_3 = f(x+\frac{1}{2}h,\ y+\frac{1}{2}hk_2)$ $k_4 = f(x+h,\ y+hk_3)$	$\Phi_f(x,y,h) = \frac{1}{2}k_1 + \frac{1}{2}k_2$ $k_1 = f\!\left(x+(\frac{1}{2}-\frac{\sqrt{3}}{6})h,\ y+\frac{1}{4}hk_1+(\frac{1}{4}-\frac{\sqrt{3}}{6})hk_2\right)$ $k_2 = f\!\left(x+(\frac{1}{2}+\frac{\sqrt{3}}{6})h,\ y+(\frac{1}{4}+\frac{\sqrt{3}}{6})hk_1+\frac{1}{4}hk_2\right)$

15.3 初期値問題の数値的取扱

> **いくつかの線型収束次数 p の多段法**

陽関数アダムス・バッシュフォース法 ($p=4$)

$$y_{i+4} = y_{i+3} + \frac{h}{24}\bigl[55f(x_i+3h, y_{i+3}) - 59f(x_i+2h, y_{i+2}) + 37f(x_i+h, y_{i+1}) - 9f(x_i, y_i)\bigr]$$

陰関数モールトン法 ($p=5$)

$$y_{i+4}^{(j+1)} = y_{i+3} + \frac{h}{720}\bigl[251f(x_i+4h, y_{i+4}^{(j)}) + 646f(x_i+3h, y_{i+3}) - 264f(x_i+2h, y_{i+2}) \\ + 106f(x_i+h, y_{i+1}) - 19f(x_i, y_i)\bigr]$$

予測子修正子法 ($p=5$)
1. アダムス・バッシュフォース法 (予測子) を用いてはじめの近似 $y_{i+4}^{(0)}$ を計算する
2. $f(x_i + 4h, y_{i+4}^{(0)})$ を計算する
3. モールトン法 (修正子) を用いて $y_{i+4}^{(1)}, y_{i+4}^{(2)}$ (2回反復) を計算する

線型多段法の欠点:
(1) 初期値 $y_0, \ldots, y_{k-1}$ の計算において, 例えば 4 次ルンゲ・クッタ法を用いて開始計算が必要
(2) 幅更新は複雑

利点: より少ない関数評価でより高い正確さ

例 $y' = 1 - 2xy$, $y(0) = 0$ とせよ. 陰関数オイラー法を用いて, 近似値 $y(1)$ を計算せよ.

$$\left[完全解: y(x) = e^{-x^2} \int_0^x e^{t^2}\, dt \right]$$

入力: $x_0 = 0$, $y_0 = 0$, $h = \frac{1}{n}$ ($n = 10, 100, 1000$)

$\longrightarrow$ $j = 0, 1, \ldots, n-1$ に対して計算せよ

$$y_{j+1} = y_j + h(1 - 2x_j y_j)$$
$$x_{j+1} = x_j + h$$

課題	$n = 10$ ($h = \frac{1}{10}$)	$n = 100$ ($h = \frac{1}{100}$)	$n = 1000$ ($h = \frac{1}{1000}$)
オイラー近似 $y_n \approx y(1)$	0.570 016	0.541 116	0.538 382
誤差: $y_n - y(1)$	$+3.2 \cdot 10^{-2}$	$+3 \cdot 10^{-3}$	$+3 \cdot 10^{-4}$

15.4 数値積分

可能なとき，下記の公式を用いて定積分を計算する．

$$\int_a^b f(x)\,dx = \Big[F(x)\Big]_a^b = F(b) - F(a)$$
$F' = f$, したがって F は f の原始関数である．

例 (台形公式．下を見よ !)
$$I = \int_0^{\pi/2} \frac{\sin x}{\cos x + 2}\,dx = \Big[-\ln|\cos x + 2|\Big]_0^{\pi/2}$$
$$= -\ln 2 + \ln 3 \approx \underline{0.405465}$$

求積法

f が区間 $[a,b]$ 上で連続，それゆえ $f \in \mathcal{C}[a,b]$ ならば，次を定める

$$Q(f) = \sum_{i=1}^n \alpha_i \cdot f(x_i) \qquad h = \frac{b-a}{n}$$

剰余項 $:= \int_a^b f(x)\,dx - Q(f)$

以下の剰余項を持つある $\xi \in [a,b]$ がある

分点: $x_1, x_2, \ldots, x_n$
重み: $\alpha_1, \alpha_2, \ldots, \alpha_n$

中心法
$$Q^{Mi}(f) = h[f(x_1) + f(x_2) + \cdots + f(x_n)]$$
$x_i = a + (i - \tfrac{1}{2})h$ ，間隔 $h, h, \ldots, h$

剰余項: $\dfrac{b-a}{24} h^2 f''(\xi)$

台形公式
$$Q^{ST} = h\Big[\tfrac{1}{2}f(x_0) + f(x_1) + \cdots + f(x_{n-1}) + \tfrac{1}{2}f(x_n)\Big]$$
$x_i = a + ih$ ，間隔 $\tfrac{1}{2}h, h, h, \ldots, h, \tfrac{1}{2}h$

剰余項: $-\dfrac{b-a}{12} h^2 f''(\xi)$

シンプソン法
$$Q^{Si}(f) = \frac{h}{6}\Big[f(x_0) + 4\sum_{i=1}^{n} f(x_{2i-1}) + 2\sum_{i=1}^{n-1} f(x_{2i}) + f(x_{2n})\Big]$$
間隔 $\tfrac{1}{6}h, \tfrac{4}{6}h, \tfrac{2}{6}h, \tfrac{4}{6}h, \tfrac{2}{6}h, \ldots, \tfrac{2}{6}h, \tfrac{4}{6}h, \tfrac{1}{6}h$
$x_{2i-1} = a + (i - \tfrac{1}{2})h,\quad x_{2i} = a + ih$

剰余項: $-\dfrac{b-a}{2880} h^4 f^{(4)}(\xi)$

ガウス・ラグランジュ法
$$Q^{GL}(f) = \frac{h}{2}\Big[f(x_1) + f(x_2) + \cdots + f(x_{2n-1}) + f(x_{2n})\Big]$$
間隔 $\tfrac{1}{2}h, \tfrac{1}{2}h, \ldots, \tfrac{1}{2}h$
$x_{2i-1} = a + (i - \tfrac{1}{2} - \tfrac{1}{6}\sqrt{3})h,\quad x_{2i} = a + (i - \tfrac{1}{2} + \tfrac{1}{6}\sqrt{3})h$

剰余項: $\dfrac{b-a}{4320} h^4 f^{(4)}(\xi)$

例　$I = \int_0^{\pi/2} \dfrac{\sin x}{\cos x + 2}\,dx$ を台形公式を用いて計算せよ $(n=4)$．

$f(x) = \dfrac{\sin x}{\cos x + 2} \implies Q^{ST}(f) = \dfrac{\pi}{8}\Big[\tfrac{1}{2}f(0) + f(\tfrac{\pi}{8}) + f(\tfrac{\pi}{4}) + f(\tfrac{3\pi}{8}) + \tfrac{1}{2}f(\tfrac{\pi}{2})\Big] = 0.404415 \approx I$

そして $[0, \tfrac{\pi}{2}]$ 上で $\max |f''(x)| \leq \tfrac{5}{4}$ なので $|\text{剰余項}| \leq \tfrac{\pi}{24}(\tfrac{\pi}{8})^2 \tfrac{5}{4} \leq 0.025$

15.5 連立線型方程式

線型方程式：関数の表示

連立線型方程式は n 個の未知数に対して m 個の線型方程式からなる $\boxed{A \cdot \vec{x} = \vec{b}}$
このとき次のように呼ばれる．

$A = (a_{ij}) \quad \in \mathbb{R}^{m \times n} \qquad (m,n)$ 行列の係数行列
$\vec{b} = (b_i) \quad \in \mathbb{R}^m \qquad$ 右側のベクトル
$\vec{x} = (x_i) \quad \in \mathbb{R}^n \qquad$ 解あるいは解ベクトル
$\quad (A, \vec{b}) \quad \in \mathbb{R}^{m \times (n+1)} \quad$ 系行列

$A\vec{x} = \vec{b}$ は非斉次線型方程式系と呼ばれる，$\vec{b} \neq \vec{0}$ のとき．
$A\vec{x} = \vec{0}$ は属する斉次線型方程式系と呼ばれる．次のように書かれる．

$$A\vec{x} = \vec{b} \iff \begin{array}{c} a_{11} \cdot x_1 + \cdots + a_{1n} \cdot x_n = b_1 \\ \vdots \qquad \qquad \vdots \qquad \qquad \vdots \\ a_{m1} \cdot x_1 + \cdots + a_{mn} \cdot x_n = b_m \end{array}$$

n 個の未知数 $x_1, \ldots, x_n$ に対する m 個の連立線型方程式

線型方程式系の幾何学的解釈

どのような方程式 $\vec{a}_i \cdot \vec{x} = b_i$ ($\vec{a}_i = A$ の第 i 列ベクトル, $i = 1, \ldots, m$) でも $\mathbb{R}^n$ の超平面で表せる．求めるものはすべての点 $\vec{x} \in \mathbb{R}^n$ で，すべての超平面において同時に存在する (= 超平面の交点の集合)．

連立線型方程式の可解性
$A \cdot \vec{x} = \vec{b}$ が可解 $\iff \operatorname{rank} A = \operatorname{rank}(A, \vec{b})$

$\operatorname{rank} A = \operatorname{rank}(A, \vec{b}) = n \quad \Longrightarrow \quad$ ちょうど 1 つの解が存在する
$\operatorname{rank} A = \operatorname{rank}(A, \vec{b}) = r < n \quad \Longrightarrow \quad (n - r)$ 個のパラメータの解族が存在する

---

2 次線型方程式系の可解性
2 次正方 ($n \times n$) 行列

連立斉次線型方程式：$A\vec{x} = \vec{0}$
$\det A \neq 0 \iff A\vec{x} = \vec{o}$ は自明な解 $\vec{x} = \vec{0}$ を持つ

連立斉次線型方程式：$A\vec{x} = \vec{b},\ \vec{b} \neq \vec{0}$
$\det A \neq 0 \iff A\vec{x} = \vec{b}$ はちょうど 1 つの解を持つ：$\vec{x} = A^{-1}\vec{b}$
$\det A = 0 \begin{cases} \operatorname{rank} A < \operatorname{rank}(A, \vec{b}) \iff A\vec{x} = \vec{b} \text{ は可解でない} \\ \operatorname{rank} A = \operatorname{rank}(A, \vec{b}) \iff A\vec{x} = \vec{b} \text{ は無限に多数の解を持つ} \end{cases}$

詳しい説明は **HM** の 244-259 ページにある．訳注 1)[飯高]169-171 ページ

連立線型方程式の解に対するガウスのアルゴリズム

未知数を次々に消去することにより,最終的に階段型の線型方程式系を得る目的のため,すべて同一の解を持つ連立線型方程式の列を導き出す.

はじめは,与えられた連立線型方程式が現在の剰余系になる.

未知数 $x_1, \ldots, x_{k-1}$ は現在の剰余系の連立方程式からすでに消去されている.しかし,x_k はまだ消去されていないとすると,この方程式の中のひとつで x_k が存在するもの (すなわち,x_k の係数が 0 でないもの) を選ぶ.

それを現在の枢軸方程式と呼ぶ.

現在の剰余系の x_k が存在するその他の方程式のそれぞれにも,現在の枢軸方程式を適切に何倍かしたものを足す.そして,和において x_k はもはや存在しないようにする.

新しい剰余系は枢軸方程式を取り除いたものである.

最終系は消去の過程を実行することによって達成される.

それは消去の過程で使われたすべての枢軸方程式と,場合によっては $0 = b$ の形の他の方程式からなる.$b \neq 0$ の場合,与えられた連立線型方程式は解を持たず,$b = 0$ の場合消去される.方程式を適当に交換すれば階段型の最終系を持つ.これらから,与えられた連立線型方程式のすべての解は,逆にたどれば簡単に見付け出せる.

コメント:手計算に対して,係数の型のみ書き足し,その中で消去を行うのが簡単である.x_k の係数 $\neq 0$ は印を付け,それを用いて対応する列で 0 をつくる.印の付けられた方程式 (枢軸方程式) は最終系を作る.

例: *次の連立線型方程式を解け.* 訳注8)

$$\begin{array}{rcrcrcr} & & 3x_2 & + & x_3 & = & 3 \\ x_1 & - & x_2 & + & x_3 & = & 0 \\ x_1 & + & 2x_2 & + & 2x_3 & = & 3 \end{array}$$

消去法:

x_1	x_2	x_3	
0	3	1	3
☐1	−1	1	0
1	2	2	3
0	3	☐1	3
0	3	1	3
0	0	0	0

最終系:

x_1	x_2	x_3	
☐1	−1	1	0
0	3	☐1	3

解 (「後退代入」):

$x_2 = t$
$x_3 = 3 - 3t$
$x_1 = x_2 - x_3 = -3 + 4t$

ベクトル表示での解:

$$\vec{x} = \begin{pmatrix} x_1 \\ x_2 \\ x_3 \end{pmatrix} = \begin{pmatrix} -3 \\ 0 \\ 3 \end{pmatrix} + t \begin{pmatrix} 4 \\ 1 \\ -3 \end{pmatrix}$$

詳しい例と説明 (パラメータを用いた線型方程式系に対しても) は **HM** の 244-259 ページを見よ. 訳注1) [飯高]209-210 ページ

15.6 非線型方程式

非線型方程式：不動点問題

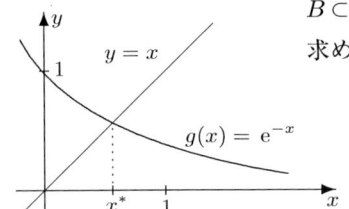

$B \subset \mathbb{R}$ かつ $g: B \to \mathbb{R}$ を実関数とせよ．

求めるものは方程式 $\boxed{x = g(x)}$ の解である．

例 **1** (192 ページ):

$$x = \mathrm{e}^{-x}$$

非線型方程式：零点問題

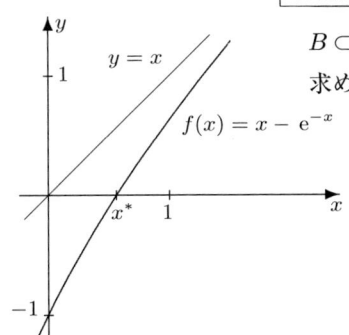

$B \subset \mathbb{R}$ かつ $f: B \to \mathbb{R}$ は実関数とせよ．

求めるものは方程式 $\boxed{f(x) = 0}$ の解である．

例 **2** (192 ページ):

$$x = \mathrm{e}^{-x} = 0$$

不動点問題の解に対する反復法

$B \subset \mathbb{R}$ が閉で，$g: B \to B$ が縮小写像，すなわち，g が B 上でリプシッツ定数が $\alpha < 1$ となるリプシッツ条件を満たすならば，次が成り立つ．

$$\text{すべての } x, y \in B \text{ に対して，} |g(x) - g(y)| \leq \alpha \cdot |x - y|$$

したがって g が B 上でちょうど 1 つの不動点 $\boxed{x^* = g(x^*)}$ を定める．

始点 $x^{(0)} \in B$ をどこに選択しても「反復」の列

$$\boxed{x^{(k+1)} = g(x^k), \quad k = 0, 1, \ldots}$$

は x^* に収束する，次の誤差評価が成り立つ．

$$|x^{(k)} - x^*| \leq \tfrac{\alpha}{1-\alpha} \cdot |x^{(k)} - x^{(k-1)}| \leq \tfrac{\alpha^k}{1-\alpha} |x^{(1)} - x^{(0)}|$$

コメント： g が B 上で微分可能かつすべての $x \in B$ において定数 α に対して $\boxed{|g'(x)| \leq \alpha}$ のとき，g は B 上で定数 α でリプシッツ条件を満たす (87 ページの平均値の定理による)．

例1 区間 $B = [0.4, 0.7]$ が閉で $g : B \to B$ ここで $g(x) = \mathrm{e}^{-x}$ がリプシッツ定数 $\alpha = 0.68$ のときの縮小写像である。$g'(x) = -\mathrm{e}^{-x}$ でかつ B 上で $|g'(x)| \le \mathrm{e}^{-0.4} \le 0.68$ である。したがって関数 g は、B で不動点 x^* を持つ。その値は反復法を用いて計算できる。

初期値 $x^{(0)} = 0.4$ のとき次を得る。

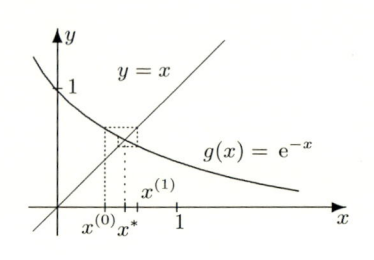

k	$x^{(k)}$	k	$x^{(k)}$
0	0.4	14	0.567 081
1	0.670 320	15	0.567 179
2	0.511 545	16	0.567 123
3	0.599 569	17	0.567 155
4	0.549 048	18	0.567 137
5	0.577 499	19	0.567 147
6	0.561 300	20	0.567 141
7	0.570 467	21	0.567 144
8	0.565 262	22	0.567 143
9	0.568 212	23	0.567 144
10	0.566 538	24	0.567 143
11	0.567 487	25	0.567 143
12	0.566 949	26	0.567 143
13	0.567 254		

誤差評価:
$|x^{(13)} - x^*| \le \frac{0.68}{0.32} |x^{(13)} - x^{(12)}| = \frac{0.68}{0.32} \cdot 0.000\,305 \le \underline{0.000\,65}$

零点問題の解に対するニュートン法

始点の近似値 $x^{(0)}$ を選び $k = 0, 1, \ldots$ に対して (終了条件が満たされるまで) 計算する。

$$x^{(k+1)} = x^{(k)} - \frac{f(x^{(k)})}{f'(x^{(k)})}$$

単純化されたニュートン法ではすべての反復を進める場合に微分の変数は固定される。

$$x^{(k+1)} = x^{(k)} - \frac{f(x^{(k)})}{f'(x^{(0)})}$$

例2 $f(x) = x - \mathrm{e}^{-x} = x - \exp(-x)$ の零点を定めよ。

$f(x) = x - \exp(-x), \quad f'(x) = 1 + \exp(-x), \quad x^{(k+1)} = x^{(k)} - \frac{x^{(k)} - \exp(-x^{(k)})}{1 + \exp(-x^{(k)})}$

初期値 $x^{(0)} = 0.4$ のとき次を得る。

k	$x^{(k)}$	$\exp(-x^{(k)})$	$x^{(k)} - \exp(-x^{(k)})$	$1 + \exp(-x^{(k)})$
0	0.4	0.670 320	−0.270 320	1.670 320
1	0.561 865	0.570 145	−0.009 280	1.570 145
2	0.567 138	0.567 146	−0.008 323	1.570 161
3	0.567 143	0.567 143	−0.000 000	1.567 146
4	0.567 143			

15.7 連立非線型方程式

連立非線型方程式 : 不動点問題

$B \subset \mathbb{R}^n$ かつ $\vec{g} : B \to \mathbb{R}^n$ とせよ.

求めるものは $\boxed{\vec{x} = \vec{g}(\vec{x})}$ の解である.

$\vec{x} = \vec{g}(\vec{x})$ は n 個の未知数 $x_1, \ldots, x_n$ に対する n 個の連立非線形方程式である.

$$\begin{array}{rcl} x_1 &=& g_1(x_1,\ldots,x_n) \\ x_2 &=& g_2(x_1,\ldots,x_n) \\ &\vdots& \\ x_n &=& g_n(x_1,\ldots,x_n) \end{array}$$

例 3 $(n=2)$, 解は 194 ページ
$$x_1 = 0.1x_1^2 + 0.1x_2^2 + 0.8$$
$$x_2 = 0.1x_1 + 0.1x_1 x_2 + 0.8$$

連立非線型方程式 : 零点問題

$B \subset \mathbb{R}^n$ かつ $\vec{f} : B \to \mathbb{R}^n$ とせよ.

求めるものは $\boxed{\vec{f}(\vec{x}) = \vec{0}}$ の解である.

$\vec{f}(\vec{x}) = \vec{0}$ は n 個の未知数 $x_1, \ldots, x_n$ に対する n 個の連立非線形方程式である.

$$\begin{array}{rcl} f_1(x_1,\ldots,x_n) &=& 0 \\ f_2(x_1,\ldots,x_n) &=& 0 \\ &\vdots& \\ f_n(x_1,\ldots,x_n) &=& 0 \end{array}$$

例 4 $(n=2)$, 解は 195 ページ
$$0.1x_1^2 - x_1 + 0.1x_2^2 + 0.8 = 0$$
$$0.1x_1 + 0.1x_1 x_2 - x_2 + 0.8 = 0$$

> **連立非線型方程式**
> **不動点問題の解を求める反復法**

$B \subset \mathbb{R}^n$ において閉で $\vec{g}: B \to B$ は縮小写像, すなわち, $\vec{g}$ は B 上で任意のベクトルノルム $\|\cdot\|$ に関するリプシッツ定数 $\alpha < 1$ となるリプシッツ条件を満たすならば

$$\text{すべての } \vec{x}, \vec{y} \in B \text{ に対して, } \|\vec{g}(\vec{x}) - \vec{g}(\vec{y})\| \leq \alpha \cdot \|\vec{x} - \vec{y}\|$$

$\vec{g}$ は B でちょうどある不動点 $\vec{x}^*$ を持つ. $\boxed{\vec{x}^* = \vec{g}(\vec{x}^*)}$

どのような始点ベクトル $\vec{x}^{(0)} \in B$ を選んでも次の「反復」の列は $\vec{x}^*$ に収束する.

$$\boxed{\vec{x}^{(k+1)} = \vec{g}(\vec{x}^{(k)}), \quad k = 0, 1, \ldots}$$

次の誤差評価が成り立つ.

$$\|\vec{x}^{(k)} - \vec{x}^*\| \leq \tfrac{\alpha}{1-\alpha} \cdot \|\vec{x}^{(k)} - \vec{x}^{(k-1)}\| \leq \tfrac{\alpha^k}{1-\alpha} \|\vec{x}^{(1)} - \vec{x}^{(0)}\|$$

例 3 $B = \{\vec{x} = \begin{pmatrix} x \\ y \end{pmatrix} \in \mathbb{R}^2 \mid \|\vec{x} - \begin{pmatrix} 1 \\ 1 \end{pmatrix}\|_\infty \leq 0.5\}$ は閉じていて, $\vec{g}: B \to B$, $\vec{g} = \vec{g}(\vec{x}) = \begin{pmatrix} g_1(x,y) \\ g_2(x,y) \end{pmatrix} = \begin{pmatrix} 0.1x^2 + 0.1y^2 + 0.8 \\ 0.1x + 0.1xy + 0.8 \end{pmatrix}$ は $\|\cdot\|_\infty$ に関してリプシッツ定数 $\alpha = 0.6$ となる縮小写像である.

したがって $\vec{g}$ は B で反復法を用いて計算することにより, ある不動点 $\vec{x}^*$ を持つ.

始点ベクトルは $\vec{x}^{(0)} = \begin{pmatrix} 0.5 \\ 0.5 \end{pmatrix} \in B$ とせよ.

k	$x^{(k)}$	$y^{(k)}$	
0	0.5	0.5	はじめの近似
1	0.85	0.862 5	
2	0.946 64	0.948 23	
3	0.979 53	0.979 78	
4	0.991 82	0.991 96	
$\vdots$	$\vdots$	$\vdots$	
∞	1	1	厳密解

誤差評価:

$\|\vec{x}^{(4)} - \vec{x}^*\|_\infty \leq \tfrac{0.6}{0.4} \cdot \|\vec{x}^{(4)} - \vec{x}^{(3)}\|_\infty = \tfrac{0.6}{0.4} \max \begin{pmatrix} 0.012\,29 \\ 0.012\,18 \end{pmatrix} = \underline{0.018\,5}$

15.7 連立非線型方程式

連立非線型方程式
零点問題の解を求めるニュートン法

はじめの近似値 $\vec{x}^{(0)}$ を選び, $k = 0, 1, \ldots$ に対して (終了条件が満たされるまで) 次を計算する.

その際 $\vec{f'}(\vec{x}^{(k)}) = \dfrac{\partial(f_1,...,f_n)}{\partial(x_1,...,x_n)} = \begin{pmatrix} \frac{\partial f_1}{\partial x_1} & \cdots & \frac{\partial f_1}{\partial x_n} \\ \vdots & & \vdots \\ \frac{\partial f_n}{\partial x_1} & \cdots & \frac{\partial f_n}{\partial x_n} \end{pmatrix}$

は $\vec{f}$ の点 $\vec{x}^{(k)}$ まわりのヤコビ行列 (143ページを見よ) である.

単純化されたニュートン法

単純化されたニュートン法では, ヤコビ行列の変数はすべての反復幅で固定される.

$$\vec{x}^{(k+1)} = \vec{x}^{(k)} - [\vec{f'}(\vec{x}^{(0)})]^{-1} \cdot \vec{f}(\vec{x}^{(k)})$$

コメント:
- $n \geq 2$ のとき, 連立線型方程式は実際にはニュートン法で解かれる
$\boxed{\vec{f'}(\vec{x}^{(k)}) \cdot \vec{d}^{(k)} = \vec{f}(x^{(k)})}$ そして $\boxed{\vec{x}^{(k+1)} = \vec{x}^{(k)} - \vec{d}^{(k)}}$ を定める

- $\vec{f}$ がすべての変数で2回微分可能かつ $\vec{f}$ の「単純な零点」$\vec{x}$ ($:\Leftrightarrow \vec{f'}(\vec{x}^*)$ が可逆である) の近くで条件が満たされた始点の近似値 $\vec{x}^{(0)}$ が選ばれるとき, ニュートン法とその簡略版は次のように収束する: $\lim_{k \to \infty} \vec{x}^{(k)} = \vec{x}^*$

例4 *ニュートン法を用いて, 次の連立非線型方程式を解け.*

$f_1(x_1, x_2) = 0.1x_1^2 - x_1 + 0.1x_2^2 + 0.8 = 0$
$f_2(x_1, x_2) = 0.1x_1 + 0.1x_1x_2 - x_2 + 0.8 = 0$

はじめの近似値: $\vec{x}^{(0)} = (0.5, 0.5)$

関数行列: $\vec{f'}(\vec{x}) = \begin{pmatrix} 0.2x_1 - 1 & 0.2x_2 \\ 0.1(1 + x_2) & 0.1x_1 - 1 \end{pmatrix}$

k	$x_1^{(k)}$	$x_2^{(k)}$	
0	0.5	0.5	はじめの近似値
1	0.940476	0.964286	
2	0.992911	0.998228	
3	0.999172	0.999815	
4	0.999902	0.999977	
5	1.0	1.0	厳密解

16 確率, 統計

16.1 組み合わせ, 確率

総数	重複なし	重複あり
順列	全単射の写像 あるいは k 個の要素の集合の配列 $\boxed{1}$ $k!$ 例: 3つの要素の集合の配列: $3\underline{=6}$ 通りの配列となる	k 個, そのうち異なった組み合わせが ℓ 個あるものは重複度 $k_1, \ldots, k_\ell$ を持つ $k_1 + \cdots + k_\ell = k$ $\boxed{2}$ $\dfrac{k!}{k_1! \cdots k_\ell!}$ 例: 数字 $2,2,3,3,3$ からなる 5桁の数: $k=5, \; k_1=2, \; k_2=3, \; \dfrac{5!}{2!3!}\underline{=10}$
k 順列 (変数) $(x_1, \ldots, x_k)$	n 個の要素の集合から k 個選ぶ	
	$\boxed{3}$ $\binom{n}{k} \cdot k! = n \cdots (n-k+1)$	$\boxed{4}$ n^k
	例: 26文字のアルファベットから 4文字の単語をつくる	
	同じ文字を使わないと: $\binom{26}{4} \cdot 4! = \dfrac{26!}{22!} \underline{= 358\,800}$ 単語	同じ文字を使うことを許すと: $26^4 \underline{= 456\,976}$ 単語
k 個の組み合わせ $(x_1, \ldots, x_k)$ $x_1 \leq \cdots \leq x_k$	k 個の順列のように配列を考慮しない	
	$\boxed{5}$ $\binom{n}{k} = \dfrac{n!}{(n-k)!k!}$	$\boxed{6}$ $\binom{n+k-1}{k}$
	例: ロト: 49個の数字から 6個選ぶ:(戻さない) $\binom{49}{6} = \dfrac{49 \cdot 48 \cdot 47 \cdot 46 \cdot 45 \cdot 44}{1 \cdot 2 \cdot 3 \cdot 4 \cdot 5 \cdot 6}$ $\underline{= 13\,983\,816}$	例: ロト: 49個の数字から 6個選ぶ:(戻す) $\binom{49+6-1}{6} = \binom{54}{6} \underline{= 25\,827\,165}$

例 $M = \{1,2,3\}, n=3, k=2$		
	すべての集合	総数
$\boxed{4}$ 重複ありの 2 つの順列	$(1,1)\;(1,2)\;(1,3)\;(2,1)\;(2,2)\;(2,3)\;(3,1)\;(3,2)\;(3,3)$	$3^2 = 9$
$\boxed{3}$ 重複なしの 2 つの順列	$(1,2)\;(1,3)\;(2,1)\qquad\;\;\;(2,3)\;(3,1)\;(3,2)$	$3 \cdot 2 = 6$
$\boxed{2}$ 2 つの順列 $\quad k_1 = 1$ 重複度 1 $\quad k_2 = 0$ 重複度 2 $\quad k_3 = 1$ 重複度 3	$(1,3)\qquad\qquad\qquad(3,1)$	$\dfrac{2!}{1!0!1!} = 2$
$\boxed{6}$ 重複ありの 2 つの組み合わせ	$(1,1)\;(1,2)\;(1,3)\qquad(2,2)\;(2,3)\qquad\qquad(3,3)$	$\binom{3+2-1}{2} = 6$
$\boxed{5}$ 重複なしの 2 つの組み合わせ	$(1,2)\;(1,3)\qquad\qquad(2,3)$	$\binom{3}{2} = 3$

16.1 組み合わせ, 確率

$\{1, ..., n\}$ から k 個を並べる	$\{1, ..., k\}$ を n 個に分割する		
$0 \leq k_i \leq k$, $k_1 + \cdots + k_n = k$ となる $i \in \{1, ..., n\}$ に対して 重複度 k_i で $\{1, ..., n\}$ から k 個選ぶ	$\#B_i = k_i{}^{2)}$, $0 \leq k_i \leq k$ $k_1 + \cdots + k_n = k$ として n 個の部分集合 $B_i (i = 1, ..., n)$ により $\{1, ..., k\}$ を分割する	$\longleftrightarrow^{1)}$	$\boxed{4}$ $\displaystyle\sum_{\substack{0 \leq k_i \leq k \\ k_1 + \cdots + k_n = k}} \frac{k!}{k_1! \cdots k_n!}$ $= n^k$
$(x_1, ..., x_k)$ $x_j = i \in \{1, ..., n\}$ は重複度が k_i であり, k_i は固定される	$(B_1, ..., B_n)$ $B_1 \cup \cdots \cup B_n = \{1, ..., k\}$ $B_i \cup B_j = \emptyset\, i \neq j$ に対して $\#B_i = k_i$ は固定される	$\longleftrightarrow^{1)}$	$\boxed{2}$ $\dfrac{k!}{k_1! \cdots k_n!}$

$^{1)}$ 逆は一意的に割り当てられる. $^{2)}$ # は要素数を意味する.

例		総数
32 枚のトランプカード (スカートカード) を 3 人に 10 枚ずつ配りスカート (カードを伏せておく場所) に 2 枚置く (スカートというドイツのカードゲーム): $k = 32$, $k_1 = 10$, $k_2 = 10$, $k_3 = 10$, $k_4 = 2$		$\boxed{2}$ $\dfrac{32!}{10!10!10!2!}$
32 枚のトランプカード (スカートカード) を配り, プレーヤー A が 4 枚のエースを得る: $k = 28$, $k_1 = 6$, $k_2 = 10$, $k_3 = 10$, $k_4 = 2$		$\boxed{2}$ $\dfrac{28!}{6!10!10!2!}$
5 人を 2 台の車に乗せる: $\{1,2,3,4,5\}$ を 2 分割する		$\boxed{4}$ $2^5 = 32$
10 を 6 以下の 3 つの正整数に分割する: $\quad 10 \;= 6+3+1 = 6+2+2 = 5+4+1 = 5+3+2 = 4+4+2 = 4+3+3$ 総数 $= \dfrac{3!}{1!1!1!} + \dfrac{3!}{1!2!} + \dfrac{3!}{1!1!1!} + \dfrac{3!}{1!1!1!} + \dfrac{3!}{2!1!} + \dfrac{3!}{1!2!}$		$\boxed{2}$ 27

確率空間

Ω は確率空間 (標本空間) と呼ばれる空でない集合である. $\mathcal{P}\Omega := \{A \mid A \subseteq \Omega\}$ は Ω のべき集合とせよ.

以下のとき Ω の集合の系 $\mathcal{A} \subseteq \mathcal{P}\Omega$ は Ω 上の確率場と呼ばれ, 要素 $A \in \mathcal{A}$ は事象と呼ばれる.

- (1) $\emptyset, \Omega \in \mathcal{A}$ $\qquad$ $\emptyset$ は不可能性, Ω は**全事象**
- (2) $A \in \mathcal{A} \implies \bar{A} = \Omega \setminus A \in \mathcal{A}$ $\qquad$ $\bar{A}$ は A の余事象である
- (3) $A_i \in \mathcal{A} \implies \bigcap A_i, \bigcup A_i \in \mathcal{A}$ $\qquad$ Ω は閉じた, あるいは可算の積集合かつ和集合である

以下のとき, 関数 $P: \Omega \to [0,1]$ は $\mathcal{A}$ の確率測度で, $P(A)$ は A の確率である.

- (1) $P(\emptyset) = 0$ かつ $P(\Omega) = 1$
- (2) σ **加法性**: $A_i \in \mathcal{A}\ (i = 1, 2, ...)$ かつ $A_i \cup A_j = \emptyset$ から $i \neq j$ に対して次のようになる
  $$P(A_1 \cup A_2 \cup \cdots) = P(A_1) + P(A_2) + \cdots \text{ 短く表すと:} P\left(\bigcup A_i\right) = \sum P(A_i)$$

$(\Omega, \mathcal{A}, P)$ は確率空間と呼ばれ, (実在あるいは仮想の) 無作為試行を理想化したものである.

記号	言い方
$A_1 \cup A_2 = A_1 + A_2$ 事象 A_1, A_2 の和	A_1 あるいは A_2
$A_1 \cap A_2 = A_1 \cdot A_2$ 事象 A_1, A_2 の積	A_1 かつ A_2
$A_1 \cap A_2 = \emptyset$	A_1, A_2 とは相容れない
$A_1 \cup \cdots \cup A_n = \Omega$ Ω の部分集合 $A_i \cap A_j = \emptyset$ $i \neq j$ に対して	$A_1, \ldots, A_n$ は完全区別

初等的確率空間

$\Omega = \{w_1, w_2, \ldots\}$ は有限, あるいは分割可能な無限であり, かつ $p_1, p_2, \ldots$ は $p_1 + p_2 + \cdots = 1$ となる負でない実数列ならば, 次のように呼ばれる.

$(\Omega, \mathcal{A}, P)$ 初等的確率空間
$\{w_i\}$ 第 i 番目の根元事象
$P(A) := \sum_{w_i \in A} p_i$ 事象 A の確率

特に $\Omega = \{w_1, \ldots, w_n\}$ かつ $p_1 = \cdots = p_n = \frac{1}{n}$ に対して $(\Omega, \mathcal{P}\Omega, P)$ をラプラス確率空間と呼ぶ.

ラプラス確率空間 ($\mathcal{WR}$) ではどんな事象 $A \subseteq \Omega$ に対しても次が成り立つ.

ラプラス確率空間

$$P(A) = \frac{\#A}{\#\Omega} = \frac{A \text{ が有利な場合の総数}}{\text{等確率の場合の総数}}$$

例

無作為試行	事象	確率
スカートカードの配列	プレーヤー A が 4 枚の エースを得る	$\dfrac{\frac{28!}{6!10!10!2!}}{\frac{32!}{10!10!10!2!}}$ $= \dfrac{10 \cdot 9 \cdot 8 \cdot 7}{32 \cdot 31 \cdot 30 \cdot 29}$ $= 0.0058$
3 つのさいころを振る	3 つとも 6 が出る	$\dfrac{1}{6^3} = \dfrac{1}{216} = 0.0046$
	出た目の合計 $= 10$	$\dfrac{27}{6^3} = \dfrac{1}{8} = 0.125$

16.1 組み合わせ, 確率

	投票箱のモデル	
投票箱:	n 個の球 ①, ②, ..., ⓝ が入っている	
無作為試行:	k 個の球を次の条件組み合わせの下で無作為抽選:	

$\Omega =$ 根元事象の集合	n 個の球から k 個を抽選する	
	元に戻さない	元に戻す
配列を考慮する (抽選数列)	$(\text{ⓧ}_1, ..., \text{ⓧ}_k)$ の第 j 列の ⓧ_j を抽選する: n 個の要素から k 個並べる	
	重複なし $\boxed{3}$ $\#\Omega = n \cdots (n-k+1)$	重複あり $\boxed{4}$ $\#\Omega = n^k$
配列を考慮しない (抽選数列)	数の小さい順に並べ替えて: $x_1 \leq \cdots \leq x_k$, 球 $(\text{ⓧ}_1, ..., \text{ⓧ}_k)$ を抽選する: n 個の要素から k 個選ぶ組み合わせ	
	重複なし $\boxed{5}$ $\#\Omega = \binom{n}{k}$ n 個から k 個選ぶロト	重複あり $\boxed{6}$ $\#\Omega = \binom{n+k-1}{k}$

例		
無作為試行	事象	確率
49 個の数字から 6 個選ぶロト	6 個の数字が当たる	$\dfrac{1}{\binom{49}{6}} = \dfrac{7}{10^8}$
	当たりなし	$\dfrac{\binom{43}{6}}{\binom{49}{6}} = 0.44$
	少なくとも 1 個の数字が当たる	$1 - 0.44 = 0.56$
選んだら元に戻し, 配列を考慮し n 個の球から k 個抽選する	球 ⓘ は k_i 回引かれる $k_1 + \cdots + k_n = k$ $i \in \{1, ..., n\}$ として n 個の要素から重複度 k_i を持つ要素を k 個並べる	$\dfrac{k!}{k_1! \cdots k_n! \, n^k}$
3 回さいころを振る, すなわち, 選んだら元に戻し, 配列を考慮し 6 個の球から 3 個抽選する	3 つとも 6 が出る	$\dfrac{1}{6^3} = 0.0046$
	2 つは 6, 1 つは 1 が出る	$\dfrac{3!}{2!1!} \dfrac{1}{6^3} = 0.014$
	出た目の和 = 10 (例は 197 ページを見よ)	$\dfrac{27}{6^3} = 0.125$

	分配モデル：仕切りの中の球	
	無作為試行： 次の条件の組み合わせの下で，n 個の数の仕切りで k 個の球を無作為に分配する：	
$\Omega =$ 根元事象の集合	どんな仕切りでも以下が入る	
	高々 1 個の球	任意の多数の球
球が 区別可能である	分配表 $(x_1, \ldots, x_k)$ のとき，x_j は第 j 番目の球が入っている仕切りの数： n 個の要素から k 個並べる	
	重複なし	重複あり
	③ $\#\Omega = n \cdots (n-k+1)$	④ $\#\Omega = n^k$
球が 区別可能でない	重み k で長さ n の配置数の表： $(k_1, \ldots, k_n)$, ただし k_i は $k_1 + \cdots + k_n = k$ となる第 i 番目の仕切りの中の球である n 個の要素から k 個選ぶ組み合わせ	
	$k_i = 0$ あるいは 1	$0 \le k_i \le k$
	⑤ $\#\Omega = \binom{n}{k}$	⑥ $\#\Omega = \binom{n+k-1}{k}$

n 個の要素から k 個選ぶ組み合わせただし $i \in \{1, \ldots, n\}$ の重複度 k_i を持つ	$\longleftrightarrow$ [1]	重み k で長さ n の配置数の表 $(k_1, \ldots, k_n)$	⑥ $\displaystyle\sum_{\substack{0 \le k_i \le k \\ k_1+\cdots+k_n = k}} 1 = \binom{n+k-1}{k}$
$(x_1, \ldots, x_k)$ $x_1 \le \cdots \le x_k$ $x_j = i \in \{1, \ldots, n\}$ は重複度が k_i で，k_i は固定されている	$\longleftrightarrow$ [1]	$(k_1, \ldots, k_n)$ $k_i \in \{0, 1, \ldots, k\}$ $k_1 + \cdots + k_n = k$ k_i は固定されている	1

[1] 逆は一意的に配列される．

16.1 組み合わせ，確率

	例	
無作為試行	事象	確率
k 個の区別可能な球を n 個の仕切りに入れて無作為に分配する[1]	配置数の表 $= (k_1, \ldots, k_n)$ $0 \leq k_i \leq k$ かつ $k_1 + \cdots + k_n = k$	$\dfrac{k!}{k_1! \cdots k_n! \, n^k}$
k 個の区別できない球を n 個の仕切りに入れて無作為に分配する[2]	配置数の表 $= (k_1, \ldots, k_n)$ $0 \leq k_i \leq k$ かつ $k_1 + \cdots + k_n = k$	$\dfrac{1}{\binom{n+k-1}{k}}$
$n = 7$ の交差点で $k = 8$ の事故が起こる: 交差点 = 仕切り 事故 = 球 前提: 事故はすべての地点で等確率で起き，区別可能である	A: 交差点 1 で 2 つ事故が起こり他は 1 つ起こる． $k_1 = 2, k_2, \ldots, k_7 = 1$ となるように 8 つの球を 7 つの仕切りで分ける	$\dfrac{8!}{2!1! \cdots 1! \, 7^8}$ $= 0.003$
	B: 交差点 1 で 3 つの事故 交差点 2 で 3 つの事故 交差点 3 で 2 つの事故 $k_1 = 3, k_2 = 3, k_3 = 2$, となるように 8 つの球を 7 つの仕切りで分ける $k_4 = \cdots = k_7 = 0$	$\dfrac{8!}{3!3!2!0! \cdots 0! \, 7^8}$ $= 0.0001$
	C: ある交差点で 3 つの事故 他の交差点で 3 つの事故 他の交差点で 2 つの事故 かつ，$k_1 = 2, k_2 = 1, k_3 = 4$ となるように，7 つの球を 3 つの仕切りで分ける	$\dfrac{8!}{3!3!8!} \dfrac{7!}{2!1!4!} \, 7^8$ $= 0.01$
人間の誕生日 1 年 365 日 = 仕切り 人間 = 球 前提: 人間はすべての日に等しい確率で誕生し区別可能である	A: k 人の人間がすべて異なる誕生日である 特に: 22 / 23 人 B: k 人の人間で少なくとも 2 人が同じ誕生日である 特に: 22 / 23 人	$\dfrac{365 \cdot 364 \cdots (365-k+1)}{365^k}$ 0.52 / 0.49 $1 - \dfrac{365 \cdots (365-k+1)}{365^k}$ 0.48 / 0.51

[1] 統計熱力学のマクスウェル・ボルツマン統計
[2] 統計量子力学のボース・アインシュタイン統計

確率の基本公式

$$P(A \cup B) = P(A) + P(B) - P(A \cap B) \quad \text{加法公式}$$

$$P(A \cup B \cup C) = P(A) + P(B) + P(C) - P(A \cap B) - P(A \cap C) - P(B \cap C) + P(A \cap B \cap C)$$

$$P\left(\bigcup_{i=1}^{n} A_i\right) = \sum_{k=1}^{n} (-1)^{k+1} \sum_{1 \leq i_1 < \cdots < i_k \leq n} P(A_{i_1} \cap \cdots \cap A_{i_k}) \quad \text{ポアンカレ・シルベスターのふるい}$$

独立事象

2つの事象 A,B は、次が成り立つとき (確率論的) 独立と呼ばれる.

$$P(A \cdot B) = P(A) \cdot P(B)$$

n 個の事象 $A_1, \ldots, A_n$ が独立とは、$k=2, \ldots, n$ かつ $1 \leq j_1 < \cdots < j_k \leq n$ に対して次が成り立つときのことをいう.

$$P(A_{j_1} \cdots A_{j_k}) = P(A_{j_1}) \cdots P(A_{j_k})$$

$A_1, \ldots, A_n$ は独立事象ならば、確率について以下が成り立つ

$P(A_1 \cdots A_n) = P(A_1) \cdots P(A_n)$	これらの事象は同時に生じる
$P(\bar{A}_1 \cdots \bar{A}_n) = P(\bar{A}_1) \cdots P(\bar{A}_n)$	これらの事象で生じるものはない
$P(A_1 + \cdots + A_n) = 1 - P(\bar{A}_1) \cdots P(\bar{A}_n)$	少なくとも1つの事象が生じる

条件付き確率

$$P(A|B) = \frac{P(A \cdot B)}{P(B)}$$

$P(B) > 0$ に対して

$P(A|B)$ は条件付き確率と呼ばれる. $P(A|B)$ は B が起きる仮定の下で A が起きる確率である

積の公式

$$P(A \cdot B) = P(A|B) \cdot P(B)$$

$$P(A_1 \cdots A_n) = P(A_1) \cdot P(A_2|A_1) \cdots P(A_n|A_1 \cdots A_{n-1})$$

$A_1 \cup \cdots \cup A_n = \Omega$, $A_i \cap A_j = \emptyset$ とせよ, $i \neq j$ に対して: Ω の部分集合

$$P(B) = \sum_{i=1}^{n} P(B|A_i) \cdot P(A_i) \quad \text{全確率の公式}$$

$$P(A_k|B) = \frac{P(A_k) \cdot P(B|A_k)}{\sum_{i=1}^{n} P(B|A_i) \cdot P(A_i)}, \quad P(B) > 0 \quad \text{ベイズの公式}$$

16.2 分布

ベルヌーイ試行型

ある無作為試行において事象 A (当たり,ただし $P(A) = p$) が実現され,$\bar{A}$ (ただし $P(\bar{A}) = 1-p$) が実現される. N を試行が独立で n 回重複するときの当たりの総数とせよ.このとき次が成り立つ.

| $P(N=k) = \binom{n}{k} p^k (1-p)^{n-k}, 0 \leq k \leq n$ に対して | ベルヌーイ分布あるいは二項分布 |

$A_1 \cup \cdots \cup A_s = \Omega$ を $P(A_1) = p_1, \ldots, P(A_s) = p_s$ となる部分集合とせよ.
A_i は「第 i 種当たり」と呼ばれる. N_i は試行が n 回独立で重複があるときの第 i 種当たりの総数を表す.このとき次が成り立つ.

多項分布

$$P(N_1 = k_1, \ldots, N_s = k_s) = \frac{n!}{k_1! \cdots k_s!} p_1^{k_1} \cdots p_s^{k_s} \quad \begin{array}{l} 0 \leq k_1, \ldots, k_s \leq n \\ k_1 + \cdots + k_s = n \end{array} \text{ に対して}$$

例　さいころを 12 回投げる.次の事象 A に対して確率はどのくらいか:どんな目の数も 2 回出る事象

$$P(A) = P(N_1 = 2, \ldots, N_6 = 2) = \frac{12!}{2!^6} \left(\frac{1}{6}\right)^{2+2+2+2+2+2} = \underline{0.00344}$$

確率変数

$(\Omega, \mathcal{A}, P)$ を確率空間とせよ.
確率変数は写像 $X\colon \Omega \to \mathbb{R}$ となり,各 $x \in \mathbb{R}$ に対して次を得る.
$$X^{-1}(-\infty, x) \in \mathcal{A} \quad (\Leftrightarrow : X < x \text{ は事象である})$$

累積分布関数
$$F(x) := F_X(x) := P(X < x) := P(X^{-1}(-\infty, x))$$

離散な確率変数:　確率 $W(X = x_i) = p_i$ となる多くの値
$x_1, x_2, \ldots$ であり,有限あるいは可算有限のみをとり, $p_1 + p_2 + \cdots = 1$
分布:
$$f(x) = \begin{cases} p_i, x = x_i, i = 1, 2, \ldots & \text{のとき} \\ 0, & \text{そうでないとき} \end{cases}$$

連続な確率変数:　f の積分可能密度関数を持つ (F が微分可能のとき,$f(x) := F'(x)$)

| $F(x) = \begin{cases} \sum_{x_i < x} p_i, & X \text{ は離散の確率変数} \\ \int_{-\infty}^{x} f(t)\, dt, & X \text{ は連続の確率変数} \end{cases}$ | $P(a \leq X < b) = F(b) - F(a)$ |
| | $P(a \leq X \leq b) = F(b) - F(a) + P(X = b)$ |

X は確率変数かつ g は関数 $\implies g \circ X = g(X)$ 確率変数

分布のパラメータ

期待値: $\mu = E[X]$,
分散: $\sigma^2 = V[X] := E[(X - E[X])^2] = E[X^2] - (E[X])^2$
標準偏差: $\sigma = \sqrt{V[X]}$

	$E[X]$	$E[g(X)]$	$V[X]$	
X が離散	$\sum_i x_i \cdot p_i$, $\sum_i |x_i| \cdot p_i < \infty$ のとき	$\sum_i g(x_i) \cdot p_i$, $\sum_i |g(x_i)| \cdot p_i < \infty$ のとき	$\sum_i (x_i - E[X])^2 p_i$	$p_i = P(X = x_i)$
X が連続	$\int_{-\infty}^{\infty} x f(x)\, dx$, $\int_{-\infty}^{\infty} |x| f(x)\, dx < \infty$ のとき	$\int_{-\infty}^{\infty} g(x) f(x)\, dx$, $\int_{-\infty}^{\infty} |g(x)| f(x)\, dx < \infty$ のとき	$\int_{-\infty}^{\infty} (x - E[X])^2 f(x)\, dx$	$f(x)$ は密度, $g(X)$ は X の関数

F の確率 p の分位数: x_p ここで $F(x_p) \leq p \leq F(x_p + 0) := \lim_{x \to x_p^+} F(x)$

中央値: $x_{\frac{1}{2}}$

k 次モーメント: $m_k = E[X^k]$

k 次中心モーメント: $\mu_k = E[(X - E[X])^k]$, $\quad \mu_2 = \sigma^2$

期待値に対する計算法則

a, b 定数; X, Y 確率変数

$E[aX + bY] = aE[X] + bE[Y]$ 　　　　期待値の線型性

$V[X] = E[(X - a)^2] - (E[X] - a)^2$ 　　シュタイナーの公式

$V[aX + b] = a^2 V[X]$

$X^* := \frac{1}{\sqrt{V[X]}}(X - E[X]) \Rightarrow \begin{cases} E[X^*] = 0 \\ V[X^*] = 1 \end{cases}$ 　**X の標準化**

$V[aX + bY] = a^2 V[X] + b^2 V[Y] + 2ab\,\mathrm{cov}(X, Y)$

$P(|X - E[X]| \geq \epsilon) \leq \dfrac{V[X]}{\epsilon^2}$ 　　　　チェビチェフの不等式

16.2 分布

いくつかの重要な分布の一覧

離散分布 確率変数 $= N$	N の値集合	$P(N=k)$	$E[N]$	$V[N]$
0-1 分布	$1, 0$	p $q := 1-p$	p	$p \cdot q$
二項分布 $B(n,p)$	$0, 1, \ldots, n$	$\binom{n}{k} p^k q^{n-k}$	np	nqp
超幾何分布 $H(N,r,n)$	$\max\{0, n-(N-r)\}$ $\leq k \leq$ $\min\{n, r\}$	$\dfrac{\binom{r}{k}\binom{N-r}{n-k}}{\binom{N}{n}}$	$n\dfrac{r}{N}$	$n\dfrac{r}{N}\dfrac{N-r}{N}\dfrac{N-n}{N-1}$
ポアソン分布 $P(\lambda)$	$0, 1, 2, \ldots$	$\dfrac{\lambda^k}{k!} e^{-\lambda}$	λ	λ
幾何分布 パラメータ p	$0, 1, 2, \ldots$	$p \cdot q^k$	$\dfrac{q}{p}$	$\dfrac{q}{p^2}$
負の二項分布 パラメータ r,p	$0, 1, 2, \ldots$	$\binom{r+k-1}{k} p^r q^k$ $=$ $\binom{-r}{k} p^r (-q)^k$	$r\dfrac{q}{p}$	$r\dfrac{q}{p^2}$

正規分布あるいはガウス分布 $N(0,1)$

期待値 $\mu = 0$
標準偏差 $\sigma = 1$

密度関数 $\varphi(x) = \dfrac{1}{\sqrt{2\pi}} e^{-\frac{x^2}{2}}$

分布関数 $\Phi(x) = \dfrac{1}{\sqrt{2\pi}} \displaystyle\int_{-\infty}^{x} e^{-\frac{t^2}{2}} dt$

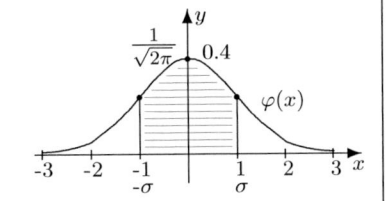

極限定理

n 個の独立同分布の確率変数の和は漸近的 ($n \to \infty$) に正規分布となる.

$\displaystyle\int_{-1}^{1} \varphi(x)\, dx = 68.3\,\%$

$\displaystyle\int_{-2}^{2} \varphi(x)\, dx = 95.5\,\%$

$\displaystyle\int_{-3}^{3} \varphi(x)\, dx = 99.7\,\%$

正規分布 $N(\mu, \sigma^2)$　　206 ページ
正規分布 $N(0,1)$　　216, 217 ページ
極限定理　　208 ページ

分布

分布	値集合 $W(X)$	密度 $f: W(X) \to \mathbb{R}$, $x \mapsto f(x)$	$E[X]$	$V[X]$	密度のグラフ
一様分布 $[a,b]$ での	(a,b)	$\dfrac{1}{b-a}$	$\dfrac{a+b}{2}$	$\dfrac{(b-a)^2}{12}$	
正規分布 $N(\mu,\sigma^2)$	$\mathbb{R}$	$\dfrac{e^{-\frac{1}{2}(\frac{x-\mu}{\sigma})^2}}{\sqrt{2\pi}\sigma}$	μ	σ^2	
ガンマ分布 $\Gamma(k,\lambda)$	$(0,\infty)$	$\dfrac{\lambda^k x^{k-1} e^{-\lambda x}}{\Gamma(k)}$	$\dfrac{k}{\lambda}$	$\dfrac{k}{\lambda^2}$	
χ^2 分布 自由度 n $\chi_n^2 = \Gamma\left(\frac{n}{2}, \frac{1}{2}\right)$	$(0,\infty)$	$\dfrac{x^{n/2-1} e^{-x/2}}{2^{n/2}\Gamma(n/2)}$	n	$2n$	

t_n 自由度 n を持つ t 分布

値集合 $(-\infty,\infty)$

密度 $\dfrac{1}{\sqrt{n\pi}} \cdot \dfrac{\Gamma(\frac{n+1}{2})}{\Gamma(\frac{n}{2})} \cdot \dfrac{1}{\left(1+\frac{x^2}{n}\right)^{(n+1)/2}}$

$E[X]$ $\quad 0$

密度のグラフ

m 分子の自由度, n 分母の自由度 を持つ F 分布 $F_{m,n}$

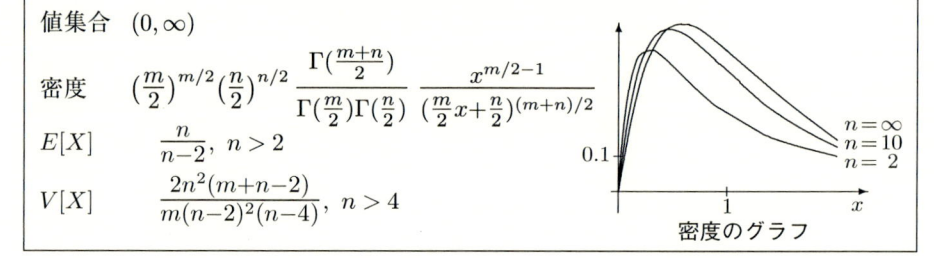

値集合 $(0,\infty)$

密度 $\left(\dfrac{m}{2}\right)^{m/2} \left(\dfrac{n}{2}\right)^{n/2} \dfrac{\Gamma(\frac{m+n}{2})}{\Gamma(\frac{m}{2})\Gamma(\frac{n}{2})} \dfrac{x^{m/2-1}}{(\frac{m}{2}x+\frac{n}{2})^{(m+n)/2}}$

$E[X]$ $\quad \dfrac{n}{n-2}, \; n>2$

$V[X]$ $\quad \dfrac{2n^2(m+n-2)}{m(n-2)^2(n-4)}, \; n>4$

密度のグラフ

16.3 多次元確率変数

多次元確率変数

$(\Omega, \mathcal{A}, P)$ を確率空間とし, $n \in \mathbb{N}$ とせよ.
n 次元確率変数あるいは n 次元確率ベクトルとは, 写像 $X : \Omega \to \mathbb{R}^n$ のことであり, 各 $x \in \mathbb{R}^n$ に対して $X^{-1}(-\infty, x) \in \mathcal{A}$ が成り立つ.

確率ベクトルの共通分布関数 X
$$X = (X_1, \ldots, X_n), \; X は密度 f で連続$$
$$F(x_1, \ldots, x_n) = F_X(x) = P(X_1 < x_1, \ldots, X_n < x_n) = P\left(X^{-1}(-\infty, x)\right)$$
$$= \int_{-\infty}^{x_1} \cdots \int_{-\infty}^{x_n} f(t_1, \ldots, t_n)\, dt_1 \cdots dt_n$$

境界分布: $F_{X_i}(x_i) = P(X_i < x_i) = F_X(\infty, \ldots, \infty, x_i, \infty, \ldots, \infty)$

確率変数 $X_1, \ldots, X_n$ の独立性:
すべての $x_1, \ldots, x_n \in \mathbb{R}$ に対して, 事象 $X_1 < x_1, \ldots, X_n < x_n$ は独立である

$X_1, \ldots, X_n$ 独立 $\iff F_{(X_1, \ldots, X_n)}(x_1, \ldots, x_n) = F_{X_1}(x_1) \cdots F_{X_n}(x_n)$
$\iff f_{(X_1, \ldots, X_n)}(x_1, \ldots, x_n) = f_{X_1}(x_1) \cdots f_{X_n}(x_n)$
　　　（密度が存在すれば）

---
2 次元確率変数のパラメータ (X, Y)

$E[(X, Y)] = (E[X], E[Y])$　　　境界分布の期待値のベクトル

$E[g(X, Y)] = \sum_i \sum_k g(x_i, y_k) \cdot p_{i,k}$　　　(X,Y) 離散,
　　　　　　　　　　　　　　　　　$p_{i,k} = P(X = x_i, Y = y_k)$

$= \int_{-\infty}^{\infty} \int_{-\infty}^{\infty} g(x, y) \cdot f(x, y)\, dx\, dy$　　(X,Y) 連続, ここで密度 f,
　　　　　　　　　　　　　　　　　級数/積分の絶対収束が必要である.

$\operatorname{cov}(X, Y) = E[(X - E[X])(Y - E[Y])]$　　X, Y の共分散
　　　　　　　$= E[XY] - E[X] \cdot E[Y]$

$\rho(X, Y) = \dfrac{\operatorname{cov}(X, Y)}{\sqrt{V[X] \cdot V[Y]}}$　　　X, Y の相関係数

$-1 \leq \rho(X, Y) \leq 1$　　　コーシー・シュワルツの不等式

$\rho(X, Y) = 0$　　　X, Y が独立のとき
　　　　　　　　　　　　X, Y は「相関しない」.
　　　　　　　　　　　$\rho^2 : Y$ と X の線型依存性に対する度合い

$\iff |\rho(X, Y)| = 1 \iff P(Y = aX + b) = 1$

独立確率変数の和

$X_1 \sim$	$X_2 \sim$	$S = X_1 + X_2 \sim$
$B(n_1, p)$	$B(n_2, p)$	$B(n_1 + n_2, p)$
$P(\lambda_1)$	$P(\lambda_2)$	$P(\lambda_1 + \lambda_2)$
負の二項 r_1, p	負の二項 r_2, p	負の二項 $r_1 + r_2, p$
$N(\mu_1, \sigma_1^2)$	$N(\mu_2, \sigma_2^2)$	$N(\mu_1 + \mu_2, \sigma_1^2 + \sigma_2^2)$
$\Gamma(k_1, \lambda)$	$\Gamma(k_2, \lambda)$	$\Gamma(k_1 + k_2, \lambda)$

$X_1 \sim B(n_1, p) \quad :\Longleftrightarrow \quad X_1$ は $B(n_1, p)$ 分布を持つ

中心極限定理

$X_1, X_2, \ldots$ を,すべての $i = 1, 2, \ldots$ に対して $E[X_i] = \mu, V[X_i] = \sigma^2$ となる独立同分布の確率変数とせよ.このとき次が成り立つ.

(1) $\bar{X}_n := \dfrac{X_1 + \cdots + X_n}{n} \sim N\left(\mu, \dfrac{\sigma^2}{n}\right)$ $\quad n \to \infty$ に対して漸近的

(2) $Z_n := \dfrac{\bar{X} - \mu}{\frac{\sigma}{\sqrt{n}}} \sim N(0, 1)$ $\quad n \to \infty$ に対して漸近的

(3) $P(Z_n < z) \xrightarrow[n \to \infty]{} \Phi(z) = \dfrac{1}{\sqrt{2\pi}} \displaystyle\int_{-\infty}^{z} e^{-\frac{t^2}{2}} dt$

(4) $P(Z_n < z) = \Phi(z)$, $X_i \sim N(\mu, \sigma^2)$ のとき $\quad \sqrt{n}$ 法

ド・モアブル–ラプラスの極限定理

$X_n \sim B(n, p) \Longrightarrow X_n \sim N(np, np(1-p)) \quad n \to \infty$ に対して漸近的

$\Longrightarrow Z_n = \dfrac{X_n - np}{\sqrt{np(1-p)}} \sim N(0, 1) \quad n \to \infty$ に対して漸近的

$$P(Z_n < z) \approx \Phi(z) \quad \text{簡便法則}$$
良い 近似, $n \cdot p(1-p) \begin{matrix} > 9 \\ > 4 \end{matrix}$ のとき
役に立つ

少数の法則

$X_n \sim B(n, p_n)$ ここで $\displaystyle\lim_{n \to \infty} n \cdot p_n = \lambda \quad \Longrightarrow \quad \lim_{n \to \infty} P(X_n = k) = e^{-\lambda} \dfrac{\lambda^k}{k!}, \; k \in \mathbb{N}_0$

16.4 標本

標本

標本とは無作為試行で,未知の分布 F を持つ確率変数 X が n 回の独立同条件の下で実現されるもののことをいう. X はそのとき値 $x_1, \ldots, x_n$ (元のリスト) をとる. $(x_1, \ldots, x_n)$ は X あるいは F に対する長さ n の具体的標本と呼ばれる.

これは確率ベクトル $(X_1, \ldots, X_n)$ の実現化であり, X に対する長さ n の数学的標本と呼ばれる. 独立同分布の成分は X の分布 F を持つ.

$m_n(x) = $ 標本値の総数 $< x$

元のリストの経験分布関数 $\quad F_n^*(x) = \dfrac{m_n(x)}{n}$

$$\boxed{P\left(\lim_{n\to\infty}\left[\sup_{-\infty < x < \infty} |F_n^*(x) - F(x)|\right] = 0\right) = 1} \quad \begin{array}{c}\text{統計学の主要定理}\\ (\text{グリベンコ})\end{array}$$

非常に大規模な元のリストで分類が行われる:

- $m \quad$ グループの総数 $(= $ 区間 $I_1, \ldots, I_m)$
- $\tilde{x}_k \quad$ 第 k グループ I_k の平均
- $h_k \quad I_k : \displaystyle\sum_{k=1}^m h_k = n$ における標本値の絶対頻度
- $r_k = \dfrac{h_k}{n} \quad$ 第 k グループの要素の相対頻度: $\displaystyle\sum_{k=1}^m r_k = 1$

ヒストグラム (グラフの表現):
r_k は区間 I_k 上で書かれる

経験分布関数:

$$F_n^*(x) = \sum_{\tilde{x}_k < x} r_k$$

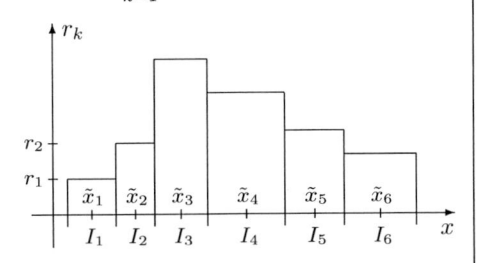

標本関数

$T = T_{X,n} = T(X_1, \ldots, X_n) \quad X$ に対する数学的標本 $(X_1, \ldots, X_n)$ の関数

$t = t_{X,n} = T(x_1, \ldots, x_n) \quad T$ の観測値

標本関数に対する主要な例

$\bar{X} = \frac{1}{n}(X_1 + \cdots + X_n)$ 　　　　標本平均

$S^2 = S^2_{X,n} = \frac{1}{n-1}\sum_{i=1}^{n}(X_i - \bar{X})^2$ 　　不偏分散

$\tilde{S}^2 = \frac{1}{n}\sum_{i=1}^{n}(X_i - \bar{X})^2$ 　　　　標本分散

$S = \sqrt{S^2}$ 　　　　標本標準偏差

$M_k^* = \frac{1}{n}\sum_{i=1}^{n} X_i^k\ (k = 1, 2, \ldots)$ 　　k 次経験モーメント

観測値の実用的な計算 $\bar{x}$ あるいは s^2

$\bar{x} = \frac{1}{n}\sum_{i=1}^{n} x_i = a + \frac{1}{n}\sum_{i=1}^{n}(x_i - a)$ 　　a は仮の平均値　　　　　　　　　　（未分類）

$\bar{x} = \frac{1}{n}\sum_{k=1}^{m} \tilde{x}_k \cdot h_k = \sum_{k=1}^{m} \tilde{x}_k \cdot r_k = a + \frac{1}{n}\sum_{k=1}^{m}(\tilde{x}_k - a)h_k$ 　　　　（分類後）

$s^2 = \frac{1}{n-1}\sum_{i=1}^{n}(x_i - \bar{x})^2 = \frac{1}{n-1}\Big[\sum_{i=1}^{n} x_i^2 - \bar{x}\sum_{i=1}^{n} x_i\Big] = \frac{1}{n-1}\Big[\sum_{i=1}^{n}(x_i - a)^2 - n(\bar{x} - a)^2\Big]$ 　（未分類）

$s^2 = \frac{1}{n-1}\sum_{k=1}^{m}(\tilde{x}_k - \bar{x})^2 h_k = \frac{1}{n-1}\Big[\sum_{k=1}^{m} \tilde{x}_k^2 h_k - \bar{x}\sum_{k=1}^{m} \tilde{x}_k h_k\Big]$

$ = \frac{1}{n-1}\Big[\sum_{k=1}^{m}(\tilde{x}_k - a)^2 h_k - \frac{1}{n}\Big(\sum_{k=1}^{m} \tilde{x}_k h_k\Big)^2\Big]$ 　　　　　　　　　　　　　　　　（分類後）

標本関数の分布

$X_1, \ldots, X_n$ は独立同分布, U, V は独立

分布 X_1 の	検定量 標本関数	分布を持つ 一覧	参照 ページ
$B(1,p)$	$n \cdot \bar{X}$	$B(n,p)$	
	$P^* = (\bar{X} - p)/(\sqrt{\frac{p(1-p)}{n}})$	非対称 $N(0,1)$	216,217
$P(\lambda)$	$n\bar{X}$	$P(n \cdot \lambda)$	
$N(\mu, \sigma^2)$	$\bar{X}$	$N(\mu, \frac{\sigma^2}{n})$	
	$\bar{Z} = (\bar{X} - \mu)/(\sigma/\sqrt{n})$	$N(0,1)$	216,217
	$C = (n-1) \cdot S^2/\sigma^2$	χ^2_{n-1}	219,220
	$\bar{T} = (\bar{X} - \mu)/(S/\sqrt{n})$	t_{n-1}	218
$N(0,1)$	$\chi = \sum_{i=1}^{n} X_i^2$	χ^2_n	219,220
$U \sim \chi^2_m$ $V \sim \chi^2_n$	$Q = \frac{n}{m} \cdot \frac{U}{V}$	$F_{m,n}$	
$X_1 \sim N(\mu_1, \sigma_1^2)$ $Y_1 \sim N(\mu_2, \sigma_2^2)$ $\sigma_1^2 = \sigma_2^2$	2つの独立標本: $(X_1, \ldots, X_{n_1})$ と $(Y_1, \ldots, Y_{n_2})$ $Q = S^2_{X,n_1}/S^2_{Y,n_2}$	F_{n_1-1, n_2-1}	
任意, ここで $E[X_1] = \mu$ $V[X_1] = \sigma^2$	$\bar{Z} = (\bar{X} - \mu)/(S/\sqrt{n})$	非対称 $N(0,1)$	216,217

16.4 標本

点推定

X は既知の分布関数 F_Θ (「極限全体の分布」の型) を持ち, 未知のパラメータ $\Theta \in \mathcal{T}$ に依存する確率変数とせよ: $F_\Theta(x) = P_\Theta(X < x)$ (例えば $X \sim B(1,p)$, $\Theta = p$). 標本関数 $\hat{\Theta}_n = \hat{\Theta}(X_1, \ldots, X_n) \approx \Theta$ は Θ に対する推定量と呼ばれる. いかなる観測値 $\hat{\vartheta}_n = \hat{\Theta}(x_1, \ldots, x_n) \approx \Theta$ であっても Θ に対する点推定である.

性質:
- 不偏性 $E_\Theta[\hat{\Theta}_n] = \Theta$
- 漸近的な不偏性 $\lim_{n \to \infty} E_\Theta[\hat{\Theta}_n] = \Theta$
- 一致性 各 $\epsilon > 0$ に対して $\lim_{n \to \infty} P_\Theta(|\hat{\Theta}_n - \Theta| > \epsilon) = 0$, すなわち条件を満たす標本の長さが大きくなれば Θ と推定量 $\hat{\Theta}_n$ の差はなくなる.

Θ に対する 2 つの不偏偏差 $\hat{\Theta}_n^{(1)}, \hat{\Theta}_n^{(2)}$ は $V_\Theta[\hat{\Theta}_n^{(1)}] < V_\Theta[\hat{\Theta}_n^{(2)}]$ のとき $\hat{\Theta}_n^{(2)}$ より $\hat{\Theta}_n^{(1)}$ の方が有効と呼ばれる. 点推定では次のクラメル・ラオの定理を下回ることはできないという精密度の制約がある: $= 1/(n \cdot I(\Theta))$, $I(\Theta) = V_\Theta[\frac{\partial}{\partial \Theta} \log f_\Theta(X)]$, f_Θ は X の密度または分布である.

$\hat{\Theta}_n$ の有効度: $\text{Eff}_\Theta(\hat{\Theta}_n) = 1/(n \cdot I(\Theta) \cdot V_\Theta[\hat{\Theta}_n])$

有効なあるいは 100%-有効推定: $\text{Eff}_\Theta(\hat{\Theta}_n) = 1$

漸近的有効: $\lim_{n \to \infty} \text{Eff}_\Theta(\hat{\Theta}_n) = 1$

一般的な点推定

分布仮定 F_Θ	未知のパラメータ Θ	推定量 $\hat{\Theta}_n$	性質
$B(1,p)$	p	$\hat{p} = \bar{X} = A$ の相対頻度 ここで $P(A) = p$	不偏性 一致性 有効性
$P(\lambda)$	λ	$\hat{\lambda} = \bar{X}$	不偏性 一致性 有効性
$N(\mu, \sigma^2)$ σ^2 既知	μ	$\hat{\mu} = \bar{X}$	不偏性 一致性 有効性
$N(\mu, \sigma^2)$	(μ, σ^2)	$(\hat{\mu}, \hat{\sigma}^2) = (\bar{X}, S^2)$	不偏性 一致性 有効性
$N(\mu, \sigma^2)$ μ 既知	σ^2	$\hat{\sigma}^2 = \tilde{S}^2$	不偏性 一致性 有効性
$\Gamma(k, \lambda)$	(k, λ)	$(\hat{k}, \hat{\lambda}) = (\bar{X}^2/\tilde{S}^2, \bar{X}/\tilde{S}^2)$	一致性
$E(\lambda)$	λ	$\hat{\lambda} = 1/\bar{X}$	不偏性 一致性 有効性
F は任意, ここで $E[X] = \mu$ $V[X] = \sigma^2$	(μ, σ^2)	$(\hat{\mu}, \hat{\sigma}^2) = (\bar{X}, S^2)$	不偏性 一致性

16.5 信頼区間

信頼区間

X は既知の分布関数 (の型) F_Θ を持つが，未知のパラメータ $\Theta \in \mathcal{T}$ に依存する確率関数とせよ: $F_\Theta(x) = P_\Theta(X < x)$. 標本関数 (「信頼境界」)

$$\infty \leq L^- = L^-(X_1,\ldots,X_n) \leq L^+ = L^+(X_1,\ldots,X_n) \leq \infty$$

を持つ無作為区間 $[\underline{L},\bar{L}]$ は以下のとき，Θ に対する誤差確率 α あるいは信頼水準 $1-\alpha$ の信頼区間あるいは領域推定と呼ばれる．

$$P_\Theta(L^- \leq \Theta \leq L^+) \geq 1-\alpha$$

いくつかの信頼水準 $1-\alpha$ の信頼区間

分布 F_Θ の必要条件	Θ	$\hat{\Theta}_n$ [1)]	推定量 $T=T(\hat{\Theta}_n)$	Θ に対する信頼水準 $1-\alpha$ の信頼区間の上限，下限 [2)]: $P(L^-\leq\Theta\leq L^+)\geq 1-\alpha$	$\mathcal{Q}$ [3)]	$\mathcal{W}$	$\mathcal{V}$
$B(1,p)$ n 大きい	p	$\bar{X}$	$\dfrac{\bar{X}-p}{\sqrt{\dfrac{p(1-p)}{n}}}$	$L^\pm(X_1,\ldots,X_n) = \dfrac{n}{n+z^2}\left[\bar{X}+\dfrac{1}{2n}z^2 \pm z\sqrt{\dfrac{\bar{X}(1-\bar{X})}{n}+\left(\dfrac{1}{2n}z\right)^2}\right]$	z	$1-\dfrac{\alpha}{2}$	$N(0,1)$
$N(\mu,\sigma^2)$ σ^2 既知	μ	$\bar{X}$	$\dfrac{\bar{X}-\mu}{\dfrac{\sigma}{\sqrt{n}}}$	$L^\pm(X_1,\ldots,X_n) = \bar{X} \pm \dfrac{\sigma}{\sqrt{n}}z$	z	$1-\dfrac{\alpha}{2}$	$N(0,1)$
$N(\mu,\sigma^2)$	μ	$\bar{X}$	$\dfrac{\bar{X}-\mu}{\dfrac{S}{\sqrt{n}}}$	$L^\pm(X_1,\ldots,X_n) = \bar{X} \pm \dfrac{S}{\sqrt{n}}t$	t	$1-\dfrac{\alpha}{2}$	t_{n-1}
	σ^2	S^2	$\dfrac{(n-1)S^2}{\sigma^2}$	$L^\pm(X_1,\ldots,X_n) = \dfrac{(n-1)S^2}{\chi^2_\pm}$	χ^2_- χ^2_+	$1-\dfrac{\alpha}{2}$ $\dfrac{\alpha}{2}$	χ^2_{n-1} χ^2_{n-1}
$N(\mu,\sigma^2)$ μ 既知	σ^2	$\tilde{S}^2$	$\dfrac{n\cdot\tilde{S}^2}{\sigma^2}$	$L^\pm(X_1,\ldots,X_n) = \dfrac{n\tilde{S}^2}{\chi^2_\pm}$	χ^2_- χ^2_+	$1-\dfrac{\alpha}{2}$ $\dfrac{\alpha}{2}$	χ^2_n χ^2_n

1) Θ の点推定の推定関数について，211 ページの一般的な点推定を見よ．
2) 確率 $1-\alpha$ (正規分布あるいは t 分布) あるいは α あるいは $1-\alpha$ (χ^2 分布) の分位数 z / t / χ^2_+ / χ^2_- を持つ $L^+[L^-]$ を決定することによって $-\infty < \Theta \leq L^+$ あるいは $L^- \leq \Theta < \infty$ の形の片側信頼区間を得る．
3) 216-220 ページの表．

16.5 信頼区間

分布仮定を持つパラメータ検定

X は既知の分布関数 (の型) F_Θ を持つが, 未知のパラメータ $\Theta \in \mathcal{T}$ に依存する確率変数とせよ.
$$F_\Theta(x) = P_\Theta(X < x)$$
$\mathcal{T} = \mathcal{T}_0 \cup \mathcal{T}_1$ は互いに共通元を持たない分解とせよ.

零仮定: $H = H_0 :\Leftrightarrow \Theta \in \mathcal{T}_0$

代替仮定: $H = H_1 :\Leftrightarrow \Theta \in \mathcal{T}_1$

境界上で X に対する具体的標本 $(x_1, \ldots, x_n)$ は H_0 と H_1 の間で決定されるべきものである.

第1種過誤: 正しい仮定なのに棄却すること
第2種過誤: 誤っている仮定を採用すること

有意水準: 第1種過誤となる棄却率 α [例えば $\alpha = 0.05, 0.01$ あるいは 0.001]

一般的なパラメータ検定の経過

1)
零仮定 H_0 の設定:	代替仮定 H_1	棄却域 K
片側: $\Theta \leq \Theta_0$	$\Theta > \Theta_0$	片側
片側: $\Theta \geq \Theta_0$	$\Theta < \Theta_0$	片側
両側: $\Theta = \Theta_0$	$\Theta \neq \Theta_0$	両側

f は推定量の密度, $\alpha_1 + \alpha_2 = \alpha$

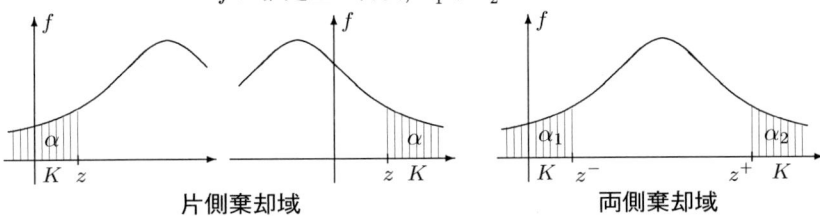

片側棄却域　　　　　両側棄却域

2) 推定量の構成 $T = T(X_1, \ldots, X_n, H_0)$ (標本関数), H_0 が真であるという仮定の下での分布関数は, (少なくとも大きな n に対して) 近似法が知られている.

3) α の決定と**危険域 (棄却域)** K (H_1 に依存, 片側あるいは両側の T の値域のできるだけ大きな部分) の決定, つまり

$$\boxed{P(T \in K | H_0 \text{ は真}) \leq \alpha}$$ かつ $$\boxed{P(T \in K | H_1 \text{ は真}) = \max}$$
　　$\mathcal{W}$ 第1種過誤に対する確率　　　　検定の良さ

4) 決定法則:
観測値 t の具体的標本 $(x_1, \ldots, x_n)$ に対して, 棄却域 K における推定量が減るならば, H_0 は棄却される. そうでなければ, $\boldsymbol{H_0}$ は採用される標本を持つため, H_0 は仮定される.

			有意水準 α に対するパラメータ検定				
分布 F_Θ の必要条件	H_0	H_1	推定量 $T=$ $T(X_1,..,X_n,H_0)$	仮定条件	$\mathcal{Q}$	$\mathcal{W}$	$\mathcal{V}$
$B(1,p)$ n 大きい	$p \leq p_0$	$p > p_0$	$P^* = \dfrac{\bar{X}-p_0}{\sqrt{\dfrac{p_0(1-p_0)}{n}}}$	$p^* \leq z$	z	$1-\alpha$	$N(0,1)$
	$p \geq p_0$	$p < p_0$		$p^* \geq -z$	z	$1-\alpha$	
	$p = p_0$	$p \neq p_0$		$|p^*| \leq z$	z	$1-\frac{\alpha}{2}$	
$N(\mu,\sigma^2)$ σ^2 既知	$\mu \leq \mu_0$	$\mu > \mu_0$	$\bar{Z} = \dfrac{\bar{X}-\mu}{\dfrac{\sigma}{\sqrt{n}}}$	$\bar{z} \leq z$	z	$1-\alpha$	$N(0,1)$
	$\mu \geq \mu_0$	$\mu < \mu_0$		$\bar{z} \geq -z$	z	$1-\alpha$	
	$\mu = \mu_0$	$\mu \neq \mu_0$		$|\bar{z}| \leq z$	z	$1-\frac{\alpha}{2}$	
$N(\mu,\sigma^2)$	$\mu \leq \mu_0$	$\mu > \mu_0$	$\bar{T} = \dfrac{\bar{X}-\mu}{\dfrac{S}{\sqrt{n}}}$	$\bar{t} \leq t$	t	$1-\alpha$	t_{n-1}
	$\mu \geq \mu_0$	$\mu < \mu_0$		$\bar{t} \geq -t$	t	$1-\alpha$	
	$\mu = \mu_0$	$\mu \neq \mu_0$		$|\bar{t}| \leq t$	t	$1-\frac{\alpha}{2}$	
$N(\mu,\sigma^2)$	$\sigma^2 = \sigma_0^2$	$\sigma^2 \neq \sigma_0^2$	$C = \dfrac{(n-1)S^2}{\sigma_0^2}$	$\chi_-^2 \leq c \leq \chi_+^2$	χ_-^2 χ_+^2	$\frac{\alpha}{2}$ $1-\frac{\alpha}{2}$	χ_{n-1}^2
	$\sigma \leq \sigma_0^2$	$\sigma^2 > \sigma_0^2$		$c \leq \chi^2$	χ^2	$1-\alpha$	
	$\sigma \geq \sigma_0^2$	$\sigma^2 < \sigma_0^2$		$c \geq \chi^2$	χ^2	α	
$N(\mu,\sigma^2)$ μ 既知	$\sigma^2 = \sigma_0^2$	$\sigma^2 \neq \sigma_0^2$	$\tilde{C} = \dfrac{n\tilde{S}^2}{\sigma_0^2}$	$\chi_-^2 \leq \tilde{c} \leq \chi_+^2$	χ_-^2 χ_+^2	$\frac{\alpha}{2}$ $1-\frac{\alpha}{2}$	χ_n^2
	$\sigma \leq \sigma_0^2$	$\sigma^2 > \sigma_0^2$		$\tilde{c} \leq \chi^2$	χ^2	$1-\alpha$	
	$\sigma \geq \sigma_0^2$	$\sigma^2 < \sigma_0^2$		$\tilde{c} \geq \chi^2$	χ^2	α	
$X_1 \sim$ [1]) $N(\mu_1,\sigma_1^2), n_1$ $Y_1 \sim$ $N(\mu_2,\sigma_2^2), n_2$	$\sigma_1^2 = \sigma_2^2$	$\sigma_1^2 \neq \sigma_2^2$	$Q = \dfrac{S_{X,n_1}^2}{S_{Y,n_2}^2}$ $(S_{X,n_1}^2 \geq S_{Y,n_2}^2)$	$Q \leq f$	f	$1-\frac{\alpha}{2}$	F_{n_1-1,n_2-1}
$X_1 \sim$ [1]) $N(\mu_1,\sigma_1^2), n_1$ $Y_1 \sim$ $N(\mu_2,\sigma_1^2), n_2$	$\mu_1 = \mu_2$	$\mu_1 \neq \mu_2$	$D =$ 下を見よ	$|D| \leq t$	t	$1-\frac{\alpha}{2}$	$t_{n_1+n_2-2}$

$$D = (\tilde{X} - \tilde{Y}) \dfrac{\sqrt{\dfrac{n_1 n_2 (n_1+n_2-2)}{n_1+n_2}}}{\sqrt{(n_1-1)S_{X,n_1}^2 + (n_2-1)S_{Y,n_2}^2}}$$

[1]) 長さ n_1 あるいは n_2 の独立標本

16.5 信頼区間

コルモゴロフ・スミノルフ検定

必要条件: X は連続な確率変数である
零仮定: X は分布関数 F_0 を持つ

1) 標本の経験分布関数 F_n^* を出す
2) 次を計算する $\boxed{D_n := \sup_{-\infty < x < \infty} |F_n^*(x) - F_0(x)| = \max\{d_1, d_2\}}$
   $d_1 = \max_{x_i} |F_n^*(x_i) - F_0(x_i)|$ かつ $d_2 = \max_{x_i} |F_n^*(x_{i+1}) - F_0(x_i)|$
   このとき x_i は大きさに従って整理された標本値である
3) 有意水準 α [例えば $\alpha = 0.05$ あるいは $\alpha = 0.01$] を選び,危険値 $K_{n,\alpha}$ を出す
4) (第1種過誤に対する誤り確率 $\mathcal{W} \leq \alpha$ の) $D_n < K_{n,\alpha}$ に対して H_0 を選ぶ.
5) 危険値 $K_{n,\alpha}$:

$\alpha \backslash n$	5	10	15	20	25	30	40	50	100	$n \to \infty$
0.05	0.563	0.409	0.338	0.294	0.264	0.242	0.210	0.188	0.134	$1.36/\sqrt{n}$
0.01	0.669	0.486	0.404	0.352	0.317	0.292	0.252	0.226	0.161	$1.63/\sqrt{n}$

χ^2 適合検定

1) 標本のヒストグラムを作成し,次を出す
   $m =$ グループ $I_1, \ldots, I_m$ の総数
   $h_k = I_k \, (\geq 5)$ における標本値の絶対頻度, $n = \sum_{k=1}^m h_k$
2) 場合によっては下記(最尤判定)のような F_0 における未知のパラメータを評価する.(ただしより大きなグループ数 m のみで,パラメータは元のリストから評価することができる.211 ページの「一般的な点推定」を見よ)
3) $e_k = n P_{F_0}(x \in I_k)$ となる推定量を計算する
4) 有意水準 α を選び,下記のような確率 $1 - \alpha$ の分位数 $u_1 - \alpha$ を出す
5) $U_m^2 < u_1 - \alpha$ のとき H_0 を仮定する

分布 F_0	パラメータ	評価	推定量 $U_m^2 =$	H_0 の仮定条件	分布の分位数
F_0					χ^2_{m-1}
$B(1, p)$	p	$\hat{p} = \bar{X}$	$\sum_{k=1}^m \dfrac{(h_k - e_k)^2}{e_k}$	$U_m^2 < u_{1-\alpha}$	χ^2_{m-2}
$P(\lambda)$	λ	$\hat{\lambda} = \bar{X}$			
$N(\mu, \sigma^2)$ σ^2 既知	μ	$\hat{\mu} = \bar{X}$			
$N(\mu, \sigma^2)$ μ 既知	σ^2	$\hat{\sigma}^2 = \tilde{S}^2$			
$N(\mu, \sigma^2)$	μ, σ^2	$\hat{\mu} = \bar{X}$ $\hat{\sigma}^2 = \tilde{S}^2$			χ^2_{m-3}

16.6　$N(0,1)$ 分布の値表

$N(0,1)$ 分布の累積分布関数 Φ
$$\Phi(z) = \frac{1}{\sqrt{2\pi}} \int_{-\infty}^{z} e^{-x^2/2}\, dx, \quad \Phi(-z) = 1 - \Phi(z)$$

z	$\Phi(z)$	z	$\Phi(z)$	z	$\Phi(z)$	z	$\Phi(z)$	z	$\Phi(z)$
0.00	0.50000	0.50	0.69146	1.00	0.84134	1.50	0.93319	2.00	0.97725
0.01	0.50399	0.51	0.69497	1.01	0.84375	1.51	0.93448	2.01	0.97778
0.02	0.50798	0.52	0.69847	1.02	0.84614	1.52	0.93574	2.02	0.97831
0.03	0.51197	0.53	0.70194	1.03	0.84849	1.53	0.93699	2.03	0.97882
0.04	0.51595	0.54	0.70540	1.04	0.85083	1.54	0.93822	2.04	0.97932
0.05	0.51994	0.55	0.70884	1.05	0.85314	1.55	0.93943	2.05	0.97982
0.06	0.52392	0.56	0.71226	1.06	0.85543	1.56	0.94062	2.06	0.98030
0.07	0.52790	0.57	0.71566	1.07	0.85769	1.57	0.94179	2.07	0.98077
0.08	0.53188	0.58	0.71904	1.08	0.85993	1.58	0.94295	2.08	0.98124
0.09	0.53586	0.59	0.72240	1.09	0.86214	1.59	0.94408	2.09	0.98169
0.10	0.53983	0.60	0.72575	1.10	0.86433	1.60	0.94520	2.10	0.98214
0.11	0.54380	0.61	0.72907	1.11	0.86650	1.61	0.94630	2.11	0.98257
0.12	0.54776	0.62	0.73237	1.12	0.86864	1.62	0.94738	2.12	0.98300
0.13	0.55172	0.63	0.73565	1.13	0.87076	1.63	0.94845	2.13	0.98341
0.14	0.55567	0.64	0.73891	1.14	0.87286	1.64	0.94950	2.14	0.98382
0.15	0.55962	0.65	0.74215	1.15	0.87493	1.65	0.95053	2.15	0.98422
0.16	0.56356	0.66	0.74537	1.16	0.87698	1.66	0.95154	2.16	0.98461
0.17	0.56749	0.67	0.74857	1.17	0.87900	1.67	0.95254	2.17	0.98500
0.18	0.57142	0.68	0.75175	1.18	0.88100	1.68	0.95352	2.18	0.98537
0.19	0.57535	0.69	0.75490	1.19	0.88298	1.69	0.95449	2.19	0.98574
0.20	0.57926	0.70	0.75804	1.20	0.88493	1.70	0.95543	2.20	0.98610
0.21	0.58317	0.71	0.76115	1.21	0.88686	1.71	0.95637	2.21	0.98645
0.22	0.58706	0.72	0.76424	1.22	0.88877	1.72	0.95728	2.22	0.98679
0.23	0.59095	0.73	0.76730	1.23	0.89065	1.73	0.95818	2.23	0.98713
0.24	0.59483	0.74	0.77035	1.24	0.89251	1.74	0.95907	2.24	0.98745
0.25	0.59871	0.75	0.77337	1.25	0.89435	1.75	0.95994	2.25	0.98778
0.26	0.60257	0.76	0.77637	1.26	0.89617	1.76	0.96080	2.26	0.98809
0.27	0.60642	0.77	0.77935	1.27	0.89796	1.77	0.96164	2.27	0.98840
0.28	0.61026	0.78	0.78230	1.28	0.89973	1.78	0.96246	2.28	0.98870
0.29	0.61409	0.79	0.78524	1.29	0.90147	1.79	0.96327	2.29	0.98899
0.30	0.61791	0.80	0.78814	1.30	0.90320	1.80	0.96407	2.30	0.98928
0.31	0.62172	0.81	0.79103	1.31	0.90490	1.81	0.96485	2.31	0.98956
0.32	0.62552	0.82	0.79389	1.32	0.90658	1.82	0.96562	2.32	0.98983
0.33	0.62930	0.83	0.79673	1.33	0.90824	1.83	0.96638	2.33	0.99010
0.34	0.63307	0.84	0.79955	1.34	0.90988	1.84	0.96712	2.34	0.99036
0.35	0.63683	0.85	0.80234	1.35	0.91149	1.85	0.96784	2.35	0.99061
0.36	0.64058	0.86	0.80511	1.36	0.91309	1.86	0.96856	2.36	0.99086
0.37	0.64431	0.87	0.80785	1.37	0.91466	1.87	0.96926	2.37	0.99111
0.38	0.64803	0.88	0.81057	1.38	0.91621	1.88	0.96995	2.38	0.99134
0.39	0.65173	0.89	0.81327	1.39	0.91774	1.89	0.97062	2.39	0.99158
0.40	0.65542	00.90	0.81594	1.40	0.91924	1.90	0.97128	2.40	0.99180
0.41	0.65910	0.91	0.81859	1.41	0.92073	1.91	0.97193	2.41	0.99202
0.42	0.66276	0.92	0.82121	1.42	0.92220	1.92	0.97257	2.42	0.99224
0.43	0.66640	0.93	0.82381	1.43	0.92364	1.93	0.97320	2.43	0.99245
0.44	0.67003	0.94	0.82639	1.44	0.92507	1.94	0.97381	2.44	0.99266
0.45	0.67364	0.95	0.82894	1.45	0.92647	1.95	0.97441	2.45	0.99286
0.46	0.67724	0.96	0.83147	1.46	0.92785	1.96	0.97500	2.46	0.99305
0.47	0.68082	0.97	0.83398	1.47	0.92922	1.97	0.97558	2.47	0.99324
0.48	0.68439	0.98	0.83646	1.48	0.93056	1.98	0.97615	2.48	0.99343
0.49	0.68793	0.99	0.83891	1.49	0.93189	1.99	0.97670	2.49	0.99361

16.6　$N(0,1)$ 分布の値表

z	$\Phi(z)$	z	$\Phi(z)$	z	$\Phi(z)$	z	$\Phi(z)$	z	$\Phi(z)$
2.50	0.99379	2.80	0.99744	3.10	0.99903	3.40	0.99966	3.70	0.99989
2.51	0.99396	2.81	0.99752	3.11	0.99906	3.41	0.99968	3.71	0.99990
2.52	0.99413	2.82	0.99760	3.12	0.99910	3.42	0.99969	3.72	0.99990
2.53	0.99430	2.83	0.99767	3.13	0.99913	3.43	0.99970	3.73	0.99990
2.54	0.99446	2.84	0.99774	3.14	0.99916	3.44	0.99971	3.74	0.99991
2.55	0.99461	2.85	0.99781	3.15	0.99918	3.45	0.99972	3.75	0.99991
2.56	0.99477	2.86	0.99788	3.16	0.99921	3.46	0.99973	3.76	0.99992
2.57	0.99492	2.87	0.99795	3.17	0.99924	3.47	0.99974	3.77	0.99992
2.58	0.99506	2.88	0.99801	3.18	0.99926	3.48	0.99975	3.78	0.99992
2.59	0.99520	2.89	0.99807	3.19	0.99929	3.49	0.99976	3.79	0.99992
2.60	0.99534	2.90	0.99813	3.20	0.99931	3.50	0.99977	3.80	0.99993
2.61	0.99547	2.91	0.99819	3.21	0.99934	3.51	0.99978	3.81	0.99993
2.62	0.99560	2.92	0.99825	3.22	0.99936	3.52	0.99978	3.82	0.99993
2.63	0.99573	2.93	0.99831	3.23	0.99938	3.53	0.99979	3.83	0.99994
2.64	0.99585	2.94	0.99836	3.24	0.99940	3.54	0.99980	3.84	0.99994
2.65	0.99598	2.95	0.99841	3.25	0.99942	3.55	0.99981	3.85	0.99994
2.66	0.99609	2.96	0.99846	3.26	0.99944	3.56	0.99981	3.86	0.99994
2.67	0.99621	2.97	0.99851	3.27	0.99946	3.57	0.99982	3.87	0.99995
2.68	0.99632	2.98	0.99856	3.28	0.99948	3.58	0.99983	3.88	0.99995
2.69	0.99643	2.99	0.99861	3.29	0.99950	3.59	0.99983	3.89	0.99995
2.70	0.99653	3.00	0.99865	3.30	0.99952	3.60	0.99984	3.90	0.99995
2.71	0.99664	3.01	0.99869	3.31	0.99953	3.61	0.99985	3.91	0.99995
2.72	0.99674	3.02	0.99874	3.32	0.99955	3.62	0.99985	3.92	0.99996
2.73	0.99683	3.03	0.99878	3.33	0.99957	3.63	0.99986	3.93	0.99996
2.74	0.99693	3.04	0.99882	3.34	0.99958	3.64	0.99986	3.94	0.99996
2.75	0.99702	3.05	0.99886	3.35	0.99960	3.65	0.99987	3.95	0.99996
2.76	0.99711	3.06	0.99889	3.36	0.99961	3.66	0.99987	3.96	0.99996
2.77	0.99720	3.07	0.99893	3.37	0.99962	3.67	0.99988	3.97	0.99996
2.78	0.99728	3.08	0.99896	3.38	0.99964	3.68	0.99988	3.98	0.99997
2.79	0.99736	3.09	0.99900	3.39	0.99965	3.69	0.99989	3.99	0.99997

$N(0,1)$ 分布の確率 $1 - \dfrac{\alpha}{2}$ に対する分位数 z

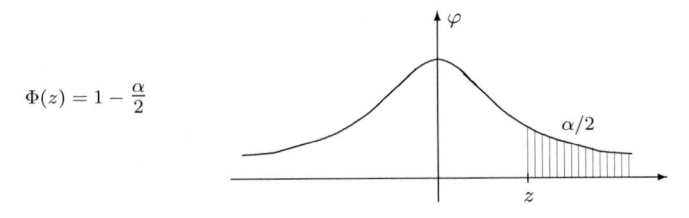

$\Phi(z) = 1 - \dfrac{\alpha}{2}$

α	10 %	5 %	2 %	1 %	0.2 %	0.1 %
z	1.645	1.960	2.326	2.576	3.090	3.291

自由度 n を持つ t_n 分布の確率 $1 - \dfrac{\alpha}{2}$ に対する分位数 z

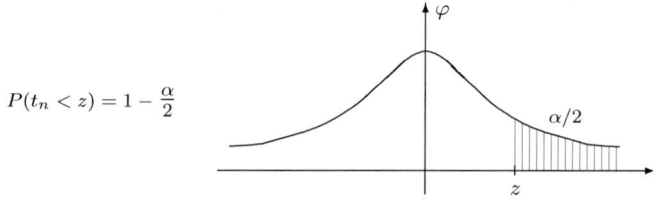

$P(t_n < z) = 1 - \dfrac{\alpha}{2}$

n	$\alpha = 10\%$	$\alpha = 5\%$	$\alpha = 2\%$	$\alpha = 1\%$	$\alpha = 0.1\%$
1	6.314	12.706	31.821	63.657	636.619
2	2.920	4.303	6.965	9.925	31.599
3	2.353	3.182	4.541	5.841	12.924
4	2.132	2.776	3.747	4.604	8.610
5	2.015	2.571	3.365	4.032	6.869
6	1.943	2.447	3.143	3.707	5.959
7	1.895	2.365	2.998	3.499	5.408
8	1.860	2.306	2.896	3.355	5.041
9	1.833	2.262	2.821	3.250	4.781
10	1.812	2.228	2.764	3.169	4.587
11	1.796	2.201	2.718	3.106	4.437
12	1.782	2.179	2.681	3.055	4.318
13	1.771	2.160	2.650	3.012	4.221
14	1.761	2.145	2.624	2.977	4.140
15	1.753	2.131	2.602	2.947	4.073
16	1.746	2.120	2.583	2.921	4.015
17	1.740	2.110	2.567	2.898	3.965
18	1.734	2.101	2.552	2.878	3.922
19	1.729	2.093	2.539	2.861	3.883
20	1.725	2.086	2.528	2.845	3.850
21	1.721	2.080	2.518	2.831	3.819
22	1.717	2.074	2.508	2.819	3.792
23	1.714	2.069	2.500	2.807	3.768
24	1.711	2.064	2.492	2.797	3.745
25	1.708	2.060	2.485	2.787	3.725
26	1.706	2.056	2.479	2.779	3.707
27	1.703	2.052	2.473	2.771	3.690
28	1.701	2.048	2.467	2.763	3.674
29	1.699	2.045	2.462	2.756	3.659
30	1.697	2.042	2.457	2.750	3.646
40	1.684	2.021	2.423	2.704	3.551
50	1.676	2.009	2.403	2.678	3.496
60	1.671	2.000	2.390	2.660	3.460
80	1.664	1.990	2.374	2.639	3.416
100	1.660	1.984	2.364	2.626	3.390
200	1.653	1.972	2.345	2.601	3.340
500	1.648	1.965	2.334	2.586	3.310
∞	1.645	1.960	2.326	2.576	3.291

16.6 $N(0,1)$ 分布の値表

自由度 n を持つ χ_n^2 分布の確率 α に対する (下) 分位数 z

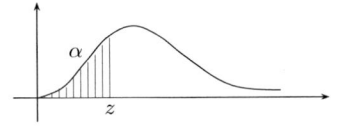

$$P(\chi_n^2 < z) = \alpha$$

n	$\alpha=0.5\%$	$\alpha=1\%$	$\alpha=2.5\%$	$\alpha=5\%$	n	$\alpha=0.5\%$	$\alpha=1\%$	$\alpha=2.5\%$	$\alpha=5\%$
1			0.001	0.004	51	28.7	30.5	33.2	35.6
2	0.010	0.020	0.051	0.103	52	29.5	31.2	34.0	36.4
3	0.072	0.115	0.216	0.352	53	30.2	32.0	34.8	37.3
4	0.207	0.297	0.484	0.711	54	31.0	32.8	35.6	38.1
5	0.412	0.554	0.831	1.15	55	31.7	33.6	36.4	39.0
6	0.676	0.872	1.24	1.64	56	32.5	34.3	37.2	39.8
7	0.989	1.24	1.69	2.17	57	33.2	35.1	38.0	40.6
8	1.34	1.65	2.18	2.73	58	34.0	35.9	38.8	41.5
9	1.73	2.09	2.70	3.33	59	34.8	36.7	39.7	42.3
10	2.16	2.56	3.25	3.94	60	35.5	37.5	40.5	43.2
11	2.60	3.05	3.82	4.57	61	36.3	38.3	41.3	44.0
12	3.07	3.57	4.40	5.23	62	37.1	39.1	42.1	44.9
13	3.56	4.11	5.01	5.89	63	37.8	39.9	43.0	45.7
14	4.07	4.66	5.63	6.57	64	38.6	40.6	43.8	46.6
15	4.60	5.23	6.26	7.26	65	39.4	41.4	44.6	47.4
16	5.14	5.81	6.91	7.96	66	40.2	42.2	45.4	48.3
17	5.70	6.41	7.56	8.67	67	40.9	43.0	46.3	49.2
18	6.26	7.01	8.23	9.39	68	41.7	43.8	47.1	50.0
19	6.84	7.63	8.91	10.1	69	42.5	44.6	47.9	50.9
20	7.43	8.26	9.59	10.8	70	43.3	45.4	48.8	51.7
21	8.03	8.90	10.3	11.6	71	44.1	46.2	49.6	52.6
22	8.64	9.54	11.0	12.3	72	44.8	47.1	50.4	53.5
23	9.26	10.2	11.7	13.1	73	45.6	47.9	51.3	54.3
24	9.89	10.9	12.4	13.8	74	46.4	48.7	52.1	55.2
25	10.5	11.5	13.1	14.6	75	47.2	49.5	52.9	56.0
26	11.2	12.2	13.8	15.4	76	48.0	50.3	53.8	56.9
27	11.8	12.9	14.6	16.2	77	48.8	51.1	54.6	57.8
28	12.5	13.6	15.3	16.9	78	49.6	51.9	55.5	58.7
29	13.1	14.3	16.0	17.7	79	50.4	52.7	56.3	59.5
30	13.8	15.0	16.8	18.5	80	51.2	53.5	57.2	60.4
31	14.5	15.7	17.5	19.3	81	52.0	54.4	58.0	61.3
32	15.1	16.4	18.3	20.1	82	52.8	55.2	58.8	62.1
33	15.8	17.1	19.0	20.9	83	53.6	56.0	59.7	63.0
34	16.5	17.8	19.8	21.7	84	54.4	56.8	60.5	63.9
35	17.2	18.5	20.6	22.5	85	55.2	57.6	61.4	64.7
36	17.9	19.2	21.3	23.3	86	56.0	58.5	62.2	65.6
37	18.6	20.0	22.1	24.1	87	56.8	59.3	63.1	66.5
38	19.3	20.7	22.9	24.9	88	57.6	60.1	63.9	67.4
39	20.0	21.4	23.6	25.7	89	58.4	60.9	64.8	68.2
40	20.7	22.2	24.4	26.5	90	59.2	61.8	65.6	69.1
41	21.4	22.9	25.2	27.3	91	60.0	62.6	66.5	70.0
42	22.1	23.6	26.0	28.1	92	60.8	63.4	67.4	70.9
43	22.9	24.4	26.8	29.0	93	61.6	64.2	68.2	71.8
44	23.6	25.1	27.6	29.8	94	62.4	65.1	69.1	72.6
45	24.3	25.9	28.4	30.6	95	63.2	65.9	69.9	73.5
46	25.0	26.7	29.2	31.4	96	64.1	66.7	70.8	74.4
47	25.8	27.4	30.0	32.3	97	64.9	67.6	71.6	75.3
48	26.5	28.2	30.8	33.1	98	65.7	68.4	72.5	76.2
49	27.2	28.9	31.6	33.9	99	66.5	69.2	73.4	77.0
50	28.0	29.7	32.4	34.8	100	67.3	70.1	74.2	77.9

自由度 n を持つ χ_n^2 分布の確率 $1-\alpha$ に対する (上) 分位数 z

$$P(\chi_n^2 < z) = 1 - \alpha$$

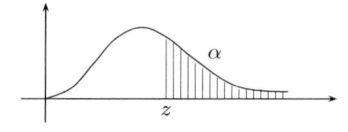

n	$\alpha=0.5\%$	$\alpha=1\%$	$\alpha=2.5\%$	$\alpha=5\%$	n	$\alpha=0.5\%$	$\alpha=1\%$	$\alpha=2.5\%$	$\alpha=5\%$
1	7.88	6.63	5.02	3.84	51	80.7	77.4	72.6	68.7
2	10.6	9.21	7.38	5.99	52	82.0	78.6	73.8	69.8
3	12.8	11.3	9.35	7.82	53	83.3	79.8	75.0	71.0
4	14.9	13.3	11.1	9.49	54	84.5	81.1	76.2	72.1
5	16.8	15.1	12.8	11.1	55	85.7	82.3	77.4	73.3
6	18.5	16.8	14.4	12.6	56	87.0	83.5	78.6	74.5
7	20.3	18.5	16.0	14.1	57	88.2	84.7	79.8	75.6
8	22.0	20.1	17.5	15.5	58	89.5	86.0	80.9	76.8
9	23.6	21.7	19.0	16.9	59	90.7	87.2	82.1	77.9
10	25.2	23.2	20.5	18.3	60	92.0	88.4	83.3	79.1
11	26.8	24.7	21.9	19.7	61	93.2	89.6	84.5	80.2
12	28.3	26.2	23.3	21.0	62	94.4	90.8	85.7	81.4
13	29.8	27.7	24.7	22.4	63	95.6	92.0	86.8	82.5
14	31.3	29.1	26.1	23.7	64	96.9	93.2	88.0	83.7
15	32.8	30.6	27.5	25.0	65	98.1	94.4	89.2	84.8
16	34.3	32.0	28.8	26.3	66	99.3	95.6	90.3	86.0
17	35.7	33.4	30.2	27.6	67	100.6	96.8	91.5	87.1
18	37.2	34.8	31.5	28.9	68	101.8	98.0	92.7	88.3
19	38.6	36.2	32.8	30.1	69	103.0	99.2	93.9	89.4
20	40.0	37.6	34.2	31.4	70	104.2	100.4	95.0	90.5
21	41.4	38.9	35.5	32.7	71	105.4	101.6	96.2	91.7
22	42.8	40.3	36.8	33.9	72	106.6	102.8	97.4	92.8
23	44.2	41.6	38.1	35.2	73	107.9	104.0	98.5	93.9
24	45.6	43.0	39.4	36.4	74	109.1	105.2	99.7	95.1
25	46.9	44.3	40.6	37.6	75	110.3	106.4	100.8	96.2
26	48.3	45.6	41.9	38.9	76	111.5	107.6	102.0	97.4
27	49.6	47.0	43.2	40.1	77	112.7	108.8	103.2	98.5
28	51.0	48.3	44.5	41.3	78	113.9	110.0	104.3	99.6
29	52.3	49.6	45.7	42.6	79	115.1	111.1	105.5	100.7
30	53.7	50.9	47.0	43.8	80	116.3	112.3	106.6	101.9
31	55.0	52.2	48.2	45.0	81	117.5	113.5	107.8	103.0
32	56.3	53.5	49.5	46.2	82	118.7	114.7	108.9	104.1
33	56.7	54.8	50.7	47.4	83	119.9	115.9	110.1	105.3
34	59.0	56.1	52.0	48.6	84	121.1	117.1	111.2	106.4
35	60.3	57.3	53.2	49.8	85	122.3	118.2	112.4	107.5
36	61.6	58.6	54.4	51.0	86	123.5	119.4	113.5	108.6
37	62.9	59.9	55.7	52.2	87	124.7	120.6	114.7	109.8
38	64.2	61.2	56.9	53.4	88	125.9	121.8	115.8	110.9
39	65.5	62.4	58.1	54.6	89	127.1	122.9	117.0	112.0
40	66.8	63.7	59.3	55.8	90	128.3	124.1	118.1	113.1
41	68.0	65.0	60.6	56.9	91	129.5	125.3	119.3	114.3
42	69.3	66.2	61.8	58.1	92	130.7	126.5	120.4	115.4
43	70.6	67.5	63.0	59.3	93	131.9	127.6	121.6	116.5
44	71.9	68.7	64.2	60.5	94	133.1	128.8	122.7	117.6
45	73.2	70.0	65.4	61.7	95	134.2	130.0	123.9	118.8
46	74.4	71.2	66.6	62.8	96	135.4	131.1	125.0	119.9
47	75.7	72.4	67.8	64.0	97	136.6	132.3	126.1	121.0
48	77.0	73.7	69.0	65.2	98	137.8	133.5	127.3	122.1
49	78.2	74.9	70.2	66.3	99	139.0	134.6	128.4	123.2
50	79.5	76.2	71.4	67.5	100	140.2	135.8	129.6	124.3

17 金利計算

$$\boxed{\text{年利 } p\%, \quad \text{利子要素 } q = 1 + p\% = 1 + \frac{p}{100}}$$

1. **一括払い**: はじめの資本金 K

   n 年後の資本金: $\quad K_n = K \cdot q^n$

   n 年の満期の場合の支払の元金: $\quad K = K_n \cdot q^{-n}$

   年数: $\quad n = \frac{\log(K_n/K)}{\log q}$

   簡便公式: 約 $\frac{70}{p}$ 年後で倍増する.

2. **分割払い額 R** (年末に利子が付く)

   支払周期:
   1 か月 $(k=12)$, $1/4$ 年 $(k=4)$, 半年 $(k=2)$, 1 年 $(k=1)$

   支払周期のはじめに R を支払う: $\quad K_1 = R\left(k + \frac{p}{100} \cdot \frac{k+1}{2}\right)$

   支払周期の終わりに R を支払う: $\quad K_1 = R\left(k + \frac{p}{100} \cdot \frac{k-1}{2}\right)$

   n 年後の資本金: $\quad K_n = K_1 \frac{q^n - 1}{q - 1}$

   $k=1$ (年払い) のとき R は **1 年の支払額**と呼ばれ,
   $k_n = R \frac{q^n - 1}{q - 1} q$ (前払い), $\quad k_n = R \frac{q^n - 1}{q - 1}$ (後払い) となる.

3. **元の資本金 S と分割借用あるいは分割出資金 R**

   n 年後の資本金 : $\quad K_n = S \cdot q^n \pm K_1 \frac{q^n - 1}{q - 1}$

   2. と同様 n 年後の資本金 K_n は右の場合, 借金 S を支払うか元の資本金 S を使い果たす. $:\quad S \cdot q^n = K_1 \frac{q^n - 1}{q - 1}$

   借金 S を支払うか元の資本金 S を使い果たすのに必要な年数は $:\quad n = \frac{\log K_1 - \log(K_1 - S(q-1))}{\log q}$

   > **例**: 月々の貯金額 (月はじめの支払) R によって 5 年間に $p\% = 6\%$ で $20000\,€$ の借金を支払うことができるだろうか?
   >
   > **解**: $\quad 20\,000 \cdot 1.06^5 = R(12 + \frac{6}{100} \cdot \frac{13}{2}) \cdot \frac{1.06^5 - 1}{0.06} \implies \underline{R = 383.21\,€}$

4. **支払 (利子) の元金 B**

   支払は支払周期の終わりごとに次のように生じる (2. を参照せよ):

   $$K_1 = R(k + \frac{p}{100} \cdot \frac{k-1}{2})$$
   $$K_n = K_1 \cdot \frac{q^n - 1}{q - 1}$$

   元金は $\quad B = K_1 \frac{q^n - 1}{q - 1} \cdot q^{-n}$

   定金利での元金定金利での元金 $B (n \to \infty)$ は $B = \frac{K_1}{q-1}$.

   > **例**: どのくらいの元金 B があれば年 $p\% = 5\%$ の利率で $1000\,€$ の月々一定の利子を保証できるだろうか?
   >
   > **解**: $\quad B = \frac{K_1}{q-1} = 1\,000\,(12 + \frac{5}{100} \cdot \frac{11}{2})/0.05 \implies \underline{B = 245\,500\,€}$

18 二進法と十六進法

18.1 二進法 0,1

十進法	0	1	2	3	4	5	6	7	8	9	10	11	12
二進法	0	1	10	11	100	101	110	111	1000	1001	1010	1011	1100

自然数の十進数を二進数に変換する:

$53_{10} = 1 \cdot 2^5 + 1 \cdot 2^4 + 1 \cdot 2^2 + 1 \cdot 2^0 = 110101_2$

$53 : 2 = 26$ 余り 1
$26 : 2 = 13$ 余り 0
$13 : 2 = 6$ 余り 1
$6 : 2 = 3$ 余り 0
$3 : 2 = 1$ 余り 1
$1 : 2 = 0$ 余り 1

何度も割り算することによって余りを出す．
余りを下から上の順番で書き出す！

$53_{10} = 110101_2$

小数の十進数を二進数に変換する:

$0.35 = 1 \cdot 2^{-2} + 1 \cdot 2^{-4} + \cdots$ （次のようにそれほど簡単ではない）

$0.35 \cdot 2 = 0.7 + 0$
$0.7 \cdot 2 = 0.4 + 1$
$0.4 \cdot 2 = 0.8 + 0$
$0.8 \cdot 2 = 0.6 + 1$
$0.6 \cdot 2 = 0.2 + 1$
$0.2 \cdot 2 = 0.4 + 0$
$0.4 \cdot 2 = 0.8 + 0$

何度も 2 を掛けて整数部分と小数部分に分ける．
そして整数部分を左図の矢印のように書き出す！

$0.35_{10} = 0.01\overline{0110}_2$

$0.58\overline{3}$ まず $x = 0.58\overline{3}$ は普通の分数に変換する:

$1000x = 583.\overline{3}$
$-100x = 58.\overline{3}$
$\overline{900x = 525}$

$x = \dfrac{525}{900}_{(10)} = \dfrac{7}{12}_{(10)}$

上のようにするか
割り算して二進数にする．

$7/12 \cdot 2 = 2/12 + 1$
$2/12 \cdot 2 = 4/12 + 0$
$4/12 \cdot 2 = 8/12 + 0$
$8/12 \cdot 2 = 4/12 + 1$
$4/12 \cdot 2 = 8/12 + 0$

あるいは $\dfrac{7}{12}_{(10)} = \dfrac{111}{1100}_{(2)}$, そして

$111 : 1100 = 0.01\overline{01}$
1110
1100
$\overline{100}$
1000
10000
1100
$\overline{1000}$

$0.58\overline{3}_{10} = 0.10\overline{01}_2$

整数の二進数を十進数に変換する:

$1100101_2 = 1 \cdot 2^6 + 1 \cdot 2^5 + 1 \cdot 2^2 + 1 \cdot 2^0 = 64 + 32 + 4 + 1 = 101_{10}$

$x = 2 \begin{array}{|cccccc} 1 & 1 & 0 & 0 & 1 & 0 & 1 \\ & 2 & 6 & 12 & 24 & 50 & 100 \\ \hline 1 & 3 & 6 & 12 & 25 & 50 & \underline{101} \end{array}$

変換はホーナー法でもできる！

$1100101_2 = 101_{10}$

小数の二進数を十進数に変換する:

$x = 0.1011_2 = 1 \cdot 2^{-1} + 1 \cdot 2^{-3} + 1 \cdot 2^{-4} = \dfrac{1}{2} + \dfrac{1}{8} + \dfrac{1}{16} = \dfrac{11}{16} = \underline{0.6875_{10}}$

$x = 0.10\overline{01}_2 \implies$
$16x = 1001.\overline{01}_2$
$-4x = 10.\overline{01}_2$
$\overline{12x = 111.00_2} = 7_{10}$

$\implies x = \dfrac{7}{12} = 0.58\overline{3}_{10}$

$0.10\overline{01}_2 = 0.58\overline{3}_{10}$

18.2　十六進法: $0,1,2,3,4,5,6,7,8,9,A,B,C,D,E,F$

十進法	0	1	2	3	4	5	6	7	8	9	10	11	12	13	14	15	16	17
十六進法	0	1	2	3	4	5	6	7	8	9	A	B	C	D	E	F	10	11

自然数の十進数を十六進数に変換する:

$3885_{10} = 15 \cdot 16^2 + 2 \cdot 16 + 13 = F2D_{16}$

$$\begin{aligned} 3885 : 16 &= 242 \quad 余り\ 13_{10} = D_{16} \\ 242 : 16 &= 15 \quad 余り\ 2_{10} = 2_{16} \\ 15 : 16 &= 0 \quad 余り\ 15_{10} = F_{16} \end{aligned}$$

余りのある割り算をし, 余り (十六進法) を下から上の順番に書き出す!

$$\underline{3885_{10} = F2D_{16}}$$

小数の十進数を十六進数に変換する:

$0.35 = 5 \cdot 16^{-1} + 9 \cdot 16^{-2} + \cdots$ （次のようにそれほど簡単でない）

$$\begin{aligned} 0.35 \cdot 16 &= 0.6 + 5 \\ 0.6 \cdot 16 &= 0.6 + 9 \\ 0.6 \cdot 16 &= 0.6 + 9 \end{aligned}$$

何度も 16 を掛けて整数部分と小数部分に分ける. そして整数部分を左図の矢印のように書き出す!

$$\underline{0.35_{10} = 0.5\overline{9}_{16}}$$

$0.58\overline{3}$　まず $x = 0.58\overline{3}$ は普通の分数に変換する:

$$\begin{aligned} 1000x &= 583.\overline{3} \\ -\ 100x &= 58.\overline{3} \\ \hline 900x &= 525 \end{aligned} \qquad x = \frac{525}{900}{}_{(10)} = \frac{7}{12}{}_{(10)}$$

$$\begin{aligned} 7/12 \cdot 16 &= 4/12 + 9 \\ 4/12 \cdot 16 &= 4/12 + 5 \\ 4/12 \cdot 16 &= 4/12 + 5 \end{aligned}$$

$$\underline{0.58\overline{3}_{10} = 0.9\overline{5}_{16}}$$

整数の十六進数を十進数に変換する:

$3A4B_{16} = 3 \cdot 16^3 + 10 \cdot 16^2 + 4 \cdot 16 + 11 = 14\,923_{10}$

$$x = 16 \begin{array}{|cccc} 3 & 10 & 4 & 11 \\ & 48 & 928 & 14912 \\ \hline 3 & 58 & 932 & \underline{14923} \end{array}$$

変換はホーナー法でもできる!

$$\underline{3A4B_{16} = 14\,923_{10}}$$

小数の十六進数を十進数に変換する:

$x = 0.A8_{16} = 10 \cdot 16^{-1} + 8 \cdot 16^{-2} = \frac{10}{16} + \frac{8}{256} = \frac{21}{32} = \underline{0.65625_{10}}$

$x = 0.A\overline{8}_{16} \implies$

$$\begin{aligned} 16^2 x &= A8.\overline{8}_{16} \\ -\ 16 x &= A.\overline{8}_{16} \\ \hline 240 x &= (A8 - A).0_{16} = (168 - 10)_{10} = 158_{10} \end{aligned}$$

$\implies x = \dfrac{158}{240} = \dfrac{79}{120} = 0.658\overline{3}_{10}$, したがって $\underline{0.A\overline{8}_{16} = 0.658\overline{3}_{10}}$

二進数を十六進法に変換する:

$1738_{10} = \underbrace{110}_{6}\underbrace{1100}_{C}\underbrace{1010}_{A}{}_2 = 6CA_{16}$

4桁ごとに二進数をまとめてそれぞれ十六進数にする!

訳　注

1) (凡例, 引用文献) 和書で対応する文献としては, 朝倉書店より発行の以下のようなものがある. 原書のドイツ語文献参照箇所には代替可能なこれらへの参照を訳注として追加した：

   [伊藤] 伊藤雄二『微分積分学』(新数学講座 1)
   [飯高] 飯高　茂『線形代数 基礎と応用』
   [斎藤] 斎藤利弥『常微分方程式論』(近代数学講座 3)
   [小松] 小松勇作『函数論』(朝倉数学講座 6)
   [河田] 河田龍夫『確率と統計』(朝倉数学講座 9)

2) (P.45, 逆双曲線関数) 日本では arsinh x などはほとんど使われず, $\sinh^{-1} x$ や, 元来の意味からすれば誤用であろうが arcsinh x などが普通に使われている.

3) (P.47) $\sphericalangle(\vec{a},\vec{b})$ は $\vec{a}$ と $\vec{b}$ のなす角という意味だが, この表現は日本では使われていない.

4) (P.71) これは 2 重級数で, その定義は書かれていないが, 絶対収束の場合は全ての項 $a_k b_n$ をどのように加えても和は一定となるので, 意味を気にする必要はない. 例えば次に書かれた式のように理解すればよい.

5) (P.162) 二つの直線が平行な場合, $(a',b') = k(a,b)$ となるので,

$$\frac{ax+by+c}{a'x+b'y+c'} = \frac{1}{k+(c'-kc)/(ax+by+c)}$$

となる. よって

$$\widetilde{f}(x) = f\left(\frac{1}{1+(c'-kc)/x}\right)$$

ととればこの形になる.

6) (P.170) いずれの解法においても, 方程式の階数 -1 次までの係数は, 初期条件から求めなければならない.

7) (P.177) $s'\vec{y}_1 + \vec{z}' = A\vec{z}$ を成分で書けば,

   $s'(x)y_{11} + 0 = (A\vec{z})_1$　⟨1⟩
   $s'(x)y_{12} + z'_2 = (A\vec{z})_2$
   　　　⋮

$$s'(x)y_{1n} + z'_n = (A\vec{z})_n$$

の形となる. $\langle 1 \rangle$ 式から

$$s' = \frac{1}{y_{11}}(A\vec{z})_1 \quad \langle 2 \rangle$$

を得, これを他の式に代入すれば $(z_2, \ldots, z_n)$ の線形方程式系が得られる. この解 z が求まったら $\langle 2 \rangle$ に代入し積分すれば s が求まる.

8) (P.190, 例) 上で説明されたアルゴリズムに従えば, 最後は x_2 を消去しなければならないが, この例では x_3 を消去している. 普通階段型という場合は, 1 の位置が階段のきざはしに来るものを差すので, これだと x_2 と x_3 を交換しないと階段の形にならない. 分数が現れるのを避けるためにこのようにしたのであろうが, あまり適切な例とはいえない.

監訳者あとがき

　本書は"Formeln + Hilfen: Höhere Mathematik"の邦訳です．数学でよく使われる公式がコンパクトにまとめられており，数学を道具にする人にとって，公式を忘れたときなど，手軽に参照するのにとても有用な本です．また大学の初・中学年で数学を一通り学習し終わった人にとっても数学の知識を整理するのに役立つ本だと思います．なぜなら，単に公式が羅列されているだけでなく，要所要所において，要点が簡潔に説明され，また例も示されているからです．私もかねがねこのような本があれば便利だと思っていました．

　ドイツ語で著された本書を翻訳した井元薫さんは私の研究室で卒業論文および修士論文を書きました．もともと数学とドイツ語が得意で，さらに修士1年生のとき4か月間ドイツのブッパタール大学（Bergische Universität Wuppertal）に留学した経験を持っています．このような経歴の持ち主でしたので，私が朝倉書店の編集部から本書翻訳を頼まれたとき，多忙を理由にお断りしよう思った矢先，井元さんのことが頭に浮かびました．たまたま，このことを金子晃先生（東京大学名誉教授，お茶の水女子大学名誉教授）にご相談したところ，金子先生から親切にも，ご自身が井元さんのチューター役になってもよいというお言葉をいただきました．そこで，本書の翻訳作業が始まりました．翻訳期間中に井元さんが金子先生と議論しているのを何回か見たことがあります．そうして出来上がった翻訳をもう一度私が読み返し，内容をチェックし，原著に忠実であるが故に少し分かりにくくなった表現を，なるべく分かりやすくするなどしました．

　以上の理由から，本書の出版にあたり，お力添えいただいた金子晃先生に深い感謝の意を表します．また，本書の構成を原著に近い構成にして読みやすくする努力をしていただいた朝倉書店編集部の方々にも感謝いたします．

2013年4月

河 村 哲 也

索　引
(M1～M4 は見返しページ)

あ行
アステロイド　126
アダムス・バッシュフォース
　　法　187
アフィン関数　38
アーベルの連続性定理　75
余りのある割り算　12, 222, 223
アルキメデスのらせん　128
鞍点　90, 138, 141
アンペールの法則　153

位相角　46
一意性定理(初期値問題)　161
1 次の因数による割り算　11, 12
1 段法　186
1 年の支払額　221
一葉(双曲面)　30, 32
一様収束　73, 74
一様分布　206
一致性　211
一般的な置換　97
陰関数　88, 137, 140
　　——の微分　88, 137, 140
陰関数表示
　　曲面の——　131
　　平面曲線の——　124
陰関数法　186

渦なし　151, 152
渦密度　158

エアリーの微分方程式　170
エピサイクロイド　126
エルミート行列　55, 62
エルミートの微分方程式　170
円　17, 18, 35
　　——の接線とその接線を通る弦が作る角　17

　　——の変形の式　35
　　——の方程式　17, 18
　　——の面積　17
　　——の元の形の式　35
扇形　17
弧　17
弓形　17
円関数　40
円周角(円)　17
円錐　28, 30, 132
円錐曲線　31, 33-35
円柱　28, 30, 32, 34, 132
　　——のひづめ　28
円柱座標　124, 149
　　積分の——　99
　　関数行列式　99

オイラー
　　——の公式　175
　　——の乗数　162
　　——の多面体定理　27
　　——の直線　14
　　——の微分方程式　167
オイラー・コーシー法　186
オイラー数　76
オイラー表示(複素数)　175
オイラー法　186, 187
凹　90
扇形　17
　　——の公式　145
黄金分割　16
重み(数値積分)　188

か行
解
　　——と係数の関係　7
　　——の公式　7
　　2 次方程式の——　7
　　3 次方程式の——　8
　　4 次方程式の——　9
外角 (n 角形)　16
階乗　3
階数(行列)　57, 63
解析的　179, 181
外接円　14, 16
外接する四角形　16

階段型　57, 190
階段行列　55
回転　151, 159, 175
　　空間の——　66, 67
　　平面の——　35, 67
回転角　35, 66, 67, 175
回転行列　66, 67
回転子　159
回転軸　66, 67
回転双曲面　30
回転体(側面積)　148
　　——の体積　148
回転放物面　30, 147
カイ 2 乗検定　215
カイ 2 乗分布　206
カヴァリエリの原理　28, 147
ガウスの消去法　58, 190
ガウスの積分定理　158
ガウス分布　205, 206
ガウス・ラグランジュ法　188
可解性(線型方程式系)　189
可逆(行列)　57
可逆性　37
角　13, 53
　　——の二等分線　14, 15
　　2 直線の——　53
　　2 つのベクトルの——　47
　　平面の——　53
角振動数　46
角錐　28
拡大　175
角柱　28
各点収束　73
確率　196 ～
確率空間　197, 198
確率変数　203, 207
　　連続な——　203
掛け算(行列)　56
掛け算(複素数)　176
下限和　91
過誤(第 1 種/第 2 種)　213
重ね合わせ　168
重ね合わせ(振動)　46
カージオイド　126
数と式の計算　2

索引

可積分条件　154
割線と接線の定理　17
カテナリー (懸垂線)　128
加法公式　M1
加法性 (確率)　197
加法定理　225
　　三角関数の——　41
　　双曲線関数の——　44
　　複素関数の——　178
カルダノの公式　8
元金　221
関数　37
　　多変数の——　134, 140
関数行列 (ヤコビ行列)　143
関数行列式　98, 99
　　球座標, 円柱座標　99
関数列　73
慣性モーメント
　　曲線の——　131, 144
　　空間曲面の——　146
　　空間立体の——　147
　　平面図形の——　145
完全なホーナー法　12
完全微分方程式　161, 162
ガンマ関数　5
ガンマ分布　206

幾何
　　級数　69, 73, 76, M3
　　数列　70
幾何学　13
幾何学的重心　144, 145, 146
幾何学的重複度　61, 62
幾何分布　205
奇関数　37, 38, 41
棄却域　213
期待値　204
基底 (対数)　2
基底 (ベクトル空間)　54
基底交換　65
軌道　160
基本解 (微分方程式)　165, 167, 174
基本系 (微分方程式)　165-167, 172-174
基本定理 (微積分)　92
基本変形 (行列)　57

基本量　146
逆関数　37
　　——の微分　88
逆行列　57, 58
逆三角関数　42, 43, 179
逆双曲線関数　45
球　29, 30, 133
球座標　124, 149
　　積分での——　99
　　勾配　150
　　発散　151
級数　71-73, M3
　　——のコーシー積　71, 75
求積法　188
球対称の場　157
吸点　151
球面過剰　36
球面三角形　36
球面二角形　36
境界点　138
鏡像　67, 68
鏡像点　53
行の階数　57
共分散　207
行ベクトル (行列)　55
共役　168
　　——な双曲線　25
共役直径　24
共役複素数　175
行列　55
　　——の階数　57
　　——のトレース　57, 172
　　——の標準形　63
　　エルミート——　55
　　可逆——　57
　　逆——　57, 58
　　随伴 (共役)——　55
　　正規——　55, 62
　　正則——　57
　　正方——　55
　　相似——　62
　　対角化可能な——　62
　　対称——　55, 62
　　直交——　55, 64
　　転置——　55
　　同値——　63
　　特異——　57

ユニタリ——　55, 62
歪対称 (交代)——　55
行列式　58-60
行列指数関数　172
行列積　56
行列ノルム　183
行和ノルム　183
極　18-23
極 (複素数)　181
　　双曲線の——　25
　　楕円の——　24
　　放物線の——　26
　　有理関数の——　39
極限値　M3
　　関数の——　38, 89
　　数列の——　70
　　多変数関数の——　134
　　ロピタルの法則　89
極限定理　205, 208
極座標　124, 149, 162, 177, M2
　　積分の——　98
　　微分の——　86
極座標形　176
極座標表示　24-26
　　双曲線の——　25
　　楕円の——　24
　　複素数の——　175, 177
　　平面曲線の——　124, 144
曲線
　　空間曲線　130, 144
　　2 次曲線　31
　　平面曲線　124, 125, 144
曲線族　160
極大 (1 変数)　90
　　陰関数の——　137
　　多変数の——　138, 141
極値
　　陰関数の——　137
　　多変数の——　138, 141
　　付加条件での——　139, 140
　　$y = f(x,y)$ の——　90
　　$z = f(x,y)$ の——　138
曲面
　　空間の——　131, 146
　　二次の——　30, 32

索　引

曲率　90, 125, 130, 131
曲率円　125
曲率半径　131
虚数単位　175
虚数表示　175
虚直線　31
距離
　　実数間の――　7
　　直線と原点間の――　50
　　点,直線,平面間の――
　　　53
　　平面と原点間の――　51
金利計算　221

空間曲線　130, 144
偶関数　37, 38, 41
組み合わせ　196, 199
組立除法　11
鞍型　30
グラフ　37
　　――の対称性　37
クラメルの公式　60
クラメル・ラオの定理　211
グリベンコ　209
グリーンの公式　159
クレローの微分方程式　164
クロネッカーのデルタ　55
クーロン場　157

系 (微分方程式の)　171
系行列 (連立線型方程式)
　　189
経験分布関数　209
経験モーメント　210
係数 (多項式)　10
　　べき級数の――　75
係数行列 (連立線型方程式)
　　189
決定方程式 (微分方程式)
　　170
弦 (円)　17
　　――で囲まれた四角形　16
　　――の定理 (円)　17
原始関数　91, 92, 161
　　完全微分方程式の――
　　　161

弧　17
交角　53
広義積分 (定義)　94
広義積分 (表)　117-119
合成 (線型写像)　65
交代級数　72
交点 (三角形)　14
　　角の二等分線の――　14
　　垂直二等分線の――　14
　　高さの――　14
　　中線の――　14
合同　13
合同条件 (三角形)　13
勾配　134, 140, 150
勾配場　154
互換性 (ノルム)　183
誤差確率　212
誤差評価　161, 191, 194
コーシー・アダマールの定理
　　75
コーシー・シュワルツの不等
　　式　6, 47, 207
コーシーの剰余公式　184
コーシーの積分公式　180
コーシーの積分定理　180
コーシーの判定法　70, 71,
　　72, 74
コーシー・リーマンの微分方
　　程式　179
弧長　125
　　パラメータとしての――
　　　125
　　平面曲線の――　125, 144
　　空間曲線の――　130, 131,
　　　144
弧度法　13, 40
固有
固有空間　61
固有値　61
固有対　61
固有ベクトル　61
固有多項式　61
固有方程式 (行列)　61
固有方程式 (微分方程式)
　　167, 174
孤立特異点　181
コルモゴロフ・スミノルフ検

　　定　215
根元事象　198-201

さ行

サイクロイド　126
さいころ　198, 199
最小値　38, 138
再整頓 (多項式の)　12
最大公約数　12
最大値　38, 138
最大ノルム　183
最大幅 (分割)　91
最尤判定　215
錯角　13
座標
　　一般――　98, 99
　　円柱――　99, 124, M2
　　極――　98, 99, 124
　　球――　99, 124, M2
　　デカルト――　98, 99, 124
座標系　124, 149
座標表示 (平面)　51, 52
　　直線　50
座標変換行列　65
作用素ノルム　183
サラスの法則　59
三角関数　40, 178, M1
　　――の和　42
　　複素数の――　178
三角行列　55
三角形　13-15
　　――の相似条件　13
　　――の高さ　14
　　――の内角の和　14
　　――の内接円, 外接円　14
　　――のまわりの長さ　14
　　パスカルの――　3, 4
三角錐　29, 49
　　――の体積　49
三角方程式　6, 7, 47, 182
3次分解方程式　9
3次方程式　8
三重積　48, 49
三重積分　99
四角形　15

外接する―― 16
四角錐台 28
軸対称の場 157
次元公式 (線型写像) 63
仕事 155
事象 197
指数関数 39
　複素数の―― 178
指数級数 78, 178
自然対数 2
実数 2
実数部分 175
質量
　曲線の―― 131, 144
　空間曲面の―― 146
　平面の―― 145
　立体の―― 147
磁場 154, 157
支払 221
支払額 221
資本金 221
射影 68
周期 46
周期性 37, 41
重心
　円弧/円の弓形の―― 17
　曲線の―― 131, 144
　空間曲面の―― 146
　三角形の―― 14
　平面の―― 145
　立体の―― 147
修正子法 187
集積点 (数列) 70
重積分 98
収束
　一様―― 73, 74
　各点―― 73
　関数列の―― 73
　級数の―― 71, 72
　広義積分の―― 94
　条件―― 71
　正規空間の―― 182
　絶対―― 71
　無条件―― 71
　列の―― 70
収束次数 186
収束半径 175

収束判定 (級数) 72
　広義積分の―― 94
周長 (楕円) 120
自由度 206
従法線 130
従法線ベクトル 130, 131
重力場 154, 157
十六進数 223
十六進法 223
縮小写像 191, 194
縮閉線 125
主軸変換 33
シュタイナーの公式 (確率) 204
出資金 221
十進数 222, 223
　――の分数 222, 223
十進法 222, 223
主法線 130
主法線ベクトル 130, 131
シュミットの直交化法 54
主要定理 (統計学) 209
循環 155
準線 22–26
順列 58, 196, 197, 199
消去法 (微分方程式) 174
象限 43
上限和 91
少数の法則 208
焦点 19–23
商の微分 86, 184, M4
剰余項 (数値積分) 188
剰余項 (テーラー展開) 79, 139
　――の積分表記 79
初期値問題 161, 185
除去可能特異点 181
初等的に積分可能でない 110–115, 120
伸開線 125
真性特異点 181
振動 169, 46, M2
　――の複素数表示 46
振動 (微分方程式) 169
振動数 46
振動微分方程式 169
振幅 46

シンプソン法 188
信頼境界 212
信頼区間 212
信頼水準 212

吸い込み 158
垂線 53
　――の足 53
垂直二等分線 14
推定量 210, 212
随伴 (共役) 行列 55
枢軸方程式 190
数値解析 182–195
数値積分 188
　――の剰余項 188
数値的取扱 (初期値問題) 185
数列 69, 70
　――の極限値 70
　――の集積点 70
　単調の―― 70
　有界の―― 70
スカート 197, 198
スカラー積 47, 48, 56, 182
スカラー場 150, 152, 153, 155, 156
スカラー線素 155
スカラー面素 156
スターリングの公式 3
ストークスの積分定理 159
スペクトル 61
スペクトルノルム 183
スペクトル半径 61, 183

正規行列 55, 62
正規空間 182
正規直交基底 54
正規分布 205, 206, 216
正弦 40
正弦級数 78
正弦定理 13, 14, M2
　球面の―― 36
正三角形 14
整式 38
斉次微分方程式 162
正四面体 27
正十二面体 27

索引

正接 40, 41
正則 179
正則 (行列) 57
正多面体 27
正定値 47, 141
正二十面体 27
正八面体 27
正方行列 55
正方形 15
正 n 角形 16, 176
積行列 56
積の公式 (確率) 202
積の公式 (微分方程式) 166
積の法則 M2
   確率の—— 202
   行列式の—— 60
   微分の—— 86
積分
   ——の表 M4
   広義—— 94, 117-119
   三角関数の—— 97
   指数関数と双曲線関数の
    —— 97
   初等的に積分可能でない
    —— 116
   置換—— 93
   定—— 91
   不定—— 91
   部分—— 93
   分数の—— 95
   べき級数の—— 75
   べき根関数の—— 95, 96
   有理関数の—— 95
積分因子 162
積分可能 91
積分公式 180
積分正弦 116
積分定理 158, 159, 180
積分ノルム 183
積分判定法 72
積分表記 (剰余項) 79
積分法 91 〜
接線 18-23, 87
   ——とその接点を通る弦が作る角 17
   双曲線の—— 25
   楕円の—— 24

   放物線の—— 26
接線 130
接線ベクトル (平面曲線) 125
   空間曲線の—— 130, 131
絶対収束 71
絶対値 (実数) 7
絶対値 (複素数) 175
接平面 132, 136
   $z = f(x,y)$ の—— 136, 139
切片が与えられたとき 50, 51
   ——の直線 50
   ——の平面 51
説明図 46
0-1 分布 205, 216, 217
零仮定 213
零行列 55
全確率 202
漸近線 39
線型
   1 階微分方程式 163
   n 階微分方程式 164-167
線型結合 54
線型写像 63, 64, 68
線型従属性 54
線型斉次微分方程式 163, 165, 167
線型独立 (関数) 164
   ベクトル 54
線型非斉次微分方程式 163, 165, 168
線型微分方程式系 172-174
線型包 54
線型方程式系 189
線型離心率 24, 25
線積分 155
   複素数の—— 180
線素 144, 155
全微分可能 135
全ヒルベルト空間 182

像 (線型写像) 63
相加平均 6
相関係数 207
相関しない 207

双極子 122
双曲線 20, 21, 25, 31, 35
   共役な—— 25
双曲線関数 44, 45, 178, M1
双曲線正弦 44, 45
双曲線正弦級数 78
双曲線正接 44, 45
双曲線余弦級数 78
双曲線余接 44, 45
双曲面 30, 32, 34
双曲らせん 128
相似 13
相似行列 62
相似条件 (三角形) 13
相似変換 62
相乗平均 6
側面積 28
   回転体の—— 148
   立体の—— 28

た行

対角化可能 62
対角行列 55
対角相似 61, 62
台形 15
台形公式 188
対称行列 55, 62
対称性 (グラフ) 37
対称点 33
対数 2, M2
   ——関数 39
   ——級数 76, 78
   複素数の—— 179
代数学的関数 38
代数学的重複度 61, 62
対数ポテンシャル 157
対数らせん 128
体積 49, 147
   円錐の—— 28, 30
   円柱の—— 28, 30
   回転体の—— 148
   球の—— 29, 30
   正四面体の—— 49
   正多面体の—— 27
   トーラスの—— 29
   平行六面体の—— 49

立体の—— 28
体積要素 147
代替仮定 213
対頂角 13
楕円 19, 24, 31, 35
　　——の扇形 24
　　——の極 19, 24
　　——の焦点 19, 24
　　——の接線 19, 24
　　——の標準形 19
　　——の方程式 19, 24
　　——のまわりの長さ 24, 120
　　——の元の形 19
　　——の弓形 24
楕円積分 120
楕円面 30, 32, 34
　　——のパラメータ表示 143
高さ (三角形) 14
多項式 10, 38
多項式補間 184
多項分布 203
多次元確率変数 207
畳み込み 121, 123
　　超関数の—— 123
多段法 186, 187
多変数 138, 141
　　連続でない—— 134
多面体 27
多面体定理 27
ダランベールの階数低下法 166, 173
ダランベールの判定法 72
ダランベールの微分方程式 164
タレスの定理 15
単位円 13
単位行列 55
単位べき乗根 176
単調関数 37, 90
単調性
　　関数の—— 90
　　数列の—— 70
　　べき根の—— 6
　　べき乗の—— 6
単調列 70

単連結 154
値域 37
チェビチェフの微分方程式 170
チェビチェフの不等式 204
置換積分 93, M4
中央値 204
中間値の定理 38
中心角 (n 角形) 16
中心角 (円) 17
中心極限定理 205, 208
中心軸 35
中心法 188
中心モーメント 204
中線の長さ 14, 15
超関数 122
　　——の畳み込み 123
　　——の導関数 123
超幾何分布 205
頂点
　　双曲線の—— 25
　　放物線の—— 26, 38
重複度 (固有値) 61, 62
　　幾何的—— 61
　　代数的—— 61
調和関数 152
調和級数 73, M3
調和振動 169
直線 50
　　ねじれの位置にある—— 49
直方体 28
直角三角形 14
直径 (円) 17
直交 182
直交化 54
直交関係 119
直交基底 54
直交軌道 160
直交行列 55, 62, 64
直交写像 64, 67
直交性 (ベクトル) 47
ディオファントス方程式 12
定義域 37
定金利 221

定数係数 (微分方程式) 167
　　微分方程式系の—— 174
定数係数線型微分方程式 167
定数変化法 165, 168, 173
定積分 91
定積分 (表) 117-119
定値性 (行列) 141
定値性 (スカラー積) 47, 182
定値性 (ノルム) 182
ディラック測度 122
ディリクレ核 81
ディリクレ積分 81
停留点 90, 138, 141
デカルト基底 64
デカルト座標 124
デカルト表示
　　直線の—— 50
　　複素数の—— 175
　　平面曲線の—— 124, 144
適合検定 215
テーラー級数 79
テーラー多項式 79, 139
テーラー展開 11, 12, 79, 139
　　——の剰余項 79, 139
　　多項式の—— 12
　　$z = f(x,y)$ の—— 139
テーラーの定理 79, 87
デルタ関数 122
展開公式 (ベクトル積) 48
展開図 (立体) 27
展開の中心 75
点推定 211
転置行列 55
転倒 (順列) 58
点と直線が与えられたときの形 50
電場 157

同位角 13
等角 64, 146
等角軌道 160
導関数
　　——の表 M4
　　陰関数の—— 142

索引

多変数の―― 135
パラメータに従った積分の
―― 92
ベクトル関数の―― M4
変数の―― 86
偏微分の―― 134, 140
統計学 196 ～
同次性 (正規空間) 182
同次微分方程式 162
同値行列 63
同値性 (微分方程式と微分方程式系) 171
等値線 150
等値面 150
等長 64
投票箱のモデル 199
等面積 146
特異 (行列) 57
特異点 (複素数) 181
特殊な解 (線型微分方程式)
163, 165, 168
特殊な型 (微分方程式) 164
特殊な数式 (線型微分方程式)
168
独立事象 202
度数法 13, 40
凸 90
トーラス 29, 133
トレース (行列) 57, 172
トレミーの定理 16
ド・モアブル 45
ド・モアブルの公式 (双曲線関数) 45
ド・モアブルの公式 (複素数)
176, 177
ド・モアブル−ラプラスの極限定理 208

な行
内角
三角形の―― 14
n 角形の―― 16
内接円 14, 16
長さ
空間曲線の―― 130
平面曲線の―― 125

ベクトル間の―― 47
放物線の弧の―― 26
ナブラ演算子 152

二項級数 5, 77, M3
二項係数 3-5, M2
二項式 3
二項定理 4, 5, 69
負の―― 205
二項分布 203, 205
2 次関数 38
二次曲線 31
二次曲面 32
2 次方程式 (実数) 7, M2
複素数 177
二重積分 98
二進数 222
二進法 222
2 点が与えられたとき (直線)
50
2 本の割線が作る角 (円) 17
2 本の弦が作る角 (円) 17
ニュートンの補間公式 184
ニュートン法 192, 195
ニュートンポテンシャル
157
二葉双曲面 30, 32

ネイピアの方程式 36
ネイルの放物線 125
ねじれの位置にある直線 49
年利 221

ノルム 182, 183

は行
倍角の公式 (三角関数) 41
倍角の公式 (双曲線関数) 44
倍数の和 12
ハイポサイクロイド 126
パスカルの三角形 3, 4
パーセバルの等式 81
発散 151
パップス・ギュルダンの定理
148
幅 186

パラメータ (分布) 204, 207
パラメータ検定 213-215
パラメータに依存した積分
92
――の微分 92
パラメータ表示
円の―― 17, 18
曲面の―― 131
空間曲線の―― 130
双曲線の―― 25
楕円の―― 24
直線の―― 50
平面の―― 51, 52
平面曲線の―― 124, 144
半径 (円) 17
内接円, 外接円の―― 14
半角の公式 (三角関数) 41
半角の公式 (双曲線関数) 44
反復公式 7
反復法
微分方程式の―― 161,
171
方程式の―― 191, 194
判別式 7, 8
複素数の―― 177

比較判定法 72
ピカール・リンデレフの反復法 161, 171
ひし形 15
非周期極限の場合 169
ヒストグラム 209
非線型方程式 191-195
ピタゴラス (三平方) の定理
14, 47, M2
左手座標系 49
必要条件 71, 74
微分
陰関数の―― 88
べき級数の―― 75
微分可能性
――の判定 135
1 変数の―― 86
多変数の―― 135
複素関数の―― 179
偏微分の―― 135
微分幾何学 124

微分法　86-90
微分法則　86
微分方程式　160〜
ヒルベルト空間　182
被約形 (方程式)　8, 9
表現定理 (フーリエ)　81
標準化　204
標準形　18-23, 35
標準形 (直線)　50
標準形 (方程式)　8, 9
標準偏差　204, 210
標本　209-210
表面積
　　円柱の――　28, 30
　　球の――　29, 30
　　錐の――　28, 30
　　正多面体の――　27
　　トーラスの――　29
　　立体の――　28

ファラデーの電磁誘導の法則
　　153
フェイェール核　81
フェイェール積分　81
付加条件　139, 140
複素関数　178-181
複素振幅　46
複素微分可能性　179
複素数　175, 178
　　――のオイラー表示　175
　　――の極座標　175
　　――の単位べき根　176
　　――のデカルト表示　175
　　――の偏角　175
　　――の2次方程式　177
　　――を用いた計算　176
符号付き体積　49
ブッヒャー法　186
不定形　89
不定積分 (定義)　91
不定積分 (表)　100-116
不定値　141
負定値　141
不等式　6
不動点問題　191, 193, 194
負の二項定理　205
部分積分　93, M4

部分分数分解　39, 95
不遍性　211
不変量 (行列)　61
不変量 (平面/曲面)　31, 32
プラトンの立体　27
フーリエ級数　80, 85
フーリエ係数　80
フーリエ多項式　80
フーリエ展開　82-85, 122
フーリエ変換　122
ふるい　202
フレネ・セレの公式　130
フロベニウスの微分方程式
　　170
分位数　204, 212, 217-220
分解方程式　9
分割　197
分割 (区間)　91
分割借用　221
分割払い額　221
分散　39, 204
分配モデル　200
分布　203-206
分布仮定　213
分類 (円錐曲線)　31, 34
分類 (標本)　209
　　二次曲面の――　32, 34

ペアノの存在定理　161
平均 (相加, 相乗)　6
平均値の定理　87, 92
平行四辺形　15, 48
平行線と比の定理　13
平行六面体　29
　　――の体積　49
ベイズの公式　202
平面　51, 52
平面曲線　124, 125, 130
ヘヴィサイド関数　122
べき関数　38
べき級数　75, M3
　　――の解法　170
　　積分　75
　　展開の中心　75
　　微分　75
べき級数展開　76-79, M3
べき根　2

べき根 (複素数)　176
べき根関数　39
べき集合　197
べき乗　2, M2
べき乗 (複素数)　176
ベクトル　47
ベクトル解析　149
ベクトル勾配　150
ベクトル積　48
ベクトル線素　155
ベクトルの計算　47
ベクトルノルム　183
ベクトル場　150-159
ベクトル表示 (直線)　50
ベクトル面素　156
ヘッセの標準形
　　直線の――　50
　　平面の――　51, 52
ヘッセ行列　141
ベッセルの微分方程式　170
ベッセルの不等式　81
ベルヌーイ数　76
ベルヌーイの微分方程式
　　163
ベルヌーイの不等式　6
ベルヌーイ分布　203
変曲点　90
変数分離法　162
偏微分　134, 140
偏微分可能　134, 135

ポアソン分布　205
方向微分　136, 140, 150
法線
　　円の――　18
　　双曲線の――　25
　　楕円の――　24
　　放物線の――　26
法線ベクトル (接平面)　136
法線ベクトル (平面曲線)
　　125
放物線　22, 23, 26, 31, 35, 38
放物面　30, 32, 34
補角　13
補間　184, 185
ボース・アインシュタイン統

索 引   237

計　201
保存場　154
ポテンシャル関数　154
ポテンシャルの差　154
ポテンシャル場　154
ホーナー法　12

ま行

マクスウェル・ボルツマン統
　　計学　201
マクスウェルの方程式　153

右下主行列式　141
右手座標系　48, 49
密度 (確率)　203, 206
ミンコフスキーの方程式　6

無作為試行　197
無条件収束　71
無心二次曲線　31
無発散　151, 152

面積
　　回転面の——　148
　　空間の——　146
　　三角形の——　14
　　四角形の——　15
　　平面の——　145
　　n 角形の——　16
面積分　156
面素　146, 156

元の形　18-23, 35
元のリスト　209
モーメント (確率)　204
モールトン法　187
モレラの定理　180

や行

ヤコビ
　　——行列　142, 143, 150
　　——行列式　98, 99
　　——の恒等式　48

有意水準　213-215

有界列　70
有限級数　69
有限等差 (算術) 級数　69
有限等比 (幾何) 級数　69
有効性　211
有心二次曲線/曲面　31-33
湧点　151, 158
有理関数 (sin, cos)　95, 98
ユークリッドのアルゴリズム
　　12
ユークリッドノルム　183
ユニタリ行列　55, 62
弓形　17

余因子　58, 59
陽関数の表示
　　曲面での——　131
　　平面曲線での——　124
陽関数法　186
余角の公式　41
余弦級数　78
余弦定理　13, 14, 47, M2
　　球面の——　36
4 次方程式　9
余接　40-43
予測子修正子法　187

ら行

ライプニッツの公式 (行列式)
　　58
ライプニッツの判定法　72
ラグランジュ
　　——の恒等式　48
　　——の剰余公式　79
　　——の方法 (極値)　139,
　　140
　　——の補助関数　139, 140
　　——補間　184
ラゲールの微分方程式　170
らせん　128, 130
ラプラス
　　——演算子　123, 152
　　——の確率空間　198
　　——の展開定理　59
　　——変換　121, 122

リウヴィルの微分方程式
　　166, 172
離散な確率変数　203, 207
離散法　186
利子　221
離心率　19-21, 24-26
リッカチの微分方程式　163
立体　28, 147
立方体　27
リプシッツ条件　161, 185,
　　191, 194
リーマン・ルベーグの補題
　　81
リーマン和　91
留数　181
留数定理　181
流量積分　156
臨界点　90

累積分布関数　203
ルジャンドルの正規形　120
ルジャンドルの微分方程式
　　170
ルンゲ・クッタ法　186

零点多項式　10
零点分数関数　39
零点放物線　38
零点有理数の零点　10
零点問題　191-193, 195
捩率　130, 131
劣乗法　183
列の階数　57
列ベクトル (行列)　55
列和ノルム　183
レムニスケート　128
連鎖律
　　1 変数の——　86, M4
　　多変数の——　137, 140,
　　142
連続性　38
　　多変数の——　134
連続でない (多変数)　134
連続な確率変数　203
連立線型斉次微分方程式
　　172, 174
連立線型斉次方程式　189

連立線型非斉次微分方程式
　　172-174
連立線型非斉次方程式　189

ロト　196, 199
ロピタルの法則　89
ローラン級数　181
ロルの定理　87
ロンスキー行列式　165, 166, 172

わ行
和 (有限の)　69
ワイエルシュトラス (数列)
　　70
——の M 判定法 (収束)
　　74
——の定理　70
ワイエルシュトラス (連続関
　　数)　38
歪対称 (交代) 行列　55
湧き出し密度　158
和ノルム　183
割り算 (余りのある)　12, 222, 223
割り算 (1 次の因数による)
　　11, 12
割り算 (複素数)　176

欧字
cosh　44, 45
cot　40-43
coth　44, 45
DEG　13
F 分布　206
gcd　12
n 角形　16
n の階乗　3
RAD　13
sign(順列)　58
sinh　44, 45
t 分布　206
tan　40, 41
tanh　44, 45

監訳者略歴

河村哲也（かわむら てつや）

- 1954年　京都府に生まれる
- 1981年　東京大学大学院工学系研究科博士課程退学
- 現　在　お茶の水女子大学大学院人間文化創成科学研究科
  　　　　理学専攻教授
  　　　　工学博士

訳者略歴

井元　薫（いもと かおる）

- 1988年　東京都に生まれる
- 2013年　お茶の水女子大学大学院人間文化創成科学研究科
  　　　　理学専攻博士前期課程修了
- 現　在　三菱電機株式会社勤務
  　　　　修士（理学）

高等数学公式便覧

2013年6月15日　初版第1刷
2018年3月25日　　　第2刷

定価はカバーに表示

監訳者	河　村　哲　也	
訳　者	井　元　　　薫	
発行者	朝　倉　誠　造	
発行所	株式会社 朝　倉　書　店	

東京都新宿区新小川町6-29
郵便番号　162-8707
電話　03(3260)0141
FAX　03(3260)0180
http://www.asakura.co.jp

〈検印省略〉

© 2013 〈無断複写・転載を禁ず〉

中央印刷・渡辺製本

ISBN 978-4-254-11138-5　C 3041　　Printed in Japan

JCOPY 〈(社)出版者著作権管理機構 委託出版物〉

本書の無断複写は著作権法上での例外を除き禁じられています．複写される場合は，そのつど事前に，（社）出版者著作権管理機構（電話 03-3513-6969，FAX 03-3513-6979，e-mail: info@jcopy.or.jp）の許諾を得てください．

好評の事典・辞典・ハンドブック

数学オリンピック事典	野口 廣 監修 B5判 864頁
コンピュータ代数ハンドブック	山本 慎ほか 訳 A5判 1040頁
和算の事典	山司勝則ほか 編 A5判 544頁
朝倉 数学ハンドブック［基礎編］	飯高 茂ほか 編 A5判 816頁
数学定数事典	一松 信 監訳 A5判 608頁
素数全書	和田秀男 監訳 A5判 640頁
数論＜未解決問題＞の事典	金光 滋 訳 A5判 448頁
数理統計学ハンドブック	豊田秀樹 監訳 A5判 784頁
統計データ科学事典	杉山高一ほか 編 B5判 788頁
統計分布ハンドブック（増補版）	蓑谷千凰彦 著 A5判 864頁
複雑系の事典	複雑系の事典編集委員会 編 A5判 448頁
医学統計学ハンドブック	宮原英夫ほか 編 A5判 720頁
応用数理計画ハンドブック	久保幹雄ほか 編 A5判 1376頁
医学統計学の事典	丹後俊郎ほか 編 A5判 472頁
現代物理数学ハンドブック	新井朝雄 著 A5判 736頁
図説ウェーブレット変換ハンドブック	新 誠一ほか 監訳 A5判 408頁
生産管理の事典	圓川隆夫ほか 編 B5判 752頁
サプライ・チェイン最適化ハンドブック	久保幹雄 著 B5判 520頁
計量経済学ハンドブック	蓑谷千凰彦ほか 編 A5判 1048頁
金融工学事典	木島正明ほか 編 A5判 1028頁
応用計量経済学ハンドブック	蓑谷千凰彦ほか 編 A5判 672頁

価格・概要等は小社ホームページをご覧ください．

べき級数

$$e^x = \sum_{n=0}^{\infty} \frac{1}{n!} x^n = 1 + \frac{1}{1!}x + \frac{1}{2!}x^2 + \frac{1}{3!}x^3 + \cdots, \qquad x \in \mathbb{R} \text{ に対して}$$

$$\sin x = \sum_{n=0}^{\infty} \frac{(-1)^n}{(2n+1)!} x^{2n+1} = x - \frac{1}{3!}x^3 + \frac{1}{5!}x^5 - + \cdots, \qquad x \in \mathbb{R} \text{ に対して}$$

$$\cos x = \sum_{n=0}^{\infty} \frac{(-1)^n}{(2n)!} x^{2n} = 1 - \frac{1}{2!}x^2 + \frac{1}{4!}x^4 - + \cdots, \qquad x \in \mathbb{R} \text{ に対して}$$

$$\sinh x = \sum_{n=0}^{\infty} \frac{1}{(2n+1)!} x^{2n+1} = x + \frac{1}{3!}x^3 + \frac{1}{5!}x^5 + \cdots, \qquad x \in \mathbb{R} \text{ に対して}$$

$$\cosh x = \sum_{n=0}^{\infty} \frac{1}{(2n)!} x^{2n} = 1 + \frac{1}{2!}x^2 + \frac{1}{4!}x^4 + \cdots, \qquad x \in \mathbb{R} \text{ に対して}$$

$$\arctan x = \sum_{n=0}^{\infty} \frac{(-1)^n}{2n+1} x^{2n+1} = x - \frac{1}{3}x^3 + \frac{1}{5}x^5 - \frac{1}{7}x^7 + - \cdots, \qquad |x| \le 1 \text{ に対して}$$

$$\log(1+x) = \sum_{n=1}^{\infty} \frac{(-1)^{n+1}}{n} x^n = x - \frac{1}{2}x^2 + \frac{1}{3}x^3 - \frac{1}{4}x^4 + - \cdots, \qquad -1 < x \le 1 \text{ に対して}$$

$$\log(1-x) = -\sum_{n=1}^{\infty} \frac{1}{n} x^n = -(x + \frac{1}{2}x^2 + \frac{1}{3}x^3 + \frac{1}{4}x^4 + \cdots), \qquad -1 \le x < 1 \text{ に対して}$$

$$\sqrt{1+x} = \sum_{n=0}^{\infty} \binom{\frac{1}{2}}{n} x^n = 1 + \frac{1}{2}x - \frac{1}{8}x^2 + \frac{1}{16}x^3 - \frac{5}{128}x^4 + - \cdots, \qquad |x| \le 1 \text{ に対して}$$

$$\frac{1}{\sqrt{1+x}} = \sum_{n=0}^{\infty} \binom{-\frac{1}{2}}{n} x^n = 1 - \frac{1}{2}x + \frac{3}{8}x^2 - \frac{5}{16}x^3 + \frac{35}{128}x^4 - + \cdots, \qquad |x| < 1 \text{ に対して}$$

幾何 (等比) 級数 $\displaystyle\sum_{n=0}^{\infty} x^n = 1 + x + x^2 + x^3 + \cdots = \frac{1}{1-x}, \quad |x| < 1$ に対して

有限幾何 (等比) 級数 $\displaystyle\sum_{n=0}^{k} x^n = 1 + x + x^2 + \cdots + x^k = \frac{1-x^{k+1}}{1-x}, \quad x \ne 1$ に対して

調和級数 $\displaystyle\sum_{n=1}^{\infty} \frac{1}{n^x} = 1 + \frac{1}{2^x} + \frac{1}{3^x} + \cdots \quad$ 収束する $\iff x > 1$

二項級数 $\displaystyle\sum_{n=0}^{\infty} \binom{r}{n} x^n = 1 + rx + \binom{r}{2}x^2 + \binom{r}{3}x^3 + \cdots = (1+x)^r, \quad \begin{array}{l}|x| \le 1,\ r > 0 \\ |x| < 1,\ r < 0\end{array}$

		主要な極限値 $(n \to \infty)$			
$1 + \frac{1}{2} + \frac{1}{3} + \frac{1}{4} + \cdots = \infty$				$\binom{a}{n} \to 0,\ a > -1$	
$1 - \frac{1}{2} + \frac{1}{3} - \frac{1}{4} + - \cdots = \ln 2$		$\sqrt[n]{a} \to 1$	$(\frac{n+1}{n})^n \to e$	$\frac{a^n}{n!} \to 0$	
$1 + \frac{1}{1!} + \frac{1}{2!} + \frac{1}{3!} + \cdots = e$		$\sqrt[n]{n} \to 1$	$(1+\frac{1}{n})^n \to e$	$\frac{n^n}{n!} \to \infty$	
$1 - \frac{1}{1!} + \frac{1}{2!} - \frac{1}{3!} + - \cdots = \frac{1}{e}$		$\sqrt[n]{n!} \to \infty$	$(1-\frac{1}{n})^n \to e^{-1}$	$\frac{a^n}{n^k} \to \infty$	$\begin{cases}a>1 \\ k\text{ 固定}\end{cases}$
$1 + \frac{1}{2} + \frac{1}{4} + \frac{1}{8} + \cdots = 2$		$\frac{n}{\sqrt[n]{n!}} \to e$	$(1+\frac{x}{n})^n \to e^x$	$a^n n^k \to 0$	$\begin{cases}|a|<1 \\ k\text{ 固定}\end{cases}$
$1 - \frac{1}{3} + \frac{1}{5} - \frac{1}{7} + - \cdots = \frac{\pi}{4}$		$\frac{1}{n}\sqrt[n]{n!} \to \frac{1}{e}$	$(1-\frac{x}{n})^n \to e^{-x}$	$n(\sqrt[n]{a}-1) \to \ln a,\ a > 0$	
$1 + \frac{1}{2^2} + \frac{1}{3^2} + \frac{1}{4^2} + \cdots = \frac{\pi^2}{6}$					
$1 - \frac{1}{2^2} + \frac{1}{3^2} - \frac{1}{4^2} + - \cdots = \frac{\pi^2}{12}$					
$1 + \frac{1}{3^2} + \frac{1}{5^2} + \frac{1}{7^2} + \cdots = \frac{\pi^2}{8}$					